Moderation

Alles im Überblick:
Auf den Seiten 2 und 3 finden Sie die wichtigsten Hilfsmittel als Kopiervorlagen
(z. B. für Overheadfolien) und auf den Seiten 4 bis 7 ist das Inhaltsverzeichnis.

Teil 1   Der Moderator

Hier informieren wir Sie über die Rolle und das Selbstverständnis des
Moderators und unterstützen Sie als Führungskraft in Ihrer Doppelrolle. Zudem finden Sie hier wertvolle Anregungen für Ihre Weiterentwicklung als Moderator.

Teil 2   Instrumente, Methoden und Werkzeuge

Hier wird es ganz praktisch: Alle Werkzeuge, die Sie zum Moderieren
brauchen, sind detailliert erläutert und Sie bekommen zu jedem Tool
zahlreiche Beispiele, die Ihnen die Anwendung in Ihrem Arbeitsumfeld erleichtern.

Teil 3   Der Ablauf: Die Moderation in der Praxis

Von der Vorbereitung bis zum Abschluss finden Sie in diesem Teil
alles, was Sie brauchen, um eine komplette Moderation zu gestalten.
Konkrete Beispiele aus unserer Praxis mit entsprechenden Prozessplänen und vielen Tipps runden das Kapitel ab.

Teil 4   Besondere Herausforderungen: Krisen + Konflikte

Trotz bester Planung läuft leider nicht immer alles so reibungslos, wie
man sich das vorstellt. Wir zeigen Ihnen, wie Sie Krisen und Konflikte
sowie kleinere und auch größere Pannen professionell meistern
können.

Teil 5   Hintergrundwissen für Moderatoren

In diesem Teil stellen wir Ihnen Hintergrundwissen vor, das Ihnen
hilft, bestimmte Moderations-Tools und die Bedeutung des Moderators
besser zu verstehen und einzuordnen.

**+ CD   Grafiken, Checklisten, Übersichten und
Formulare auf CD-ROM**

Die nützlichsten Hilfsmittel haben wir zum Selber-Ausdrucken auf
der beiliegenden CD-ROM oder zum Kopieren auf Folien und
Handouts zusammengestellt.

Eine systematische Vorgehensweise

Auftrag klären

Ziele vereinbaren

– Wozu soll das Endergebnis dienen? · · · *Sinn/Zweck*
– Für wen tun wir das? . . . . *Kunde/Beteiligte*
– Welches Ergebnis soll bis ...
  erreicht werden? . . . . *Endergebnis*
– Woran wird das Ergebnis gemessen? · · · *Kriterien*

Informationen zusammentragen

– Fakten, Ideen, Ressourcen, Risiken, Chancen, Alternativen

Was muss getan werden?

– Auflisten von Arbeitsschritten
– Unterteilen von Aufgaben
– Prioritätenliste

Plan aufstellen

– Wer macht was, wie, wann, wo?

Durchführen

– Tun

Rückblende

– Arbeitsergebnis:
  - Soll-/Ist-Vergleich
– Arbeitsprozess:
  - Was war hilfreich?
  - Was war hinderlich?
  - Verabredungen für die weitere Zusammenarbeit

Konsens schrittweise herstellen ↑ Zwischenrückblende möglichst nach jedem Schritt

Sinn/Zweck

Wozu soll das
Endergebnis dienen?

Kunde/Beteiligte

Für wen
tun wir das?

Ziel

Welches Ergebnis soll
bis ... erreicht werden?

Woran wird das
Ergebnis gemessen?

Endergebnis

Kriterien

Kopiervorlage zur Erstellung von Folien oder Teamunterlagen

Inhaltsverzeichnis

Vorwort: Über dieses Buch

Wir laden Sie mit diesem Buch dazu ein, in das spannende Erlebnis des Gestaltens menschlicher Interaktion durch Moderation einzusteigen. Moderatoren organisieren und fördern Verständigungsprozesse zwischen Menschen, die gemeinsam etwas erreichen wollen. Und aufgrund der zahlreichen Herausforderungen, ein derartiges Miteinander möglichst reibungslos zu gestalten, ist aus unserer Sicht die Moderation eine ganz besonders wichtige Aufgabe – in der Gegenwart und in der Zukunft. Wir alle erleben, wie unser (Arbeits-) Leben immer dichter, immer komplexer wird. Wollen wir Fortschritt erreichen, dann sind wir alle gefordert, das Miteinander und insbesondere das Zusammenarbeiten wirkungsvoll zu gestalten. Moderationsfähigkeiten sind dabei eine wichtige Hilfe.

An wen richtet sich das Buch?

Wir wenden uns mit diesem Buch in erster Linie an Führungskräfte der Wirtschaft, deren Auftrag es ist, Dinge zu bewegen, Ergebnisse zu schaffen und Lösungen zu liefern, indem sie Menschen zu genau diesem Zweck zur erfolgreichen Zusammenarbeit motivieren, organisieren, anleiten. Dabei ist unser Moderationsbuch so konzipiert, dass es Moderationsanfänger wie auch erfahrene Moderatoren anspricht - Menschen, die im Rahmen ihrer alltäglichen Arbeit oftmals Sitzungen, Projekte und Gruppenarbeiten moderieren oder beispielsweise bei Kundenpräsentationen für die erfolgreiche Gesprächsführung verantwortlich sind. Es liefert aber auch wertvolle Hilfe für andere Berufe, zum Beispiel für Ehrenamtliche, die im kirchlichen, sozialen, persönlichen oder pädagogischen Umfeld Gespräche und Gruppen leiten müssen.

Welchen Nutzen können Sie aus dem Buch ziehen?

Welchen Nutzen soll das Buch Ihnen, dem Leser und Benutzer, für Ihr ganz persönliches Problem, für Ihre ganz spezifische Situation bringen?

Unser Buch liefert für (fast) jede Moderationssituation „schnelle Hilfe", indem es Techniken, Methoden, Beispiele, Übersichten, Schaubilder, Handwerkszeug („Tools"), Tipps und Erfahrungswissen für Moderationsanfänger wie auch für Fortgeschrittene anbietet, die passgenau auf die verschiedensten Problemsituationen zugeschnitten werden können. Insofern ist das Buch ausschließlich anwenderbezogen.

Abgesehen von dieser Fülle von praktischen Hilfen bieten wir aber auch das nötige Hintergrundwissen, das dem Moderator die sinnvolle Einordnung der „schnellen" Anwenderhilfen in ein mehr theoretisches Methodenwerk gestattet. Damit ist der Moderator zugleich gerüstet, um den Teilnehmern gegenüber die Sinnhaftigkeit seiner Vorgehensweisen und deren Umsetzung zu vertreten und zu verdeutlichen.

Wir, die drei Autoren des Buches, sind erfahrene Moderatoren. Wir sind seit vielen Jahren als Management-Berater bei der internationalen Unternehmungsberatung Coverdale Team Management Deutschland GmbH tätig. In dieser Arbeit haben wir über lange Zeiträume Erfahrungen aufgebaut und weiterentwickelt durch:

Wer sind wir?

► die Arbeit mit Gruppen und Teams in Trainingsmaßnahmen und Workshops

► die Aus- und Weiterbildung von Führungskräften aller Ebenen im Moderieren

► die Entwicklung von Konzepten und Methoden in der Moderation

► die Auftragsmoderation bei unseren Kunden, beispielsweise als Moderator von Vorstandssitzungen oder bei strategisch wichtigen Projekten

► das Schreiben des Buches „Führungsaufgabe Moderation" in 1996

Bereits das Inhaltsverzeichnis vermittelt Ihnen einen schnellen Blick auf den einfachen, klaren und übersichtlichen Aufbau unseres Buches:

Wie ist das Buch aufgebaut?

► Der Moderator

► Instrumente, Methoden und Werkzeuge

► Die Moderation in der Praxis

► Besondere Herausforderungen

► Hintergrundwissen für Moderatoren

Jedes Kapitel ist in sich geschlossen, allgemeinverständlich und verfügt über die notwendigen Anwenderhilfen, die bei Bedarf für den sofortigen Gebrauch kopiert werden können. Alle thematisch zusammenhängenden Bereiche, gleichgültig ob Wissen, Werkzeug, Beispiel, Übersicht, Tabelle oder Auflistung, sind innerhalb desselben Abschnitts zu finden. Wir wollen damit vermeiden, dass Sie als Leser und Benutzer unnötig hin- und herblättern oder gar Quellen in einem Anhang bemühen müssen. Wiederholungen lassen sich dadurch nicht immer vermeiden.

Wir bemühen uns um Knappheit, Verständlichkeit und Übersichtlichkeit in Form und Inhalt. Dazu verwenden wir, wo immer dies möglich ist, statt langatmiger Erläuterungen:

► Knappe Wortbeiträge

► Auflistungen statt geschlossener Sätze

► Übersichten, Tabellen

► Zusammenfassungen, Merksätze

► Herausnehmbare Hilfen wie: Wand-Charts, CD-ROM

Und schließlich bitten wir Sie um Verständnis dafür, dass wir im Interesse dieser Knappheit auf die Unterscheidung weiblich/männlich verzichten und mit der Formulierung „Der Moderator" die Moderatorin und den Moderator gleichermaßenbezeichnen.

Und jetzt wünschen wir Ihnen viel Spaß beim Lesen, viel Erfolg beim Umsetzen der Anregungen und reichlich Impulse zum Verbessern Ihrer Moderationsfähigkeit!

Der Moderator

Im folgenden Kapitel informieren wir Sie über die Rolle und das Selbstverständnis des Moderators. Wir verdeutlichen, was Moderation im Einzelnen bedeutet und welche Aufgaben auf Sie als Moderator zukommen. Dabei gehen wir auch darauf ein, was es heißt, Führungskraft und Moderator in „Personalunion" zu sein. Wir geben Ihnen Hinweise, wie Sie als Führungskraft dieser Doppelrolle gerecht werden. Außerdem finden Sie auch Anregungen zur Weiterentwicklung, mit denen wir Sie unterstützen möchten, Ihre Moderationskompetenzen auszubauen.

Moderieren – was bedeutet das?

Der Begriff „moderieren" wird im allgemeinen Sprachgebrauch sehr unterschiedlich und oft inflationär verwendet. Auf der einen Seite prägen bekannte Rundfunk- oder Fernsehmoderatoren ein bestimmtes Bild des Moderators und auf der anderen Seite wird oft schon eine einfache Gesprächsleitung als Moderation bezeichnet. So gibt es in den meisten Köpfen ein recht diffuses Bild von dem, was Moderieren wirklich bedeutet.

„Moderieren" – ein Begriff mit diffuser Bedeutung

Geht es in Unternehmen um das Fördern der Zusammenarbeit zwischen Menschen, so unterscheiden wir nach unserem Verständnis drei Stufen, wie das Miteinander unterstützt werden kann:

3. Stufe: Prozessberatung

2. Stufe: Moderation

1. Stufe: Gesprächsleitung

Bei allen drei Stufen geht es um das Fördern der Verständigung, allerdings in unterschiedlichem Maße. Das erfolgreiche Handhaben der drei Stufen setzt ein unterschiedliches Vorwissen und unterschiedliche Fähigkeiten voraus. Die Abfolge von 1 bis 3 bedeutet eine Differenzierung und Weiterentwicklung von Kompetenz. Idealerweise beginnen Sie auf der Stufe 1 mit bewusster Erfahrung und Übung, um dann über eine Wissens- und Erfahrungserweiterung die Stufen 2 und 3 zu erklimmen.

Gesprächsleitung　Unter Gesprächsleitung verstehen wir ein ordnendes Eingreifen in einen verbalen Austausch zwischen verschiedenen Personen. Der Gesprächsleiter achtet auf die Gesprächsdisziplin, greift Wortmeldungen der Reihe nach auf und achtet auf die Zeit. Eine solche Gesprächsleitung erleben wir in Routinesitzungen, auf Informationsveranstaltungen, um Fragen zu klären, oder bei einer Diskussionsrunde nach einer Präsentation. Der Gesprächsleiter fördert einen konstruktiven Meinungsaustausch. In Unternehmen ist es oft die jeweilige Führungskraft, die die Gesprächsleitung übernimmt und die dann auch, kraft ihrer hierarchischen Macht, Gespräche beenden kann.

Moderation　Moderation ist mehr als nur das Leiten eines Gespräches. Moderation bedeutet das Gestalten und Steuern eines Problemlösungs- oder Entscheidungsprozesses, an dem mehrere Personen beteiligt sind. Der Moderator fördert mithilfe der verschiedenen Moderationstools nicht nur den Austausch der vorhandenen Meinungen, sondern begleitet auch die Bildung einer gemeinsamen Meinung in der Gruppe und führt die Teilnehmer hin zu einem von allen getragenen Ergebnis oder zu einer Entscheidung, sei es beim Lösen eines Problems oder beim Bearbeiten einer komplexen Aufgabe. Moderation ist immer dann erforderlich, wenn es darum geht, dass die gemeinsame Leistung mehrerer Personen benötigt wird, weil das Wissen eines Einzelnen nicht ausreicht, oder mehrere Personen beteiligt werden sollen, um die Akzeptanz eines bestimmten Vorhabens zu erhöhen. Der Moderator agiert nicht aufgrund hierarchischer Macht, seine „Macht" basiert auf Prozesskompetenz. Mehr über das Thema Prozesskompetenz können Sie auf den Seiten 23-25 und 37-38 lesen.

Prozessberatung　Sprechen wir von Prozessberatung, so ist damit in unserem Arbeitsumfeld bei Coverdale die Beratung gemeint, die Organisationen bei Veränderungsprozessen unterstützt. Als soziale Systeme müssen sich Unternehmen permanent weiterentwickeln, um überlebensfähig zu bleiben. Unternehmen müssen jedoch heute mit Veränderungen wesentlich häufiger umgehen als früher. Externe, aber auch interne Prozessberater oder Change-Manager beraten Organisationen bei der Gestaltung dieser Veränderungsprozesse. Der Prozessberater unterstützt als Experte für Prozesse das Gestalten des methodischen Rahmens für die Veränderung und er achtet darauf, dass die Interessen aller Beteiligten angemessen berücksichtigt werden.

Die Prozessberatung fördert auch die Verständigung untereinander. Dabei geht es um die Gestaltung von Kommunikationsprozessen sowohl zwischen einzelnen Personen als auch zwischen Personengruppen in einem Unternehmen, aber auch wie in der Moderation um das Erreichen eines gemeinsamen

Zieles. Das Selbstverständnis eines Prozessberaters deckt sich daher weitgehend mit dem Selbstverständnis des Moderators. Auch der Prozessberater ist inhaltlich neutral, aber nicht, was sein Prozesswissen und -können betrifft. Hier vertritt er aufgrund seiner Kompetenz und seiner Erfahrungen eine klare Meinung. Er respektiert und berücksichtigt die Prozesskompetenz, die in einem Unternehmen vorhanden ist, und bindet sie mit ein. Er vertritt dabei eindeutig und in angemessener Form auch seine Sichtweise und seinen begründeten Standpunkt.

> **BEDEUTUNG VON MODERATION HEUTE**
>
> Moderatoren gestalten Prozesse, unterstützen methodisch und sorgen für eine ausgewogene Beteiligung aller Teilnehmer. Sie sind nicht nur Moderatoren, sondern teilweise auch Prozessberater für Gruppen. Und oft sind es Gruppen, die von erheblichen Veränderungen betroffen sind. Als Experten für Gruppenprozesse fördern sie nicht nur die Zusammenarbeit zwischen den Teilnehmern, sondern sie können Gruppen oft auch bezüglich ihrer Zusammenarbeit beraten, auch über das Meeting hinaus.

Gerade in Phasen von Veränderungen in einem Unternehmen ist es für den Moderator wichtig, sich mit dem Thema Veränderung auseinander zu setzen, denn in solchen Zeiten wird viel Moderation benötigt, um die Akzeptanz von Veränderungsprojekten und damit die Umsetzungswahrscheinlichkeit zu erhöhen. In der Beratung bezüglich der Gestaltung von Prozessen in der Gruppe ist der Moderator dann nicht neutral. Hier spricht er eindeutige Empfehlungen aus, wie der Prozess gestaltet sein sollte, damit die Gruppe ihr Ziel erreicht.

Setzen Sie sich mit dem Thema „Veränderungen" auseinander!

Bei dem dreistufigen Modell sind die Übergänge fließend. Moderatoren müssen wissen, wie Gespräche geleitet werden, und Prozessberater sollten moderieren können. Als Moderator auf der mittleren Stufe bewegen Sie sich je nach Situation und nach persönlicher Erfahrung und Weiterbildung zwischen allen drei Stufen.

Auch als Führungskraft werden von Ihnen heute zunehmend die Fähigkeiten aller drei Stufen benötigt. Aufgrund eindeutiger Strukturen, klarer Zuordnungen und geringer Komplexität genügte es in früheren Zeiten zu wissen, wie man ein Gespräch leitet. Als Führungskraft heute sind Sie anderen Anforderungen ausgesetzt. Rascher Wandel, zunehmende Komplexität und ein kooperativer Führungsstil erfordern heute, dass Sie als Führungskraft

Als Führungskraft müssen Sie heute moderieren können

moderieren können, um Ihre Mitarbeiter an Entscheidungsprozessen zu beteiligen. In Ihrer Moderationsrolle führen Sie Ihre Mitarbeiter durch Prozesskompetenz, ohne Ihre hierarchische Macht zu gebrauchen. Somit gehört Prozesskompetenz heute zu den wesentlichen Anforderungen an eine Führungskraft. Und Ihre Prozesskompetenz wird auch mehr und mehr benötigt, um Veränderungsprozesse in Ihrem Untenehmen zu gestalten oder mitzutragen.

Fazit

Durch das Leiten von Gesprächen, durch Moderation und durch Prozessberatung wird die Zusammenarbeit zwischen Menschen gefördert. Die Übergänge zwischen diesen Tätigkeiten sind fließend. Als Moderator werden Sie heute auch zunehmend darin gefordert, Gruppen beim Gestalten ihrer Prozesse in der Zusammenarbeit auch über das Meeting hinaus zu beraten.

Die Rolle des Moderators

Bei dem Bemühen, die Rolle des Moderators zu beschreiben, bedienen wir uns der Darstellung verschiedener Elemente, die die Rolle des Moderators ausmachen.

Die vier Rollenelemente

1. Der Moderator geht gemäßigt, bescheiden, unauffällig vor. Er agiert mehr aus dem Hintergrund, eher indirekt, keinesfalls aufdringlich, direktiv, machtvoll oder gar beherrschend.

2. Der Moderator ist nicht inhaltlich gefordert. Er muss keinesfalls ein Fachmann sein für das Thema, mit dem sich die von ihm moderierte Gruppe beschäftigt. Und wenn er es dennoch sein sollte, so muss er „sein Licht unter den Scheffel stellen" und inhaltlich neutral auftreten. Von ihm werden keine inhaltlichen Beiträge oder gar Lösungen erwartet.

3. Der Moderator ist ein „Facilitator", eine Person also, die Dinge, Abläufe, menschliche Interaktionen ermöglicht und/oder erleichtert. Er ist Experte für methodische und soziale Prozesshilfen und für die erfolgreiche Steuerung von arbeitsteiligen, häufig multidisziplinären Diskussions- und Entscheidungsfindungsabläufen.

4. Der Moderator hat eine Dienstleistungsverantwortung gegenüber den Teilnehmern seiner Gruppe; oftmals auch gegenüber einem gruppen-externen Auftraggeber. Die Verantwortung gegenüber der Gruppe ist in erster Linie eine Prozessverantwortung; im Falle eines externen Auftraggebers kann es diesem gegenüber auch zu einer Ergebnisverantwortung kommen. Die möglicherweise entstehende Spannung wird im Kapitel „Die Doppelrolle Führungskraft und Moderator" (siehe Seite 19ff.) besonders verdeutlicht.

Rollen-Element 1: Gemäßigt, nicht direktiv

Schon der Name „Moderator" (von lat. moderare = mäßigen) besagt, dass derjenige, der moderiert, keineswegs ein „Vorsitzender" oder gar ein „Chef" im althergebrachten Sinne sein darf. Früher war das wohl üblich: Der Vorgesetzte übernahm automatisch die Leitung der Gruppe, der Diskussion, der Sitzung. Heute erleben wir in der Wirtschaft und anderswo immer weniger „Leitung", dafür aber mehr „Moderation". Die Rolle des Moderators ist nicht (wie früher häufig beim Leiter) das Durchsetzen seiner Ideen, sondern im Gegenteil das Aktivieren der anderen, das Provozieren von Ideen und Beiträgen der Teilnehmer, das Motivieren zum Mitmachen. Warum hat sich das verändert? Weil die komplizierter und komplexer gewordenen Arbeits-, Denk- und Entscheidungsvorgänge das Einbinden und Nutzen möglichst vie-

Sie sind als Moderator der Vermittler

ler, zum Teil unterschiedlicher Begabungen und Erfahrungen notwendig machen. Komplexe Zusammenhänge und Probleme müssen von mehreren Seiten angegangen werden. Das klappt nur in der engen und produktiven Zusammenarbeit von mehreren, idealerweise oftmals unterschiedlichen Kräften im Team. Und so, wie der Fußballtrainer in seinem Team nicht selbst mitspielt, so sollte auch der Moderator nicht selbst aktiv mitspielen. „Moderieren heißt vermitteln. Nicht ich bin wichtig, sondern die Sache, um die es geht", schreibt eine der Top-Moderatorinnen des deutschen Fernsehens Nina Ruge in ihrem Buch „Achtung Aufnahme".

Rollen-Element 2: Inhaltlich neutral

„Ich kann nur moderieren, wenn ich thematisch auf dem Laufenden bin." „Ich muss denen, die ich moderiere, fachlich einen Schritt voraus sein." „Als Moderator brauchen wir einen Experten für die Inhalte, deren Diskussion moderiert werden soll."

Inhaltlich sind Sie nicht gefordert

Solche und ähnliche Meinungen hört man immer wieder. Aber: Jede Erfahrung in der Moderation zeigt, dass diese Auffassungen grundverkehrt sind. Das Gegenteil ist richtig. Je mehr der Moderator von der Sache versteht, um die es geht, desto mehr wird er sich selbst in Bezug auf die Sache einbringen, engagieren, mitmachen, infolgedessen zunehmend weniger Abstand haben zu den Geschehnissen in der Gruppe, demzufolge seine eigentliche Aufgabe des Vermittelns, des Helfens, des Motivierens vernachlässigen und somit schließlich zusammen mit den Teilnehmern in den gruppentypischen Problemen von Chaos, Sich-im-Kreise-Drehen und Marathongesprächen stecken bleiben.

Abgesehen von derartigen methodischen Problemen gilt es vor einer wichtigen typischen gruppen-psychologischen Entwicklung zu warnen: Je mehr der Moderator sich inhaltlich einbringt, desto stärker wird er von den Teilnehmern unterschwellig als „inhaltliche Konkurrenz" empfunden und verliert dabei Schritt für Schritt – zuerst fast unmerklich, dann aber umso drastischer – seine methodische und soziale Moderationskompetenz. Er wird zunehmend merken, dass er immer weniger „ankommt" und damit automatisch als Moderator immer mehr an Wirkung verliert. Auf dieses Problem wird später im Zusammenhang mit den Themen „Autorität" und „Konflikt" noch näher einzugehen sein.

Inhaltlich neutral heißt aber nicht, dass man als Moderator überhaupt kein Verständnis für die fachlichen Hintergründe haben sollte. Zur Vorbereitung einer Moderation gehört auch, sich mit den anstehenden Themen vertraut zu machen oder sich sogar – zumindest kursorisch – in die Problematik einzuarbeiten.

> **Notfalls die Moderationsverantwortung abgeben**
>
> Wenn Sie als Moderatormeinen, nicht anders zu können, als inhaltlich-fachlich mitzumischen, weil Sie an diesem Punkt nun einmal der einzige anerkannte Fachmann sind oder aus welchen Gründen auch immer, dann sollten Sie für die relevante Arbeitsphase die Moderation abgeben. Lassen Sie jemand anderen die Moderationsverantwortung übernehmen.

Rollen-Element 3: Als „Facilitator" eine Art Hebamme

Der englische Ausdruck „to facilitate" bedeutet erleichtern, fördern. Die im Englischen übliche Übersetzung von Moderator mit „facilitator" macht also deutlich, dass es sich nicht um einen Selbstdarsteller handelt, sondern um einen Förderer, um einen Unterstützer. Um einen, dessen Rolle darin besteht, anderen die (Zusammen-)Arbeit zu erleichtern.

Fördern Sie die Zusammenarbeit

Wie aber kann er diese Rolle erfüllen?

► Er sollte sich um Klima und Ordnung in der zu moderierenden Gruppe kümmern, so dass optimales Diskutieren/Bearbeiten des gestellten Themas, des erteilten Auftrags möglich wird.

► Er sollte sicherstellen, dass jeder in der Gruppe weiß, worum es geht und wohin „die Reise" geht.

► Er sollte dafür sorgen, dass jeder Teilnehmer gemäß seinen Interessen und Fähigkeiten (Stärken) möglichst gleichmäßig beteiligt ist.

► Er sollte sich darum bemühen, dass die Gruppe motiviert arbeitet, indem sie optimale Ergebnisse produziert.

Das Rüstzeug, das er braucht, um diese „Hebammenrolle" erfolgreich auszufüllen, stellen wir Ihnen im Kapitel „Instrumente, Methoden, Werkzeuge" ausführlich vor. (siehe Seite 36)

Rollen-Element 4: Zwei Arten von Verantwortung

Indem der Moderator die Rollenelemente 1 bis 3 bedient, wird er seiner Verantwortung gegenüber den Teilnehmern gerecht: Er erfüllt seine Verpflichtung als Dienstleister der Gruppe. Seine Leistung besteht darin, der Gruppe die optimalen Bedingungen für ihr Arbeiten zu schaffen, nach innen genauso wie nach außen. Je unauffälliger, unaufdringlicher, vorzugsweise weitgehend unbemerkt aus dem Hintergrund steuernd ihm dies gelingt, desto besser. Die Gruppe sollte sagen: „Wir haben …" und nicht: „Der Moderator hat …"

Sie sind Ihrem Auftraggeber und der Gruppe gegenüber verantwortlich

Es gibt jedoch oftmals noch eine zweite Verantwortung, die der Moderatorenrolle zuzuordnen ist: die Verantwortung gegenüber dem Auftraggeber. Dies kann ein externer Auftraggeber sein, oftmals aber auch der eigene Chef. Oder – in einer ganz anderen Konstellation – der Moderator ist extern engagiert worden mit dem klaren Auftrag einer ganz bestimmten Moderation mit einem ganz bestimmten Ziel.

Hier muss sich der Moderator – gemeinsam mit den Moderierten – fragen, ob das Ergebnis den Erwartungen des Auftraggebers entspricht, ob die gesetzten Kriterien erfüllt wurden, ob der Auftraggeber mit den Beteiligten und deren Leistung wie auch mit der Leistung des Moderators zufrieden ist. Der Moderator muss dafür sorgen, dass er sowohl die Interessen des Auftraggebers als auch die Bedürfnisse der Moderierten beim Prozessablauf berücksichtigt. Dabei sind ein gut gestalteter Prozess und ein inhaltlich hochwertiges Ergebnis – schon aus Gründen der Motivation der Teilnehmer – meist eng miteinander verbunden.

FAZIT

Der Moderator ist kein Chef und kein Macher.

Als „Anwalt des Ziels" ist er der moderierten Gruppe wie dem Auftraggeber gegenüber gleichermaßen verantwortlich.

Er erleichtert den Gruppenteilnehmern die Arbeit durch inhaltlich-neutrales, nicht-direktives, unauffälliges Steuern.

Die Doppelrolle Führungskraft und Moderator

Nicht immer haben Teams die Möglichkeit, einen externen oder inhaltlich unbeteiligten Moderator zu beauftragen, sondern er kommt aus den eigenen Reihen. Dieses Kapitel ist den Führungskräften gewidmet, die als „interne Moderatoren" Arbeitssitzungen und Gespräche leiten müssen.

Der Spagat ist eine anspruchsvolle Leibesübung, die fortgeschrittene, gut trainierte Sportler oder Balletteleven meistern. Sind Sie Führungskraft mit entsprechender Ergebnisverantwortung und wollen Sie gleichzeitig Besprechungen und Arbeitssitzungen moderieren, in die Sie inhaltlich involviert sind, sind Sie doppelt gefordert. Als Führungskraft müssen Sie qualitativ hochwertige Ergebnisse garantieren und Entscheidungen fällen und Sie müssen inhaltliche, zeitliche, finanzielle Vorgaben machen. Wie bereits beschrieben, ist das aber nicht Ihre Aufgabe als Moderator. Wie sollen Sie da den Spagat schaffen, der Sache, dem Auftraggeber, dem Prozess und den Moderierten gerecht zu werden? Was tun, wenn Sie als Mitarbeiter einer Organisation, also eben nicht als „externer Moderator", in einer hierarchischen Abhängigkeit stehen?

Die Doppelrolle: Ergebnis- und Prozessverantwortung zugleich

> ### DIE DOPPELROLLE
>
> ▶ Sie haben Ergebnis- und Projektverantwortung und sind für die Auftragserfüllung zuständig, das heißt, Sie sorgen einerseits dafür, dass das Team innerhalb der von Ihnen oder einem Auftraggeber vorgegebenen Rahmenbedingungen und Ziele Ergebnisse erarbeitet und dass das Team qualitativ hochwertige und bestmögliche Ergebnisse erzielt.
>
> ▶ Sie haben gleichzeitig aber auch die Verantwortung für den Prozess, das heißt Sie sorgen dafür, dass Ihr Team innerhalb der vorgegebenen Rahmenbedingungen und Ziele systematisch und kooperativ arbeiten kann, und zwar in ihm angemessenen, optimalen Prozessen.

Grundsätzlich kann gesagt werden, dass eine inhaltlich involvierte Führungskraft ihre Moderatorenrolle nicht so explizit im engen Sinne der Definition wahrnehmen kann. Denn Neutralität zu wahren ist in solchen Fällen noch weniger möglich als bei einem außenstehenden Moderator und im Zweifelsfall sind Sie wahrscheinlich eher Führungskraft als Moderator. Sie geraten in zwiespältige Situationen, in denen Sie einerseits Ihrem Vorgesetzten und Auftraggeber gegenüber loyal sein müssen und Ihre eigenen Interessen wahren wollen, andererseits die Interessen und Ziele des Teams unterstützen müssen, wenn Sie ein guter Moderator sein wollen. So oder so tragen Sie abwechselnd zwei „Hüte" und müssen zwischen den beiden Rollen wechseln.

Prüfen Sie, ob Moderation notwendig ist, und ob eine andere Person die Aufgabe übernehmen kann

Diese Doppelrolle ist jedoch mit Vorbehalt zu betrachten, denn sie ausgewogen auszuüben ist nicht immer möglich und entspricht eben nicht der von uns als „ideal" beschriebenen Art des Moderierens. In der Praxis ist diese Doppelrolle aber häufig Realität. Überlegen Sie deshalb vor einer Besprechung, ob überhaupt eine Moderation erforderlich ist. Soll das Team etwas gemeinsam erarbeiten oder wollen Sie als Führungskraft nur Informationen vermitteln? Im ersten Fall ist Moderation erforderlich, im zweiten Fall genügt es, wenn Sie über einige Fragen das Verständnis sicherstellen. Prüfen Sie auch, welche Erfahrung Ihr Team mit Moderation hat. Vielleicht können Sie diese auch an einen Mitarbeiter delegieren. Gerade bei routinemäßigen Besprechungen in einer Abteilung tragen Sie dazu bei, die Moderationskompetenz im gesamten Team zu verbessern, wenn abwechselnd moderiert wird und es ein Feedback für den Moderator gibt. So wird der Umgang mit einem Moderator zunehmend selbstverständlich und auch Sie werden leichter in der Doppelrolle akzeptiert.

Delegieren Sie einzelne Moderationsaufgaben, um sich zu entlasten

Haben Sie für sich geklärt, dass Moderation notwendig ist und dass Sie als Führungskraft selbst die Moderation übernehmen wollen, dann möchten wir Ihnen an dieser Stelle Hinweise geben, die Sie in dieser Doppelrolle unterstützen sollen. Die Tipps geben wir Ihnen unter dem Vorbehalt, dass wir von Ihrer Neutralität als Moderator ausgehen – wohl wissend, welch große menschliche und fachliche Herausforderung sich dahinter verbirgt.

Tipps für den Umgang mit der Doppelrolle

▶ Seien Sie sich des „Spagats" bewusst, den die Doppelrolle bedeutet. Erklären Sie dem Team, dass Sie die Verantwortung für zwei Aspekte gleichzeitig tragen und welche Konsequenzen das hat.

▶ Machen Sie deutlich, dass Sie beim Ausüben dieser Doppelrolle auf die Kooperation des Teams angewiesen sind, und bitten Sie die Gruppe um Unterstützung.

▶ Erklären Sie Ihr Selbstverständnis als Inhaber einer Doppelrolle in der Zusammenarbeit mit dem Team. Verdeutlichen Sie dem Team, welchen Freiraum es hat, das heißt, welche Vorgaben nicht verhandelbar und welche durch das Team beeinflussbar sind (siehe Seite 48-62 und 167-174). Machen Sie während des Prozesses immer wieder transparent, wo Sie als Führungskraft gefordert sind und weshalb Sie Entscheidungen so fällen.

► Zeigen Sie auch vorab auf, an welchen Stellen Sie eine Teamentscheidung akzeptieren, wann Sie lediglich eine Entscheidungsgrundlage erarbeiten möchten und wo Sie selbst sich die Entscheidung vorbehalten.

► Visualisieren Sie alle wesentlichen Beschlüsse und Arbeitsschritte, damit alle ein einvernehmliches Verständnis von Inhalt und Vorgehen haben (siehe Seite 90-102). Dadurch stellen Sie Transparenz her und Zusammenhänge und Entscheidungen werden nachvollziehbar.

► Nehmen Sie eine fragende Haltung ein, um Ihrem Team den Raum zu geben, eigene Vorstellungen zu entwickeln und sich den Auftrag trotz Ihrer Doppelrolle zu eigen zu machen: „Was meinen Sie dazu, Frau Kollegin?" „Was halten Sie davon, wenn wir so vorgehen?" (Siehe auch Seite 104)

► Machen Sie jederzeit transparent, welche Rolle Sie gerade ausüben und wann Sie sie wechseln. Sagen Sie, welchen „Hut" Sie gerade aufhaben: „Als Projektleiter muss ich dazu folgenden Hinweis geben ..." oder „Das kann ich als Projektleiter gegenüber der Geschäftsleitung nicht verantworten und behalte mir hier die Entscheidung vor." „Als Moderator weise ich darauf hin, dass wir verabredet haben, zehn Minuten Ideen zum Thema zu spinnen, ich bitte Sie, die Ideen noch nicht zu diskutieren, sondern erst mal nur zu sammeln. Die Diskussion erfolgt im nächsten Schritt."

► Wenn Sie selber inhaltliche Beiträge beisteuern, kennzeichnen Sie diese als solche: „Ich möchte auch einen inhaltlichen Beitrag dazu abgeben, und zwar ..." „Ich habe auch eine Idee dazu, und zwar ..."

► Achten Sie auf Ihre Sprache. Verwenden Sie keine Killerphrasen wie „ Das geht sowieso nicht!" oder „Haben wir alles schon probiert". Vermeiden Sie vorschnelle eigene Bewertungen, wie „Das kostet zuviel Zeit" oder „Diese Idee unterstütze ich sofort".

► Vereinbaren Sie Spielregeln für Umgang und Arbeitsweise (siehe Seite 116-117 und 299-302).

► Wechseln Sie zwischen Stehen und Sitzen. Teilnehmer verbinden Plätze mit Rollen. Stehen Sie in der Moderationsrolle, so setzen Sie sich an den Tisch dazu, wenn Sie einen inhaltlichen Beitrag abgeben wollen. Stehen Sie wieder auf, wenn Sie weitermoderieren möchten (siehe auch Seite 176-177).

► Geben Sie die Moderation ganz oder phasenweise ab, wenn Sie merken, dass Sie Ihre „Neutralität" nicht mehr aufrechterhalten können und zu sehr inhaltlich betroffen sind.

An dieser Stelle möchten wir betonen, dass alle weiteren Empfehlungen in diesem Buch sich immer auf die „ideale Moderationssituation" beziehen, in der sich ein Moderator qua Funktion neutral verhält.

> **FAZIT**
>
> Die Doppelrolle Führungskraft/Moderator ist eine Spitzenleistung. Beiden Funktionen ausgewogen gerecht zu werden und Neutralität im herkömmlichen Sinne zu wahren, ist nicht möglich. Machen Sie „Abstriche" bei Ihrer Moderationsaufgabe und seien Sie eher „Gesprächsleiter" als Moderator. Machen Sie Ihr Selbstverständnis transparent, laden Sie die Gruppe zur Kooperation ein und machen Sie deutlich, wenn Sie den „Hut" wechseln.

Welche Anforderungen werden an Sie als Moderator gestellt?

Nachdem wir die Rolle des Moderators beschrieben haben, zeigen wir als Nächstes auf, welche Anforderungen an das Profil eines Moderators gestellt werden. Diese Anforderungen ergeben sich aus der Rolle und dem Selbstverständnis des Moderators. Ein hohes fachliches Wissen und Können sowie optimale Prozessgestaltung und -steuerung sind die beiden Aspekte, auf denen erfolgreiche Arbeit basiert. Ein hohes Fachwissen allein genügt nicht, um erfolgreich zu arbeiten, denn die wenigsten von uns arbeiten allein. Vielmehr sind wir eingebunden in unterschiedliche Kooperationen und diese Prozesse des Miteinanders müssen effizient und effektiv gestaltet und gesteuert werden.

Fachwissen alleine genügt nicht

Für diese beiden Erfolgsfaktoren braucht es entsprechende Kompetenzen. Mit Kompetenzen sind die persönlichen Fähigkeiten gemeint, die jemand benötigt, um seine Aufgabe gut erledigen zu können. Der Begriff Kompetenzen wird hier gleichgesetzt mit Fähigkeit und nicht in seiner anderen Bedeutung, nämlich Befugnis, verwendet.

Wir unterscheiden Fach- und Prozesskompetenz. Fachkompetenz bedeutet Fachwissen und Fachkönnen in Abhängigkeit von der jeweiligen Aufgabe. Prozesskompetenz ist die Fähigkeit, Prozesse zu gestalten und zu steuern. Bei der Prozesskompetenz unterscheiden wir zwei Bereiche: die methodische und die soziale Kompetenz.

Prozesskompetenz = methodische und soziale Kompetenz

B E I S P I E L

Methodische Kompetenz	Soziale Kompetenz
► Ziele vereinbaren	► Zuhören können
► Systematisch vorgehen	► Kritikfähig sein
► Zeit planen	► Sich für Menschen interessieren
► Veränderungen managen	► Teamfähig sein
► Konflikte managen	► Toleranz beweisen
► Kreativitätstechniken beherrschen	► Konfliktfähig sein
____	____
____	____
____	____
____	____

Prozesskompetenz benötigen Sie grundsätzlich unabhängig von der jeweiligen Aufgabenstellung. Beispielsweise müssen Sie Zeiten planen, egal ob Sie ein Marketingthema bearbeiten, eine technische Anlage entwickeln oder ein neues Gehaltssystem implementieren. Aber dennoch werden je nach Art der Aufgabe unterschiedliche methodische Kompetenzen benötigt oder beispielsweise unterschiedliche Zeitplanungstools eingesetzt.

Das Anforderungsprofil für den Moderator orientiert sich an der für eine Moderation benötigten Prozesskompetenz. Da Sie als Moderator normalerweise nicht inhaltlich an der Bearbeitung des Themas beteiligt sind, benötigen Sie kein explizites Fachwissen, sondern vielmehr methodische Tools und soziale Kompetenz, um Ihre Aufgabe erfolgreich zu managen.

Als Beispiel für die benötigten Kompetenzen eines Moderators finden Sie hier eine Sammlung, wie sie auf einem unserer Moderationstrainings entstanden ist:

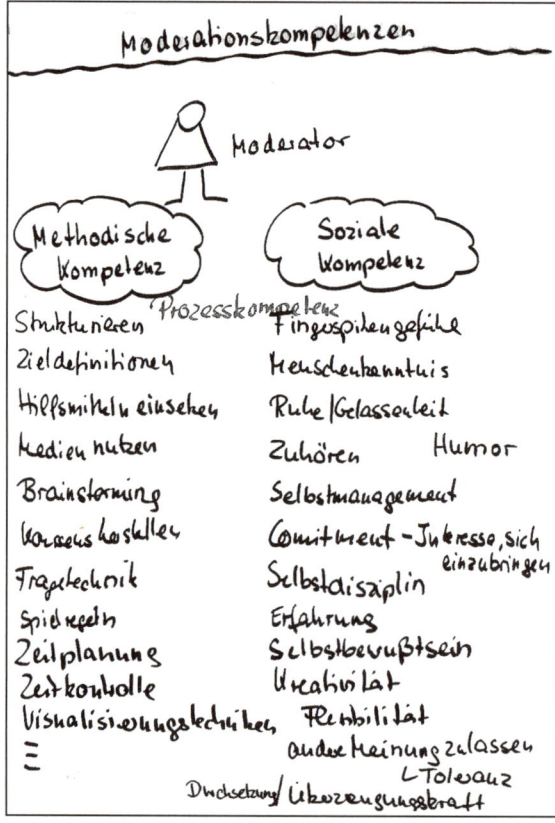

Kompetenzen, die ein Moderator braucht – Ergebnis aus einem Coverdale-Moderationstraining

Auch wenn in dem vorgestellten Kompetenzmodell methodische und soziale Kompetenzen voneinander getrennt werden, sind sie dennoch nicht isoliert voneinander zu betrachten.

Als Moderator können Sie sich viele methodische Fähigkeiten aneignen, doch oft können sie nur mit einer entsprechenden sozialen Kompetenz gekoppelt glaubwürdig in der Moderation eingesetzt werden. Beispielsweise können Sie als Moderator den Umgang mit unterschiedlichen Fragen erlernen, aber für eine erfolgreiche Anwendung muss ergänzend hinzukommen: Ihr ehrliches Interesse an Menschen, Ihre Neugier und Offenheit für andere Meinungen und Sichtweisen. Und das sind soziale Kompetenzen.

Prozesskompetenz hat jedoch nicht nur der Moderator allein – sie ist in unterschiedlichem Maß auch in der Gruppe vorhanden. Hier obliegt es Ihnen als Moderator, Ihren Einsatz an Kompetenzen so zu steuern, das er als unterstützend für die Gruppe erlebt wird. Je größer die vorhandene Prozesskompetenz der Teilnehmer ist, desto weniger brauchen Sie gestaltend und steuernd einzugreifen. Umgekehrt müssen Sie umso mehr Ihre Prozesskompetenz einbringen, je weniger Fähigkeiten diesbezüglich in der Gruppe vorhanden sind. Hier ist es wichtig, im Verlauf einer Moderation die richtige Balance zu halten.

> Nutzen Sie auch die Prozesskompetenz der Gruppe

Den Teilnehmern stehen ihre Prozesskompetenzen im Verlauf einer Moderation auch nicht immer uneingeschränkt zur Verfügung. Je größer die fachliche Beteiligung und das inhaltliche Engagement, desto häufiger geraten die Fähigkeiten, den Prozess optimal mit zu gestalten und zu steuern, ins Hintertreffen. Diskussionen mit starker Betroffenheit, Festhalten an Details sowie erhebliche Unterschiede in den Sichtweisen einer Gruppe machen es für die Beteiligten schwer, ihre normalerweise vorhandenen Prozesskompetenzen einzusetzen. Und genau deshalb sind Sie als Moderator gefragt, hier den Verständigungsprozess durch das Einsetzen Ihrer methodischen und sozialen Fähigkeiten zu unterstützen. Je nach Fähigkeiten der Teilnehmer müssen Sie dabei mal mehr und mal weniger gestalten und steuernd eingreifen.

> **FAZIT**
>
> Als Moderator gestalten und steuern Sie den Prozess und sind üblicherweise nicht inhaltlich beteiligt. Sie benötigen deshalb Prozesskompetenz, die sich aus methodischer und sozialer Kompetenz ergibt.

Praktische Tipps für Ihre ersten Schritte als Moderator

Lernen Sie aus Ihren Erfahrungen

Menschen lernen am besten aus Erfahrung. Lektüre und Gespräche sind wichtig, jedoch lernen Sie das Zusammenarbeiten mit anderen Menschen nur in sehr begrenztem Umfang durch das Lesen von Büchern. Sicherlich bekommen Sie durch entsprechende Literatur, wie auch durch unser Buch, Impulse zum Nachdenken und Anregungen für das eigene Handeln und Verhalten, aber am besten lernt man nach wie vor aus Erfahrungen beim direkten Ausprobieren. Das folgende Bild verdeutlicht, warum Erfahrungslernen wichtig ist.

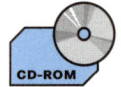

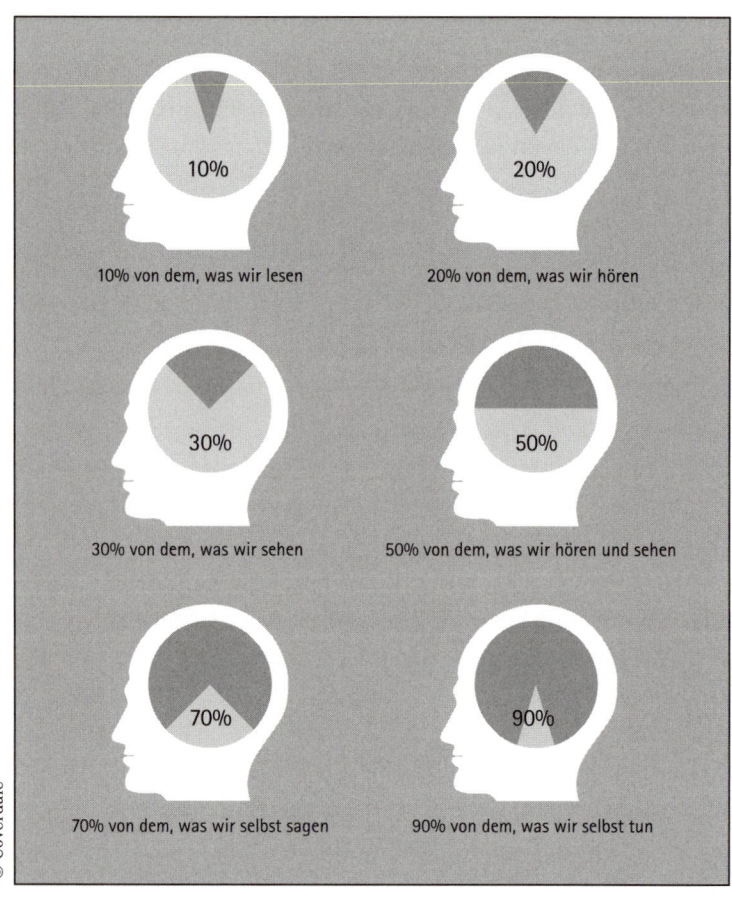

10% von dem, was wir lesen

20% von dem, was wir hören

30% von dem, was wir sehen

50% von dem, was wir hören und sehen

70% von dem, was wir selbst sagen

90% von dem, was wir selbst tun

© Coverdale

Wir behalten nur einen bestimmten Teil dessen, was wir wahrnehmen

Trotz aller Unterschiede zwischen Menschen zeigen Untersuchungen, dass wir alles das, was wir selber einmal ausprobiert haben, am besten behalten und auch wiederholen können. Wir sind in der Lage, uns 90 Prozent von dem zu merken, was wir selber einmal getan und direkt erlebt haben.

Wie das Lernen aus Erfahrungen gestaltet werden kann, zeigen die beiden folgenden Bilder.

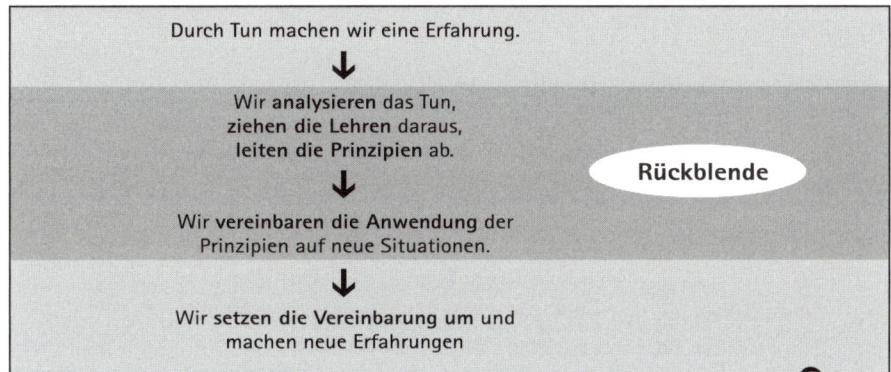

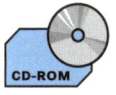

Lernen aus Erfahrungen kann durch eine Rückblende bewusst gestaltet werden

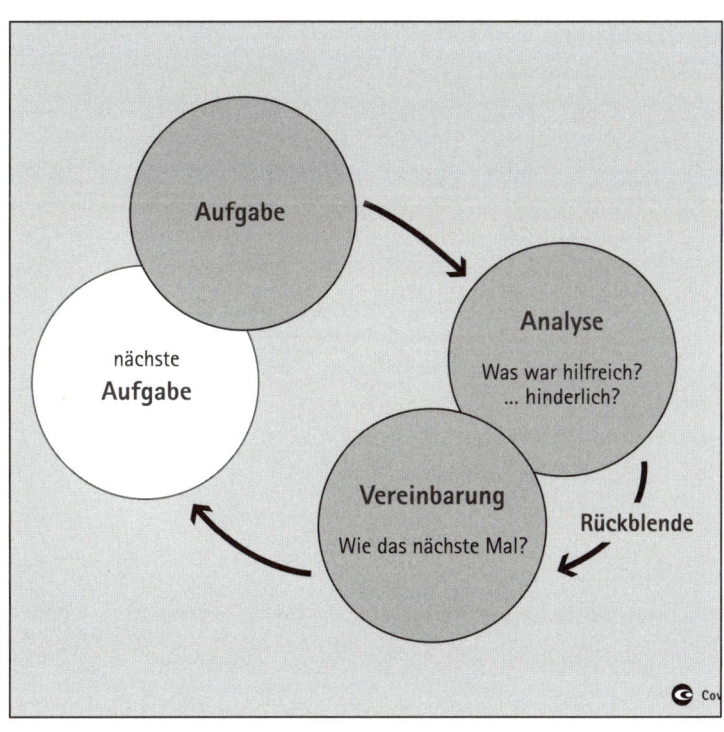

Immer wieder bewusst aus Erfahrungen lernen, bedeutet einen kontinuierlichen Verbesserungsprozess zu durchlaufen

Durch das Wiederholen der drei Schritte Aufgabe – Analyse – Vereinbarung für das nächste Tun entsteht ein kontinuierlicher Verbesserungsprozess.

Wir alle lernen permanent durch Erfahrungen, die wir tagtäglich machen, doch meist findet dieses Lernen eher im Unbewussten statt. Wir empfehlen Ihnen, dieses Lernen bezüglich Moderation ganz bewusst zu gestalten. Seien Sie Ihr eigener Coach!

BEWUSST AUS ERFAHRUNGEN LERNEN

1. Bereiten Sie eine Moderationssituation aktiv vor.
   ► Lesen Sie das Kapitel „Eine Moderation vorbereiten" (Seite 167) und nutzen Sie die Checklisten zum Vorbereiten.
2. Planen Sie am Ende Zeit für eine Rückblende ein:
   ► Wie haben die Teilnehmer den Prozess erlebt?
   ► Was war unterstützend?
   ► Was hätten sie sich anders gewünscht?
3. Holen sie sich nach dem Abschluss der Moderation Feedback von den Teilnehmern:
   ► Welche Rückmeldungen gibt es für Sie in Ihrer Rolle als Moderator?
   ► Welche Ihrer Handlungen und Interventionen waren hilfreich/weniger hilfreich?
   ► Sind die Erwartungen erfüllt worden?
4. Analysieren Sie Ihre eigenen Eindrücke (machen Sie sich nicht nur Gedanken, sondern auch Notizen zu Ihrer Analyse):
   ► Wie ist die Moderation aus Ihrer Sicht gelaufen?
   ► Was ist Ihnen gelungen?
   ► Wo hatten Sie Schwierigkeiten?
   ► Hat die Vorbereitung geholfen?
   ► Was war anders, als Sie erwartet haben?
5. Leiten Sie daraus Erkenntnisse ab:
   ► Was wollen Sie beim nächsten Mal wieder so machen?
   ► Was wollen Sie beim nächsten Mal anders machen?

   Werten Sie Ihre Analyse aus und notieren Sie sich Ihre Erkenntnisse. Legen Sie einen Lernordner für Moderation an – entweder in Papierform oder auf Ihrem Rechner. Spannend wird es sein, nach einiger Zeit noch mal zurückzublättern und die eigene Lernkurve als Moderator nachzuvollziehen.
6. Planen Sie diese Erkenntnisse bei der nächsten Moderation ein.

Moderation ist eine komplexe Aufgabe, der man sich in kleinen Schritten nähern sollte. Achten Sie anfangs darauf, dass Sie sich nicht zu viel vornehmen – je nach Erfahrung und Selbstvertrauen.

Nehmen Sie sich nicht zuviel vor

▶ Suchen Sie sich risikoarme Einstiegsmöglichkeiten: Überlegen Sie, bei welchen Gelegenheiten Sie „üben" können, auch wenn Ihre Moderationsfähigkeiten eventuell noch holprig sind:

▶ Gibt es Gelegenheiten, bei denen mögliche Moderationsfehler sich nicht so gravierend auf das Ergebnis auswirken?

– Welche Teilnehmer sind geeignet, Ihnen ein offenes Feedback zu geben?

– Welcher Gruppe schenken Sie genügend Vertrauen, die vielleicht noch ungewohnte Rolle als Moderator zu testen?

– Wo können Sie Ihre Situation als Anfänger ungeschützt transparent machen?

Neben Moderationssituationen im Arbeitsalltag gibt es häufig auch im nichtberuflichen Umfeld Möglichkeiten, sich als Moderator auszuprobieren. Geeignet dazu sind nach unseren eigenen Erfahrungen beispielsweise Vorstandssitzungen eines Vereins oder Elternbeiratsbesprechungen im Kindergarten oder in der Schule. Schaffen Sie es, die übliche Dauer von 3 Stunden für die monatliche Vorstandssitzung eines Sportvereins durch den Einsatz von Moderationstools auf 1,5 Stunden zu reduzieren, dann gibt das Bestätigung und Antrieb, Ihre Moderationsfähigkeiten noch weiter zu entwickeln.

Üben Sie auch im nichtberuflichen Umfeld moderieren

▶ Nehmen Sie sich genügend Zeit für die Vorbereitung: Eine gründliche Vorbereitung wird Ihnen gerade in Anfangssituationen Sicherheit geben. Auch wenn Sie immer mal wieder unvorbereitet moderieren müssen, so ist es doch gerade bei den ersten Schritten als Moderator hilfreich, sich vorab ausführlich mit der Moderation zu beschäftigen, den Ablauf zu planen und alles Organisatorische im Vorfeld sicherzustellen. Nur so haben Sie dann während der Moderation „den Rücken frei", um sich ganz auf die Moderationsaufgaben an sich zu konzentrieren. Aber Achtung: Bleiben Sie flexibel und weichen Sie von Ihrem Plan ab, wenn der aktuelle Prozess es erfordert!

▶ Lassen Sie sich helfen:

– Machen Sie die Vorbereitung gemeinsam mit einem erfahrenen Kollegen.

– Bereiten Sie sich alleine vor, aber diskutieren und prüfen Sie die Vorbereitung und Ihre Planung noch einmal mit einem erfahrenen Kollegen.

– Bitten Sie einen erfahrenen Kollegen, bei der Moderation als Beobachter dabei zu sein, um Ihnen in den Pausen und im Anschluss als Reflexionspartner und Feedbackgeber zur Verfügung zu stehen.

Bereiten Sie sich mit anderen zusammen vor

– Verabreden Sie mit einem erfahrenen Kollegen „Telefonbereitschaft", um in Pausenzeiten Rücksprache halten zu können.

– Moderieren Sie zu zweit. Dabei ist es jedoch wichtig, im Vorfeld die jeweiligen Rollen und Aufgaben abzusprechen. Ist man gemeinsam als Moderatorenteam bei den Teilnehmern eingeführt, dann kann man sich gegenseitig aushelfen.

– Bitten Sie Teilnehmer, Sie bei verschiedenen Aufgaben zu unterstützen, zum Beispiel bei der Kontrolle der Zeit oder beim Visualisieren.

Moderations-
verantwortung können
Sie auch teilen

▶ Wechseln Sie sich in der Moderation ab: Haben Sie in Ihrer Abteilung oder Ihrem Arbeitsbereich regelmäßige Besprechungen, so können Sie verabreden, dass abwechselnd moderiert wird. Dadurch übernehmen alle einmal die Rolle des Moderators und werden sich den Herausforderungen dieser Aufgabe bewusster. Wenn Sie Rückblenden- und Feedbackrunden etablieren, lernen alle Beteiligten daraus. Sie selbst lernen nicht nur in der Rolle als Moderator, sondern auch, wenn Sie als Teilnehmer einen Kollegen als Moderator beobachten und seine Moderation mit Ihrem eigenen Moderationsverhalten vergleichen. Dadurch dass Sie abwechselnd moderieren und gemeinsam reflektieren, erhöhen Sie die Moderationskompetenz des gesamten Arbeitsteams. Eine andere Variante ist der Wechsel während einer Sitzung. Gerade bei längeren Meetings ist es hilfreich, wenn man als Moderationsanfänger nicht die Prozessverantwortung für den gesamten Verlauf hat, sondern die Moderation nach Phasen oder Tagesordnungspunkten aufteilen kann. So kann beispielsweise immer derjenige Kollege die Moderation übernehmen, der inhaltlich an dem jeweiligen Thema am wenigsten beteiligt ist.

Pausen sind wichtig

▶ Planen Sie genügend Pausen ein: Pausen sind nicht nur für die Regeneration und den informellen Austausch der Teilnehmer wichtig, sondern auch Sie als Moderator brauchen die Pausen. Sie bieten Ihnen neben Erholung auch die Möglichkeit,

– wieder Abstand zum Geschehen zu bekommen,

– Kontakte zu einzelnen Teilnehmern auszubauen,

– informell mit Teilnehmern zu sprechen,

– Zusatzinformationen einzuholen,

– bei Bedarf neu zu planen oder

– sich mit einem erfahrenen Kollegen zu beraten, direkt, wenn er anwesend ist, oder per Telefon.

Üben Sie vorab

▶ Üben Sie vorab das Visualisieren: Machen Sie sich mit den Visualisierungsmethoden (siehe Seite 90) vertraut, die Sie einsetzen wollen. Stellen Sie si-

cher, dass die Technik funktioniert und dass Sie wissen, wie Sie was bedienen müssen. Beim Einsatz von Flipchart und Pinnwänden üben Sie vorher
das Schreiben mit den dicken Stiften, überprüfen Sie die Lesbarkeit Ihrer
Schrift auch mit dem Abstand, den die Teilnehmer zu dem Flipchart oder der
Pinnwand haben werden.

> **FAZIT**
>
> Am besten lernen Sie moderieren, in dem Sie es tun. Gestalten Sie Ihren
> persönlichen Lernprozess ganz bewusst und nehmen Sie sich am Anfang
> nicht zu viel vor.

Als Moderator lernen Sie nie aus

Auch wenn Sie schon Erfahrungen als Moderator gesammelt haben, ist es aus unserer Sicht wichtig, weiterhin offen dafür zu sein, Neues dazuzulernen. Als Moderator lernt man nie aus. Immer wieder stehen Moderatoren vor neuen Menschen, komplexen Gruppen, unbekannten Situationen, spannenden Herausforderungen und erleben Momente der Ratlosigkeit.

Neben dem bewussten Lernen aus Erfahrungen, wie wir es soeben beschrieben haben, gibt es noch weitere direkte Fortbildungsmöglichkeiten. Dazu zählen

► Trainingsmaßnahmen,

► Supervision und

► Coaching.

Firmeninterne Trainings

Durch Training Kompetenzen erweitern

Bei den Trainingsmaßnahmen sind firmeninterne Trainings von offenen Trainingsmaßnahmen zu unterscheiden. Bei firmeninternen Trainings wird eine ganze Gruppe von Mitarbeitern in Moderation ausgebildet. Das hat den Vorteil, dass in einem Unternehmen nicht nur bei einer Einzelperson, sondern sozusagen übergreifend Moderationskompetenzen erweitert werden. Hier können sich dann einzelne Mitarbeiter direkt gegenseitig unterstützen und auch gemeinsam den Austausch von Erfahrungen organisieren. Sind ausgebildete Moderatoren in einem Unternehmen vorhanden, können diese bereichsübergreifend eingesetzt werden. Dadurch wird die Neutralität des Moderators bezüglich der bearbeiteten Themen leichter gewährleistet.

Offene Trainings

Bei offenen Trainingsmaßnahmen kommen Teilnehmer aus verschiedenen Unternehmen zusammen. Die Unterschiedlichkeit erleichtert in dem Fall das Schauen „über den Tellerrand" hinaus. So können Eindrücke und positive Erfahrungen aus anderen Unternehmen übernommen und in die eigene Moderationstätigkeit integriert werden. Bei einem eventuellen Follow-up-Termin im Abstand von einigen Monaten nach der Durchführung des Trainings können Sie dann gemeinsam mit den anderen Teilnehmern die Umsetzung Ihrer Trainingserkenntnisse überprüfen und weitere Anregungen bekommen.

> **ACHTEN SIE AUF DIE TRAININGSMETHODEN**
>
> Doch egal, ob es sich um ein firmeninternes oder ein offenes Training handelt, vor einer Anmeldung sollten Sie überprüfen, mit welchen Methoden in dem Training gearbeitet wird. Auch hier empfehlen wir die Methode des prozessorientierten Erfahrungslernens, wie sie bei Coverdale-Trainingsmaßnahmen üblich ist.

In prozessorientierten Trainings mit der Methode des Erfahrungslernens gibt es keine Vorträge und standardisierten Abläufe, sondern die Teilnehmer arbeiten live als Moderatoren im Training unter Trainerbeobachtung. In Reflexionsrunden werten die Teilnehmer unter Anleitung des Trainers ihre Erfahrungen systematisch aus und planen direkt die Umsetzung der gewonnenen Erkenntnisse in ihren Arbeitsalltag. Die Teilnehmer werden ermutigt, auf ihren individuellen Stärken aufzubauen und auch neue und zunächst ungewohnte Verhaltensweisen als Moderatoren auszuprobieren.

Jeder Teilnehmer erlebt eine praktische Moderationssituation mit einem Moderationsauftrag und erhält unmittelbar persönliches Feedback und konstruktive Empfehlungen. Die Themen der Moderationsaufträge umfassen verschiedene Aspekte von Moderation. Die Aufträge werden mit den anderen Teilnehmern zusammen bearbeitet. Zwischen den Moderationssituationen erhalten die Teilnehmer Input vom Trainer in Form von Erklärungsmodellen, Hintergrundwissen oder praktischen Tipps zu den verschiedenen Themen des Trainings. Außerdem werden Rollenspiele zum Thema „Moderieren in schwierigen Situationen" durchgeführt.

Achten Sie darauf, dass Sie persönliches Feedback bekommen

Lernen findet bei dieser Form des Trainings auf verschiedenen Ebenen statt:

► durch Erfahrungen in der Moderatorenrolle

► durch Rückmeldungen auf den individuellen Moderationsstil als Feedbackempfänger

► durch Feedback als Feedbackgeber nach dem Beobachten anderer Teilnehmer

► durch Üben der Prozessbeobachtung

► durch die Auseinandersetzung mit den Inhalten der Aufträge rund um das Thema Moderation

► durch theoretische Inputs im Plenum

► durch Diskussion mit den anderen Teilnehmern und dem Trainer

Die Zahl an notwendigen Trainingstagen richtet sich nach Ihren Vorkenntnissen und nach Ihren Zielen. Moderieren Sie nur gelegentlich, dann genügt eventuell ein dreitägiges Basistraining. Sind Sie jedoch professionell als Moderator tätig, ist sicherlich eine umfangreiche Weiterbildung, bestehend aus mehreren Modulen, sinnvoll.

Neben der eigentlichen Moderationsausbildung ist es hilfreich, je nach Bedarf weitere Themen zu vertiefen. Trainingsthemen zu Konfliktmanagement, Verhandeln und Selbstmanagement tragen wesentlich dazu bei, Ihre Moderationsfähigkeiten zu verbessern. Auch Visualisierungstechniken können gut separat trainiert werden

Vertiefen Sie auch andere Themen

Supervision

Eine andere Möglichkeit der Lernens ist Supervision. Sie können einen erfahrenen Kollegen bitten, als Supervisor zu fungieren. Das bedeutet, er beobachtet Sie bei Ihrer Moderationsaufgabe und macht sich Notizen zu Ihrem Vorgehen und Ihren Interventionen als Moderator.

> **SUPERVISION**
>
> Holen Sie sich dazu vorher die Erlaubnis der Teilnehmer und erklären Sie in der Einstiegsphase noch einmal seine Rolle und sein Vorgehen. Besonders das Mitschreiben des Supervisors kann Irritationen bei den Teilnehmern auslösen, wenn Sinn und Zweck nicht transparent gemacht werden.

Der Supervisor hilft, aus Erfahrungen zu lernen

Der Supervisor beobachtet nicht nur Sie, sondern er behält auch die Teilnehmer im Blick und bemerkt die Auswirkungen, die Ihre Moderationsinterventionen bei der Gruppe haben. Anschließend reflektiert er mit Ihnen seine Beobachtungen und unterstützt Sie dabei, aus den Erfahrungen bewusst zu lernen. Selbstverständlich können Sie auch einen professionellen Moderatorenausbilder als Supervisor auswählen. Hier sollten Sie sich nach seinen Berufserfahrungen als Ausbilder und als Moderator erkundigen. Die Kriterien, die für die Auswahl eines Coach − siehe weiter unten − wichtig sind, gelten auch hier.

Coaching

Auch ein individuelles Coaching kann Sie dabei unterstützen, sich als Moderator weiterzuentwickeln. Unter Coaching verstehen wir eine professionelle Beratungsmethode für Einzelpersonen, die sich auf berufliches Handeln bezieht und der Verbesserung der Profession dient. Moderieren ist eine berufliche Aufgabe, bei der Sie als Person besonders gefordert sind. Schwierigkeiten, die bei Ihrer Moderationstätigkeit auftreten, lassen sich daher auch gut in einem Coaching bearbeiten. Ziel des Coaching ist, Hilfe zur Selbsthilfe zu geben und den Coachee, also die Person, die gecoacht wird, bei Veränderungen und der persönlichen Weiterentwicklung seines Potenzials zu unterstützen. Das Ziel des Coaching wird am Anfang als Kontrakt festgelegt.

Coaching = Hilfe zur Selbsthilfe

> **DARAUF SOLLTEN SIE ACHTEN**
>
> Bei der Auswahl eines Coach empfehlen wir Ihnen, folgende Kriterien zu berücksichtigen:
>
> ► Respekt für die Besonderheiten jedes einzelnen Menschen
>
> ► Aufbau auf den Stärken des Coachee
>
> ► eine partnerschaftliche Haltung gegenüber dem Coachee
>
> ► berufliche Erfahrungen

Üblicherweise besteht ein Coaching aus einer Reihe von Einzelterminen zwischen Coach und Coachee. Am Anfang wird mit dem Kontrakt auch die Dauer vereinbart. Coaching ist als Methode besonders geeignet für Führungskräfte, die in ihrer Funktion als Entscheidungsträger eine Doppelrolle (siehe Seite 19ff.) einnehmen müssen, wenn sie moderieren wollen. Coverdale-Coachs kennen die Arbeitssituation von Führungskräften sowohl aus eigener beruflicher Erfahrung als Führungskräfte als auch durch die Trainings- und Beratungsarbeit mit Führungskräften aus den verschiedenen Branchen.

Coaching eignet sich besonders für Führungskräfte

> **FAZIT**
>
> Trainingsmaßnahmen, Coaching und Supervision sind Möglichkeiten, um als Moderator zu lernen. Was für Sie geeignet ist, hängt von Ihren Vorkenntnissen und Ihren Zielen als Moderator ab. Außerdem entscheiden nicht zuletzt die zur Verfügung stehenden Ressourcen, wie Weiterbildungsbudget und Zeit sowie die Unterstützung des Vorgesetzten, über die Art der Weiterbildung.

Instrumente, Methoden, Werkzeuge

Für das Moderieren gibt es eine ganze Reihe von nützlichen Instrumenten, Methoden und Werkzeugen. Wir nennen sie Tools. Wenn Sie sich eine Tool-Box oder einen Werkzeugkoffer vorstellen, dann wird Ihnen deutlich, dass sich darin so wichtige Dinge befinden wie Hammer, Zange, Schraubenzieher, Säge, Feile, etc. – und diese liegen meistens in dem großen Fach in der Mitte. Die kleinen Tools wie Schrauben, Nägel, Unterleg-scheiben, Dübel sind mehr an den Seiten untergebracht. Genauso wollen wir es hier handhaben. Die großen Tools, also die Techniken, die grundlegend für Moderationssituationen sind, stellen wir Ihnen im Folgenden einzeln vor. Die vielen kleineren Tools werden wir später im Zusammenhang mit ganz bestimmten Beispielen behandeln. Sie finden Sie im Kapitel „Praxis der Moderation".

Ein Prozess – was ist das?

Häufig hört man im Unternehmen die Meinung: „Entweder die Leute kommen gut miteinander aus oder nicht – wenn nicht, dann kann man wenig oder gar nichts daran ändern, dann stimmt eben die Chemie nicht!" Dieser Meinung sind wir nicht. Sicher gibt es immer wieder Menschen, zwischen denen die „Chemie" vermeintlich nicht stimmt, doch kann man in der Moderation durch die Wahl passender Tools derartige Situationen entscheidend beeinflussen. Dabei spielt eine gemeinsam vereinbarte, systematische Vorgehensweise für den Prozess eine entscheidende Rolle.

Unterscheiden Sie zwischen Auftrag und Prozess

Als Moderator können Sie die Art und Weise, wie Menschen zusammenarbeiten durch entsprechende Planung oder durch den Einsatz von Tools wie beispielsweise der systematischen Vorgehensweise drastisch verbessern. Der erste Schritt dazu ist die Unterscheidung zwischen der eigentlichen Aufgabe oder dem Auftrag und der Art und Weise, wie dies erledigt werden soll.

Arbeiten Menschen zwecks Erledigung eines Auftrags mit anderen Menschen zusammen, dann setzen sie in der Regel ihre Fähigkeiten und Fertigkeiten auf recht unterschiedliche Weise ein:

Fachkompetenz

▶ Sie wenden technisches, formal erlerntes, in der Berufserfahrung erworbenes fachbezogenes Wissen und Können an, um den Auftrag erfolgreich abzuarbeiten. Das haben sie im Wesentlichen als Ingenieure, Kaufleute, Buchhalter oder Techniker in ihrer Berufsausbildung gelernt. Wir sprechen hier von Fachkompetenz.

Prozesskompetenz

▶ Sie setzen aber auch Wissen und Können dafür ein, dass die Zusammenarbeit möglichst reibungslos und effektiv abläuft. Dabei benutzen sie Fertigkeiten wie Zuhören, wenn andere ihre Ideen entwickeln; Zusammenfassen, was andere gesagt haben; Planen und Überwachen, wie mit der verfügbaren Zeit umgegangen wird; Klären von Auftrag und Zielen. Wir sprechen hier von Prozesskompetenz.

Prozesskompetenz ist für die Moderation von ausschlaggebender Bedeutung. Der Moderator muss in der Lage sein, Fach- und Prozessprobleme zu unterscheiden und zu wissen, wie er damit umgeht. Mehr zu diesem Thema finden Sie im Kapitel „Synergien im Team erreichen" ab S. 98.

BEISPIELE

Beispiele für ein Fachproblem

▶ Ein Motor ist defekt.

▶ Die Vorräte für eine bestimmte Produktion sind erschöpft.

▶ Die Qualität einiger Waren ist so schlecht, dass sie entsorgt werden müssen.

▶ Die Reklamationen für das Produkt X häufen sich seit einem halben Jahr.

▶ Die (alte) Verpackung passt nicht zu dem neuen Produkt.

Beispiele für ein Prozessproblem

▶ Ein Teilnehmer möchte die Besprechung zu Ende führen, ein anderer dagegen möchte dringend nach Hause.

▶ Ein Besprechungsmitglied ist der Meinung, die Diskussion drehe sich im Kreise; ein anderes behauptet, man sei bereits unerwartet weit gekommen.

▶ Ein Gruppenleiter möchte für drei Jahre im Voraus planen, sein Vorgesetzter hingegen verlangt die aktuellen Zahlen von heute.

▶ Zwei Kollegen sind so sauer aufeinander, dass sie über längere Zeit nicht miteinander sprechen.

Prozessprobleme

Prozessprobleme sind in der Regel

▶ methodischer Art (Tools wie die Anwendung einer systematischen Vorgehensweise fehlen oder funktionieren nicht, das Setzen von Zielen wurde versäumt oder es gibt keine eindeutigen Zeitpläne) und/oder

▶ persönlicher oder sozialer Art (wie Leute miteinander umgehen, kommunizieren; ihre Emotionen, Gefühle, Reaktionen).

Aufgaben-/Fachkompetenz	Prozesskompetenz
wird gekennzeichnet durch:	wird gekennzeichnet durch:
– fachliche Fähigkeiten/Fertigkeiten (Fachautorität)	– prozessbezogene Fähigkeiten/Fertigkeiten
	– eigenes situatives (aktives) Eingreifen
ist:	ist:
– hierarchisch eingebunden	– hierarchisch übergreifend,
– ungleich	– gleich
– gegeben, verliehen	– immer wieder neu gewonnen,
– begrenzt (durch die Hierarchie)	begrenzt (durch sich selbst und durch andere Beteiligte)

Unterschiede zwischen Aufgaben-/Fachkompetenz und Prozesskompetenz

Wir haben bereits auf die Bedeutung des Prozesses für den Moderator hingewiesen. Dies wird noch deutlicher, wenn wir sagen: Sie als Moderator sind
in allererster Linie ein Prozesssteuerer. Es ist Ihre vorrangige Aufgabe, den
moderierten Teilnehmern zu helfen, die oben aufgeführten Prozessprobleme
zu vermeiden oder, falls sie auftreten, zu überwinden.

Prozesskompetenz setzt sich in der Regel zusammen aus methodischen und sozialen Kompetenzen. Die nachstehende Übersicht macht diese Aufteilung
durch Beispiele deutlich:

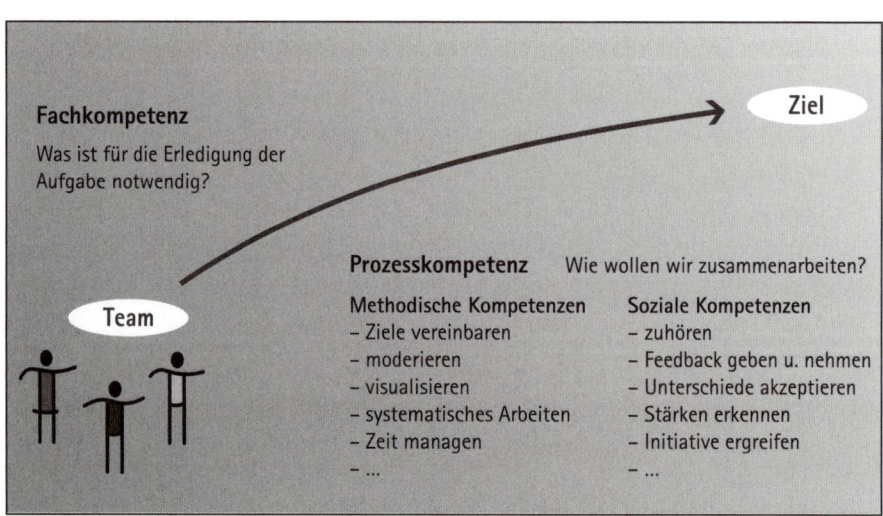

Fach- und Prozesskompetenz sind Grundlage für ein gutes Ergebnis

Wozu dient ein Prozessplan?

Prozessplan

Um einen Prozess zu steuern, braucht es einen Prozessplan. Ohne Plan können Sie nicht steuern und damit auch nicht moderieren. Stellen Sie sich vor, Sie stehen am Ruder eines Schiffes ohne Kompass und bei Wetterverhältnissen, die Ihnen eine Sichtorientierung nicht ermöglichen. Hilflos wären Sie Wellen und Wind ausgeliefert und könnten nicht wirklich vermeiden, im Kreis zu fahren und endlos sinnlose Schleifen zu ziehen.

Ähnlich ist es bei einer moderierten Veranstaltung. Erst eine mit den Teilnehmern vereinbarte Vorgehensweise erlaubt Ihnen, den Prozess zielorientiert zu steuern.

> **EINEN PROZESSPLAN AUFSTELLEN**
>
> Um einen solchen Prozessplan aufzustellen, gibt es zwei Möglichkeiten
>
> 1. Sie können bei entsprechendem Vorwissen bezüglich der Ziele selber einen Plan vorbereiten und ihn am Anfang der Moderation mit den Teilnehmern absprechen oder
>
> 2. Sie entwickeln und vereinbaren den Plan am Anfang der Moderation gemeinsam mit den Teilnehmern.

Der Prozessplan dient dann als „roter Faden", an dem Sie sich als Moderator und auch die Teilnehmer orientieren können. Ein solcher „roter Faden" kann beispielsweise bei einer Sitzung oder Besprechung eine Agenda oder eine Tagesordnung sein. Bei einer mehrtägigen Veranstaltung sprechen wir vom Design für die Moderation oder auch von Tagesplänen. Auch die Wörter Moderationsablauf oder Moderationsstruktur entsprechen dem Prozessplan, von dem wir hier sprechen.

Der Prozessplan als „roter Faden"

> **DIE VORGEHENSWEISE IST ENTSCHEIDEND**
>
> Was immer auch den „roten Faden" bildet, entscheidend ist, eine mit allen Beteiligten vereinbarte Vorgehensweise zu haben, die regelt, wie Sie die Zeit zwischen dem Beginn einer Veranstaltung und ihrem Ende gestalten wollen, wie also der Prozess des miteinander Arbeitens aussehen soll.

Ist dieser Prozessplan von allen Beteiligten akzeptiert, so wird er für Sie als Moderator in zweifacher Hinsicht wichtig:

1. Sie können diesen Plan als „Ordnungsinstrument" im Spannungsfeld der unterschiedlichen Interessen und Emotionen einsetzen.

> **BEISPIEL**
>
> Eine Teilnehmerin sagt etwas zu einem Thema, das nicht in die aktuelle Diskussion passt. Als Moderator können Sie sich dann auf den vereinbarten Prozessplan, in dem Fall auf die Tagesordnung, beziehen: „Frau Müller, was Sie gerade gesagt haben, gehört zum Punkt 7 der von uns vereinbarten Tagesordnung, wir sind aber gerade noch bei Punkt 2. Bitte halten Sie Ihren Beitrag noch so lange zurück, bis wir am TOP 7 angelangt sind."

2. Sie brauchen Frau Müller nicht aufgrund Ihrer Autorität zu ermahnen, sondern Sie können die Ermahnung an der gemeinsam getroffenen Vereinbarung „Tagesordnung" festmachen - und bleiben so „außen vor".

Als Moderator haben Sie keine hierarische Autorität

Dies ist eine wichtige Erkenntnis, denn als Moderator haben Sie in der Regel keine hierarchische Autorität, sondern lediglich eine Prozessautorität. Sie können also nicht per Macht etwas durchsetzen, sondern nur durch den Einsatz entsprechender Tools den Prozess steuern. Und dazu brauchen Sie Vereinbarungen mit den Teilnehmern. Ein Prozessplan ist eine solche Vereinbarung und damit die wesentliche Stütze Ihrer Prozessautorität.

Wichtig ist in diesem Zusammenhang auch, dass Sie einen Tagesordnungspunkt oder einen anderen Meilenstein im Prozess durch eine entsprechende Zusammenfassung deutlich beenden und über diese Beendigung mit den Teilnehmern einen Konsens herstellen: „Ist jeder mit dieser Zusammenfassung des bisher Geleisteten einverstanden? Möchte jemand noch etwas ergänzen? Habe ich etwas vergessen? Sind alle einverstanden, dass wir zum nächsten Punkt (der Tagesordnung, des Prozessplans) übergehen?" Auch der Konsens an dieser Stelle ist jedes Mal wieder eine Vereinbarung, die Sie zum Weitersteuern des Prozesses dringend benötigen. Sie erleichtern damit den Beteiligten, die Schritte von Punkt zu Punkt besser nachzuvollziehen. Und Sie selbst können die Teilnehmer problemloser durch den Prozess führen.

Konsens-vereinbarungen

Durch Konsensvereinbarungen an Punkten oder Meilensteinen im Prozess vermeiden Sie, bei Abweichungen, Unklarheiten oder Orientierungslosigkeiten wieder von vorn anfangen zu müssen. Meist genügt es, die Gruppe an den zuletzt formulierten und vereinbarten Konsens zu erinnern. Doch Vorsicht: Auch ein Konsens ist nicht in Stein gemeißelt und kann bei gravierenden Einwänden, insbesondere wenn neue Informationen hinzugekommen sind, auch im späteren Verlauf noch einmal in Frage gestellt werden. Dies sollte jedoch nicht die Regel sein. Und wenn eine einmal getroffene Konsensvereinbarung doch wieder zur Disposition gestellt wird, dann sollte dies auf jeden Fall mit dem Einverständnis der gesamten Gruppe erfolgen. Als Moderator sollten Sie auf alle möglichen Konsequenzen – insbesondere den zusätzlichen Zeitbedarf – deutlich hinweisen. Mehr zum Thema Konsens finden Sie im Kapitel „Entscheidungen herbeiführen", ab S. 26.

Wie gehen Sie systematisch vor?

Eine systematische Vorgehensweise

Im Folgenden möchten wir Ihnen einen Prozessplan vorstellen, mit dem wir seit vielen Jahren in unterschiedlichen Gruppen erfolgreich arbeiten. Es handelt sich um eine systematische Vorgehensweise.

Jahrelange Moderationserfahrungen mit Arbeitsteams und Projektgruppen haben uns deutlich gemacht, dass alle von Menschen angewendeten und benutzten Schemata, Systeme und Vorgehensweisen in ihrer Grundstruktur gewisse Gemeinsamkeiten aufweisen. Dies ist verständlich vor dem Hintergrund, dass sie vermutlich stets entwickelt wurden oder entstanden sind in enger Anlehnung an die Art und Weise, wie Menschen denken und / oder in gewissen Situationen spontan reagieren. Sie unterscheiden sich allenfalls durch die Zwecke, für die sie ursprünglich benutzt wurden. Ein System, das beispielsweise auf das Erledigen von täglichen Arbeiten und Aufgaben ausgerichtet ist, wird sich von solchen Systemen unterscheiden, die ausschließlich zur Lösung komplexer Probleme oder zur Realisierung langfristiger, vielstufiger Projekte ausgedacht und entwickelt wurden.

Besonders sinnvoll und Erfolg versprechend für den Moderator und seine Vorgehensweise ist daher ein Tool als Prozessplan, das die oftmals unbewussten Denk- und Reaktionsweisen der am Diskussions- oder Arbeitsprozess beteiligten Menschen ausdrücklich berücksichtigt und einbindet. Diese Einbindung ist deshalb so wichtig, weil sich in der Praxis immer wieder bestätigt, dass Menschen in Sitzungen, Besprechungen oder Diskussionen häufig deshalb so frustriert über die ihrer Meinung nach sinnlos vergeudete Zeit sind, weil dort keine Tools eingesetzt und vereinbart wurden, die sicherstellen, dass ihre eingebrachten Meinungen und Beiträge ausdrücklich berücksichtigt sowie in den Verlauf sinnvoll einbaut werden. Wir nennen dieses von uns verwendete und empfohlene Tool SV (Systematische Vorgehensweise).

Binden Sie die Beteiligten ein!

**Instrument 1:
Systematische
Vorgehensweise**

Die SV unterstützt Sie
darin, Orientierung für
das gemeinsame
Vorgehen zu geben,
zeitsparend zu arbei-
ten und die Stärken
von Mitarbeitern in der
entsprechenden
Arbeitsphase gezielt
einzusetzen.

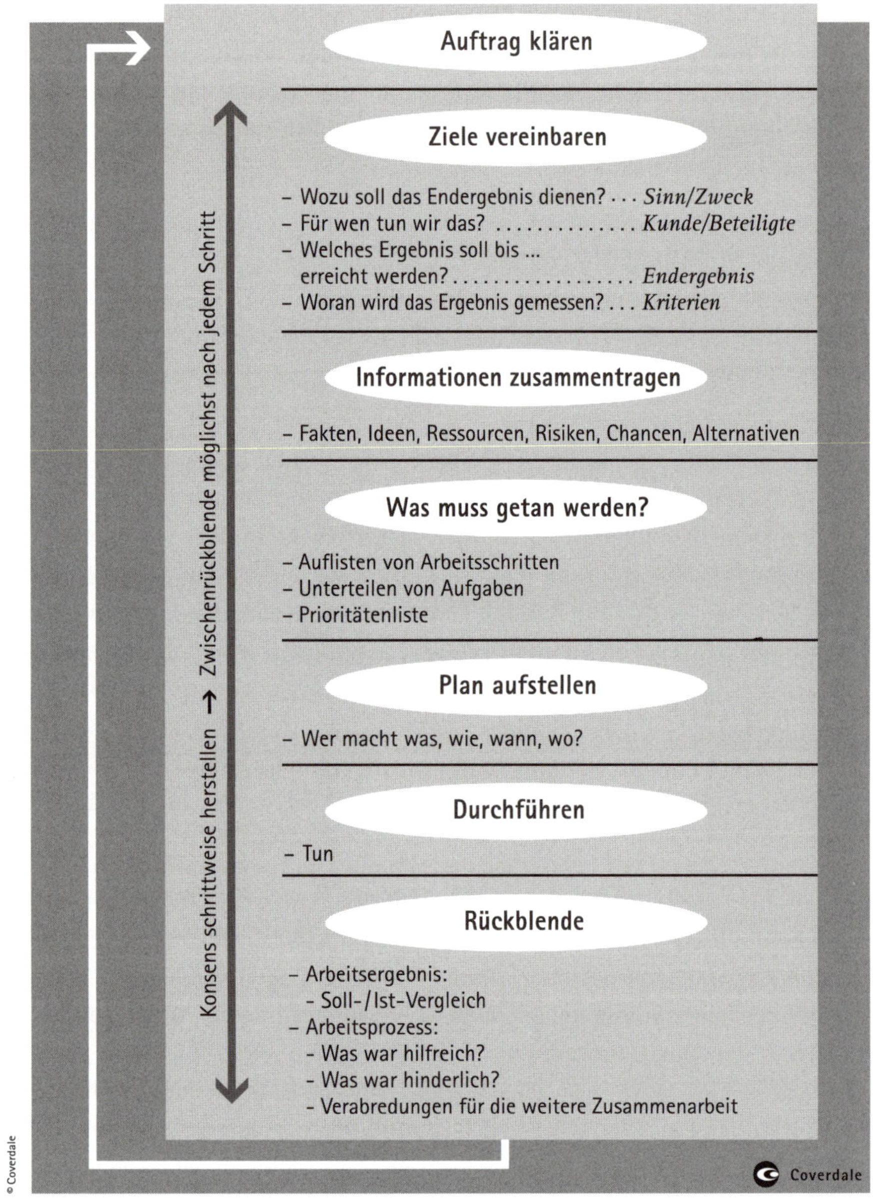

Auftrag klären

Ziele vereinbaren

– Wozu soll das Endergebnis dienen? · · · *Sinn/Zweck*
– Für wen tun wir das? . . . . *Kunde/Beteiligte*
– Welches Ergebnis soll bis ...
  erreicht werden? . . . . *Endergebnis*
– Woran wird das Ergebnis gemessen? . . . *Kriterien*

Informationen zusammentragen

– Fakten, Ideen, Ressourcen, Risiken, Chancen, Alternativen

Was muss getan werden?

– Auflisten von Arbeitsschritten
– Unterteilen von Aufgaben
– Prioritätenliste

Plan aufstellen

– Wer macht was, wie, wann, wo?

Durchführen

– Tun

Rückblende

– Arbeitsergebnis:
  – Soll-/Ist-Vergleich
– Arbeitsprozess:
  – Was war hilfreich?
  – Was war hinderlich?
  – Verabredungen für die weitere Zusammenarbeit

Konsens schrittweise herstellen ↑ Zwischenrückblende möglichst nach jedem Schritt

© Coverdale

Ⓒ Coverdale

Eine Systematische Vorgehensweise

Nach unseren Erfahrungen in der Arbeit mit Gruppen ist eine solche oder ähnliche systematische Vorgehensweise die entscheidende Grundlage für erfolgreiches Zusammenarbeiten. Dabei hat die SV für Sie als Moderator einen
mehrfachen Nutzen.

► Die Teilnehmer erkennen, was den von ihnen oft als unsinnig und frustrierend empfundenen Verhaltensweisen unterschiedlicher Menschen zu-

grunde liegt. Sobald ihnen diese Einsicht zur Verfügung steht, können sie sehr viel besser damit umgehen, dass andere anders reagieren als sie selbst. Diese Einsicht ermöglicht ihnen, unverständlichen oder, wie sie oft meinen, zeitlich unpassenden Beiträgen und Forderungen größere Geduld entgegenzubringen.

▶ Sie als Moderator können deutlich machen, dass die eben beschriebenen Unterschiede keineswegs „Macken" sind, sondern vielmehr Stärken, wie beispielsweise analysieren, fragen, klären, planen, umschauen und auswerten. Stärken, die Menschen in die Lage versetzen, auf einer bestimmten Ebene der SVbesonders gut, besonders intensiv zu reagieren und damit der Gruppe einen speziellen Dienst zu erweisen. Dieses Bewusstsein von Stärken ist deshalb besonders hilfreich, weil es bei einer mehr und mehr eingefahrenen Gruppe dazu führen kann, dass Teilnehmer aufgrund ihrer Stärken häufiger zu Spezialdiensten im Prozess herangezogen werden: „Du bist doch unser Ziele-Klärer, mach doch schon mal einen Vorschlag, wo die Reise hingehen soll!"

In der systematischen Vorgehensweise werden die unterschiedlichen Stärken von Teilnehmern berücksichtigt

▶ Die SV kann als Prozessplan benutzt werden. Sinnvollerweise stellen Sie sie als Tool zu Beginn vor und besprechen mit den Teilnehmern, sie als Instrument des schrittweisen Vorgehens und Entscheidens zu benutzen. Dann dient die SV für den ganzen Ablauf des gemeinsamen Arbeitens als „roter Faden".

▶ Die SV ermöglicht jederzeit eine Standortbestimmung, besonders wenn sie für jeden sichtbar an der Wand hängt. Sowie die Diskussion unklar wird und vor allem unfokussiert, einige über „Information" reden, andere gedanklich bereits beim „Planen" sind und beginnen, dazu Vorschläge zu machen, dann kann der Moderator klärend fragen: „Wo stehen wir eigentlich? Sind wir noch hier – in der Informationsstufe – oder sind wir schon hier – in der Planungsstufe?" Diese Intervention bringt die Teilnehmer aus der sich verstrickenden Diskussion heraus auf die Ebene des Tools. Und es wird für den Moderator sehr viel leichter sein, die Situation zu entwirren, als wenn er dies nur mit Worten versucht hätte. Wir haben Ihnen im vorderen Buchdeckel eine SV als Wandchart beigelegt.

Die SV als Prozessplan ersetzt häufig Agenda und Tagesordnungen, besonders dann, wenn es um das gemeinsame Lösen von Problemen geht. Die SV kann als Prozessplan für eine gesamte moderierte Veranstaltung dienen, sie kann aber auch als ein Plan im Plan nur für das Vorgehen innerhalb eines (größeren) Tagesordnungspunktes eingesetzt werden. Die SV eignet sich auch sehr gut dazu, bei einer Sitzung nur einige Stufen zu bearbeiten und die anderen auf eine spätere Sitzung zu verschieben.

WICHTIG
Wichtig beim Umgang mit der SV ist, dass der Moderator immer wieder deutlich macht, dass es sich bei der SV nicht um ein starres, lineares Ablaufschema handelt, sondern dass dieses Tool ein Regelkreis ist, bei dem man – je nach Situation – auf den verschiedensten Stufen einsteigen kann oder auch eine Stufe – zum Beispiel aufgrund von neuer Information – ein oder mehre Male wiederholen kann.

Wenden Sie die SV flexibel an

Wir möchten noch einmal darauf hinweisen, dass es sich bei dem Tool SV um ein höchst flexibles, offenes und in sich vollständiges Instrument handelt, mit dem alle anderen Systeme mühelos verbunden werden können. So ist es beispielsweise möglich, eine oder mehrere Stufen dieser systematischen Vorgehensweise durch Einfügen eines anderen Systems beträchtlich zu erweitern. Auch ist die SV keineswegs als Ersatz für andere Systeme gedacht; jedes System hat seine typische, sinnvolle Anwendung, je nach den Gegebenheiten und nach den Zielen und Zwecken, für die sie entwickelt wurden.

Um die nicht lineare, sondern vielmehr zyklische Anwendungsweise der SV – im Sinne eines Regelkreises oder eines kybernetischen Modells – deutlich zu machen, zeigen wir Ihnen in nachstehendem Schaubild, wie durch entsprechende (zyklische) „Schleifen" die Systematik sinnvoll angewendet und damit optimal ausgenutzt werden kann.

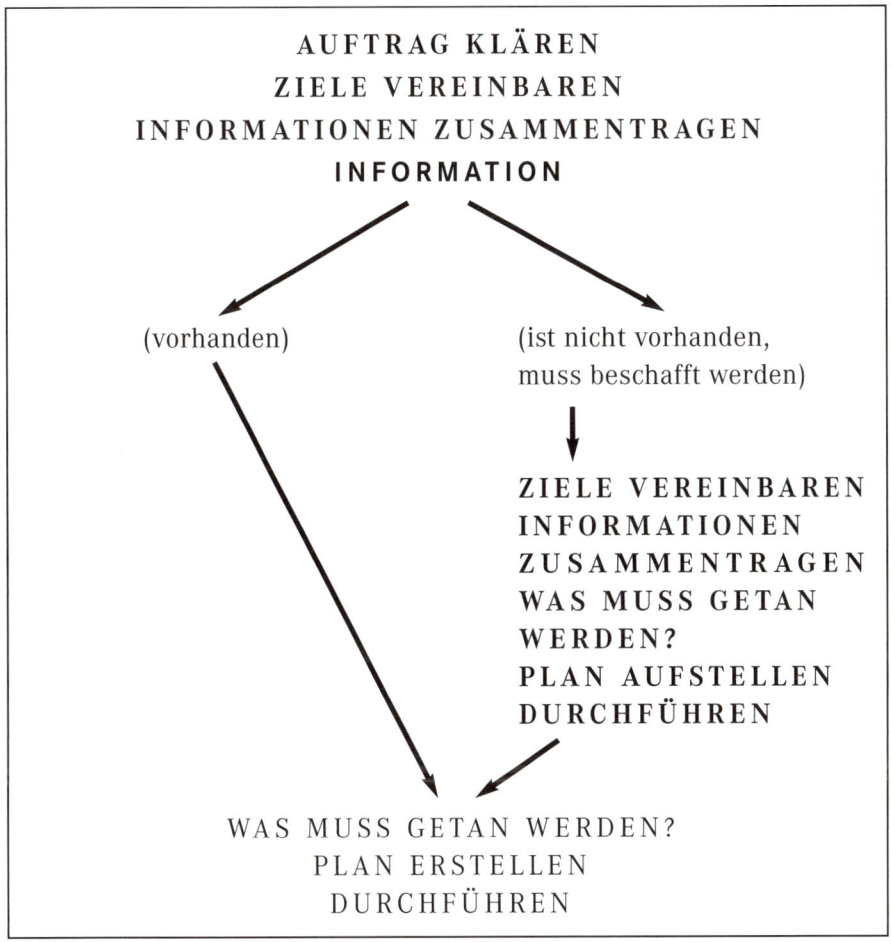

Innerhalb der Systematischen Vorgehensweise können Sie „Schleifen" einbauen

Am Schluss dieses Abschnitts möchten wir noch auf eine mögliche Herausforderung im Zusammenhang mit dem Gebrauch des Tools SV hinweisen.
Unsere Moderationserfahrung hat uns gezeigt, dass es manchmal Teilnehmer
gibt, die mit den von uns in der SV verwendeten Begriffen nicht viel anfangen können oder durch die verwendeten Wörter sogar zur Ablehnung herausgefordert werden. Wir haben deshalb versucht, in der nachstehenden
Fragensammlung einfache, „normale" Fragen zu finden, mit denen sich die   Die „Übersetzung" der SV
in der SV verwendeten Begriffe im Zuge der Moderation leicht umschreiben
oder ersetzen lassen. Es ist dies sozusagen die Übersetzung der SV in die
Alltagssprache. Mit diesen Fragen können Sie durch die einzelnen Stufen
des Prozesses führen, ohne explizit die vorgegebene Form des Tools einführen zu müssen.

Auftragsklärung:	– Was sollen wir eigentlich tun?
	– Kann mal einer von Ihnen erläutern, was wir eigentlich machen wollen?
	– Also, was wird von uns erwartet?
	– Was ist der genaue Inhalt de Aufgabe?
	– Herr/Frau X/Y, wie haben Sie den Auftrag verstanden?
	– Was verstehen wir unter diesem Wort/Auftrag?
Sinn/Zweck:	– Wozu machen wir das?
	– Für was soll dieser Auftrag dienen?
	– Ist der Auftrag überhaupt sinnvoll?
	– Welche(r) Zweck(e) wird verfolgt?
Kunde:	– Für wen arbeiten wir?
	– Wer ist eigentlich unser Abnehmer?
	– Von wem kommt der Auftrag?
	– Wem soll unser Ergebnis helfen?
Endprodukt:	– Wie soll das Ergebnis unserer Arbeit konkret aussehen?
	– Was sollen wir bis ... Uhr erstellt haben?
	– Wer hat schon eine Vorstellung davon, was dabei herauskommen soll?
	– Will ich dem Empfänger Alternativen darstellen?
Kriterien:	– Woran wollen wir am Ende messen, ob wir erfolgreich gearbeitet haben?
	– Welchen Qualitätsanforderungen muss unser Ergebnis gerecht werden?
	– Welche Vorgaben haben wir zu berücksichtigen?
	– Welche Erwartungen hat unser Auftraggeber?

FAZIT

In der Moderation haben wir es mit Fach- und mit Prozessproblemen zu tun. Im Umgang mit Prozessproblemen verlassen Sie sich auf Ihre Prozesskompetenz. Um als Moderator den Prozess einer Gruppe steuern zu können, brauchen Sie einen Prozessplan. Ein solcher Plan – vereinbart mit den Teilnehmern – dient als „roter Faden" zur Orientierung. Der Prozessplan kann unterschiedlich sein je nach Zweck der Veranstaltung, beispielsweise eine Agenda, ein Tagesplan oder ein Ablaufschema. Als Prozessplanungstool besonders gut geeignet ist eine systematische Vorgehensweise, die die unterschiedlichen Stärken der Teilnehmer einbindet.

Ziele klären und vereinbaren

Nicht mit unklaren Zielen arbeiten

Wir haben schon von unserer Erfahrung berichtet, dass eine Gruppe von Führungskräften in einem Unternehmen, für das wir als externe Moderatoren tätig werden sollten, auf unsere Frage nach den Zielen des Projekts, nur sehr schwammige, zum Teil einander widersprechende Aussagen machte. Wir können daraus nur die Warnung ableiten: Mit derartig unklaren Zielen kann und darf man nicht zu arbeiten beginnen. Die folgende Grafik macht deutlich, was passieren würde, täte man es dennoch. Jeder Teilnehmer der moderierten Gruppe würde in „seine" Richtung starten und auch der beste, professionellste Moderator der Welt hätte keine Chance, die Gruppe in eine Richtung bewegen zu können. Das Chaos wäre vorprogrammiert.

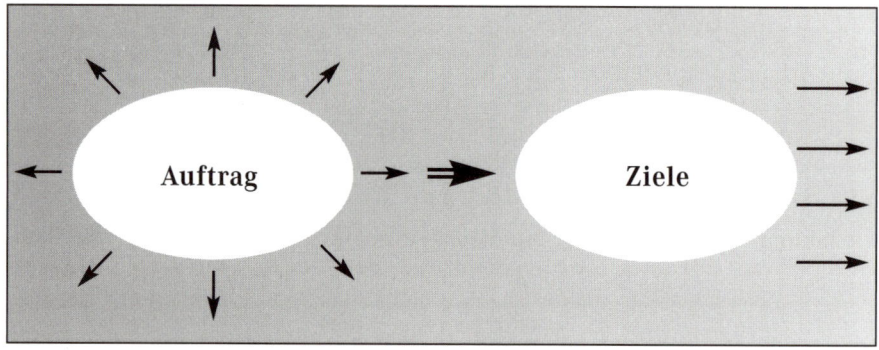

Durch gemeinsame Ziele entsteht ein Team

Interessanterweise beginnt das Problem unklarer Ziele bereits damit, dass unterschiedliche Menschen mit dem Begriff „Ziele" unterschiedliche Bedeutungen verbinden. Sie können das leicht mit einem einfachen Experiment belegen.

E X P E R I M E N T

Bitten Sie die Teilnehmer einer Gruppe, ohne lange zu überlegen aufzuschreiben, welche anderen Worte für „Ziel" ihnen spontan einfallen.

Das Ergebnis wird ungefähr so aussehen:

▶ Sinn

▶ Profit

▶ Endergebnis

▶ Objective

▶ Erreichtes

- ► Optimierung
- ► Erfolg
- ► Leistung
- ► Auftragserfüllung
- ► Zweck
- ► Maximierung
- ► Soll-Ist-Vergleich

Anhand derartiger Antworten fällt es den Teilnehmern einer Sitzung leicht, die Problematik von Zielklärung zu verstehen. Ganz offensichtlich bringt das Stichwort „Ziel" in unterschiedlichen Köpfen eine unterschiedliche Bedeutung hervor. Entsprechend unterschiedlich oder gar diffus verläuft dann auch die Diskussion über das, was unter einem Ziel für die anstehende Arbeit verstanden werden soll.

Wie Sie Ziele mit einer Gruppe definieren

Wie können Sie als Moderator mit diesem Problem unterschiedlichen Verständnisses von Zielen umgehen? Wie können Sie es auf einfache Art und Weise lösen?

Arbeiten Sie nicht mit einem offensichtlich mehrdeutigen Begriff wie „Ziele", sondern ersetzen Sie den Begriff durch Fragen. Die Systematische Vorgehensweise, die wir bei Coverdale in unseren Moderationen häufig benutzen, sieht deshalb auf der Stufe „Ziele vereinbaren" einige klare Fragen vor, die in der Regel eindeutige Antworten hervorbringen. Dabei hat unsere Erfahrung der Moderationsarbeit gezeigt, dass das Problem „Zieldefinition" mit einer Fragestellung allein nur ungenügend erfasst wird. Es geht nicht nur darum, die Richtung des Vorgehens eindeutig festzulegen, sondern auch darum, den gewünschten Endpunkt zu beschreiben, zu entscheiden, woran gemessen werden soll, wann er erreicht wurde, und schließlich auch die Interessen eines (potenziellen) Kunden einzubeziehen. Dazu werden mehrere Fragen benötigt.

Der Begriff Ziel ist mehrdeutig

FRAGEN ZUR ZIELDEFINITION

- ► Welches Ergebnis soll bis Auftragsende erreicht werden?
- ► Für wen tun wir das?
- ► Wozu soll das Ergebnis dienen?
- ► Woran wird das Ergebnis gemessen?

Die Zielscheibe

Wir erleben in unserer Arbeit, dass das Ziel in der Regel dann eindeutig geklärt ist, wenn die vier Fragen vollständig und exakt beantwortet wurden. Um die Zusammengehörigkeit der Fragen für die Zieldefinition auch grafisch zu veranschaulichen, haben wir bei Coverdale das Instrument der Zielscheibe entwickelt. Mit diesem Tool können Sie Ziele konkret definieren und messbar machen und schaffen bei allen Beteiligten ein gemeinsames Verständnis für das Ziel oder die Ziele.

Instrument 2: Zielscheibe

Mithilfe der Zielscheibe können Sie (Auftrags) Ziele umfassend und lückenlos definieren. Sie unterstützt Sie darin, ein gemeinsames Verständnis von Auftrag im Sinne von Endergebnis, Sinn und Zweck, Kunden und Beteiligten und messbaren Kriterien zu erlangen. Eine konsequente Bearbeitung der Zielscheibe macht es möglich, Ressourcen zeit- und kostensparend einzusetzen und zielgerecht zu arbeiten.

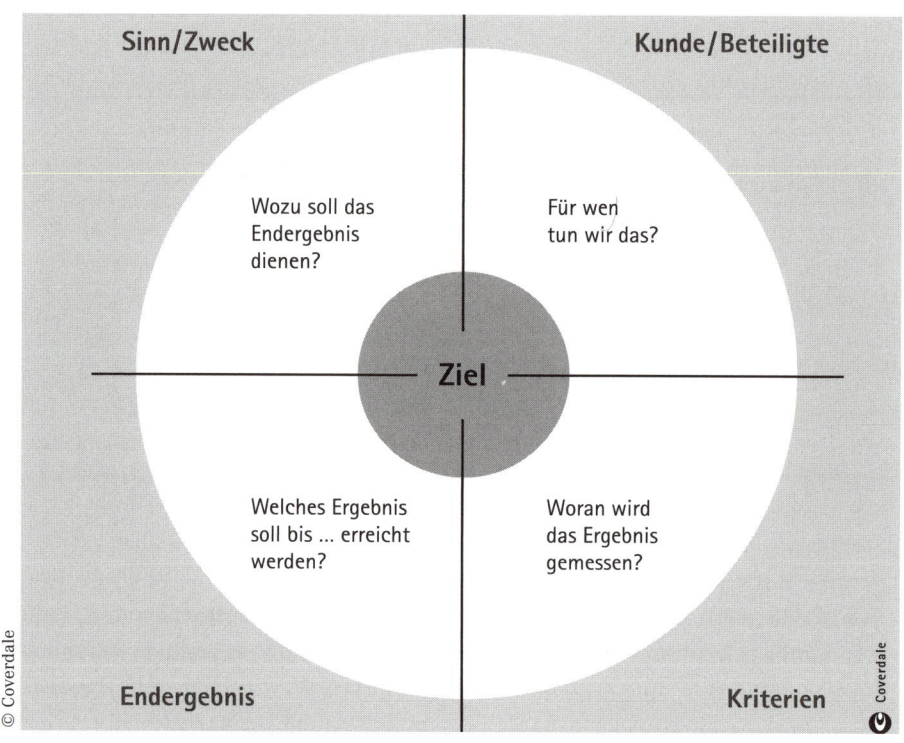

Die Coverdale-Zielscheibe

Dieses Tool soll Ihnen als „Eselsbrücke" dienen. Es soll Sie daran erinnern, dass eine komplette Zieledefinition aus vier gleichgewichtigen Teilen besteht. Und es dient Ihnen als Moderator dazu, die vier Quadranten der Zielscheibe auf der Pinnwand gemeinsam mit allen Teilnehmern zu entwickeln. Wir haben für Sie eine Zielscheibe als fertiges Wandchart im vorderen Einbanddeckel dieses Buches beigefügt.

Aus Gründen der Praktikabilität beginnen wir beim Beantworten der Zielscheibenfragen meist mit der Frage nach dem Endergebnis links unten im Kreis. Sie bezieht sich auf das, was am Ende der Arbeit tatsächlich herauskommen soll, und ist in der Regel am naheliegendsten und deshalb von den Teilnehmern am leichtesten zu beantworten.

Antworten auf die erste Frage „Welches Ergebnis soll bis Auftragsende erreicht werden?" schaffen Klarheit darüber, welches konkrete Endergebnis zum Zeitpunkt der Auftragsbeendigung vorliegen soll. Mit was für einem Endprodukt wollen wir am Datum X zum Zeitpunkt Y gemeinsam nach Hause gehen? Das heißt, wir müssen schon bei der Zieldefinition eine klare Vorstellung oder zumindest eine gemeinsame Vision davon entwickeln, wie dieses Produkt, dieses Ergebnis aussehen und wie es beschaffen sein soll. Je eindeutiger, desto besser. Denn nur dann, wenn uns diese Eindeutigkeit gelingt und wir uns darauf einigen, werden wir in der Folge wissen und entscheiden können, was alles geschehen muss, damit wir gemeinsam dieses Ziel erreichen.

Endergebnis

> **BEISPIEL**
>
> Lautet unser Auftrag „Führen Sie bei den Abteilungsleitern unseres Unternehmens eine Umfrage durch, wie diese die gegenwärtigen Schwierigkeiten bei der Einführung von Mitarbeitergesprächen einschätzen", so macht es einen erheblichen Unterschied, ob dem Auftraggeber das Ergebnis einer dreitägigen Telefonabfrage oder die Auswertung einer mehrwöchigen Fragebogenaktion vorschwebt.

Antworten auf die zweite Frage „Für wen tun wir das?" liefern den wichtigen Hinweis auf Auftraggeber, Kunden oder Endnutzer des Auftrags. Wichtig deshalb, weil wir ermitteln müssen, welche Wünsche, Vorstellungen und Anforderungen diese Personen an den erteilten Auftrag und seine Erledigung haben. Es kann durchaus sein, dass es sich hierbei um unterschiedliche Personen/Personengruppen handelt, die möglicherweise auch unterschiedliche Vorstellungen haben. Umso wichtiger ist es, diese vor Inangriffnahme des Auftrags zu kennen. Möglicherweise ist vorab eine Konsensdiskussion notwendig, in der Details der Ergebniserreichung geklärt werden.

Kunde/Beteiligte

> **BEISPIEL**
>
> Wird der Auftrag bezüglich der Mitarbeitergespräche vom Technischen Vorstand erteilt, kann es durchaus sein, dass er in erster Linie wissen will, wie viel Zeit für die Vorbereitung, Durchführung und Nachbereitung der Mitarbeitergespräche dem Produktionsprozess verloren geht. Ist der Auftraggeber jedoch der Personalvorstand, so wird er möglicherweise über alle Aspekte der Einführung von Mitarbeitergesprächen informiert sein wollen und eine erheblich breiter angelegte Untersuchung erwarten.

Sinn/Zweck   Antworten auf die dritte Frage „Wozu soll das Ergebnis dienen?" helfen, den Sinn und Zweck des Auftrags und seiner Bearbeitung zu verstehen, zu erläutern und festzulegen. Dabei gilt es, einen technischen Trick anzuwenden. Wir wissen aus unserer Erfahrung mit der Moderation von diversen Gruppen, dass es einen Unterschied zwischen der Frage „Wozu?" und der Frage „Warum?" gibt. Streng genommen ist nur die „Wozu-Frage" eine Zweckfrage. Sie sollte eine Antwort „Um zu ..." nach sich ziehen. Frage: „Wozu gehst du ins Restaurant?" Antwort: „Um zu essen." Wir sprechen hier von einem Pull-Faktor, der uns zu einem (in der Zukunft liegenden) Ziel „zieht", nämlich dem Essen.

Die „Warum-Frage" fragt eher nach dem Grund, nach dem Anlass. Frage: „Warum gehst du ins Restaurant?" Antwort: „Weil ich Hunger habe." Hier sprechen wir von einem kausalen Zusammenhang: Der Hunger (der mich schon seit einer Stunde plagt, also aus der Vergangenheit stammt) bewegt mich dazu, ins Restaurant zu gehen (Push-Faktor), der Hunger ist jedoch – genau genommen – kein Ziel und kein Zweck.

Sie werden diese Diskussion vielleicht als haarspalterisch empfinden, je nachdem, wie ausgeprägt Ihr sprachliches Empfinden ist. Die englische Sprache hat beispielsweise nur das Fragewort „why" und unterscheidet dennoch die zwei unterschiedlichen Antworten „in order to ..." und „because ..." mit unterschiedlichen Sinngehalten wie im Deutschen. In jedem Fall empfehlen wir Ihnen, darauf zu achten, dass Sie auf das „Wozu?" in der Zielklärung stets „Um zu..."-Antworten bekommen, um so der Gruppe die Orientierung zu erleichtern.

BEISPIEL

Bei unserem Auftrag bezüglich der Einführung von Mitarbeitergesprächen könnten wir uns als Antworten auf die Frage „Wozu?" vorstellen: „Um den Zeitaufwand eines durchschnittlichen Mitarbeitergesprächs für die beteiligte Führungskraft und den beteiligten Mitarbeiter zu ermitteln." Oder: „Um zu ermitteln, welche psychologischen Probleme die bisher durchgeführten Mitarbeitergespräche mit sich gebracht haben und wie diese insbesondere von den beteiligten Abteilungsleitern eingeschätzt werden."

Kriterien   Antworten auf die vierte Frage „Woran wird das Endergebnis gemessen?" sollen uns einen exakten Bewertungskatalog zur Evaluierung des zu erarbeitenden Produkts liefern. Wir sprechen auch von Kriterien, die wir festlegen, um die Auftragserfüllung, also unseren Erfolg, am Ende messen zu können und damit die notwendige Zielerreichung zu überprüfen. Und warum machen wir das schon jetzt, zu einem so frühen Zeitpunkt? Weil es uns nicht so gehen darf wie dem Cowboy im „Wilden Westen", der beim Übungsschießen mit dem Colt seine Fehlschüsse zu verbergen versuchte, indem er nachträglich das Zielobjekt immer dahin hängte, wo seine Schüsse eingeschlagen waren. Jeder, der Erfahrungen mit der Moderation von Gruppen gemacht hat, weiß, dass es immer wieder Teilnehmer gibt, die im Nachhinein, also bei Ende der Auftragsbearbeitung, die Kriterien der Messung der Zielerreichung zu beeinflussen, zu ändern oder zu beschönigen versuchen.

UNSER RAT

Bestehen Sie darauf, dass diese vierte Frage des Zielkomplexes sorgfältig bearbeitet und beantwortet wird. Nur so können Sie sicherstellen, dass beim Messen der Zielerreichung die nötige Objektivität vorhanden ist.

Sie werden bei sorgfältigem Umgang mit dieser vierten Frage in der Regel auch noch einen zusätzlichen Bonus einfahren. Fast immer stellt sich bei der Diskussion der Kriterien heraus, dass die Formulierungen bei der Festlegung des Endergebnisses nicht exakt genug, nicht eindeutig genug waren und Sie zu einer Nachbesserung gezwungen sind.

BEISPIEL

Mögliche Kriterien für den Beispielsauftrag könnten sein:

▶ Der Erhebungsbericht unterscheidet klar nach Schwierigkeiten bei den Abteilungsleitern und bei den Mitarbeitern.

▶ Es wurden bei der Erhebung alle Abteilungsleiter erfasst.

▶ Der Bericht ist aufgegliedert in eine knappe, zusammenfassende Form, in der die wichtigsten Punkte erfasst sind, sowie in eine ausführliche Form, in der alle Einzelheiten wiedergegeben werden.

▶ Der Bericht liegt dem Auftraggeber am 28.07. um 9.00 Uhr in gedruckter Form in 20facher Ausführung vor.

Werden diese vier Zielfragen ausreichend und in gemeinsamer Arbeit Schritt für Schritt erarbeitet und beantwortet, dann können Sie als Moderator sicher sein, mit diesen sauber definierten und klar eingegrenzten Zielen reibungslos arbeiten zu können. Die Gruppe weiß, „wohin die Reise geht"; sie kann

Beantworten Sie mit Ihrer Gruppe die Zielfragen Schritt für Schritt

nun anfangen, sich mit der nächsten Stufe der systematischen Vorgehensweise zu befassen. Wichtig ist für Sie jedoch, zu wissen, dass nicht immer
alle Teilnehmer die Geduld aufbringen, diesen manchmal mühsamen Prozess
der Zieldefinition zu durchlaufen.

Mögliche Widerstände

Immer wieder erleben wir bei unseren Moderationen Teilnehmer, deren Stärken
im Planen und in der praktischen Umsetzung liegen und die das ausführliche Erarbeiten von Zielen als zu abstrakt empfinden. Oft hören wir dann
Bemerkungen wie: „Wann fangen wir denn endlich an zu arbeiten?", „Dafür
haben wir keine Zeit!" oder „Wir brauchen doch sicher Informationen von
xyz, ich kann doch schon mal hingehen und ...“

Gehen Sie bei Widerstand auf die Meta-Ebene

Wenn Sie spüren, dass der Widerstand – auch der unausgesprochene – gegen
eine zeitaufwändige Zielklärung/Zieldefinition groß ist, dann kann es sich
lohnen, „auf die Meta-Ebene" zu gehen und mit der Gruppe eine kurze
Abfrage zu machen. Schreiben Sie auf eine Pinnwand die Frage „Wozu set-
zen/klären wir Ziele?" und erbitten Sie von den Teilnehmern dazu spontane
Antworten auf Kärtchen. (Sie können dasselbe natürlich auch mit einem
Flipchart durchführen und die Antworten auf Zuruf mitschreiben). Die
Antworten, die Sie bekommen, könnten etwa so aussehen wie in der nachstehenden Übersicht:

Wozu setzen/klären Sie Ziele?

- um zu motivieren
- um den Sinn des Tuns zu erkennen
- um die Tätigkeit zu legitimieren
- um zur Zusammenarbeit zu motivieren
- um Ressourcen zu bestimmen
- um Beitrage und Ideen einordnen zu können
- um Stress abzubauen

- um Zeit besser zu nutzen
- um die Richtung zu weisen
- um eine Vision des End-produktes zu entwerfen
- um die Arbeit optimal zu planen
- um Einigkeit herzustellen
- um unnötige Streitereien zu vermeiden
- um zu kären, wo wir eigentlich hinwollen

Mithilfe dieser Abfrage und durch die völlig unterschiedlichen Antworten leiten Sie bei den Teilnehmern einen Erkenntnisprozess ein. Es wird allen deutlich, dass man ohne Ziele nicht arbeiten kann. Wir empfehlen Ihnen darüber hinaus, die Gelegenheit zu nutzen und den Motivationsaspekt herauszustellen. Sollte bei Ihrer Abfrage der Begriff „Motivation" nicht gekommen sein, fügen Sie ihn selbst ein und bitten die Teilnehmer, über diese Hinzufügung einen Augenblick nachzudenken.

Motivation

Es ist hilfreich, der Gruppe deutlich zu machen, dass moderne Arbeitsprozesse immer weniger über Befehle und monetäre Anreize, sondern immer mehr über Ziel-Beteiligungen und Ziel-Einbindungen der Mitarbeiter beeinflusst werden. Weisen Sie darauf hin, dass idealerweise jeder Auftrag mit einer „um zu …"-Formulierung Sinn und Zweck des Auftrags mitliefern sollte. Zeigen Sie das Gegenteil auf, indem Sie die Demotivierung erwähnen, die in der Regel aufgrund von Befehlen ohne Erklärung üblich ist (zum Beispiel im militärischen Umfeld). Und denken Sie bei Ihrer weiteren Arbeit als Moderator daran, dass eine Gruppe sehr rasch demotiviert ist, wenn sie die Zielerreichung aus dem Auge verliert. Deshalb ist für den Moderator die Zwischenzusammenfassung mit jeweils erneuter Zielausrichtung eines der wichtigsten Steuerungsmittel überhaupt. Dies lässt sich auch gut an folgendem Bild ablesen:

Aufträge, die Sinn und Zweck enthalten, motivieren

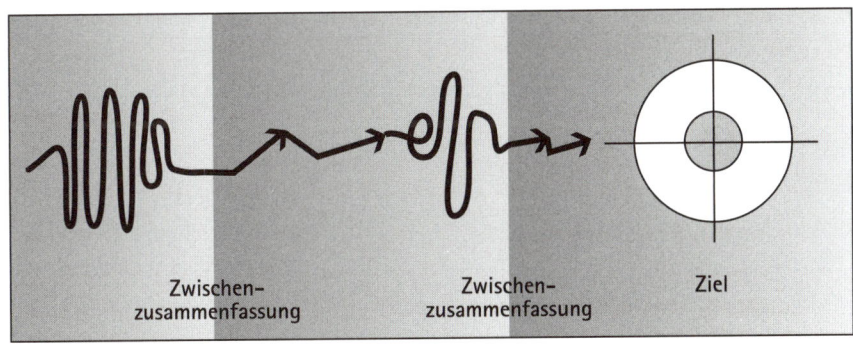

Zwischenzusammenfassung   Zwischenzusammenfassung   Ziel

Zwischenzusammenfassungen

Haben Sie bei diesem ganzen „Zwischenspiel" auf der Meta-Ebene und bei der damit verbundenen Diskussion Ihre Teilnehmer aufmerksam beobachtet, dann werden Sie möglicherweise eine Einschätzung dafür gewonnen haben, wer sich besonders um die Bedeutung und die Klärung von Zielen „verdient" gemacht hat. Es ist nämlich durchaus Erfahrungstatsache, dass es manchen Menschen leicht fällt, ihre Absichten und ihre Ziele zu formulieren, und sie sich auch über die Bedeutung ihres Tuns völlig im Klaren sind, während andere sich mit dieser Diskussion und Vorgehensweise außerordentlich schwer

Verhindern Sie Aktionismus

tun. Die Folge ist bei ihnen, dass sie häufig in ziellosen „Aktionismus" verfallen. Das müssen Sie als Moderator verhindern. Eine Möglichkeit dazu ist, auf die verschiedenen Phasen im Prozessplan zu verweisen.

BEISPIEL

Sie sind gerade in der Zieldefinition mit der Gruppe und einige Teilnehmer werden unruhig, weil ihnen das Ganze zu lange dauert und zu abstrakt ist. Machen Sie als Moderator dann im visualisierten Zeitplan deutlich: „Wir sind jetzt hier. Und Philipp ist gerade dabei, gute Vorschläge für ein sinnvolles Ausfüllen der Zielscheibe zu formulieren, während Sebastian vorne an der Pinnwand mitschreibt. Alle anderen brauchen im Augenblick etwas Geduld, damit wir diesen Prozess des Zielevereinbarens erfolgreich zu Ende bringen können!"

Ziele in der Hierarchie einbinden

Wie wir beim Vorstellen der SV schon erklärt haben, gibt es ganz offensichtlich Menschen mit unterschiedlichen Stärken, die sich auf den verschiedenen Stufen der SV unterschiedlich stark einbringen. Bei der Stufe „Ziele vereinbaren" sind vor allem Menschen gefragt, die folgende Prozessstärken aufweisen:

► rasches Erfassen von konkretenErgebnissen, die realisierbar und für andere einsichtig sind

► Formulieren klarer, eindeutiger Antworten auf die Frage „Wozu?"

► Entwickeln von Visionen

► Ausrichtung des Denkens auf inhaltliche und zeitliche Strukturierungen

► Verständnis für Zielehierarchien.

Zielehierarchie Hier stutzen Sie sicherlich bei dem Begriff „Zielehierarchien", denn den haben wir bisher noch nicht benutzt. Eine Hierarchie von Zielen entsteht dadurch, dass umfangreichere Ziele und Aufgaben sinnvollerweise in Teilziele und Teilaufgaben unterteilt werden, die zu unterschiedlichen Zeitpunkten erreicht werden. Das heißt, auf dem Wege zum übergeordneten Ziel werden durch die Teilziele Meilensteine aufgestellt. Umgekehrt kann jede einzelne Aufgabe in einem Unternehmen im Idealfall auch in eine solche Zielehierarchie eingebunden werden und ist damit auf eine übergeordnete Weise mit der strategischen Ausrichtung einer Organisation vernetzt.

Durch das wiederholte Stellen der Frage „Wozu soll das Ergebnis dienen?" er- **Wozu?**
geben sich die übergeordneten Ebenen in der Zielehierarchie, die schließlich
in die strategische Zielausrichtung einmünden. Von den strategischen Zielen
kommen Sie auf unmittelbar anstehende Aufgaben auf der operativen Ebene,
indem Sie die Frage „Wie können wir das erreichen?" wiederholt stellen. Im
Folgenden geben wir Ihnen ein Beispiel für die Einbindung des Auftrags
„Machen Sie eine Bestandsaufnahme der Fenster im Hotel X" in eine
Zielehierarchie.

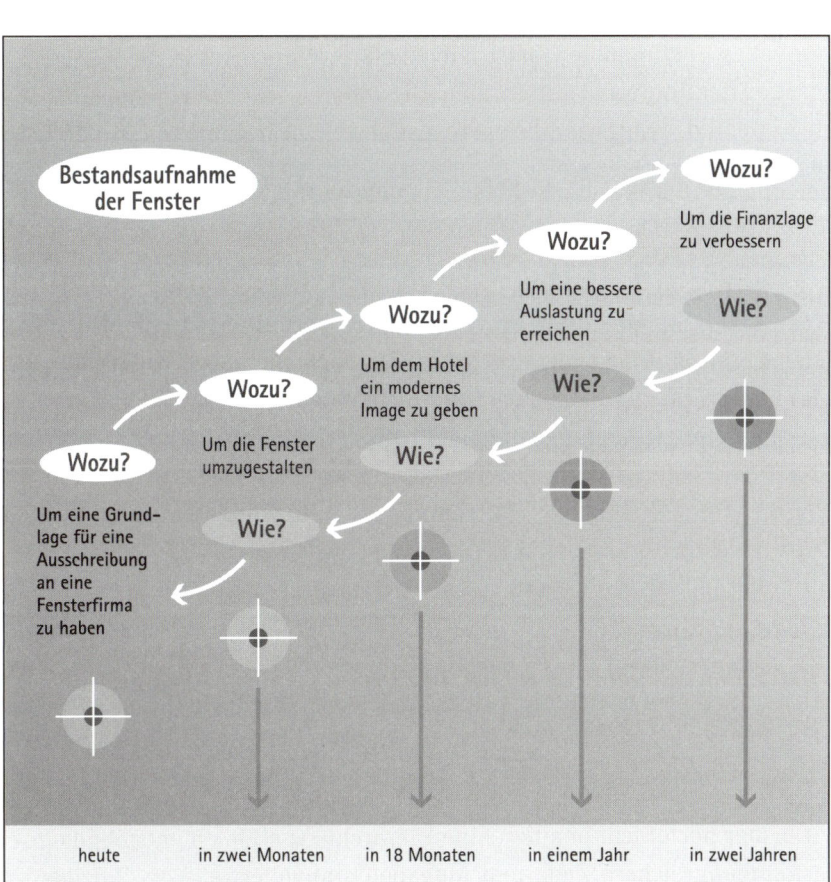

Hierarchie von Zielen

Durch das wiederholte Stellen der „Wozu"-Frage entwickelt sich die Zielehierarchie in ständig wachsende, sich erweiternde zeitliche und inhaltliche Größen-
ordnungen. Jedes nächste „Wozu?" liefert ein Oberziel für das gerade festgelegte Ziel. Dabei wird die inhaltliche Sinnstringenz gewahrt. Das ist deshalb
ganz besonders wichtig, weil sich daraus für alles, was auf den unteren
Ebenen einer Unternehmens- oder Organisationshierarchie geschieht, ein

Sinnzusammenhang mit den „obersten Zielen", also mit den Zielen auf der Ebene der Unternehmensleitung, ergibt.

Umgekehrt können Sie den Weg von den Oberzielen zu den Unterzielen gehen. Dabei ist technisch hilfreich, das Wörtchen „indem" zu Hilfe zu nehmen.

BEISPIEL

„Wie können wir die Arbeitsplätze für die Belegschaft für die nächsten 10 Jahre sichern?" Antwort: „Indem wir die Ertragskraft des Unternehmens stärken." „Und wie können wir die Ertragskraft des Unternehmens stärken?" Antwort: „Indem wir die Produktion in den Abteilungen xyz steigern."

Dabei sind auf der jeweiligen Ebene bei den hierarchisch unteren Zielen mehrere Antworten möglich. So entstehen Parallelziele, die in ein gemeinsames Oberziel münden.

Die zeitliche Ebene bei Zielen ist wichtig

Wie Sie sehen, spielt in der ganzen Zielediskussion die Frage der zeitlichen Ebene eine ganz besonders wichtige Rolle. Deshalb haben wir vorher gesagt, das Denkvermögen bezüglich inhaltlicher und zeitlicher Strukturierungen ist eine hoch willkommene persönliche Stärke beim Definieren von Zielen. Einer der Fehler, die wir als Moderatoren immer wieder feststellen und korrigieren müssen, ist das Durcheinander von zeitlichen Ebenen bei der Zielerreichung und bei den Kriterien zur Bewertung des Ergebnisses.

BEISPIEL

Als Endergebnis ist die Fertigstellung eines eindrucksvollen Plakats bis 31.12. vorgesehen, das die Belegschaft zu größerer Sauberhaltung des Arbeitsplatzes motivieren soll. Als Kriterium nicht tauglich ist die Feststellung, dass weniger Papier am Arbeitsplatz auf dem Boden herumliegt. Warum? Weil das zum Zeitpunkt der Ablieferung des Endprodukts (Plakat am 31.12.) noch gar nicht messbar sein kann. Taugliche Kriterien wären dagegen: Das Plakat muss mindesten fünf verschiedene Farben aufweisen. Das Plakat enthält mindestens ein grafisches Element. Das fertige Plakat muss am 31.12. beim Auftraggeber im Büro abgegeben werden.

Ziele müssen für die Beteiligten „fassbar" sein

Die zeitliche Ebene steht aber auch in einem engen Zusammenhang mit dem, was als Nächstes getan werden muss. Aktivitäten müssen im kurzfristigen, allenfalls im mittelfristigen Bereich angesiedelt sein, wenn sie für die planenden und arbeitenden Teilnehmer „fassbar" und damit durchführbar sein sollen. Das hat auch etwas mit Motivation zu tun! Ziele müssen in greifbarer Nähe sein, andernfalls können sie nicht als Orientierung für das Handeln dienen.

Menschen für Dinge, die in der fernen Zukunft liegen, zum jetzigen Zeitpunkt zu motivieren ist schwierig. Deshalb ist es gut, sich Gesamtzusammenhänge in bestimmten Strukturformen vorzustellen oder – besser noch – diese visuell darzustellen. Das obige Beispiel einer Zielhierarchie ist so eine hilfreiche, erläuternde Darstellung und als Tool ist der Einsatz einer Zielscheibe in den meisten Moderationssituationen hilfreich.

Unterschiedliche Ziele in der Moderation

Bei der Moderation gibt es in der Regel zwei Möglichkeiten: Sie bekommen mit dem Moderationsauftrag die Ziele mitgeliefert – oder nicht.

Der Auftraggeber gibt Ziele vor

Wie Sie im Kapitel „Eine Moderation vorbereiten" (siehe Seite 167) noch im Einzelnen sehen werden, sollten Sie in einem Klärungsprozess mit dem Auftraggeber/den Auftraggebern die verbindliche Zielformulierung festlegen. Auch hier können Sie das Tool „Zielscheibe" einsetzen und den oder die Auftraggeber dabei unterstützen, die Auftragsziele für die Gruppe klar zu formulieren. Der zweite Zielklärungsprozess erfolgt dann mit den Teilnehmern, deren Arbeit Sie moderieren werden. Hierbei gilt es sicherzustellen, dass alle Teilnehmer die Zielformulierung in gleicher Weise verstanden haben. Gelingt es Ihnen darüber hinaus, in diesem Klärungsprozess die Teilnehmer für die gesetzten Ziele auch noch „ins Boot zu holen", dann haben Sie schon halb gewonnen. Entdecken Sie bei diesem zweiten Zielklärungsprozess Missverständnisse oder unterschiedliche Sichtweisen bei den Teilnehmern und dem Auftraggeber, so müssen Sie eine direkte Klärung mit allen Beteiligten herbeiführen.

Der Auftraggeber gibt Ziele vor

ZWEIFACHE ZIELKLÄRUNG

Gibt Ihnen der Auftraggeber zusammen mit dem Moderationsauftrag die Ziele vor, dann sollten Sie eine zweifache Zielklärung vornehmen: Einmal mit dem Auftraggeber und dann mit der Gruppe.

Der Auftraggeber hat
keine Ziele vorgegeben

Der Auftraggeber hat keine Ziele vorgegeben

In diesem Fall haben Sie es nur mit dem gestellten Auftrag zu tun und müssen die Ziele selbst herausarbeiten. Sie tun dies gemeinsam mit der Gruppe und – so jedenfalls unsere Empfehlung – benutzen dabei als Tool die Zeilscheibe.

Wann immer Sie die Möglichkeit dazu haben, sollten Sie das Ergebnis dieser Zielfindungsdiskussion mit den Teilnehmern dem Auftraggeber vorlegen. Sollten sich dann Divergenzen, Missverständnisse oder sonstige Unterschiedlichkeiten ergeben, müssten Sie diese wiederum mit allen Beteiligten gemeinsam klären. Ohne eine derartige Klärung sind Sie nicht in der Lage, den Auftrag erfolgreich zu bearbeiten.

Offene und
geschlossene Aufträge

Offene und geschlossene Aufträge

Wir haben in unzähligen Moderationen immer wieder die Erfahrung gemacht, dass die Art und die Formulierung von Aufträgen die Zielfindung stark beeinflusst. Sie werden in Ihrer Moderationstätigkeit selbst feststellen, dass ein nicht eindeutig gefasster Auftrag große Freiräume lässt für eine Zielfestlegung, dass ein sehr eng und klar gefasster Auftrag hingegen auch für die Zielsetzung enge Grenzen setzt. Wir sprechen in diesem Zusammenhang von „offenen" und „geschlossenen" Aufträgen und möchten Ihnen den Unterschied an einem Beispiel verdeutlichen.

BEISPIEL

Offener Auftrag

Machen Sie eine Bestandsaufnahme der Personals in unserem Unternehmen!

Wenn Sie bei diesem Auftrag die „Wozu-Frage" beantworten oder gar ein klares Endergebnis formulieren sollen, dann werden Sie sich schwer tun. Der Auftrag ist so offen, dass Sie ihn eingrenzen müssen. Aber ist Ihre Eingrenzung dann das, was der Auftraggeber erwartet?

Geschlossener Auftrag

Machen Sie eine Bestandsaufnahme des Personals in unserem Unternehmen, um herauszufinden, mit welchen Altersstrukturen wir es im gewerblichen und im kaufmännischen Bereich zu tun haben!

Dieser Auftrag ist geschlossen genug, dass Sie in der genauen Zieldefinition für Ihr Arbeiten wenig Schwierigkeiten haben werden.

Wir sind der Meinung, dass es sich lohnt, bei Auftragserteilung zunächst einmal zu schauen, ob es sich um einen offenen oder einen geschlossenen Auftrag handelt. Dies ist besonders bedeutsam für Ihren Zeitplan: Für offene Aufträge müssen Sie für die Zielklärung/Zielsetzung wesentlich mehr Zeit ansetzen. Die Bedeutung dieser Unterscheidung in offene und geschlossene Aufträge verdeutlicht auch noch einmal die nachstehenden Grafik.

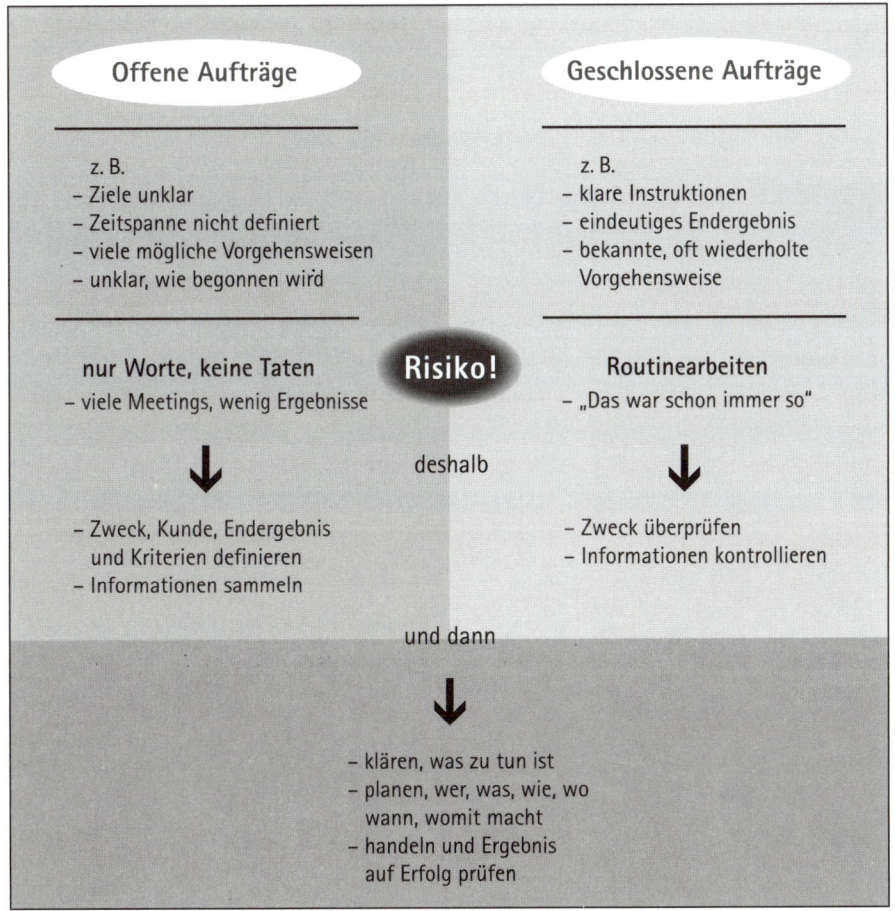

Unterschieden zwischen offenen und geschlossenen Aufträgen

Zum Abschluss dieses Kapitels möchten wir noch eine Bemerkung anfügen zu der Formulierung „Ziele" und „Ziel". Sie haben beim Lesen sicher schon gemerkt, dass wir den Begriff „Ziele", also den Plural bevorzugen. Wir tun das deshalb, weil es für jeden Auftrag zeitlich unterschiedliche Ziele gibt und weil es auch innerhalb derselben Zeitspanne mehrere Antworten auf die Frage „Wozu?" geben kann.

BEISPIEL

Zwei Freunde erklären, gemeinsam in die Stadt gehen zu wollen. Auf die Frage „Wozu" antwortet einer „Um Streichhölzer zu kaufen" und der andere „Um mir die Beine zu vertreten". Die Erreichung beider Ziele ist in diesem Falle innerhalb derselben Zeitspanne möglich.

Parallelziele

So werden auch Sie als Moderator oftmals derartige Parallelziele identifizieren können – je rascher, desto besser. Denn vielfach löst sich durch eine derartige Nebeneinanderstellung von gleichzeitig erreichbaren Zielen eine unnötige und störende Debatte der Teilnehmer schnell auf.

FAZIT

Sie können eine Gruppe nur dann erfolgreich moderieren, wenn die Teilnehmer auf eindeutige, von allen Beteiligten verstandene und akzeptierte Ziele hinarbeiten. Dazu liefert das Tool Zielscheibe ein wertvolles, erprobtes Hilfsmittel.

Rückblenden zum Intervenieren und Auswerten

Am Ende einer Veranstaltung oder eines Projekts ist es wichtig, zu überprüfen,

► ob das Ziel erreicht worden ist und

► wie die Zusammenarbeit in der Gruppe und mit dem Moderator funktioniert hat.

Dabei wird sowohl die inhaltliche Ebene betrachtet, also ein Soll-Ist-Vergleich durchgeführt, als auch die Ebene des Prozesses.

Aber auch während einer Moderation kann es sinnvoll sein, den Prozess zu unterbrechen und zu überprüfen,

► ob die Gruppe noch auf dem richtigen Weg zum Ziel ist und

► ob Meilensteine erreicht worden sind.

Wir bieten Ihnen dazu unser „Rückblendentool" an. Den Begriff „Rückblende" haben wir der Fachsprache der Filmbranche entliehen. Aber bei unserer Art von Arbeit geht es dabei keineswegs um ein einfaches Zurückdrehen des Films. Bei Coverdale sprechen wir sogar häufig von der „Kunst des Rückblendens". Damit wollen wir ausdrücken, dass dieses Tool weit mehr bedeutet als eine einfache Rückschau auf Geschehenes. Die Kunst des Rückblendens im Rahmen der Coverdale-Systematik erfüllt vielmehr drei verschiedene, klar definierte Zwecke:

Die Kunst des Rückblendens

► Als Interventionen während der Moderation, um den Prozess methodisch zu optimieren sowie um Spannungen in der Gruppe sichtbar zu machen und zu klären.

► Als Soll-Ist-Vergleich am Ende der Veranstaltung (und auch zwischendurch), um zu überprüfen, ob das geplante Ergebnis erreicht worden ist (oder um Zwischenergebnisse und Meilensteine zu kontrollieren).

► Als Auswertungstechnik, um den Prozess zu analysieren und aus dieser Analyse Erkenntnisse für zukünftige Vorgehensweisen abzuleiten.

> ### RÜCKBLENDEN ALS CHANCE
>
> Sie werden es selbst in Ihrem Arbeitsalltag immer wieder erleben, dass Rückblenden überhaupt nicht oder viel zu selten gemacht werden. Und wenn eine Rückblende stattfindet, dann wird allenfalls ein Soll-Ist-Vergleich durchgeführt. Eine systematische Auswertung des Prozesses findet selten statt. Dabei zeigt uns die Erfahrung, dass Rückblenden eine große Chance bieten, zu lernen, wie man die Zusammenarbeit verbessern, wie man sie effizienter und effektiver gestalten kann. Das ist besonders wichtig für die Gruppen, die über einen gewissen Zeitraum regelmäßig zusammenarbeiten, wie dies beispielsweise in Projektgruppen oder Abteilungen der Fall ist.

Wir unterscheiden drei Arten von Rückblenden

Aufgrund der oben erläuterten drei unterschiedlichen Zwecke unterscheiden wir drei Arten von Rückblenden:

▶ die Zwischenrückblende

▶ die Ergebnisrückblende (Soll-Ist-Vergleich)

▶ die Prozessrückblende

Zwischenrückblende

Zwischenrückblende

Als Moderator sollten Sie eine Zwischenrückblende in längeren Gruppenprozessen grundsätzlich an den Stellen einplanen, an denen die Teilnehmer Meilensteine auf ihrem Weg zum Ziel erreichen. Durch einen Abgleich der geplanten mit den erreichten Zwischenergebnissen können Sie gemeinsam mit der Gruppe feststellen, inwieweit Sie dem vereinbarten Ziel näher kommen. Veränderungen im Vorgehen, Korrekturen der Zeitplanung oder sogar eine Überprüfung der Ziele könnten die Folge sein.

Doch nicht nur geplant ist eine Zwischenrückblende hilfreich. Als spontane Intervention können Sie mithilfe der Zwischenrückblende eine stockende, unklare oder gar mit zunehmender Spannung behaftete Situation in den Griff bekommen.

Wenn Sie spüren, wie die Diskussion immer mühsamer wird, einzelne Teilnehmer nicht mehr richtig mitarbeiten, Beiträge sich wiederholen, das Gespräch sich im Kreise zu drehen scheint oder sogar deutliche Aggressivität zwischen bestimmten Teilnehmern aufkommt, dann ist es an der Zeit, den Prozess mit einer Zwischenrückblende bewusst zu unterbrechen. Ein konstruktives Weiterarbeiten findet nicht mehr statt. Sie als Moderator können es auch nicht erzwingen.Unterbrechen Sie also den Prozess und begründen Sie zusammenfassend, warum Sie jetzt in diesem Moment eine Zwischenrückblende einschalten.

> **BEISPIEL**
>
> „Mir fällt auf, dass sich die Diskussion im Kreise dreht. Es sind nicht mehr alle beteiligt. Ich möchte daher für einen Moment die inhaltliche Diskussion unterbrechen und mit Ihnen gemeinsam überlegen, wie wir weiter vorgehen sollten. Ich schlage vor, dass wir jetzt eine Zwischenrückblende machen, damit wir gemeinsam feststellen können, wo wir stehen - und uns dann darüber klar werden, wie wir weiterarbeiten wollen."

Nachdem Sie so den Prozess unterbrochen haben, können Sie mit den Teilnehmern eine Rückblende auf den Prozess durchführen. Wie Sie das machen sollten, beschreiben wir ausführlich weiter unten in diesem Kapitel unter „Strukturiertes Vorgehen bei einer Prozessrückblende" (siehe Seite 67)

Zwischenrückblenden auf den Prozess sind ein Tool, das die Ursachen für Störungen jeder Art offen legt. Störungen, die den Ablauf zunehmend belasten und die Teilnehmer daran gehindert haben, inhaltlich konstruktiv mitzuarbeiten. Durch ihre methodisch geordnete Form vermögen sie psychologisch gesehen für Entspannung zu sorgen, weil sie den Teilnehmern Gelegenheit geben, sich selbst oder andere mit ihrem Tun oder ihren Verhaltensweisen zu konfrontieren. Kritik und Kommentierung können artikuliert werden, ohne dass sich jemand angegriffen oder gar beleidigt zu fühlen braucht.

Ergebnisrückblenden

Ergebnisrückblende

Am Ende findet die Rückblende auf das inhaltliche Arbeitsergebnis als Soll-Ist-Vergleich statt. Der Soll-Ist-Vergleich stellt unter Einbeziehung aller Teilnehmer die Ausgangssituation, insbesondere die zu Beginn festgelegten Kriterien (Soll-Situation), dem gegenüber, was als Endergebnis der Arbeit erreicht wurde (Ist-Situation). Wichtig ist, dass Sie bei diesem Abgleich alle Teilnehmer mit einbeziehen.

Dabei sollten Sie gemeinsam in allen Einzelheiten diskutieren, inwieweit das geplante Endergebnis erreicht wurde und ob die vereinbarten Kriterien, die das Ergebnis messen sollten, erfüllt wurden. Nach unseren Erfahrungen ist es für die Teilnehmer enorm befriedigend, die erfüllten Kriterien – möglichst visualisiert – vor aller Augen „abzuhaken". Und auch wenn nicht alles erreicht werden konnte, so entsteht doch ein klares gemeinsames Verständnis darüber, was die Gruppe geschafft hat und was eventuell noch nachgearbeitet werden muss. Auf diese Weise wird eine gemeinsame Identifikation aller mit dem Ergebnis erreicht. Wir erleben es leider allzu oft, dass diese Gelegenheit verpasst wird; Teilnehmer verlassen die Veranstaltung mit ganz unterschiedlichen Kommentaren zu dem Erreichten. Von Stolz, von Identifizierung keine Spur! So etwas sorgt für Verwirrung und Missmut – bei Beteiligten und Unbeteiligten in einem Unternehmen. Als Moderator können Sie dem durch eine entsprechende Ergebnisrückblende vorbeugen.

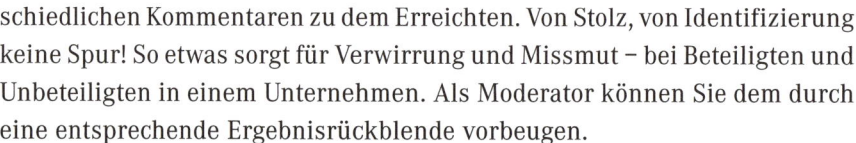

ERREICHTES DEUTLICH MACHEN

Sie sollten sich immer wieder vor Augen führen, dass dieser Soll-Ist-Vergleich ein ganz besonders wichtiges Motivationsinstrument ist. Den Teilnehmern muss zurückgemeldet werden, was sie erreicht haben. Ihnen muss Bestätigung gegeben werden für ihre Arbeit, für ihren Einsatz, für ihren Erfolg. Denken Sie an das englische Sprichwort „success breeds success". Es ist in der Tat so – insbesondere in der Arbeit mit Gruppen – dass Menschen/Gruppen aus ihren Erfolgen enorme Kräfte ziehen.

Prozessrückblende | *Prozessrückblende*

Ebenfalls bei Arbeitsende macht der Moderator zusammen mit den Teilnehmern eine detaillierte Prozessrückblende. Die methodisch formalisierte Struktur der Rückblende ermöglicht es dem Moderator – ähnlich wie in der Zwischenrückblende – die Moderierten mit ihren Verhaltensweisen im Arbeitsprozess, insbesondere aus der Sicht der anderen Teilnehmer, zu konfrontieren.

Die „Kunst des Rückblendens" besteht darin, diese Konfrontation in der Diskussion so aufzunehmen und abzufangen, dass jeder bereit ist, die damit verbundene Kritiken zu akzeptieren und möglicherweise sogar als hilfreiche Rückmeldung positiv zu verbuchen. Der geschützte Raum, den die methodische Formalisierung der Rückblende bietet, sorgt für die nötige Offenheit, das nötige Vertrauen und das nötige Verständnis für eine derartige Aussprache.

Prozessrückblenden bieten Lernchancen | Wie wir schon mehrfach betont haben, ist die Prozessrückblende mehr als nur die Analyse des Geschehenen. Sie bietet vielmehr die große Chance, für die Zukunft zu lernen. Es ist Ihre Verantwortung als Moderator, dafür zu sorgen, dass diese Chance genutzt wird. Die Analyse ist nur ein erster Schritt. Aus der Analyse Erkenntnisse für die kommende Zusammenarbeit abzuleiten ist ein weiterer Schritt, der die Vergangenheit mit der Zukunft verbindet.

Strukturiertes Vorgehen bei einer Prozessrückblende

Wir haben hier schon mehrfach den Begriff „methodische und formalisierte Struktur" der Rückblende erwähnt. Was meinen wir damit? Wie soll diese Struktur aussehen? Wir empfehlen für die Rückblende (auch für die Zwischenrückblende) zunächst eine Drei-Schritt-Struktur, die nach Möglichkeit – zumindest in der Anfangsphase – unverändert beibehalten werden sollte, damit die Teilnehmer sich daran gewöhnen und sich darauf verlassen können.

> **DREI-SCHRITT-STRUKTUR**
>
> Dabei schreiben Sie als Moderator folgende drei Schritte nacheinander auf ein Flipchart oder eine Pinnwand:
>
> 1. Was ist gut gelaufen? Woran haben Sie das gemerkt?
>
> 2. Was ist nicht gut gelaufen? Woran haben Sie das gemerkt?
>
> 3. Was wollen wir das nächste Mal (als besonders erfolgreich) beibehalten? Was wollen wir anders machen? Wie?

Rückblenden-Formular

Um den Teilnehmern Gelegenheit zu geben, diese drei Fragen - jeder für sich - zu durchdenken und zu beantworten, verteilen Sie Rückblenden-Formulare (ein kopierfähiges Exemplar finden Sie in der Anlage) mit der Bitte, sie zuerst einmal in Ruhe auszufüllen. Geben Sie den Teilnehmern dazu genügend Zeit. Warten Sie ab, bis alle mit dem Ausfüllen fertig sind. Falls Teilnehmer ungeduldig werden, bitten Sie um etwas Geduld etwa mit dem Hinweis: „Die Notizen sind wichtig, damit keine Antworten verloren gehen und wir alle Aspekte der Zusammenarbeit betrachten können!"

Visualisieren Sie die Rückblende

Dann erst beginnen Sie, die einzelnen Antworten abzurufen und auf das von Ihnen vorbereitete Flipchart einzutragen. Achten Sie darauf, dass Sie die Wortwahl der Teilnehmer berücksichtigen. Wenn Sie beim Schreiben Veränderungen vornehmen, Ihre eigene Ausdrucksweise einbringen, weil Sie meinen, damit den beabsichtigten Inhalt besser zu treffen, dann riskieren Sie, dass das „Eigentum" des Teilnehmers an der Aussage verloren geht. Falls Sie Zweifel haben, dass die Antwort des Teilnehmers auch den anderen verständlich ist, dann klären Sie dies im Gespräch. Verändern Sie die Wortwahl der Aussage nur im Einverständnis mit dem Autor. Sie können aber den betreffenden Teilnehmer beispielsweise auch bitten, seine Aussage selber zusammenzufassen mit der Frage: „Wie kann ich das jetzt am besten festhalten?"

Gehen Sie in der empfohlenen Reihenfolge vor. Sammeln Sie zuerst alle Antworten zur ersten Frage ein und listen Sie sie auf. Sie betonen damit ganz bewusst die Bedeutung des Erfolgs. Erfolgsanalysen sind für viele Menschen ungewohnt. Dabei haben gerade sie an der Qualität von Rückblenden einen wichtigen Anteil.

PROZESS DES ERFAHRUNGSLERNENS

„Lernen im Arbeitsprozess findet dann statt, wenn Menschen ihr Denken und Tun in eine gewisse Ausgewogenheit miteinander zu bringen vermögen. Sie durchlaufen Phasen der Vorbereitung (Synthese) und des Tuns (Aktion), um dann zurückzublenden (Analyse) auf das, was gut gelaufen ist (Erfolg). Daraus lernen sie, was man tun sollte. Und zurückzublenden auf das, was nicht gut gelaufen ist (Fehler). Daraus lernen sie, was man nicht tun sollte. Wir nennen dies Versuch-und-Erfolg-Lernen sowie Versuch-und-Fehler-Lernen. Daraus folgt: Machen Sie sich auf die Suche nach dem Erfolg, ermitteln Sie die Zutaten zum Erfolgsrezept, planen Sie diese Zutaten in Ihre neuen Aktivitäten ein und schreiten Sie auf diese Weise voran auf dem Wege von der Analyse über die Synthese zum Erfolg. Das nennen wir den Prozess des Erfahrungslernens." (Coverdale 1977, S. 103)

Erfolgsanalyse   In der nun folgenden Übersicht machen wir die ganz besondere Bedeutung der Erfolgsanalyse als Bestandteil der Prozessrückblende noch einmal deutlich. Sie ersehen daraus auch, dass wir keineswegs die Bedeutung von Fehleranalsysen in Abrede stellen wollen. Es geht uns vielmehr darum, dass Erfolgs- und Fehleranalysen miteinander in eine vernünftige Balance gebracht werden. Und weil wir aus Erfahrung wissen, dass Menschen nach einem beendeten Tun eher dazu neigen aufzulisten, was falsch oder schlecht gelaufen ist, halten wir die Erfolgsanalyse für besonders wichtig.

Aus ERFLOLGEN lernt man, was man tun soll:	Aus FEHLERN lernt man, was man nicht tun soll:
- Kenntnis der Bausteine zum Erfolg, - Gefühle der Sicherheit, Hoffnung und Zuversicht, - Gelassenheit und Spannungsauflösung, - eine Einschätzung vorhandener Risiken, - ein geschärftes Empfinden für das, was getan werden muss, - Selbstvertrauen.	- Kenntnis dessen, woraus sich Schwierigkeiten, Gefahren oder Nachteile ergeben,
Risiko: - Selbstüberschätzung	Risiko: - Spannung und Frust - Vorsicht, - Verbales Durcheinander, - Gefühle von Unterlegenheit, Unfähigkeit, Unzulänglichkeit, Zögern, Angst.

Chancen und Risiken der Erfolgs- und Fehleranalyse

Aber zurück zum Rückblendenprozess von Moderator und Gruppe. Erst wenn Sie alle Antworten zur ersten Frage aufgelistet haben, wenden Sie sich der zweiten Frage zu. Tragen Sie Antwort für Antwort auf dem Flipchart ein. Besprechen Sie die Antworten mit den Teilnehmern. Hinterfragen Sie: „Wie ist das gemeint? Worauf bezieht sich diese Aussage?"

Wichtig ist, dass die Antworten aussagefähig sind. Mit Allgemeinplätzen oder Worthülsen kann die Gruppe nicht arbeiten. Sie als Moderator haben die Pflicht, durch geschicktes Rückfragen die Teilnehmer zur Konkretisierung zu ermutigen.

Vermeiden Sie Allgemeinplätze und achten Sie auf konkrete Antworten

BEISPIEL

Die Aussage: „Wir haben gut zusammengearbeitet" reicht nicht aus. Hier müssen Sie nachfragen: „Was genau war gut an der Zusammenarbeit?", „Woran konnten Sie feststellen, dass die Zusammenarbeit gut war?". „Wer hat was getan/gesagt, das zur guten Zusammenarbeit beigetragen hat?", „Und was ist daraus gefolgt? Was hat das bewirkt?"

ERFOLG WIEDERHOLBAR MACHEN

Denken Sie daran, dass Erfolgsanalysen den Zweck haben, Erfolg wiederholbar zu machen und dass durch Fehleranalysen die typischen Fehler beim nächsten Mal vermieden werden sollen. Als Moderator müssen Sie aus der Gruppe ganz konkret „herausmoderieren", was Teilnehmer und Moderator beim nächsten Mal tun müssen, damit die Zusammenarbeit gut funktioniert. Das bedeutet, dass Sie die Teilnehmer in der Rückblende unterstützen, ihre Erlebnisse noch einmal ganz gezielt zu durchdenken und dabei auch Ursache-Wirkung-Abfolgen herauszuarbeiten. Dies ist im Rahmen der Rückblende für alle Beteiligten ein wichtiger Lernprozess, weil er nicht nur Ursache-Wirkungs-Zusammenhänge aufdeckt, sondern auch die Bedeutung des Beobachtens und des Wahrnehmens deutlich macht.

Bringen Sie Namen zu Papier

Auch die folgende Frage hilft, von den Teilnehmern eine konkrete Aussage zu bekommen: „Wer hat wann was gesagt oder getan?" Bringen Sie die Teilnehmer davon ab, „man"-Aussagen zu machen oder andere unpersönliche Formulierungen zu verwenden. Fragen Sie: „Wer hat das gesagt?" Bringen Sie Namen zu Papier. Das Nennen von Namen ist auch deshalb wichtig, weil Sie als Moderator nur durch das Verbinden von Namen mit Tun die persönlichen Stärken von Teilnehmern erkennen können. Das ist wichtig, weil Teilnehmern ihre eigenen Stärken oftmals überhaupt nicht bewusst sind.

BEISPIEL

Ist in mehreren Rückblenden nachzulesen, dass Brigitte Schulze wieder und wieder zum Erfolg beigetragen hat, indem sie die Gruppe im richtigen Moment auf die knapper werdende Zeit oder den Zeitplan hingewiesen hat, dann kann der Moderator sie darauf hinweisen, dass ihr Zeitbewusstsein verbunden mit der Rückmeldung an die Gruppe eine besondere Stärke darstellt. So wird sie diese Stärke bewusst weiter ausbauen bis zu einem Punkt, wo die Gruppe davon Kenntnis nimmt und Brigitte Schulze als ihre „Zeitplan-Spezialistin" einsetzt. Derartige Entwicklungen sind für einzelne Mitglieder außerordentlich wichtig – der Moderator sollte die Gelegenheit nutzen, sie in Gang zu setzen.

Widersprüche verdeutlichen

Hat der Moderator alle Antworten zu den beiden ersten Fragen eingesammelt, visualisiert, diskutiert und mit allen Teilnehmern geklärt, dann sollte er aufzeigen, dass es zwischen den einzelnen Aussagen durchaus Widersprüche gibt. Diese Widersprüche stehen zu lassen ist deshalb ratsam, weil der

Moderator daran verdeutlichen kann, dass Menschen die gleichen Geschehnisse durchaus unterschiedlich erleben. Und da die Antworten auf dem Flipchart individuelle Beobachtungen reflektieren, muss der Moderator sie auch so stehen lassen. Er braucht keineswegs einen Konsens über diese Antworten herzustellen.

Die nachfolgende Übersicht zeigt am Beispiel einer Rückmelde-Abfrage: „Wie haben Sie die Moderation durch Ihren Moderator erlebt? Den Unterschied in der Wirkung zwischen konkreten und unspezifischen Aussagen:

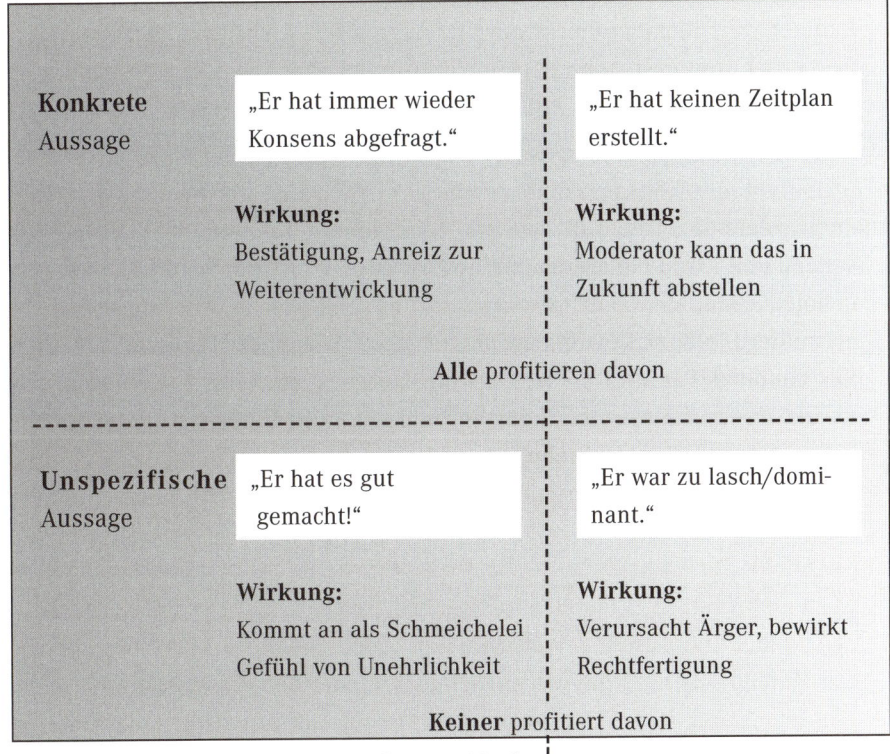

Konkrete Aussage

„Er hat immer wieder Konsens abgefragt."

„Er hat keinen Zeitplan erstellt."

Wirkung: Bestätigung, Anreiz zur Weiterentwicklung

Wirkung: Moderator kann das in Zukunft abstellen

Alle profitieren davon

Unspezifische Aussage

„Er hat es gut gemacht!"

„Er war zu lasch/dominant."

Wirkung: Kommt an als Schmeichelei Gefühl von Unehrlichkeit

Wirkung: Verursacht Ärger, bewirkt Rechtfertigung

Keiner profitiert davon

Beispiel einer Rückmeldung für den Moderator

Abschließend zu den Schritten eins und zwei der Rückblende „Was ist gut gelaufen? Warum?" und „Was ist nicht gut gelaufen? Warum?" sei hier noch angemerkt, dass Teilnehmer im Zuge der Routine häufig dazu tendieren, diese Fragen der Einfachheit halber durch „Positiv" und „Negativ" oder gar durch Plus- und Minuszeichen zu ersetzen.

EXPERTE

DEN VOLLEN WORTLAUT AUSSCHREIBEN

Wir empfehlen Ihnen, diese „Routine-Laxheit" nicht hinzunehmen, sondern auf dem Ausschreiben des vollen Wortlauts der Fragen zu bestehen. Warum? Weil die Antworten zu den Fragen möglicherweise nur in dieser spezifischen Situation, zu der Sie die Abfrage machen, Positives oder Negatives bedeuten. Sie sind also relativ, relativ zu dieser spezifischen Situation. Daraus bereits eine absolute Positiv- oder Negativaussage zu machen, die dann Gültigkeitsanspruch für jede andere Situation hätte, wäre höchst riskant oder gar kontraproduktiv.

Lernen Sie
für die Zukunft

Zustimmung und schließlich den Konsens aller benötigen Sie als Moderator beim Ergebnis des Schrittes drei der Rückblende: „Was wollen wir das nächste Mal beibehalten oder besser machen? Wie?" Hier geht es nicht mehr um einzelne, individuelle Beiträge, sondern hier geht es darum, welche Konsequenzen alle aus dem Geschehenen ziehen wollen. Jeder Teilnehmer hat sich anfangs Notizen zu dieser Frage gemacht. Die Konsequenzen fragt der Moderator jetzt einzeln ab und sie werden vor dem Hintergrund dessen, was vorher bereits zu den Antworten auf die ersten beiden Fragen gesagt wurde, diskutiert. Auch hier hat der Moderator die Verantwortung dafür, dass die diskutierten und im Konsens beschlossenen Schritte für die Zukunft konkret und anwendbar formuliert sind. Wir sprechen hier von „Handlungsanweisungen". Sie müssen eindeutig, verbindlich und überprüfbar, also als Prozesspläne formuliert sein. (siehe Seite 39)

Das nachfolgende Beispiel zeigt ein komplettes Rückblenden-Chart mit typischen, konkreten Antworten.

Was ist gut gelaufen? Warum?	**Was ist nicht so gut gelaufen? Warum?**
• Viele Ideen kamen zustande, weil alle ihre Meinungen frei sagen konnten.	• Gegen Ende entstand eine große Hektik, weil der Zeitdruck enorm war.
• Wir sind termingerecht fertig geworden, weil Herr Meyer immer wieder an die Zeit erinnert hat.	• Wir haben länger gebraucht, um den Auftrag zu klären, weil wir erst sehr spät Rücksprache mit dem Auftraggeber gehalten haben.
• Der Vorschlag von Frau Schmitz wurde schnell von allen verstanden, weil sie ihre Idee visualisiert hat.	

Was wollen wir nächstes Mal beibehalten, was anders/besser machen?

• Jemand in der Gruppe soll an die Zeit erinnern. Die Aufgabe geht reihum. Beim nächsten Mal ist Herr X der „Zeitmahner".	• Frühzeitige Absprache mit dem Auftraggeber.
	• Reservezeit einplanen als Zeitpuffer.

Instrument 3: Rückblende zum Intervenieren und Auswerten

Ergebnisrückblenden dienen dem Soll/Ist-Vergleich, Prozessrückblenden machen es möglich, aus Erfahrungen und Fehlern zu lernen, Arbeits- und Vorgehensweisen zu optimieren und Stärken von Mitarbeitern zu fördern. Regelmäßig durchgeführte Rückblenden motivieren Teams, auf Verbesserungspotenziale zu schauen und ihre Leistung zu steigern.

Beispiel für ein ausgefülltes Rückblenden-Formular

Mit diesem dritten und letzten Schritt der Rückblende verfügen wir über ein außerordentlich wirkungsvolles Instrument in einem kontinuierlichen Verbesserungsprozess, den die japanische Managementlehre „kaizen" nennt. Er ist kontinuierlich, weil wir die Rückblende immer wieder als Tool einsetzen, um die jedes Mal beschlossenen und danach ausprobierten Konsequenzen weiter zu verbessern und zu verfeinern. Und das Instrument ist deshalb so besonders wirkungsvoll, weil es von den einzelnen Teilnehmern entwickelt wird. Damit wird es zum Eigentum der Beteiligten mit der Folge, dass das Interesse und die innere Verpflichtung, an diesem Tool weiterzuarbeiten, immens groß ist.

Mit Rückblenden gestalten Sie einen kontinuierlichen Verbesserungsprozess

Wir stellen Ihnen in der folgenden Übersicht ein Beispiel vor, in dem die Rückblendenergebnisse in einen konkreten Prozessplan im Sinne der Coverdale SV (siehe Seite 42,) umgesetzt wurden. Deutlich wird in diesem Beispiel, wie konkret Vereinbarungen für das zukünftige gemeinsame Vorgehen getroffen werden müssen, wenn der beschlossene Verbesserungserfolg eintreten soll.

	Information	**Was muss getan werden?**	**Plan**
Beobachtung	Die Aufgabe wurde nicht in der verfügbaren Zeit vollendet.		
Erläuterung	Mangelndes Zeitgefühl	Zeitplan aufstellen	Unmittelbar nachdem die nächste Aufgabe gestellt ist, wird ein Zeitplan aufgestellt, aus dem hervorgeht, zu welchem Zeitpunkt die Aufgabendurchführung beginnt und wann sie enden soll, und auch, welche Zeit für eine abschließende Überprüfung vorgesehen ist.
	Zeit wurde vergeudet, weil nicht alle Teilnehmer verstanden hatten um was es ging.	Sicherstellen, dass die Ziele der Aufgabe allseits verstanden sind.	Sowie zu Beginn der nächsten Sitzung die neue Aufgabe an die Tafel geschrieben ist, soll jeder Teilnehmer mit seinen eigenen Worten schildern, wie er Sinn und Zweck dieser Aufgabe versteht.
		Überprüfen, ob alle gemachten Vorschläge mit den Zielen harmonieren.	Teilnehmer überprüfen jeder für sich, ob die Vorschläge, die sie machen wollen, den aufgeschriebenen Zielen entsprechen.

Beispiel, wie das Ergebnis einer Rückblende in einen konkreten Plan umgesetzt werden kann

Wir empfehlen die Rückblendenform der drei Fragestellungen zumindest zu Beginn einer Zusammenarbeit aufrechtzuerhalten. So wird es für die Teilnehmer zur Routine, die Rückblende nach jedem Tun durchzuführen. Das fällt leichter, wenn die Form dieselbe bleibt. Wir wissen dies aus eigener Erfahrung. Im Unternehmen Coverdale gibt es Beratungskollegen, die seit 20 Jahren in den unterschiedlichsten Teams zusammenarbeiten – und stets am Ende eines Projekts gemeinsam eine Rückblende nach dem hier vorgestellten Muster durchführen. Und immer wieder gibt es überraschende, weiterführende Ergebnisse, die beweisen, dass dieses Tool von ganz besonderer Bedeutung ist.

Nutzen Sie zunächst das beschriebene Rückblende-Format.

> ### MACHEN SIE DIE RÜCKBLENDE ZUM EIGENTUM DER TEILNEHMER
>
> Nachdem Sie einmal eine Rückblende selbst moderiert und visualisiert haben, können Sie darangehen, die Teilnehmer am Durchführen der Rückblende noch stärker zu beteiligen. Anfangs bitten Sie einen Teilnehmer, das Visualisieren zu übernehmen – und schließlich beenden Sie den Prozess damit, dass ein Teilnehmer die Rückblendendiskussion moderiert. Auf diese Weise geht das Tool in den Gebrauch der Teilnehmer über und wird ihr Eigentum. Achten Sie in der Folge nur darauf, dass sie Qualität von Inhalt und Form auf hohem Niveau bleibt.

Eine weitere Empfehlung gilt Ihnen selbst. Versuchen Sie einmal, für sich selbst, eine Rückblende zu machen. Zum Beispiel eine Rückblende auf Ihre Arbeit als Moderator in einem abgeschlossenen Moderationsprojekt. Stellen Sie sich eine klare Rückblendenaufgabe: „Wie habe ich das Projekt xyz moderiert?" Bemühen Sie sich, möglichst offen, ehrlich und detailliert das Rückblendenformblatt auszufüllen. Geben Sie Antwort zu allen drei Fragen. Nehmen Sie sich Zeit. Sie werden sehen, auch Ihnen hilft die Rückblende auf einer ganz individuellen Ebene. Es lohnt sich, sie wieder und wieder durchzuführen.

Individuelle Rückblende

Andere Formen der Rückblende

Es kann sein, dass in einem eingefahrenen Team, in einer Gruppe, die bereits Erfahrungen hat in der Zusammenarbeit miteinander, eine andere Form von Rückblende vielleicht noch erfolgreicher, noch zielorientierter ist. Dazu empfehlen wir nachstehend zwei Strukturen als Beispiel.

Erfolge	Ursachen	Schwierigkeiten	Ursachen
——————	——————	————————————	——————
——————	——————	————————————	——————

Pläne, um an den Ursachen zu arbeiten

——

——

Rückblende − Format II

Erfolge wiederholen,
Schwierigkeiten
reduzieren

Bei dieser Struktur geht es vor allem darum, verfolgbare, umsetzbare und über-
prüfbare Pläne aufzustellen, die in der weiteren Bearbeitung sicherstellen,
dass an den festgestellten Fehlern, Problemen/Ursachen wirksam weitergearbeitet wird. Weiterarbeit heißt in diesem Fall: Wie können wir erlebte
Erfolge bewusst und gezielt wiederholen? Wie können wir eindeutig erkannte
Schwierigkeiten in Zukunft reduzieren oder gar vermeiden?

Eine andere Form der Rückblende, wie wir sie Ihnen im nachfolgenden Beispiel
vorstellen, soll deutlich machen, wie die Gruppe auf die Beiträge/Anregungen
einzelner Gruppenmitglieder reagiert − oder nicht reagiert. Werden Vorschläge zum weiteren Vorgehen aufgenommen? Weiterbehandelt? Abgeschmet-
tert? Vergessen? Wie genau verläuft so ein Prozess? Wie ergeht es einem Mitglied mit seinem Vorschlag? Was läuft da ab? Wie geht das Gruppenmitglied,
wie geht die Gruppe damit um?

Was hat Gruppenmitglied X gesagt/getan	Was ist daraufhin geschehen?
—————————————————	—————————————————
—————————————————	—————————————————

Rückblende − Format III

So können Sie
Verhaltensweisen
hinterfragen

Als Moderator können Sie aufgrund der Antworten die Gruppenmitglieder auffordern, über ihre eigenen Verhaltensweisen gegenüber den anderen Gruppenmitgliedern konstruktiv nachzudenken. Dieses Nachdenken lässt sich
dann mit Überlegungen zu den Absichten und Wirkungen der unterschiedlichen Verhaltensweisen verbinden. Eine gewisse Schwierigkeit der vorgegebenen Fragestellungen dieses Beispiels liegt darin, dass die konkreten, hil-

freichen Antworten eine außerordentlich gute, genaue Beobachtungs-/ Wahrnehmungsfähigkeit voraussetzen, eine Qualität, die sich in der Regel in Arbeitsgruppen – zumindest zu Beginn – nicht findet, die aber mit geduldiger Hilfe eines erfahrenen Moderators Schritt für Schritt erlernbar ist.

> ### WENN DIE ZEIT KNAPP IST
>
> Ist die Zeit knapp, die Ihnen für eine Rückblende zur Verfügung steht, so besteht die Möglichkeit, eine Abfrage in Form eines Blitzlichts zu machen, wie wir das im Kapitel „Blitzlichter in der Moderation"(siehe Seite 148) beschrieben haben. Zwar findet dann keine ausführliche Prozessbetrachtung statt, auch keine gemeinsame Vereinbarung für das nächste Zusammenarbeiten, dennoch bekommen Sie und die Gruppe einen Eindruck, wie die Zusammenarbeit von jedem erlebt wurde. Bei Gruppen, die nicht unmittelbar in dieser Zusammensetzung weiterarbeiten oder die schon recht erfahren in der Zusammenarbeit sind, genügt oft eine solche kurze Form der Rückblende.

Beobachten und Feedback

Um den Prozess analysieren und auswerten zu können, ist eine Fähigkeit ganz besonders wichtig: das Beobachten, das Wahrnehmen. Vielen Teilnehmern fällt es schwer, neben der Mitarbeit an einem Auftrag gleichzeitig auch den Prozess zu verfolgen und hinterher in der Rückblende konkrete Beobachtungen zu benennen. Doch das können Menschen lernen. Dieses Lernen wird den Teilnehmern erleichtert, wenn Sie als Moderator zu Beginn darauf hinweisen, dass am Ende eine Rückblende durchgeführt werden wird. Bitten Sie die Teilnehmer darum, gedanklich immer mal wieder eine Beobachtungsposition einzunehmen, um zu merken, wer was zum Prozess beiträgt.

Wichtig: wahrnehmen

Ein Teilnehmer als Beobachter

Schlagen Sie der Gruppe unter Hinweis auf eine neue, interessante Erfahrung vor, aus ihren Reihen einen Beobachter zu bestimmen, der streckenweise ganz bewusst nicht in der Gruppe mitarbeitet, sondern von außen (möglichst auch räumlich, zum Beispiel an einem Nebentisch) Beobachtungen zum Prozess notiert, die er am Ende des Geschehens der Gruppe in der Rückblende als Feedback zur Verfügung stellt. Empfehlen Sie dem Beobachter dabei, sein Feedback so zu gestalten dass seine Bemerkungen für die Gruppe und ihre Arbeit hilfreich sind, da Gruppen auf Kritik, ja sogar auf gut gemeinte Ratschläge von außen höchst empfindlich reagieren. Abwehr und Frustration sind die Folge und verhindern, dass auch sinnvolle Anregungen des Beobachters auf taube Ohren stoßen.

Sie können auch Teilnehmern Prozessbeobachtung ermöglichen

Dieser Rat ist erfahrungsgemäß besonders dann von erheblicher Bedeutung, wenn es sich bei den Teilnehmern der moderierten Gruppe um Menschen mit überwiegend technischer oder naturwissenschaftlicher Ausbildung handelt. Sie glauben, dass Feedback immer das Rückmelden von Abweichungen beinhaltet. „Innerhalb der Systemtheorie bedeutete Feedback ursprünglich den Austausch von Daten über das Funktionieren der Teile eines Systems, unter der Voraussetzung, dass ein Teil alle übrigen beeinflusst, sodass, wenn irgend ein Teil vom Kurs abweicht, dieses auf die richtige Bahn zurückgeleitet wird." (Goleman, 1996, S. 193)

Den Menschen, die aufgrund ihrer Ausbildung auf derartige „Fehler-Rückmeldung" programmiert sind, muss der Moderator sehr deutlich machen, dass soziale Systeme, also Menschen im Miteinander einer Zusammenarbeit, Fehlerrückmeldungen nur in Verbindung mit Erfolgsrückmeldungen konstruktiv aufzunehmen und zu verarbeiten vermögen.

Wichtig für den Beobachter ist eine kurze, aber gezielte Aussprache mit allen Teilnehmern über das Thema „Feedbackgeben und Feedbacknehmen". Als Moderator können Sie das Thema angehen mit Fragen wie „Was ist Sinn und Zweck von Feedback? Was soll uns das bringen?" oder „Was erwarten Sie von jemandem, der Ihnen Feedback gibt? Was befürchten Sie?", um das Problembewusstsein herauszufordern. Die anschließende Diskussion könnte enden mit einer Auflistung von „Feedbackregeln", die allgemeingültig sind, die aber auch die Funktionsweise eines Beobachters im obigen Sinne erleichtern.

Feedbackregeln

Derartige Spielregeln könnten beispielsweise sein:

1. Beschreiben Sie eine ganz konkrete Beobachtung: Was haben Sie gesehen, gehört, was hat ein anderer getan, gesagt hat?

2. Begründen Sie sachlich, warum Sie gerade diese Beobachtung für berichtenswert halten. Nützlich kann hierbei sein, wenn Sie Zusammenhänge zwischen Ihren Beobachtungen und nachfolgenden Geschehnissen herstellen können (persönliche Interpretation).

3. Sagen Sie was Sie persönlich gerade an dieser Beobachtung für bedeutsam halten und wie sie auf Sie wirkt (eigener Beurteilungshintergrund).

Durch eine deutliche Trennung von Beobachtung einerseits sowie persönlicher Interpretation und eigenem Beurteilungshintergrund andererseits macht der Feedbackgeber deutlich, dass es sich bei Interpretation und eigenem Beurteilungshintergrund nicht um objektive Tatsachen, sondern um seine persönliche Meinung handelt, die keinen Anspruch auf Allgemeingültigkeit erhebt.

BEISPIEL

„Ich habe beobachtet, dass alle Teilnehmer in dieser Sitzung mindestens siebenmal etwas gesagt haben. Herr Breitner hat als Einziger nur zweimal etwas gesagt" (Beobachtung).

„Ich hatte den Eindruck, dass Herr Breitner an dem Thema nicht sehr interessiert ist" (Interpretation).

„Wenn ich an einem Thema nicht interessiert bin, dann melde ich mich auch nicht zu Wort" (eigener Beurteilungshintergrund).

Wie immer die Spielregeln für Feedbackgeber aussehen, die die Gruppe erarbeitet, visualisieren Sie sie. Sie werden darauf zurückgreifen müssen, wenn Sie später die Rückblenden mit Beobachtern moderieren.

Aber auch Feedbacknehmen ist nicht unproblematisch. Es ist hilfreich, im Vorfeld auch darüber zu sprechen; und wie beim Feedbackgeben sind Vereinbarungen über Spielregeln dazu sehr hilfreich:

1. Hören Sie dem Feedbackgeber zu, ohne ihn zu unterbrechen und ohne sich zu rechtfertigen.

2. Fragen Sie nach, wenn etwas nicht verstanden wurde.

3. Wenn möglich, sagen Sie dem Feedbackgeber, was Ihnen sein Feedback bedeutet.

Fazit

Nutzen Sie Zwischenrückblenden spontan als Interventionstool für jede Art von „Kurskorrektur", sowohl inhaltliche Korrekturen als auch Prozesskorrekturen.

Beenden Sie jede moderierte Veranstaltung mit einer strukturierten Rückblende, um Ergebnis und Prozess zu überprüfen und um Lernen und Verbesserungen in der Zusammenarbeit zu sichern.

Vom Umgang mit der Zeit

Das berühmte Busch-Zitat „Eins, zwei, drei! Im Sauseschritt läuft die Zeit; wir laufen mit." ist genau genommen eine Tautologie wie „Der Wind weht" oder „Der Fluss fließt". Schon Newton, Kant, Einstein und viele andere haben erkannt, dass es Zeit als substantivischen Begriff eigentlich überhaupt nicht gibt, sondern dass der Begriff Zeit ein höchst abstraktes Konstrukt ist, das geschaffen wurde, um den Abstand zwischen Geschehnissen zu bestimmen oder zu messen. Zeitbestimmung ist demnach allenfalls eine Verknüpfung oder eine Synthese von Ereignissen.

Wenn wir uns also klar machen, dass es Zeit eigentlich gar nicht gibt, dann müssen wir folgern, dass wir Zeit auch nicht verlieren, verschenken, stunden, einholen oder planen können. Der Umgang mit Zeit ist offenbar eine sehr problematische Angelegenheit.

Was ist Zeit?

Jeder Moderator weiß aus eigener Erfahrung, wie viel problematischer und konkreter diese Angelegenheit wird, wenn sich mehrere Leute in einer Arbeitsgruppe darüber den Kopf zerbrechen und sich womöglich auf eine bestimmte Zeitbegrenzung einigen müssen. Der Fachbuchautor Klaus Bischof beschäftigt sich in einem seiner Bücher mit der Zeitplanung für Besprechungsgruppen. Dabei hält er sich nicht lange auf mit gelehrten, abstrakten Betrachtungsweisen. Auf die in diesem Zusammenhang aufgeworfene Frage „Was ist Zeit?" gibt er die verblüffende, positive, humorvolle und sehr konkrete Antwort: „Zeit ist Leben, Freude, Abwechslung, Schmerz. Sie ist schnell und vergänglich und vor allem knapp. Was ist Zeit nicht? Zeit ist nicht käuflich, nicht lagerfähig, nicht vermehrbar, nicht ausleihbar, nicht schenkbar und kein Eigentum ... Die Planung der Zeit ist die Brücke zwischen dem Gegenwärtigen und dem zu Erreichenden. Dabei entscheidet die heutige Planung (oder deren Unterlassung) über Ihren Weg und Ihr Wohlbefinden bis dorthin."(Bischof, 1997, S. 102 f.)

Ein Lernprozess

Der Wissenssoziologe Norbert Elias weist uns in seinem Buch „Über die Zeit" interessanterweise darauf hin, dass das Umgehen mit Zeit ein mühsamer zivilisatorischer Lernprozess ist. Erwachsene in westlichen Industriegesellschaften sind es gewohnt, menschliche Lebensprozesse zu einer Skala fortlaufender Jahreszahlen (Kalender), ja sogar zu einer Skala fortlaufender Sekunden, Minuten, Stunden (Uhr) in Beziehung zu setzen. Doch diesen ständigen, mehr oder weniger routinierten, allerdings durch soziale Zwänge und Interdependenzen unausweichlichen Umgang mit Zeitbegriffen müssen

Menschen als Individuen und erst recht auch als Gruppen oder Gesellschaften erst mühsam erlernen – und das braucht seine Zeit.

Der Umgang mit Zeit ist erlernbar

Elias schildert im Rahmen der historisch-zivilisatorischen Entwicklung des Umgangs mit der Zeit, wie das Festsetzen von Zeitpunkten oder Zeitfristen immer zugleich auch ein Akt von Herrschafts- oder Machtausübung ist, der früher von Priestern, Adligen und Königen vorgenommen wurde. Heute hat sich in unserer Gesellschaft dieser Fremdzwang zu einem oftmals sekundengenauen Selbstzwang entwickelt. Elias nennt das eine „Selbstregulierung", die er zu Recht als „soziale Fertigkeit" bezeichnet. (Elias, 1985, S. 126)

Dieser Exkurs in die Geschichte und in die soziologische Bedeutung des Umgangs mit Zeit soll dem Moderator von heute verständlich machen, wie komplex, aber auch wie bedeutsam dieser Vorgang ist. Denn: In diesem Exkurs werden zumindest zwei Erkenntnisse herausgestellt, die für Sie als Moderator bei Ihrer Arbeit mit einer Gruppe von großer Wichtigkeit sind.

> **DIESE ERKENNTNISSE MÜSSEN SIE BEI DER MODERATION BERÜCKSICHTIGEN**
>
> ▶ Der erfolgreiche Umgang mit Zeit setzt ein zeitaufwändiges soziales Lernen voraus.
> ▶ Die externe Festsetzung von Zeitpunkten oder -fristen als Herrschaftsakt wird durch die soziale Fertigkeit der Selbstregulierung ersetzt.

Was bedeutet das nun ganz konkret für Ihr Vorgehen als Moderator? Zuerst einmal sollten Sie als Moderator darauf vorbereitet sein, dass jede Gruppe ihren ganz spezifischen, eigenen Umgang mit Zeit ausprobieren und trainieren muss, denn jede Gruppe besteht aus unterschiedlichen Menschen mit ganz verschiedenen Zeitrastern. Der amerikanische Ethnologe Edward T. Hall hat aufgrund seiner jahrelangen Studien unterschiedlicher Kulturen eine Sortierung der Menschheit in „Zeitzerteiler" und „Zeiteinteiler" vorgenommen.

Zeitzerteiler

Zeitzerteiler sind von Haus aus unpünktlich, tendieren dazu, angefangene Arbeiten liegen zu lassen, um erst später (oder gar nicht) dazu zurückzukehren. Sie lassen sich in der Arbeit gern von guten Ideen oder Freunden unterbrechen, fangen häufiger Neues an, sind kreativ, tun sich schwer mit jeder Form von Fremdbestimmtheit und werden regelmäßig von verpassten Terminen überrascht.

Zeiteinteiler

Zeiteinteiler dagegen sind pünktlich, diszipliniert, denken linear von A nach B, erledigen Aufträge lieber nacheinander statt nebeneinander/gleichzeitig. Sie achten darauf, klare Ziele und Zwecke zu verfolgen. Zeiteinteiler empfinden Zeitzerteiler als nervig – und umgekehrt.

Aus unserer Erfahrung wissen wir, wie gefährlich es ist, Menschen in derartige Schubladen zu stecken. Dennoch enthält das Hall'sche Modell hilfreiche Hinweise darauf, dass Menschen, vor allem solche aus unterschiedlichen Kulturen, sehr unterschiedliche Einstellungen zum Umgang mit Zeit haben. Und das müssen Sie als Moderator wissen. Sie müssen die nötige Hilfestellung leisten, indem Sie immer wieder – vor allem natürlich in der Rückblende – auf die gerade gemachten Erfahrungen dieser Gruppe mit verlorener Zeit, mit Zeitdruck, mit Ungenauigkeiten in der Zeitplanung aufmerksam machen und in der Rückblendendiskussion entsprechende Prozesspläne oder andere Maßnahmen zum Gegensteuern und zur Weiterführung des Lernprozesses anmahnen.

Menschen haben unterschiedliche Einstellungen zu Zeit

Noch wichtiger für den Lernprozess der Gruppe ist jedoch, dass Sie als Moderator jeden noch so winzigen Erfolg, jeden mühsam errungenen Fortschritt der Gruppe im Umgang mit Zeit herausstellen und die Teilnehmer dazu bringen, die Ursachen für diese Erfolge zu analysieren und sich bewusst zu machen. Nichts macht Leute so rasch zu Könnern, als wenn man sie „frühzeitig dabei erwischt, wenn sie etwas gut machen. Am Anfang genügt schon eine annähernd gute Leistung, und allmählich bringt man sie auf das gewünschte Niveau". (Blanchard/Johnson, 1984, S. 83) So wird auch die Gruppe allmählich eine eigene Technik für ihren erfolgreichen Umgang mit der Zeit entwickeln, verfeinern und perfektionieren. Und jede Gruppe wird dies ein klein wenig anders machen, so wie es zu ihr und ihren Mitgliedern passt. Und das braucht seine Zeit.

Stellen Sie Erfolge heraus!

MACHEN SIE DIE TEILNEHMER ZU BETEILIGTEN

Sie sollten als Moderator außerdem alles tun, um nicht als Herrschafts- oder Machtfaktor in punkto Zeitbestimmung erlebt zu werden. Statt als Wächter des Zeitablaufs oder als Zeitmahner aufzutreten, sollten Sie besser die Teilnehmer zu Beteiligten machen. Es geht, wie wir in dem obigen historischen Exkurs gesehen haben, darum, die soziale Fertigkeit der Selbstregulierung in der Gruppe zu entwickeln. Und zwar bei jedem Mitglied – gleichgültig, ob Zeitzerteiler, Zeiteinteiler oder was auch immer. Die Betroffenen müssen erkennen, dass sie keineswegs immer gegen einen extern gesetzten, oftmals anonymen Zeitdruck ankämpfen müssen (Zeit = Feind), sondern vielmehr aktiv selbst die Verantwortung für die Verwendung von Zeit zu übernehmen haben. Machen Sie der Gruppe die Konsequenzen deutlich, wenn die Teilnehmer länger diskutieren wollen, als im Zeitplan vorgesehen, und bitten Sie die Gruppe dann um eine Entscheidung, wie sie mit der zur Verfügung stehenden Zeit umgehen will.

Zeitplanung in der Moderation

Jedes Gruppenmitglied muss für sich selbst lernen, die eigenen Redebeiträge in Diskussionen zu begrenzen sowie vermeidbare Wiederholungen und zeitaufwändige Doppelaktionen zu unterlassen. Kein Moderator kann und darf das dafür notwendige Selbstregulativ des Einzelnen ersetzen. Und deshalb gehört es zu den wichtigen Aufgaben des Moderators, diesen Prozess zum Entwickeln einer derartigen Selbstregulierung im Umgang mit Zeit in Gang zu setzen. Beispielsweise indem Sie anregen,

- ► die Zeitvorgaben,
- ► die Zeitpläne,
- ► die Zeit-Bar-Charts,
- ► einen Zeitstrahl oder
- ► andere zeitbezogene Planungshilfen oder Vorgehensweisen

so zu visualisieren, dass jeder den Zeitablauf selbst nachverfolgen kann. Wir tun dies,

- ► damit jeder diese Aufforderung ständig vor Augen hat,
- ► damit jeder verantwortlich damit umzugehen lernt und
- ► damit dieses visualisierte Instrument für alle Beteiligten als Vereinbarung festgeschrieben ist.

Zeitverantwortung ist Prozesskompetenz

Auch hierbei gilt, was wir bereits früher über die Delegierbarkeit von Moderatorenverantwortung gesagt haben: Jeder Teilnehmer kann und soll diese Verantwortung für sich in Anspruch nehmen, wo es dem Fortkommen der Gruppe dient. Also kann auch jeder Zeitverantwortung übernehmen und insofern Prozesskompetenz ausüben, indem er auf den visualisierten Zeitplan hinweist und unter Berücksichtigung des bisherigen Ablaufs entsprechende Konsequenzen für das Arbeiten der Gruppe deutlich macht.

> **SORGEN SIE FÜR PAUSEN**
>
> Sowie eine moderierte Gruppenarbeit für mehr als zwei Stunden angesetzt wird, sollte der Zeitplan das Element Pause aufweisen. Pausen dienen nicht nur der Erholung, sondern können verschiedenen Zwecken dienen und sollten deshalb von Ihnen als Moderator bewusst eingesetzt werden. Mehr dazu können Sie nachlesen in „Pausen – nicht nur zum Erholen" (siehe Seite 162).

Im Hinblick auf visualisierte Zeitplaninstrumente wie Zeitstrahl, Bar-Chart, einfache TOP-Zuordnungen oder eine zeitlich durchgeplante systematische Vorgehensweise möchten wir Ihnen einen wichtigen Tipp geben: Achten Sie darauf, dass die Teilnehmer stets absolute Zeiten verwenden und nicht Ablaufszeitmengen einsetzen, die dann im weiteren Verlauf nicht überprüfbar sind. Dafür geben wir Ihnen hier ein Beispiel:

BEISPIEL	
Auftragsklärung	2_ min
Zielklärung	4_ _i_
Information	30
Was muss getan werden	15
Planen	_ min
Durchführen	_ min
Rückblende	_0 min

Gruppen tendieren oft dazu, das vorgesehene Zeitbudget wie in diesem Beispiel mit Ablaufszeitmengen festzuschreiben. Sie merken dann erst später, dass – je weiter sie fortgeschritten sind – die Überprüfung zusehends schwieriger wird, weil diese größere Notizen und Berechnungen notwendig macht.

Im folgenden Beispiel dagegen kann man mit einem kurzen Blick auf die Uhr mühelos feststellen, wo die Gruppegerade steht.

BEISPIEL	
Auftragsklärung	bis 09.20 Uhr
Zielklärung	bis 10.00 Uhr
Information	bis 10.30 Uhr
Was muss getan werden	bis 10.45 Uhr
Planen	bis 11.15 Uhr
Durchführen	bis 12.15 Uhr
Rückblende	bis 13.15 Uhr

Grob-Zeitplan

Ein bewusster Umgang mit der Zeit verhilft einer Gruppe zu mehr Überblick, mehr Ruhe und einer besseren Steuerung des Prozesses. Unsere Empfehlung ist daher, dass Sie schon zu Beginn der Auftragsbearbeitung auf der Basis der systematischen Vorgehensweise ein grobes Zeitbudget entwerfen. Wichtig ist dabei, diesen Plan unter Einbeziehung der Erfahrungen der Teilnehmer nur überschlagsmäßig mit Zeitangaben zu versehen (Grob-Zeitplan), um damit nicht Zeit zu verlieren. Der Zweck dieses Grob-Zeitplans ist Orientierung, nicht Fest-schreibung. Die kann später erfolgen, wenn mehr Einzelheiten und Informationen zum Ablauf verfügbar geworden sind (Fein-Zeitplan).

Die nachstehende Grafik zeigt Ihnen, wie Sie bei der Erstellung eines Grob-Zeitplans in Verbindung mit der SV vorgehen sollten:

<table>
<tr>
<td rowspan="3">

Instrument 4: Zeitplanung

Bewusste Zeitplanung hilft, den Überblick zu behalten und z u steuern. Das Entwerfen eines goben Zeitplans schon in der Vorbereitung oder zu Beginn der Moderation gibt Orientierung. Die Feinplanung erfolgt im weiteren Verlauf des Prozesses und ermöglicht die Einteilung von Personal und Ressourcen.

</td>
</tr>
</table>

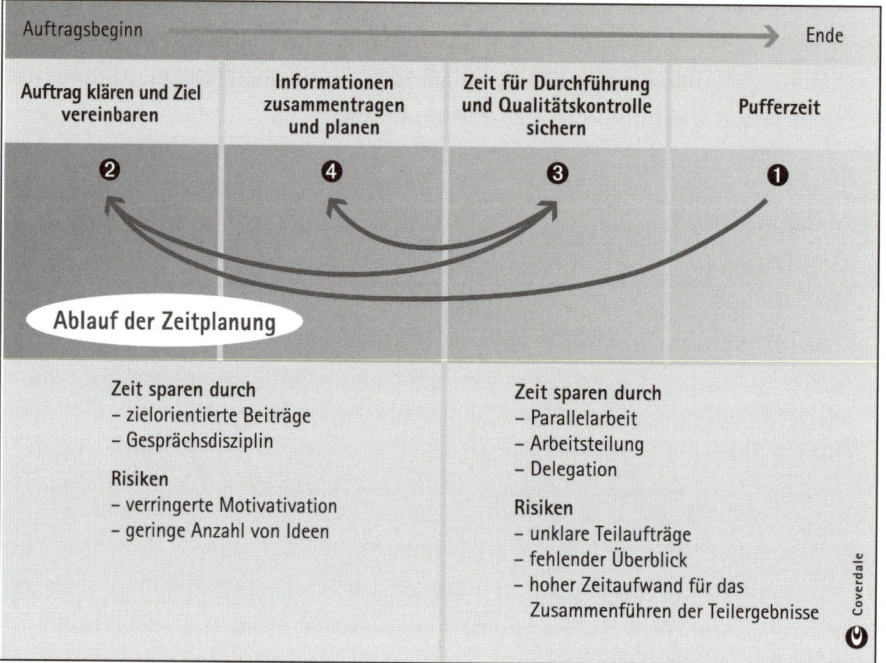

Ablauf der Zeitplanung

Dabei ist es sehr bedeutsam, ob es sich um einen „offenen" oder einen „geschlossenen" Auftrag handelt. Sie werden in der Arbeit als Moderator sehr bald die Erfahrung machen, dass offene Aufträge, also Aufträge, in denen auf Anhieb keine klaren Zielvorstellungen erkennbar sind, außerordentlich viel Zeit für die Stufen Auftragsklärung und Zielsetzung in Anspruch nehmen. Geschlossene Aufträge dagegen brauchen in der Regel wesentlich weniger Zeit für die Klärung. Mehr zu diesem Thema finden Sie im Kapitel „Ziele klären und vereinbaren" (siehe Seite 48).

Zeitfallen

Zeitprobleme können demotivieren

Gerade in den vielerorts immer noch üblichen Chef-geleiteten Routinebesprechungen mit einer größeren Zahl an Teilnehmern geht leicht und häufig viel Zeit verloren. Das kostet nicht nur Geld, sondern es kostet auch Motivation! Fehlerhaftes Management der Ressource Zeit wird so häufig zur Ursache von eklatanten Frusterlebnissen. Teilnehmer ächzen und schimpfen: „Schon wieder zwei Stunden in einem fruchtlosen Meeting vertan!" Und sie ärgern sich, weil sie vielleicht dafür abends länger am Schreibtisch sitzen müssen, um die verlorene Zeit wieder hereinzuarbeiten. Sie sollten sich dies als Moderator stets vor Augen halten. Trotz aller Förderung der Selbstverantwortung in der moderierten Gruppe können Sie dazu beitragen, dass mit der immer knapper werdenden Ressource Zeit sparsam umgegangen wird. Dazu gehört auch die Vermeidung von Zeitfallen, die unnötig Zeit kosten und meist schon mit geringem Aufwand umgangen werden können.

> ### KLARE VORGABEN MACHEN
>
> Wichtig ist zum Beispiel, dass Sie als Moderator den Zeitrahmen für Besprechungen zu Beginn klar vorgeben. Nichts ist ärgerlicher, als wenn Besprechungen „ins Uferlose" laufen. Eine zu Beginn deutlich verabredete Endzeit gibt zum einen den Teilnehmern Sicherheit, ihre Arbeit auch nach der Besprechung für den Rest des Tages planen zu können, und zum anderen wird dadurch die gemeinsame Verantwortung aller für das Einhalten der Endzeit erhöht. Zwingt der Verlauf dazu, die Endzeit zu überziehen, dann sollte der Moderator – sowie die Notwendigkeit zur Überziehung deutlich wird – eine neue Endzeit vereinbaren und diese auch visualisieren.

Unpünktlichkeit

Pünktliches Anfangen ist eine Grundvoraussetzung für pünktliches Aufhören. Sie als Moderator haben auch hier eine Vorbildfunktion. Sie sollten mit gutem Beispiel vorangehen und frühzeitig vor Ort sein. Bei regelmäßig stattfindenden Meetings empfehlen wir Ihnen, grundsätzlich pünktlich zu beginnen. Wissen Teilnehmer, dass in der Regel doch erst einige Minuten später begonnen wird, so werden sich immer weniger an den vereinbarten Beginn halten.

Beginnen Sie pünktlich

Wir haben schon Gruppen erlebt, die in Bezug auf Pünktlichkeit untereinander eine Spielregel vereinbart haben. Beispielsweise zwei Euro in die Kaffeekasse bei jeder Verspätung. Oder sie haben einen bestimmten Geldbetrag als Strafe pro verspätete Minute vereinbart und auch visualisiert.

Fehlbesetzung der moderierten Sitzung

Auf Besprechungen finden sich immer wieder auch Teilnehmer ein, die nicht unbedingt für jedes Thema oder alle Phasen eines Themas benötigt werden. Da wir aus Erfahrung wissen, dass jeder zusätzliche Teilnehmer in der Regel auch eine Verlängerung der Besprechung bedeutet, sollten Sie als Moderator hier wenn irgend möglich regulierend eingreifen.

ÜBERPRÜFEN SIE,

ob Sie die Tagesordnungspunkte, die nicht für alle gleichermaßen wichtig sind, nach hinten verschieben können. Dann können die Teilnehmer, die an den letzten TOPs nicht mitarbeiten müssen oder wollen, die Sitzung früher verlassen.

Unklare Ziele oder Aufträge

Eine besondere Zeitfalle bei Besprechungen sind unklare Ziele. Wie bereits im Kapitel „Ziele klären und vereinbaren" (siehe Seite 48) erwähnt, können Sie als Moderator viel Zeit sparen, wenn Sie die Gruppe dazu bringen, in dieser Stufe des Systematischen Vorgehens methodisch zu arbeiten. Auch wenn, bei Projektarbeit zum Beispiel, zum Klären und Vereinbaren der Ziele Zeit investiert werden muss, so zahlt sich diese Investition doch mittel- und langfristig aus, weil spätere zeitaufwändige Klärungen von Zieldivergenzen oder von Missverständnissen kaum notwendig werden.

Der Zeitaufwand für die Zielklärung lohnt!

Zu knappe Kalkulation der Zeit

Unsere Moderationserfahrung hat gezeigt, dass sich Projektarbeit innerhalb von Linienorganisationen immer wieder mit Zeitproblemen auseinandersetzen muss. Die Zeit für Projekte wird häufig zu knapp kalkuliert, Konflikte mit der Linie sind die Folge. Wir haben deshalb in der nachstehenden Übersicht die Elemente, die für einen erfolgreichen Umgang mit der Zeit hilfreich sind, für Sie als Arbeitshilfe zusammengestellt.

Instrumente	**Planung**

• angepasstes Zeitplansystem
  – Zeitstrahl
  – Bar Chart
  – Liniendiagramm
  – Netzplan
  – EDV-unterstützt
• Reserven/Puffer einplanen
• kritische Aktivitäten be-
  stimmen und kontrollieren
• Planung in Phasen
	• Vorwärtsrechnung
	  (schätzen des Endtermins)
	• Rückwärtsrechnung (schätzen
	  des Anfangszeitpunkts)
	• Grobschätzung
	• Feinschätzung
	• Überprüfung
	  – laufend
	  – geplant
	  – ad hoc
	• Meilensteine
	• Anpassung und
	  Veränderungen

Kommunikation

- offene Information über
  Zeitvorsprung/Zeitrückstand
- Transparenz, Vorhersehbarkeit,
  keine Überraschungen

Delegation	**Zusammenarbeit**

• Arbeitsteilung nutzen und
  fördern
• Gruppenmitglieder zur
  erhöhten Verantwortung
  motivieren
• realistische Einschätzung der
  Kapazitäten
• Mittel zur Verfügung stellen
• Verständnis für
  Konflikpotenziale zwischen
  Gruppe und Organisation
	• Zeitplanung unter Einbezug
	  der Beteiligten
	• Zeiten verhandeln, nicht
	  vorgeben
	• klare Absprachen
	• fairer Umgang mit Partnern
	• guten Umgang mit der Zeit
	  hervorheben, loben
	• Moderator unterstützt,
	  wenn die Zeit knapp ist.

Erfolgreiches Zeitmanagement

FAZIT

Machen Sie Zeitpläne mit konkreten Uhrzeiten. Visualisieren Sie diese,
damit die Teilnehmer die Kontrolle in Eigenverantwortung übernehmen
können. Beginnen Sie mit einem Grob-Zeitplan, verfeinern Sie später.
Denken Sie an Pufferzeiten und Pausen.

Gekonnt visualisieren

Visualisieren, also das Sichtbarmachen, ist eines der wichtigsten Tools in der Moderation. Sicher kennen Sie bereits aus verschiedenen Veranstaltungen den Moderatorenkoffer mit Karten und dicken Stiften, Pinnwände und Flipcharts. Doch bevor wir näher auf die Visualisierungsmöglichkeiten im Einzelnen eingehen, möchten wir zunächst einmal die Bedeutung des Visualisierens für den Moderationsprozess erläutern.

Wozu visualisieren?

Erinnern Sie sich? Prozess und Inhalt sind die beiden Aspekte, die erfolgreiche Arbeit ausmachen. Beim Visualisieren geht es zum einen um das Sichtbarmachen des Prozessplans und des Prozessverlaufs und zum anderen um das Sichtbarmachen von Inhalt. Das Visualisieren von Agenda, Systematischer Vorgehensweise, Tagesplan, Zeitstrahl oder Arbeitsphasen dient dazu, den Teilnehmern immer wieder Orientierung zu geben, wo sie sich im Prozess befinden und wie der nächste Schritt aussieht. Auch Veränderungen im Vorgehen können so für alle sichtbar vereinbart werden.

Visualisieren Sie Inhaltliches und den Prozess

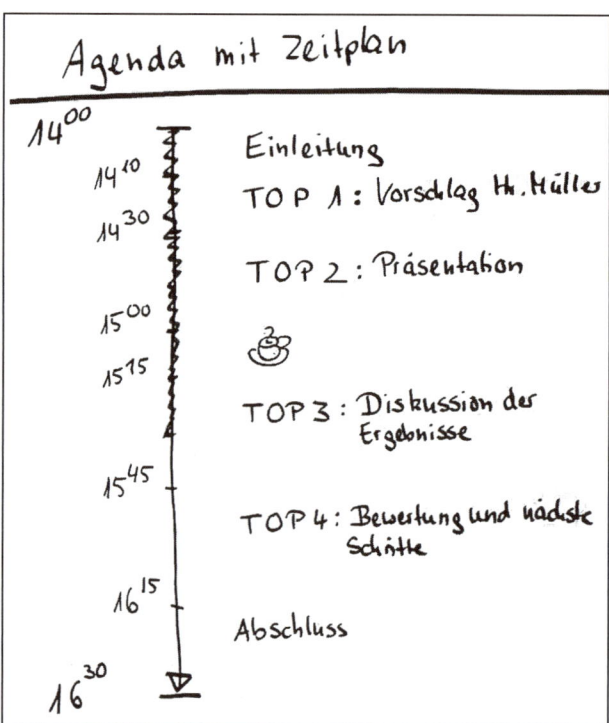

Anhand einer visualisierten Agenda können Sie den Zeitfortschritt für alle Teilnehmer verdeutlichen

Hier noch einige Tipps, die das Arbeiten mit Flipchart und Pinnwand erleichtern:

► Nadelkissen zum Befestigen am oberen oder seitlichen Rand der Pinnwand sind hilfreich, aber nicht unbedingt notwendig. Lassen Sie beim Anbringen des Pinnwandpapiers etwa zwei Zentimeter oben frei, um dort Nadeln auf Vorrat hineinzustecken. So können Sie beim Anpinnen mühelos und fast ohne Hinzuschauen auf Nadeln zugreifen, ohne sie erst mühsam aus einer Schachtel klauben zu müssen.

► Stecken Sie beim Abnehmen von Karten keine Nadeln mitten in das Pinnwandpapier zurück, sondern pinnen Sie nicht benötigte Nadeln gleich wieder an den oberen Rand außerhalb des Papiers. So können Sie verwendetes Papier schnell abnehmen, ohne erst nach Nadeln mitten im Papier suchen zu müssen.

► Heften Sie gleich zwei Blätter Packpapier auf einmal an die Wand, so ist die Wand sofort wieder verfügbar, wenn Sie das oberste Blatt abnehmen. Bei mehr als zwei Blättern wird das Durchstechen allerdings mühsam!

► Nadeln sind bei Flipchartblöcken ungeeignet! Falls Sie dort etwas zusätzlich anbringen wollen, verwenden Sie Klebestifte oder Klebestreifen. Andernfalls müssen Sie ein Blatt abreißen und zunächst an der Pinnwand befestigen, bevor Sie dann Nadeln verwenden können.

► Sind die Blätter des Flipchartblocks nicht zum Abreißen perforiert, dann können Sie mit einer Nadel mit ein wenig Druck am oberen Blattrand entlangfahren. So erhalten Sie beim Abreißen eine saubere Kante.

► Halten Sie eine Schere bereit, um unsaubere Kanten zu korrigieren. Ein mit unsauber abgerissenen Charts vollgehängter Raum wirkt chaotisch und unprofessionell.

► Bereiten Sie abgeschnittene Klebesteifen vor, beispielsweise am Rand eines Schrankes oder eines Tisches. So können Sie beschriebene Charts schnell aufhängen.

► Verschließen Sie die Filzstifte mit den Kappen wieder, um ein Austrocknen zu verhindern.

► Achten Sie dabei darauf, die passende Kappe zu dem jeweiligen Stift zu verwenden, sonst entstehen „Mischfarben".

► Haben Sie einen Satz Stifte zumindest für sich persönlich als Reserve dabei. In Konferenzräumen vorhandene Stifte sind oft ausgetrocknet oder leer geschrieben.

Alle Plakate mit wichtigen Informationen, wie Ziele und Agenda, sollten während der Veranstaltung immer sichtbar für alle Teilnehmer möglichst an gleicher Stelle bleiben. Haben Sie beispielsweise einen Zeitplan zusammen mit den Teilnehmern auf dem Flipchart erstellt, dann blättern Sie nicht ein-

Hängen Sie wichtige Informationen immer an die gleiche Stelle

VISUALISIEREN DIENT DAZU,

► Orientierung im Prozess zu geben,

► Teilnehmer stärker einzubinden,

► Gesagtes und Vereinbartes verbindlich zu machen,

► Unklarheiten und Widersprüche zu verdeutlichen,

► Transparenz herzustellen,

► Aufmerksamkeit zu fokussieren,

► Verständnis zu erleichtern und

► Teilnehmern zu signalisieren, dass ihre Beiträge ernst genommen werden.

Verbindlichkeit

Das Visualisieren von Inhalten ist für den Moderator das wichtigste und wirksamste Mittel, Diskussionen aus dem Zustand der Unverbindlichkeit herauszuführen. Fragestellungen, Thesen, Unklarheiten, Erläuterungen, Fortschritte, Ergebnisse – was immer im Prozess auftaucht, sollte über das Visualisieren, über das Sichtbarmachen für alle festgehalten werden. So geht nichts verloren und auch die Gefahr, dass Gesagtes oder Vereinbartes unverbindlich bleibt, wird vermieden.

Gerade wenn mehrere Meinungen im Raum stehen und die Diskussion sich im Kreis dreht, hilft Visualisieren, den Stand des Gesprächs herauszuarbeiten. Die unterschiedlichen Standpunkte und Sichtweisen werden so für alle deutlich. Gemeinsamkeiten und Unterschiede fallen schneller „ins Auge" – im wahrsten Sinn des Wortes – als durch jede mündliche Aussage.

Beispiel für das Visualisieren eines Zeitplans

Das Visualisieren bewirkt darüber hinaus, vor allem bei noch nicht akzeptierten Ideen, Aussagen und Thesen, spontane Beteiligung, indem es zum Widerspruch und zur Auseinandersetzung herausfordert. So können unterschiedliche Sichtweisen diskutiert werden, bis es zu einem Konsens kommt, den Sie dann auch wieder durch das Visualisieren festhalten.

Visualisieren focussiert die Aufmerksamkeit

Das Visualisierte hilft den Teilnehmern einer moderierten Besprechung außerdem, ihre Aufmerksamkeit zu fokussieren und zu bündeln. Der Unterschied zwischen einer gemeinsamen Fokussierung auf das visualisierte Thema und der individuellen Aufmerksamkeit auf schriftliche Einzelinformation ist erstaunlich. Das Studieren der Einzelinformation, die vor jedem Teilnehmer auf dem Tisch liegt und zunächst nur ihn allein anspricht, bewirkt ein individuelles Beschäftigen mit der Information und damit ein Abwenden der Teilnehmer von dem gemeinsamen Prozess. Und Unaufmerksamkeit wirkt sich negativ auf den Verlauf der Moderation aus.

EXPERTE

SORGEN SIE IMMER FÜR TRANSPARENZ

Gelegentlich erleben wir auch, dass sich Moderatoren eigene Notizen machen, ohne dass den Teilnehmern klar ist, wozu sie das tun. Wir raten Ihnen davon ab. Sorgen Sie für Transparenz, indem Sie die Notizen für alle visualisieren, oder erklären Sie, aus welchem Grund und was Sie gerade für sich persönlich aufschreiben.

Das Hinwenden der Teilnehmer zu einem gemeinsamen Mittelpunkt durch das Visualisieren hat noch einen entscheidenden Vorteil: Bei emotionalen Diskussionen innerhalb der Gruppe können Sie durch das Visualisieren die Blicke der Teilnehmer wieder nach vorne auf das Sachthema lenken. Mögliche gegenseitige persönliche Angriffe mit Blick auf die „Kontrahenten" lassen sich so leichter unterbrechen.

Visualisieren Sie als Moderator die unterschiedlichen Beiträge von Teilnehmern, so trägt das auch dazu bei, dass die Teilnehmer sich mit ihren Meinungen ernst genommen fühlen. Dadurch fördern Sie eine positive Atmosphäre in der Gruppe, denn Menschen, die sich ernst genommen fühlen, arbeiten offener und engagierter mit. Sie werden sich stärker beim Bearbeiten der Themen beteiligen und sich mit dem gemeinsamen Ergebnis stärker identifizieren.

Sie können auch Teilnehmer bitten zu visualisieren

Sie können die Teilnehmer auch aktiv in das Visualisieren mit einbeziehen und so zusätzlich das Engagement fördern. Bitten Sie die Teilnehmer, selbst Karten zu schreiben oder nach vorne zu kommen und ihre Ideen oder Standpunkte an der Pinnwand oder am Flipchart zu erläutern. Als Moderator sind Sie dafür verantwortlich, dass visualisiert wird, aber Sie müssen es nicht unbedingt selbst machen. Lassen Sie sich unterstützen, beispielsweise wenn es viel zum Mitschreiben gibt. Indem Sie als Moderator zum Visualisieren auffordern, binden Sie die Teilnehmer aktiv ein, verhindern Passivität und bringen so auf direkte Art und Weise Bewegung in die Gruppe.

> **VISUALISIEREN IST MEHR ALS NUR SCHREIBEN**
>
> Visualisieren bedeutet nicht nur Schreiben, sondern auch Zeichnen, Skizzieren oder das Benutzen von Klebepunkten. Ein Bild sagt mehr als tausend Worte – diese Erfahrung haben wir alle schon gemacht, wenn es um das Verstehen schwieriger Sachverhalte ging. Sie ersparen sich und anderen oft langwierige Erklärungen und mögliche Missverständnisse, wenn Sie die Teilnehmer bitten, ihre Idee vorne zu skizzieren.

Ein Bild sagt mehr als tausend Worte

Alle Techniken zum Visualisieren dienen dazu, die Teilnehmer stärker einzubinden. Wir Menschen nehmen unsere Umwelt durch unsere verschiedenen Sinnesorgane wahr. Wahrnehmung erfolgt über die fünf Sinne:

► visuell – sehen

► auditiv – hören

► olfaktorisch – riechen

► gustativ – schmecken

► kinästhetisch - fühlen

Bei den meisten von uns ist die visuelle Wahrnehmung am stärksten ausgeprägt. Bei Gesprächen jedoch wird normalerweise nur das auditive Wahrnehmen gefordert. Aktivieren Sie deshalb durch das Visualisieren von Gesprächen neben den Ohren auch noch die Augen für die Interaktionen in der Gruppe, so fällt es leichter, zu verstehen und nachzuvollziehen, worum es geht, und sich auf das Wesentliche zu konzentrieren. Mit Visualisierung unterstützen Sie das Gesprochene.

Worauf Sie beim Visualisieren achten sollten

Die meisten Flipchart- oder Pinnwandplakate entstehen während der Moderation. Im Verlauf des Prozesses visualisieren Sie als Moderator den aktuellen Stand der Gruppendiskussion und -arbeit. Sie halten auf dem Flipchart oder der Pinnwand beispielsweise Folgendes fest:

Plakate während der Moderation

Spontanes Visualisieren wirkt lebendiger

► offene Fragen oder Punkte

► vereinbarte Regeln

► Begriffsdefinitionen

► unterschiedliche Meinungen

► Ideensammlungen

► Zwischen- und Endergebnisse

► nächste Schritte

► einen Maßnahmenkatalog

Hier müssen Sie spontan selber für alle sichtbar mitschreiben oder einen Teilnehmer bitten, das Mitschreiben auf dem Flipchart oder der Pinnwand zu übernehmen.

Vorbereitete Plakate

Daneben gibt es aber auch Plakate, die Sie vorab erstellen können, wenn Sie sich auf Ihre Moderation vorbereiten und Ihren Plan für den Moderationsablauf erstellt haben. Plakate, die Sie vorbereiten können, sind beispielsweise:

Instrument 5: Visualisieren

Mit Visualisierung sorgen Sie für Transparenz und fokussieren die Aufmerksamkeit. Sie trägt dazu bei, dass Mitarbeiter sich mit ihren Beiträgen ernst genommen fühlen, und erleichtert das Herstellen von Konsens und das Herbeiführen von Entscheidungen.

► ein Begrüßungschart

► Ihre Erwartungen an die Teilnehmer

► die Tagesordnung

► Anlass und Thema der Veranstaltung

► Informationen zum Ziel

► Informationen zum Hintergrund

► Fragestellungen für Abfragen

► ein Raster für den Maßnahmenkatalog

ANFORDERUNGEN AN EIN MODERATIONSPLAKAT

Moderationsplakate müssen folgenden Kriterien entsprechen:

► verständlich
► übersichtlich
► für alle gut lesbar
► strukturiert
► ansprechend gestaltet

Diese Kriterien sind sicher leichter zu erfüllen, wenn Sie beim Vorbereiten genügend Zeit haben, die Plakate zu erstellen. Überlegen Sie sich vor dem Anfertigen eines Plakates, was Sie darstellen wollen, wer Ihre Zielgruppe ist und aus welcher Entfernung es lesbar sein muß.

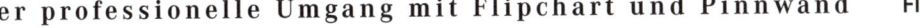

> **NOCH ZWEI TIPPS ZUR VORBEREITUNG:**
>
> ► Gerade als Moderationsanfänger ist es hilfreich, möglichst viele Plakate schon vorbereitet zu haben. Doch lebendiger wirkt es, wenn Sie Plakate aus der Hand entwickeln. Prüfen Sie, ob eventuell ein teilweises Vorbereiten des Plakats möglich ist. Vielleicht genügt es, wenn Sie die Überschrift schon darauf stehen haben und mit Bleistift die Themen, die Sie beispielsweise abfragen wollen, an die dafür vorgesehenen Stellen auf das Plakat notieren, damit Sie live nichts vergessen.
>
> ► Vorsicht auch vor zu perfekten Plakaten! Hat man als Moderator viel Zeit und Mühe auf eine perfekte Ausgestaltung eines Plakats verwendet, dann fällt es schwer, bei der Moderation das Plakat gegebenenfalls weiterzuentwickeln oder zu korrigieren. Moderation lebt vom aktuellen Geschehen, dem Arbeiten im Hier und Jetzt!

Der professionelle Umgang mit Flipchart und Pinnwand   Flipcharts

Die Medien, die Sie zum Visualisieren wählen, können unterschiedlich sein. Bewährt haben sich für Moderationen in der Praxis Flipcharts und Pinnwände.

Auf dem Flipchartständer lassen sich Flipchartblöcke – 65 cm breit und 100 cm hoch – anhängen, die sich wie ein überdimensionaler Schreibblock benutzen lassen. Die Blöcke sind entweder blanko oder kariert erhältlich. Wir empfehlen die Blanko-Variante, um klarer visualisieren zu können. Karo als Hintergrund wirkt unruhig. Finden Sie karierte Blöcke in einem Raum vor, so können Sie den Block einfach umdrehen und die Rückseite verwenden.

Die Blätter lassen sich einzeln abreißen und mit Klebestreifen an den Wänden des Besprechungsraums festmachen. So bleiben beispielsweise die Tagesordnung oder bereits Erarbeitetes im Blick und Sie können sich als Moderator im weiteren Verlauf direkt darauf beziehen.

Ein Wort zu Klebestreifen: Wir empfehlen Ihnen, Tesa-Krepp zu verwenden, weil dieses Klebeband sich durch die geriffelte Klebefläche leichter wieder von Wänden lösen lässt als andere Klebebänder. Sie schonen damit Wände und Tapeten. Die Tagungshotels werden es Ihnen danken!

Pinnwände sind Leichtmetallständer mit einer Hartschaumplatte, die mit Pack-   Pinnwände
papier beidseitig bespannt wird. Auf das Papier lässt sich direkt schreiben oder die Wände können genutzt werden, um Karten, Charts oder andere Unterlagen mit Nadeln anzupinnen. Dazu eignen sich Markiernadeln. Sie sind kleiner und unauffälliger als die üblichen Pinn-Nadeln, die privat häufig zum An-

heften von Notizen genutzt werden. Karten oder Ähnliches können auch direkt auf das Pinnwandpapier geklebt werden. Nachteilig ist dabei, dass Sie dann nichts mehr umhängen und sortieren können. Allerdings gibt es inzwischen auch Klebestifte und Klebesprays, die ein Wiederablösen der geklebten Karten erlauben. Das ist zwar eine komfortable, aber auch teure Lösung.

Flipchartständer und Pinnwände sind in der Regel transportabel und können so in verschiedenen Räumen und Moderationssituationen eingesetzt werden. In Tagungshotels oder Konferenzräumen findet man teilweise auch fest eingebaute Flipcharts oder Pinntafeln vor. Die variablen Ständer und Wände ermöglichen Ihnen als Moderator jedoch erheblich mehr Flexibilität. Mit ihnen können Sie beispielsweise an unterschiedlichen Seiten des Raums arbeiten.

DARAUF SOLLTEN SIE BEIM KAUF ACHTEN

Achten Sie beim Kauf von Flipchartständern und Pinnwänden zum einen auf Stabilität und zum anderen auf gute Beweglichkeit. Bei Moderationen verändert sich im Laufe des Prozesses immer wieder die Anordnung: Einmal ist das Flipchart im Mittelpunkt, dann wieder eine bestimmte Pinnwand. Als „kulissenschiebender" Moderator wissen Sie es schnell zu schätzen, wenn sich die Ständer und Wände gut verschieben lassen und dennoch beim Benutzen nicht wackeln oder gar zusammenbrechen!

Moderationskarten Standard für moderierte Veranstaltungen sind außerdem Moderationskarten in unterschiedlichen Farben und Formen. Rechtecke, Ovale, Kreise oder Wolken sind bei fast jedem Büroversand erhältlich. Darüber hinaus gibt es noch andere Formen, die aber seltener eingesetzt werden. Bei Coverdale haben wir die Erfahrung gemacht, dass die rechteckigen Moderationskarten mit den Maßen 10 x 20 cm meist völlig ausreichen.

Gut sortiertes Moderationsmaterial erleichtert das Visualisieren

Flipcharts und Pinnwände sind bis zu einer Entfernung von maximal 10 bis 12 Metern lesbar und eignen sich daher für Veranstaltungen mit bis zu ungefähr 30 Teilnehmern. Die Zahl an Flipcharts und Wänden, die Sie benötigen, hängt ab von

▶ der Dauer der Besprechung,

▶ der Zahl der Teilnehmer,

▶ Zweck und Thema der Veranstaltung,

▶ der Moderationsstruktur und

▶ der geplanten Arbeitsweise.

Grundsätzlich sollten Sie alle Arbeitsräume, die Sie in der Veranstaltung nutzen wollen, mit je einem Flipchartständer ausstatten. Für den Arbeitsraum, in dem alle Teilnehmer gemeinsam arbeiten, sind in der Regel drei bis vier Pinnwände ausreichend. Für Gruppenarbeitsräume genügen ein bis zwei Pinnwände.

In jeden Arbeitsraum gehört ein Flipchart

Zum Beschriften von Charts, Pinnwandpapier und Moderationskarten werden dicke Filzstifte benutzt in den Farben Schwarz, Blau, Grün und Rot. Die Stifte gibt es von verschiedenen Herstellern. Probieren Sie aus, mit welchen Sie besser zurechtkommen. Die Stifte haben eine Kante und es erfordert etwas Übung, bevor Sie mit den Stiften gleichmäßig schreiben können. Je nach Haltung des Stiftes entsteht beim Schreiben eine andere Strichstärke.

TIPPS FÜR DAS SCHREIBEN AN FLIPCHART ODER PINNWAND

► So groß schreiben, dass der Text aus Teilnehmersicht gut lesbar ist.

► Nicht größer als nötig schreiben, damit es übersichtlich bleibt.

► Die Schriftgröße muss zur Bedeutung und zum Umfang des Themas passen.

► Keine Versalien, sondern Groß- und Kleinbuchstaben verwenden.

► Einen engen Buchstabenabstand wählen.

► Unter- und Überlängen bei den Buchstaben möglichst kurz halten.

Üben Sie schreiben!

Bevor Sie Ihre ersten moderierten Besprechungen oder Workshops durchführen, sollten Sie schreiben üben. Zwei Haken in einer Wand und ein Flipchartblock ermöglichen Ihnen, auch zu Hause zu üben, ohne einen Flipchartständer kaufen zu müssen. Auch eine Tür kann zusammen mit etwas Schnur gut zum Einklemmen oder Aufhängen eines Flipchartblocks oder zumindest einzelner Blätter dienen.

Überprüfen Sie auch die Entfernung, aus der Ihre Charts noch lesbar sind, und passen Sie Ihre Schriftgröße dem Abstand an, in dem die Teilnehmer zu Ihnen als Moderator sitzen. Bemühen Sie sich beim Schreiben darum, seitlich neben dem Flipchart zu stehen, so dass Sie den Teilnehmern nicht vollständig den Rücken zuwenden. Behalten Sie auch beim Schreiben die Teilnehmer im Blick.

WICHTIG BEIM BESCHREIBEN VON KARTEN

Als Moderator können Sie Teilnehmer bitten, Karten zu schreiben, beispielsweise bei einer Abfrage oder einem Brainstorming. Falls diese Technik ungewohnt ist für Ihre Gruppe, so beschriften Sie eine Beispielkarte und erläutern Sie kurz, worauf geachtet werden muss, damit es für alle lesbar wird:

► maximal drei Zeilen

► Querformat

► mit Filzstift

fach das Blatt nach hinten. Reißen Sie es ab und hängen Sie es an die Wand. Informieren Sie sich in der Vorbereitung, ob der Raum genügend Wandfläche hat.

> ### NOCH EIN TIPP
>
> Pinnwände eignen sich auch gut, um in großen Räumen Arbeitsecken für Gruppen abzutrennen.

Plakate gestalten

Sicher ist der Inhalt von Plakaten wesentlicher als die Form. Jedoch spielt auch die Ästhetik eine Rolle. Eine gut aussehende Visualierung unterstreicht die Inhalte und kann die Identifikation der Teilnehmer mit den erarbeiteten Ergebnissen fördern. Als Gestaltungselemente für Plakate stehen Ihnen Text, Farben, Bilder, Linien, Rahmen und Wolken zur Verfügung.

Symbole *Verwenden Sie einfache Symbole*

Die Fähigkeit, Plakate zu illustrieren, ist unterschiedlich ausgeprägt. Stellen Sie deshalb nicht zu hohe Ansprüche an sich. In erster Linie geht es darum, den Text aufzulockern oder noch verständlicher zu machen. Das gelingt bereits mit einfachen Symbolen. Einfache Symbole haben zudem den Vorteil, dass sie schnell und sicher wiederholt werden können. Dadurch sind sie für Teilnehmer wiedererkennbar, was das Orientieren erleichtert.

Farben *Verbinden Sie Farben mit Bedeutung*

Wir Menschen neigen dazu, Farben mit einer Bedeutung zu verknüpfen. Achten Sie daher beim Verwenden von Farben, dass die jeweilige Farbe mit einer Funktion verknüpft ist. Beispielsweise können Sie alle Überschriften in einer bestimmten Farbe schreiben. Achten Sie dann im weiteren Verlauf der Moderation darauf, die Zuordnung der Farben für Bedeutungen konsequent beizubehalten. Der Wiedererkennungswert wird dadurch erhöht und die Orientierung erleichtert.

> ### WENIGER IST MEHR
>
> Generell gilt die Regel, sparsam mit Farben zu sein. So hat man dann eine gute Möglichkeit, Wichtiges hervorzuheben. Zu viele Farben auf einem Plakat wirken unruhig. Verwenden Sie beim Beschreiben von braunem Pinnwandpapier keinen grünen Stift. Grün auf Braun ist schlecht lesbar. Viele Moderatoren verwenden Schwarz als Grundfarbe für Texte. Probieren Sie doch auch einmal Blau als Grundfarbe aus. Es wirkt freundlicher. Noch ein Hinweis: Aufzählungszeichen sollten farblich zu der Aufzählung passen, damit der Zusammenhang gewahrt bleibt.

Auch Moderationskarten gibt es in unterschiedlichen Farben. Achten Sie bei Abfragen mit Karten (siehe auch Seite 104) darauf, dass Sie einen Hinweis geben, welche Kartenfarbe die Teilnehmer benutzen sollen. Hängen Sie eine entsprechende Karte als Muster unter Ihre visualisierte Frage, damit keine Missverständnisse entstehen. Es ergibt ein ruhigeres Bild, wenn Sie Karten aufhängen, die alle die gleiche Farbe haben. Außerdem kann nicht ein einzelner Schreiber sofort erkannt werden, weil er vielleicht als Einziger eine gelbe statt einer blauen Karte verwendet hat. Nach dem Sortieren der Karten können Sie dann eine andere Farbe für Überschriftskarten verwenden.

Begnügen Sie sich mit einfachen Linien   **Linien**

Mit Linien können Sie Überschriften markieren oder einzelne Worte betonen. Linien können gerade durchgezogen werden, gestrichelt oder wellenförmig sein. Verbinden Sie auch hier die Art der Linie mit der Bedeutung. Wechseln Sie zwischen geraden Linien und wellenförmigen Linien. Gestrichelte Linien kosten unnötig Zeit. Das Gleiche gilt für Doppellinien. Eine Linie genügt und Sie haben mehr Zeit für die Menschen, mit denen Sie arbeiten. Eine Umrahmung oder ein Kasten strukturiert Ihr Plakat und bringt Ruhe hinein. Sie können auch an einer Seite offene Rahmen nutzen. Durch Wolken können besondere Textelemente gekennzeichnet werden. Aber auch hier gilt das Gleiche wie für den Umgang mit Farben: Weniger ist oft mehr!

Verwenden Sie Worte der Teilnehmer   **Textbausteine**

Textbausteine bestehen beim Erstellen von Plakaten meist nicht aus kompletten Sätzen, sondern aus Stichworten. Die Textbausteine dienen dazu, das Gesagte beispielsweise bei einer Einführung in die moderierte Sitzung zu unterstützen und sollten kurz und präzise sein. Dennoch empfehlen wir Ihnen, Abkürzungen zu vermeiden, damit die Lesefreundlichkeit erhalten bleibt. Achten Sie auch darauf, bei vorbereiteten Plakaten für die Teilnehmergruppe unbekannte Fachausdrücke zu vermeiden.

Beim spontanen Visualisieren während einer Diskussion oder bei einer Ideensammlung achten Sie als Moderator darauf, möglichst die Wortwahl des jeweiligen Teilnehmers zu verwenden. Notieren Sie so, dass sich der Teilnehmer mit seinem Beitrag in dem Visualisierten wiedererkennt. Schreiben Sie keine ganzen Sätze mit, sondern nur Stichworte.

UMFORMULIERUNGEN NUR MIT ZUSTIMMUNG

Wollen Sie jedoch ausnahmsweise einen Teilnehmerbeitrag umformulieren, um ihn verständlicher und knapper mitschreiben zu können, dann holen Sie sich dazu seine Zustimmung ein. Sie können den Teilnehmer auch direkt mit der Frage „Wie kann ich das am Besten festhalten?" bitten, seinen Beitrag so zusammenzufassen und umzuformulieren, dass Sie ihn notieren können.

Not macht erfinderisch

Hat der Arbeitsraum nicht genügend Wandflächen, um alle wichtigen Informationen aufzuhängen, dann haben Sie folgende Alternativen:

▶ Pinnwände für die Plakate außen um die Gruppe stellen.

▶ Bei genügend Helligkeit Plakate auch an einzelne Fenster hängen.

▶ Die Tür und die Decke mitnutzen.

▶ Charts in der Mitte auf den Boden legen.

▶ Eine Wäscheleine spannen und die Plakate mit Wäscheklammern befestigen.

Sie können auch Post-its oder DIN-A4-Blätter statt Moderationskarten verwenden

Alternativen gibt es auch zu Moderationskarten. Verwenden Sie bei einer kleineren Arbeitsgruppe größere Post-its, die können Sie dann einfach an eine Schrankwand kleben und strukturieren beziehungsweise umhängen wie Karten an der Pinnwand. Bei größeren Gruppen sind beschriebene Karten wegen des Sitzabstandes nicht ausreichend lesbar. Verwenden Sie dann DIN-A4-Papier, beispielsweise für Ideensammlungen. Auch hier können Sie unterschiedliche Farben verwenden. DIN-A4-Blätter eignen sich auch, wenn Sie erwarten, dass die einzelnen Antworten bei einer Abfrage umfangreicher sind. Karten reichen dann aufgrund der Größe nicht aus, um alles mit einer für alle lesbaren Schriftgröße aufzuschreiben.

NOCH EIN TIPP

Post-its eignen sich gut, um den Fortschritt der Zeit zu visualisieren. Schneiden Sie sich einen Pfeil aus einem Post-it und hängen Sie den Pfeil an die Stelle des Zeitstrahls, an der die Gruppe sich gerade befindet. Ähnlich können Sie auch das aktuelle Diskussionsthema auf einer Themenliste kennzeichnen. Inzwischen gibt es auch Post-its in Pfeilform.

Overheadprojektor

Overheadprojektor und Beamer

Bei vielen Besprechungen ist der Einsatz von Overheadfolien nach wie vor üblich. Sind während einer Moderation Präsentationen erforderlich, hat der

Overheadprojektor auch hier seine Berechtigung. Der Moderator kann dann auch Folien nutzen, um für alle sichtbar Wesentliches festzuhalten oder zu unterstreichen. Der Nachteil ist jedoch: Sobald die Folie entfernt wird, ist sie aus dem Blick der Teilnehmer verschwunden. Overheadfolien eignen sich eventuell für einen Einstieg, um noch einmal Hintergründe oder Ähnliches zu präsentieren. Parallel dazu sollten Sie aber auch Kopien als Handouts an die Teilnehmer verteilen. Wechseln Sie anschließend aber zu Flipcharts und Pinnwänden, um situativ besser arbeiten zu können.

Laptop und Beamer lösen inzwischen bei Präsentationen den Overheadprojektor ab. Auch hier kann für alle sichtbar etwas am Bildschirm erarbeitet werden, aber ansonsten hat diese Technik den gleichen Nachteil wie der Projektor. Das Austeilen von Handouts kann diesen Nachteils etwas mildern, aber die Wirkung eines für alle sichtbaren Plakats wird dadurch nicht erreicht.

Laptop und Beamer

Hinzu kommt bei beiden Techniken auch noch die Verdunklung, die nicht dazu animiert, mit den anderen Teilnehmern in die Diskussion zu treten. Unterschätzen Sie auch nicht die Geräusche, die durch die Bedienung der Geräte entstehen und die störend für den konzentrierten Gedankenaustausch sind. Dennoch sind beide Medien für sehr große Gruppen geeignet, um mit Visualisierung eine Moderation zu unterstützen. Bei der Verwendung eines Beamers sollten Sie sich durch einen Schreiber unterstützen lassen. Durch den Blick auf die Tastatur verlieren Sie sonst schnell die Gruppe aus den Augen. Außerdem strengt der Wechsel von Nahsicht auf den Laptop zu Weitsicht auf die Teilnehmer die Augen an. Bei der Moderation großer Gruppen erleichtert es die Moderationsarbeit sehr, wenn Sie jemanden an Ihrer Seite haben, der die Technik betreut.

Behalten Sie die Gruppe im Blick!

Im Übrigen machen Sie sich in der Vorbereitung mit der Technik vertraut. Testen Sie, ob alles funktioniert. Halten Sie Verlängerungskabel, Mehrfachstecker und Ersatzbirnen für den Projektor in Reserve. Und reagieren Sie mit Humor und Gelassenheit auf eventuelle Pannen!

> **FAZIT**
>
> Visualisieren dient verschiedenen Zwecken im Prozess. Es ist ein wichtiges Moderationstool, das Sie als Moderator für die Steuerung der Gruppe brauchen. Sie sind verantwortlich für das Visualisieren, können aber Teilnehmer bitten, Sie zu unterstützen.

Mit Fragen führen

„Wer fragt, der führt." Auch wir haben die Erfahrung gemacht, dass Fragen für den Moderator ein wichtiges Werkzeug sind, um eine Moderation zu gestalten und den Verständigungsprozess der Teilnehmer untereinander und zwischen dem Moderator und den Teilnehmern auf nicht direktive Weise zu führen.

Nehmen Sie als Moderator innerlich eine fragende Haltung ein

Eine fragende Haltung ist ein wesentliches Kennzeichen für einen Moderator. Er muß Interesse an unterschiedlichen Sichtweisen haben und eine respektvolle Neugierde gegenüber den Menschen zeigen, mit denen er arbeitet. Als Zeichen seiner inhaltlichen Neutralität stellt er seine eigenen Meinungen in den Hintergrund und öffnet sich dem, was von der Gruppe kommt. Fragen helfen zum einen, den Moderationsprozess zu gestalten und zu steuern, und zum anderen bewirken sie inhaltlichen Fortschritt.

FRAGEN DIENEN DAZU,

- ► alle Teilnehmer aktiv einzubeziehen,
- ► Interesse an der Gruppe zu signalisieren,
- ► Wissen einzelner Teilnehmer allen zugänglich zu machen,
- ► Informationen zu bekommen,
- ► Konkretes zu erfahren,
- ► Konsens herzustellen,
- ► Dissens deutlich zu machen,
- ► Stimmungen zu ermitteln,
- ► das Vorgehen in der Moderation abzustimmen und
- ► Phasen im Prozess einvernehmlich abzuschließen.

Waren Sie bisher gefordert, in klaren Aussagen zu denken und zu sprechen, dann ist das Einnehmen einer fragenden Haltung für Sie gewöhnungsbedürftig. Besonders Führungskräften kann es schwer fallen, diese Haltung einzunehmen, da sie aufgrund ihrer Funktion eher darin trainiert sind, Aussagen zu treffen, statt Fragen zu stellen.

Fragetechniken

Offene und geschlossene Fragen

Über Fragetechniken ist schon viel geschrieben worden und es gibt unzählige Kategorien, in die Fragen eingeordnet werden können. Aufgrund unserer Erfahrung ist jedoch für Moderatoren vor allem eines wesentlich: der Unterschied zwischen offenen und geschlossenen Fragen.

Offene Fragen beginnen mit einem W-Wort, wie beispielsweise wer, warum, was, wann, wozu. Sie können nicht mit Ja oder Nein beantwortet werden, sondern sie verlangen eine ausführlichere Antwort.

Offene Fragen

> **BEISPIELE**
>
> ► „Welche Aspekte sind aus Ihrer Sicht noch wichtig?"
> ► „Welche Fragen gibt es dazu noch?"
> ► „Was halten Sie von dem Vorschlag?"
> ► „Welche Erfahrungen haben Sie damit gemacht?"
> ► „Wie haben Sie das gemeint?"
> ► „Wie lautet Ihre Meinung dazu?"
> ► „Was würden Sie vorschlagen?"

Im Gegensatz dazu sprechen wir von geschlossenen Fragen. Das sind Fragen, auf die der Antwortende nur mit Ja oder Nein reagieren kann.

Geschlossene Fragen

> **BEISPIELE**
>
> ► „Können wir zum nächsten Punkt übergehen?"
> ► „Gibt es noch wichtige Fragen an der Stelle?"
> ► „Möchten Sie noch etwas ergänzen?"
> ► „Haben Sie das Protokoll vorliegen?"
> ► „Haben wir alle wesentlichen Aspekte besprochen?"

Diese beiden Frageformen können Sie als Moderator bedarfsgerecht einsetzen. Abhängig von dem, was Sie als Moderator erreichen wollen, wechseln Sie gezielt zwischen offenen und geschlossen Fragen. Welche Zwecke die beiden Frageformen erfüllen, können Sie der folgenden Übersicht entnehmen.

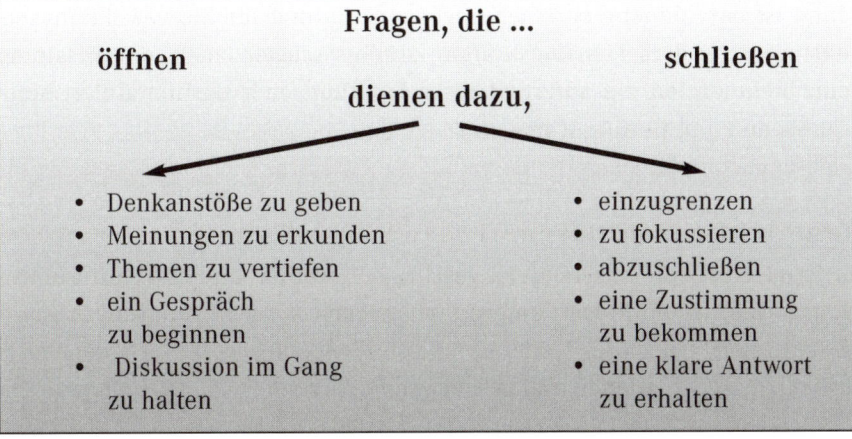

Fragen, die ...

öffnen	schließen

dienen dazu,

• Denkanstöße zu geben	• einzugrenzen
• Meinungen zu erkunden	• zu fokussieren
• Themen zu vertiefen	• abzuschließen
• ein Gespräch zu beginnen	• eine Zustimmung zu bekommen
• Diskussion im Gang zu halten	• eine klare Antwort zu erhalten

Offene und geschlossene Fragen dienen unterschiedlichen Zwecken

**Instrument 6:
Mit Fragen führen**

Durch gezieltes, bewusstes Fragen steuern Sie den Prozess und wahren Ihre neutrale Haltung als Moderator. Mit der Art des Fragens öffnen oder schließen Sie Diskussionen, sorgen für Klärung und Konkretisierung

Offene und geschlossene Fragen sind hier klar voneinander abgegrenzt, aber es gibt auch Fragen, die eher in der Mitte zwischen offen und geschlossen einzuordnen sind. In der „Grauzone" liegen Fragen, die zwar nach dem formalen Unterscheidungsmerkmal offen sind, weil sie mit einem W-Wort beginnen und nicht direkt mit Ja oder Nein beantwortet werden können. Dennoch sind sie eher als geschlossen zu betrachten, da die zu erwartende Antwort vermutlich kurz ausfällt. Durch solche Fragen können Sie ganz gezielt Informationen erhalten.

BEISPIELE

► „Wer ist der Projektleiter?"

► „Wann ist der Abgabetermin?"

► „Wo findet das Meeting statt?"

► „Wie lange wird die Besprechung dauern?"

Die Frageform beeinflusst die Länge der Antwort

Beim Einsetzen von Fragen entscheiden Sie als Moderator über den Grad an Offenheit und damit über die Länge der Antwort. Obwohl der Unterschied klar ist, werden in der Praxis diesbezüglich immer wieder Fehler gemacht. Da wundert sich der Moderator, dass die Diskussion nicht zu beenden ist oder er einen Tagesordnungspunkt nicht abschließen kann, obwohl er durch das Verwenden offener Fragen die Teilnehmer immer wieder ermutigt, erneut Stellung zu beziehen oder weitere Aspekte zu ergänzen. Umgekehrt verhindern geschlossene Fragen, dass ein Austausch und eine Diskussion untereinander zustande kommt, obwohl der Moderator eigentlich beabsichtigt, dass ein Gespräch entsteht.

Mit Fragen spiegeln

Fragen, die spiegeln

Eine Sonderform der geschlossenen Frage ist das Spiegeln, auch Paraphrasieren oder Reformulieren genannt. Dabei fassen Sie als Moderator das Gehörte zusammen und vergewissert sich durch das Spiegeln, ob Sie Ihr Gegenüber richtig verstanden haben.

BEISPIELE

► „Habe ich Sie so richtig verstanden, dass ...?"

► „Ist es das, was Sie gemeint haben: ...?"

► „Zusammenfassend könnte man also sagen, dass ...?"

Das Spiegeln von Wortbeiträgen der Teilnehmer ist für Sie als Moderator ein wichtiges Kommunikationsmittel, das dazu dient,

> **FRAGEN, DIE SPIEGELN, DIENEN DAZU,**
>
> ▶ das eigene Verständnis eines Wortbeitrags zu überprüfen,
>
> ▶ das Verständnis bei den anderen Teilnehmern sicherzustellen und
>
> ▶ dem Gegenüber Aufmerksamkeit zu signalisieren.

Durch Fragen klären und konkretisieren

Viele Missverständnisse entstehen dadurch, dass dasselbe Wort für verschiedene Menschen unterschiedliche Bedeutung hat. Wir reden scheinbar über dasselbe, aber verbinden mit den Worten unterschiedliche Erfahrungen und Konsequenzen. So kann eine Kommunikation auf unterschiedlichen Ebenen verlaufen, ohne dass wir es merken, und sie kann zu gravierenden Missverständnissen führen.

Vermeiden Sie Missverständnisse durch Nachfragen

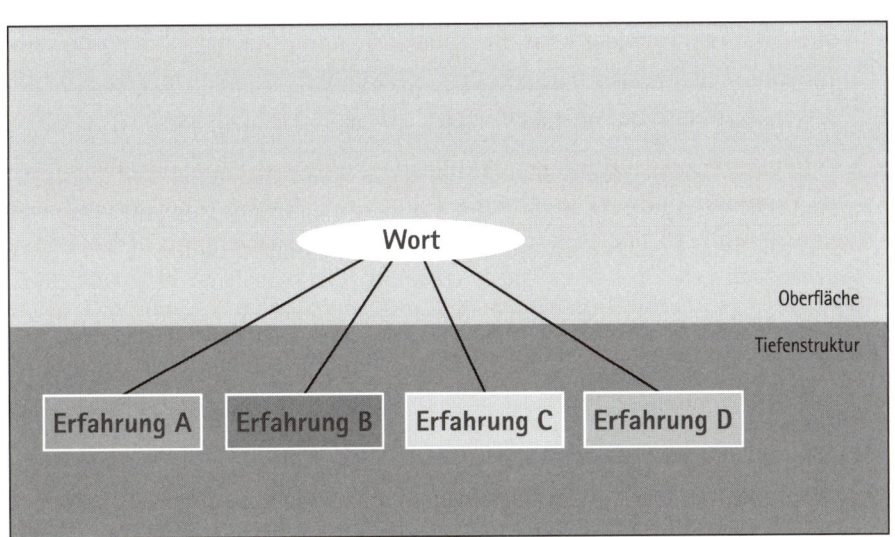

Worte stehen nicht isoliert, sondern sind für jeden von uns mit Erfahrungen verbunden. Beim Hören oder Lesen eines Wortes öffnen sich bei unterschiedlichen Menschen unterschiedliche „Erfahrungsfenster".

Als Moderator sollten Sie mithilfe von Fragen die Teilnehmer auffordern, zu konkretisieren oder genauer zu beschreiben, was sie meinen.

> **BEISPIEL**
>
> Die Arbeitsgruppe eines großen Unternehmens sollte entscheiden, welches EDV-Tool für die Projektarbeit in dem Unternehmen zukünftig verwendet werden soll. Die Teilnehmer kamen aus unterschiedlichen Bereichen des Unternehmens von der Produktion bis zum Marketing. Nach einer längeren Diskussion, die immer kontroverser wurde, stellte der Moderator die Frage: „Wie definieren Sie eigentlich den Begriff Projekt?" Anhand der Antworten konnte jetzt schnell festgestellt werden, dass es völlig unterschiedliche Vorstellungen von den Dimensionen eines Projekts gab aufgrund der unterschiedlichen Erfahrungen in den einzelnen Arbeitsbereichen. Erst nachdem die Arbeitsgruppe eine gemeinsame Definition gefunden hatte, konnte konstruktiv weitergearbeitet werden.

Klärungsfragen Stellen Sie entsprechende Klärungsfragen frühzeitig im Moderationsprozess, denn oft rechnet man nicht damit, dass ein bestimmter Begriff unterschiedlich verstanden wird. Achten Sie deshalb als Moderator im Verlauf von Diskussion immer wieder darauf. Sobald Sie den Eindruck haben, dass die Teilnehmer aneinander vorbeireden, verwenden Sie Klärungsfragen, um Missverständnisse aufzudecken.

Nicht nur bei Worten, sondern auch bei pauschalen Aussagen und Verallgemeinerungen helfen klärende Fragen dem Moderator herauszufinden, was der Teilnehmer konkret mit einem verwendeten Begriff meint.

> **BEISPIELE**
>
> ► Ein Teilnehmer sagt: „Die Zusammenarbeit zwischen Entwicklung und Produktion läuft schlecht."
>
> Der Moderator fragt nach: „Was genau läuft schlecht? Seit wann läuft es schlecht? Was heißt schlecht für Sie in diesem Zusammenhang?"
>
> ► Ein Teilnehmer sagt: „Das macht alles überhaupt keinen Sinn so!"
>
> Der Moderator fragt nach: „Was genau macht keinen Sinn?" „Welche Schwierigkeiten sehen Sie?" „Wann sind die Schwierigkeiten zum ersten Mal aufgetreten?"
>
> ► Ein Teilnehmer sagt: „Das hat noch nie funktioniert in diesem Unternehmen."
>
> Der Moderator fragt nach: „Was genau hat nicht funktioniert?" „Welche konkreten Erfahrungen haben Sie gemacht?" „Seit wann?"

Durch solche Klärungsfragen werden Aussagen hinterfragt und die Informationen, die Anlass zu einer entsprechenden Aussage des Teilnehmers sind, der Gruppe zugänglich gemacht. Oft sind diese Informationen sogar dem Teilnehmer nicht mehr klar und sie werden ihm erst durch Ihre Klärungsfragen wieder bewusst. Durch das Konkretisieren erreichen Sie als Moderator, dass Sie und damit auch die anderen besser verstehen, was der Teilnehmer genau meint. Mit den konkreten Themen können Sie dann arbeiten und verhindern so ein Blockieren oder Verstecken hinter Pauschalierungen.

Impulse geben durch paradoxe Fragen

Paradoxe Fragen

Auf der Suche nach neuen Lösungen oder anderen Sichtweisen auf ein Problem ist es manchmal hilfreich, wenn Sie als Moderator die Gruppe dabei unterstützen, eingefahrene Denkgewohnheiten zu durchbrechen. Dazu eignen sich paradoxe Fragen, also widersinnige Fragen, die dem gesunden Menschenverstand scheinbar zuwiderlaufen. Solche Fragen kommen für die Teilnehmer meist überraschend und haben oft die Wirkung, dass das Denken in eine andere, neue Richtung gelenkt wird.

Dadurch fördern Sie auch das Querdenken. Querdenken ist die Fähigkeit, nicht einfach nach gewohnten Mustern zu reagieren, sondern einen unerwarteten, zunächst vielleicht widersprüchlich erscheinenden Weg zu sehen.

Fördern Sie das Querdenken

> **BEISPIEL**
>
> Eine Abteilung hat sich vorgenommen, die Zusammenarbeit zu verbessern, und die Mitarbeiter haben deshalb Vereinbarungen getroffen. Nach sechs Monaten machen sie eine Rückblende auf die Zusammenarbeit. Dabei stellt sich heraus, dass die Vereinbarungen nicht umgesetzt worden sind. Eine paradoxe Frage, die Sie als Moderator in der Situation stellen können, ist: „Weshalb war es nützlich, die Vereinbarungen nicht umzusetzen?"

Eine paradoxe Frage kann Ausgangspunkt für eine längere Diskussion sein und oft leiten die Teilnehmer neue Erkenntnisse und Einsichten aus den Antworten ab. Daher ist es hilfreich ist, Frage und Antworten zu visualisieren.

Paradoxe Fragen eignen sich auch für Brainstormingprozesse, wenn herkömmliche Fragen nicht genügend Ideen liefern. Statt eine Sammlung von Lösungsideen zu erarbeiten, fragen Sie beispielsweise einmal danach, was getan werden muss, damit dass Problem auf jeden Fall in den nächsten zehn Jahren weiterbestehen kann.

> ### WICHTIG BEIM VERWENDEN VON PARADOXEN FRAGEN:
>
> Nehmen Sie als Moderator die Frage ernst, damit es auch die Teilnehmer tun und nicht der Eindruck entsteht, Sie würden sich auf Kosten der Gruppe amüsieren.

Skalierungsfragen

Skalierungsfragen

Bei Skalierungsfragen liefern Sie zu den Fragen eine Skala für die Beantwortung mit, auf der die Teilnehmer sich einordnen können.

> ### BEISPIEL
>
> ► „Wo würden Sie sich auf einer Skala von 0 bis 10 einordnen bei der Frage, wie Ihnen der Workshop gefallen hat?0 bedeutet gar nicht gefallen und 10 bedeutet sehr gut."
>
> ► „Wie zufrieden sind Sie mit dem Ergebnis auf einer Skala von 1 bis 6? 1 bedeutet sehr zufrieden, 6 bedeutet überhaupt nicht zufrieden."
>
> ► „Was denken Sie, wo wir auf einer Skala von 0 bis 100 bei der Lösungserarbeitung stehen? 0 bedeutet noch keinen Fortschritt erzielt und 100 bedeutet, dass wir das Ziel erreicht hätten."
>
> ► „ Ich würde gerne kurz überprüfen, wie viel Energie noch in der Gruppe ist. Bitte geben Sie mir ein kurzes Handzeichen, wie viel Energie Sie noch haben. 0 bedeutet keine Energie und 5 bedeutet volle Energie."

Skalierungsfragen eignen sich gut, um einen Gesamteindruck von der Gruppe zu bekommen. Sie können den Eindruck auch gut für alle sichtbar machen, indem Sie die Frage und die Skalierung visualisieren und die Teilnehmer bitten, mit Klebepunkten „ihren Standort" zu markieren. Das Bild kann dann wieder Einstieg in eine Diskussion sein.

Nicht durch Fragen manipulieren

Noch einen Hinweis zu sogenannten rhetorischen Fragen oder Suggestivfragen. Diese Fragen implizieren bereits die Meinung des Fragestellers. Daher passen sie nicht zur Haltung eines Moderators, der ein wirkliches Interesse an den Sichtweisen der Teilnehmer hat und seine eigene Meinung in den Hintergrund stellt. Zudem merken Teilnehmer rasch, dass da ein Manipulations-

Verwenden Sie keine manipulativen Fragen!

versuch unternommen wird. Sie reagieren dann mit Abwehr oder Misstrauen und beides ist kontraproduktiv für eine offene Gesprächsatmosphäre.

> **BEISPIELE**
>
> ► „Sie sind doch sicherlich auch meiner Meinung, dass wir das Thema jetzt endlich beenden sollten?"
>
> ► „Sollten wir nicht diese langatmige Detaildiskussion endlich abbrechen?"
>
> ► „Sie glauben doch auch, dass diese Diskussion zu nichts führt?"

Zeit lassen für Antworten

Generell gelten für Sie als Moderator im Umgang mit Fragen an die Teilnehmer drei wichtige Merksätze:

1. Nicht die eigene Frage selbst beantworten.

2. Nicht mehrere Fragen auf einmal stellen.

3. Den Teilnehmern Zeit lassen für die Antwort.

Besonders den letzten Merksatz möchten wir Ihnen ans Herz legen. Das Zeitempfinden beim Moderator und bei den Teilnehmern ist unterschiedlich. Häufig erleben wir im Arbeitsalltag ungeduldige Moderatoren, die einen Moment der Stille nicht aushalten können.

Warten Sie in Ruhe auf die Antwort

> **NICHT UNGEDULDIG WERDEN**
>
> Unsere Empfehlung: tief durchatmen, in Gedanken zählen und abwarten! Wenn Sie die Frage im Stehen gestellt haben, dann können Sie sich jetzt hinsetzen, um auch nonverbal zu signalisieren, dass Sie in Ruhe auf eine Antwort warten. Kommt dann nach einer angemessenen Pause immer noch keine Antwort, dann können Sie beispielsweise mit der Frage „Habe ich meine Frage unverständlich formuliert?" oder „Was macht es schwierig, diese Frage zu beantworten?" nachhaken.

Haben Sie den Eindruck, dass die Teilnehmer am Anfang einer moderierten Besprechung unsicher sind, beispielsweise weil sie es nicht gewohnt sind, sich in einer offenen Runde auszutauschen, dann besteht an dieser Stelle auch die Möglichkeit einer kurzen Kleingruppendiskussion. Bitten Sie die Teilnehmer, sich spontan für wenige Minuten mit ihrem Nachbarn über die Frage auszutauschen. Danach können Sie Ihre ursprüngliche Frage erneut in der gesamten Gruppe stellen. Nach einer ersten Rückversicherung im Gespräch

Die Kleingruppendiskussion als „Starthilfe"

mit dem Nachbarn wird es den Teilnehmern jetzt leichter fallen, Ihre Frage „öffentlich" zu beantworten.

Möglicherweise bekommen Sie aber auch keine Antwort, weil Ihren Teilnehmern nicht klar ist, wozu Sie diese Frage an dieser Stelle im Ablauf des Moderationsprozesses benutzen. Hier ist es dann hilfreich, auch das Ziel zu kommunizieren, das mit der Frage erreicht werden soll, zum Beispiel „Welche Themen haben Sie für das nächste Meeting? Ich frage schon vorab, um den Ablauf besser planen zu können."

Visualisierte Fragen

Fragen visualisieren

Als Moderator benutzen Sie Fragen nicht nur verbal, sondern häufig auch in einer visualisierten Form, um Ideenfindungsphasen einzuleiten oder Abfragen zu strukturieren. Auch visualisierte Fragen unterstützen den Prozess oder beziehen sich auf den Inhalt.

> **WICHTIG**
>
> Beim Visualisieren von Fragen sind vor allem drei Aspekte wichtig:
> ► Lesbarkeit,
> ► Verständlichkeit und
> ► Akzeptanz durch die Teilnehmer.

Notieren Sie die Frage mit einem dicken Stift auf die Pinnwand oder das Flipchart. Achten Sie auf die Schriftgröße. Überprüfen Sie die Lesbarkeit aus der Entfernung, in der die Teilnehmer zu den Medien sitzen, durch einen Test in der Vorbereitung. Haben Sie die Fragen schon passend zur Ihrem Moderationsprozess geplant, können Sie die entsprechenden Pinnwände und Flipcharts auch vorab beschriften, damit Sie nicht in der Eile des aktuellen Geschehens unleserlich schreiben. Doch Vorsicht: Bereiten Sie nicht zu viele Charts vor. Lebendiger wirkt es, wenn Sie zumindest einen Teil der Fragen während der Moderation entwickeln.

Achten Sie auf Verständlichkeit

Prüfen Sie die Verständlichkeit der Frage bei Ihren Teilnehmern. Ist allen klar, was gemeint ist? Bitten Sie einen der Teilnehmer, sein Verständnis der Frage noch einmal zu erläutern. Sollte es notwendig sein, dass Sie die Frage zum besseren Verständnis umformulieren, dann müssen Sie auch den neuen Wortlaut der Frage visualisieren, damit es keine Missverständnisse gibt.

Achten Sie beim Überprüfen der Verständlichkeit auch auf die Akzeptanz der Frage. Empfinden die Teilnehmer sie als passend, um damit die Gruppe weiter voran zu bringen? Oder gibt es eine zögerliche Reaktion und eventuell Widerstand? Fragen Sie nach und versuchen Sie, die Gründe herauszufinden. Hören Sie sich Alternativvorschläge an. Möchten Sie bei Ihrer ursprünglichen Frage bleiben, dann bitten Sie die Gruppe darum, sich darauf einzulassen und es einfach einmal auszuprobieren.

Die Art und Weise, wie die Gruppe visualisierte Fragen beantwortet, hängt von der Frage ab und kann unterschiedlich sein:

Für den Umgang mit visualisierten Fragen haben Sie verschiedene Möglichkeiten

► Die Teilnehmer beantworten die Frage reihum.

► Als Moderator notieren Sie auf Zuruf für alle sichtbar mit.

► Die Teilnehmer beschreiben Karten, die vorne hingehängt werden.

► Die Teilnehmer bilden Kleingruppen und antworten gruppenweise auf Karten.

► Die Teilnehmer kleben Punkte oder kreuzen an bei Skalierungsfragen.

► Die Teilnehmer kleben Punkte oder machen ein Kreuz in einem Koordinatenfeld.

Mit Fragen von Teilnehmern richtig umgehen

Zurückgeben von Fragen

Als Moderator müssen Sie nicht nur die unterschiedlichen Frageformen beherrschen, um sie in der Moderation geschickt einzusetzen, sondern Sie müssen sich auch den Fragen der Teilnehmer stellen. Manche Teilnehmer werden versuchen, Sie durch inhaltliche Fragen aus der Reserve zu locken, um eine Stellungnahme oder Bewertung von Ihnen zu bekommen. Geben Sie der Versuchung nicht nach! Ein bewährtes Mittel, um mit solchen Fragen umzugehen, besteht darin, sie an die Gruppe zurückzugeben.

BEISPIELE

► Frage eines Teilnehmers an den Moderator: „Müssen wir deswegen nicht noch mal Rücksprache mit unserem Kunden halten?"

Moderator an die ganze Gruppe: „Was meinen Sie dazu?" oder „ Halten Sie eine Rücksprache für erforderlich?" oder „Welche Erfahrungen haben andere mit solch einer Situation?"

► Frage eines Teilnehmers an den Moderator: „Was würden Sie mir denn empfehlen?"

Moderator an die ganze Gruppe: „Welche Empfehlungen haben Sie für Ihren Kollegen?"

> **FAZIT**
>
> Fragen sind das entscheidende Tool, mit dem Sie als Moderator die Gruppe durch den Prozess steuern, ohne inhaltlich einzugreifen. Durch das Verwenden der unterschiedlichen Frageformen können Sie unterschiedliche Ziele erreichen, beispielsweise Diskussionen anregen oder beenden. Setzen Sie deshalb Fragen zum Steuern sehr bewusst ein, aber vermeiden Sie, Teilnehmer zu manipulieren.

Eine Diskussion steuern

In der Reihe der Tools, die wir Ihnen in diesem Buch anbieten, sind die Tools zum Steuern von Diskussionen die wohl am meisten benötigten. Denn Moderation bedeutet in vielen Fällen „nur" das kurzfristige Moderieren von Meetings, wo das erfolgreiche Steuern mehr oder weniger lebhafter Diskussionen zwischen mehr oder weniger disziplinierten Teilnehmern zur Hauptaufgabe der Moderation gehört.

Über die Art und Weise, wie dieses „Steuern" erfolgreich umzusetzen ist, gibt es viele, oft recht unterschiedliche Meinungen. Diese Unterschiedlichkeiten ergeben sich unserer Erfahrung nach zu einem großen Teil aus den unterschiedlichen Zielsetzungen, denen Moderatoren sich in der Diskussionssteuerung gegenübersehen beziehungsweise die sie sich vornehmen. Also beginnen wir mit der Frage: Welche Ziele und Zwecke verfolgen Sie als Moderator beim Steuern der Diskussion?

Ziele des Moderators

Je nach Situation und Auftrag lassen sich auf diese Frage eine Reihe unterschiedlicher Antworten finden. Aber: Zwei eindeutige, klare Ziele müssen Sie sich als Moderator für die Steuerung der Diskussionen in Ihrer Gruppe in jedem Fall setzen.

> ### ZIELE FÜR DIE STEUERUNG EINER DISKUSSION
>
> ► Sie müssen in erster Linie Dienstleister sein für die diskutierende Gruppe und ihr die optimalen Rahmenbedingungen verschaffen, innerhalb deren sie die gestellten Aufgaben optimal zu erfüllen vermag (Ergebnisorientierung).
>
> ► Arbeiten Sie länger mit einer Gruppe, ist es darüber hinaus hilfreich, wenn Sie die Rahmenbedingungen für die Weiterentwicklung der Gruppenteilnehmer und der Gruppe zu einem Team (Entwicklungs-/Lernorientierung) schaffen.

In unserer Behandlung des Themas „Eine Diskussion steuern" legen wir diese beiden Ziele zugrunde und stellen Ihnen die Tools so vor, dass sie diesen beiden Zielen gerecht werden.

Um Diskussionen zu steuern, stehen uns verschiedene Tools zur Verfügung und sie alle dienen letztendlich dazu, die Gespräche zwischen den Teilnehmern zu sortieren. Aus unserer Erfahrung sind jedoch folgende Tools von ganz besonderer Bedeutung:

- ▶ Spielregeln
- ▶ Abfragen
- ▶ Pro- und Kontra-Technik
- ▶ Thesenmethode
- ▶ Vertagungs- und Ideenspeicher

Weitere wichtige Instrumente sind:

- ▶ Zusammenfassungen
- ▶ Nachfragen nach Beispielen
- ▶ Zurückgehen zum Ausgangspunkt
- ▶ Aufbauen auf Beiträgen anderer Teilnehmer

Spielregeln, um in die Diskussion eingreifen zu können

Regeln vereinbaren

Von „Spielregeln" haben wir schon mehrfach gesprochen. Bitten Sie als Moderator die Gruppe bereits im Vorfeld der Diskussion, sich Spielregeln zu überlegen, und vereinbaren Sie diese Regeln als verbindlich für alle. Sie werden erleben, dass derartige Spielregeln bei unterschiedlichen Gruppen auch entsprechend unterschiedlich ausfallen können, denn sie sind schließlich geprägt von den Individuen, die sich in dieser Gruppe zusammengefunden haben. Das nachstehende Beispiel ist also nur eines von vielen möglichen.

Instrument 7: Spielregeln vereinbaren

Sind Spielregeln von allen gemeinsam vereinbart, helfen sie, Verbindlichkeit und Disziplin im Team herzustellen und Verhaltensregeln einzuüben

> **BEISPIEL**
>
> - ▶ Wir gehen nach der Systematischen Vorgehensweise von Coverdale vor.
> - ▶ Reden darf nur, wer sich zu Wort gemeldet hat und wem das Wort erteilt wurde.
> - ▶ Wir hören aufmerksam zu, lassen jeden ausreden, unterbrechen nicht.
> - ▶ Wir bestimmen einen Teilnehmer, alle Prozessschritte, Zwischenergebnisse und Ergebnisse am Flipchart zu visualisieren.
> - ▶ Ein Teilnehmer übernimmt die Verantwortung für das Erinnern an die Zeit.
> - ▶ Störungen haben Vorrang: Wenn Konflikte auftauchen, verlassen wir die Sachdiskussion und klären vordringlich die aufgetretenen Konflikte/Spannungen.
> - ▶ Jeder Teilnehmer hat das Recht, die Diskussion zu stoppen und um eine „Denkpause" zu bitten.
> - ▶ Entscheidungen treffen wir im Konsens, nicht per Stimmenmehrheit in Abstimmungen.

Mit diesem Beispiel stellen wir Ihnen schon fast eine „Idealform" von Spielregeln vor. Seien Sie am Anfang nicht zu anspruchsvoll, was die Spielregeln Ihrer Gruppe anbetrifft. Jeder Anfang sollte Ihnen recht sein. Aber: Verfolgen Sie die Arbeitsweise der Gruppe genau und nehmen Sie jede Gelegenheit wahr, „Löcher" in den Spielregeln aufzudecken und auf der Basis des gerade Erlebten zum Nacharbeiten, Ergänzen, Umformulieren aufzufordern. Bleiben Sie dran und bleiben Sie hart! Dann nähern sich die Spielregeln nach einiger Zeit ganz von selbst der „Idealform".

In diesem Spielregel-Entwicklungsprozess sind Teilnehmer oftmals außerordentlich erfindungsreich. Weil sie zum Beispiel wieder und wieder Schwierigkeiten mit dem Zuhören, mit dem Einander-nicht-Unterbrechen oder mit den Wortmeldungen haben, kommen dann Vorschläge wie: „Es darf nur reden, wer den Redner-Hut aufgesetzt hat" (und dann wird tatsächlich ein Hut beschafft, den der jeweilige Redner aufsetzen muss – und der dann von allen respektiert wird). Oder ähnlich: „Es darf nur derjenige sprechen, der den Sprech-Stab sichtbar in der Hand hält!" Oder: „Wer auf Gesagtes antworten will, meldet sich mit gelber Karte zu Wort. Wer dagegen neue Gedanken vorbringen will, meldet sich durch das Hochhalten einer grünen Karte."

Nutzen Sie die Kreativität der Gruppe, um Spielregeln umzusetzen

> **EINFÜHRUNG UNGEWÖHNLICHER SPIELREGELN**
>
> Derartige Vorschläge sind vorübergehende „Krücken" für eine reibungslose Diskussion; sie helfen, Verhaltensweisen einzuüben, und können dann zu einem späteren Zeitpunkt eliminiert werden. Aber zunächst leisten sie in der Regel hilfreiche Dienste und sollten deshalb, wo nötig, auch von Ihnen als Moderator eingeführt beziehungsweise unter Hinweis auf die Erfahrungen früherer Gruppen von Ihnen sogar empfohlen werden.

Spielregeln haben in der Moderation eine doppelte Funktion. Zum einen helfen sie der Gruppe, reibungsloser zu arbeiten und sich – nicht zuletzt durch die ständigen Anstöße des Moderators – Schritt für Schritt weiterzuentwickeln und zu verbessern und so eine erfolgreiche Gruppen-Arbeitskultur aufzubauen. Zum anderen bieten sie Ihnen als Moderator die Grundlage, auf der Sie steuernd eingreifen können, ohne sich selbst und Ihre Autorität ins Spiel bringen zu müssen. Der Verweis auf das, was die Gruppe sich als Spielregel vorgenommen hat, erlaubt Ihnen, als Autoritätsperson „außen vor" zu bleiben. Ihre Interventionen lassen sich aus den Spielregeln „speisen" und sind aus der Sicht der Gruppe leichter zu akzeptieren.

Spielregeln mit doppelter Funktion

Kick-off-Meeting

Wie erleichtern Sie den Teilnehmern den Einstieg?

Die Beantwortung dieser Frage hängt stark von der Art und Weise des zu bearbeitenden Themas oder Auftrags ab. Es gibt Situationen und/oder Themen, die sehr weit gesteckt in großen Gruppen (siehe Seite 197) in sogenannten „Kick-off-Meetings" – zumeist von mehreren beteiligten Personen der Führungsebene – angegangen werden. Die Vertiefung (häufig von Teilthemen) in kleineren Diskussions- oder Bearbeitungsgruppen erfolgt dann erst in einem zweiten Schritt.

In zahlreichen Unternehmen, besonders da, wo sich das Arbeiten in Projekten etabliert hat, gibt es auch für den Start von kleineren Gruppen ein „Kick-off-Meeting", in dem eine Führungskraft (je nach Bedeutung oftmals sogar ein Vorstandsmitglied) die Einführung des Themas übernimmt, dessen Bedeutung für das Unternehmen herausstellt und auch seine Erwartungen bezüglich des Endergebnisses formuliert. Erst nach dieser Einführung kommt der Moderator zum Zuge.

Visualisieren Sie das Thema

Sehr häufig wird Ihnen aus Zeitgründen nichts anderes übrig bleiben, als das zu bearbeitende/zu diskutierende Thema Ihrer Gruppe selbst detailliert schriftlich vorzustellen (Flipchart, Pinnwand) und die Bearbeitung zu beginnen. Es bleibt Ihnen als Moderator aber immer die Entscheidung, ob Sie das Thema in der Gesamtgruppe oder in Untergruppen diskutieren lassen wollen. Dabei müssen Sie entscheiden, ob Sie dasselbe Thema in zwei (oder mehr) Kleingruppen diskutiert haben wollen oder sich das Thema zur Aufteilung in zwei oder drei Teilthemen eignet, um dann separat diskutiert zu werden.

Arbeiten in Untergruppen

Im ersteren Fall müssen Sie sich als Moderator überlegen, wie Sie mit den zu erwartenden „Konkurrenzergebnissen" am Ende umgehen wollen. Nebeneinander stehen lassen? Gemeinsames und Unterschiedliches getrennt auflisten lassen? Wie immer Sie sich im Interesse eines sinnvollen Endergebnisses entscheiden: Diese Nacharbeiten kosten unter Umständen viel zusätzliche Zeit und birgt möglicherweise eine Menge Konfliktpotenzial, bevor alle das Endergebnis als „ihres" anerkennen. Vergessen Sie nicht: Jedes Thema, jedes Unterthema verlangt visualisierte Präsentation und anschließend entsprechende Klärung und Akzeptanz durch die arbeitende Gesamtgruppe!

LIEBER ETWAS MEHR ZEIT INVESTIEREN

Stehen Sie nicht unter starkem Zeitdruck und ist das zu bearbeitende Thema von einiger Bedeutung oder gar Komplexität, dann sollten Sie eine etwas zeitaufwändigere, dafür aber wirkungsvolle Herangehensweise bevorzugen.

Punkteabfrage

Eine sehr erfolgreiche, seit Jahren erprobte Vorgehensweise wurde vor fast 30 Jahren von der Firma Metaplan in Quickborn konzipiert und wird heute von vielen Moderatoren und Beratern in mehr oder weniger veränderter Form praktiziert. Sie beginnt mit einer visualisierten indirekten Hinführung der Teilnehmer zum Thema in Form einer Klebepunktabfrage oder einer Kartenabfrage. In der Filmsprache spricht man von einem „Trailer" (Engl.: trail = Spur, Pfad). Der Trailer legt die Spur zu einem Thema – und führt so die Teilnehmer behutsam dorthin. Nehmen wir einmal an, das zu bearbeitende Thema wäre „Erarbeiten Sie Vorschläge für unser Unternehmen, Büro-Arbeitsplätze in Home-Office-Arbeitsplätze umzuwandeln." Dann könnte – bevor den Teilnehmern dieses Diskussionsthema vorgestellt wird – ein Trailer darin bestehen, dass Sie als Moderator mit einer Punkteabfrage zum Beispiel wie folgt beginnen:

Führen Sie die Teilnehmer zum Thema hin

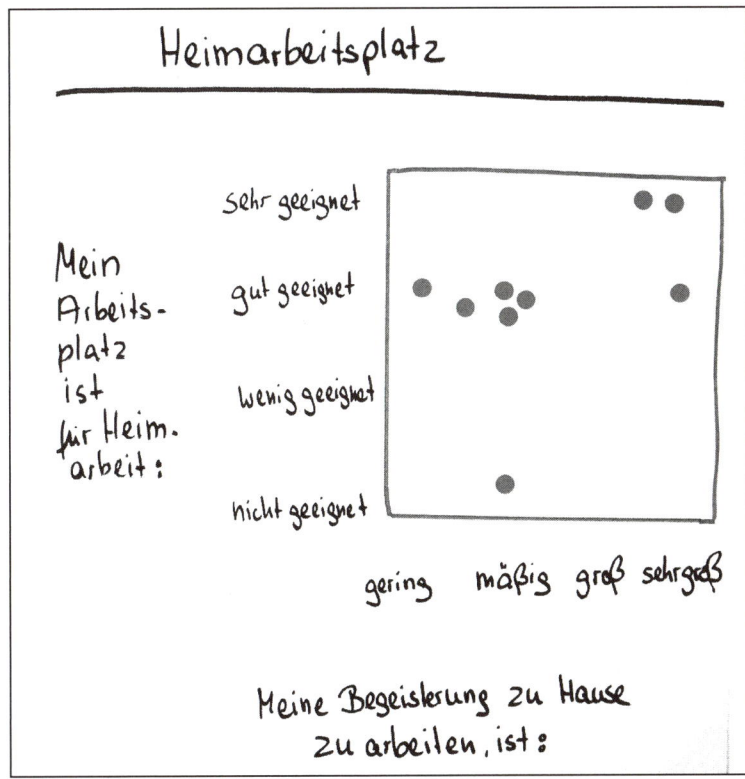

Beispiel für eine Punkteabfrage

Jeder Teilnehmer hat in dieses vorbereitete Pinnwandfeld einen Klebepunkt zu setzen. Obgleich die absolute Aussagefähigkeit des Ergebnisses sicherlich als gering einzustufen ist, dient die Abfrage als „Trailer", als inhaltliche Einführung in das Thema, bevor dieses in seiner endgültigen Form vorgestellt wurde. Der Sinn des Trailers liegt in der persönlichen Einbeziehung der Teilnehmer, er baut eine Brücke von den Teilnehmern zum Thema.

Abfragen ### Kartenabfrage

Auch für die Einführung in das Methodische kann sich der Moderator einen entsprechenden Einstieg einfallen lassen. Zum Beispiel kann es sinnvoll sein, den Teilnehmern vorab die Bedeutung von Zielklärung/Zielsetzung vor Augen zu führen und zu diesem Zweck eine Kartenabfrage zu machen. Der Moderator schreibt die Fragestellung an die Pinnwand und bittet die Teilnehmer, einige Antworten auf Kärtchen zu schreiben und anzupinnen. Ein Tipp dazu: Empfehlen Sie den Teilnehmern, nur eine Kartenfarbe zu verwenden, oder legen Sie vorher nur eine Kartenfarbe aus. Sie vermeiden so ein farbliches Durcheinander auf der Pinnwand, das erfahrungsgemäß manchen Teilnehmer in seiner Konzentration beeinträchtigt. Und noch etwas: Wenn Sie mit einer großen Gruppe arbeiten, begrenzen Sie die Antwortkärtchen auf zwei oder drei!

Beispiel für eine Kartenabfrage

Die hier benutzte Kartenabfrage nennen wir eine Einfachabfrage. Wir möchten Ihnen jetzt noch zwei weitere Abfrageformen mit Karten vorstellen. Da ist zuerst einmal ein Beispiel für eine Doppelabfrage:

> **BEISPIEL**
>
> In der Gruppenmoderation: Welche Interventionsformen des Moderators
>
> ► sind hilfreich?   ► sind nicht hilfreich?

Mit dieser Doppelabfrage bewirken Sie, dass die Teilnehmer ein Thema, eine Frage, ein Problem sozusagen von zwei Seiten her angehen und damit ihre Perspektive sowie das Antwortvolumen automatisch erweitern. Die Tatsache, dass manche Karten widersprüchlich sind, weil dieselbe Antwort(von unterschiedlichen Teilnehmern) auf beiden Seiten auftaucht, gibt willkommenen Anlass zu einer Diskussion und erweitert damit wiederum das Problemfeld.

Pro- und Kontra-Technik

Pro- und Kontra-Technik

Ähnlich, aber noch provokativer gehen wir bei der Pro-und-Kontra-Technik vor. Auch hier wird eine Abfrage durchgeführt.

> **BEISPIEL**
>
> In unserem Unternehmen diskutieren wir die Wiedereinführung von Zeit-Stechkarten auch für Büroangestellte. Bitte überlegen Sie Argumente
>
> ► **pro**   ► **kontra**

Wichtig bei dieser Abfrage ist, dass Sie den Teilnehmern erläutern, dass jeder mindestens ein Pro- und ein Kontra-Argument formulieren muss. Es geht darum, dass die Teilnehmer sich gedanklich in beide Situationen hineindenken sollen. Auch hier ist der Zweck die gedankliche Erweiterung des Problemfeldes.

Thesenmethode

Thesenmethode

Ein weiteres Steuerungsinstrument, nicht weit weg von den schon vorgestellten Abfragen, ist die Thesenmethode, in unserem Beispiel konfontiert mit einer Skalierungsfrage.

These: Je härter ein Moderator in der Gruppenarbeit durchgreift, desto erfolgreicher arbeitet die Gruppe.

++　　　　　　　　+　　　　　　　　　　-　　　　　　　　　　--

Die Teilnehmer signalisieren ihre Meinung von Zustimmung bis Ablehnung durch das Einsetzen von Klebepunkten unter eines der vier Symbole:

► + +　　　stimme voll zu, teile diese Meinung

► +　　　　stimme mit Einschränkung zu

► -　　　　bin eher nicht dieser Meinung

► - -　　　lehne diese These entschieden ab

Damit ist ein deutliches Meinungsbild visualisert. Anschließend ist Gelegenheit zur Diskussion, in der jeder Teilnehmer seine Stellungnahme begründen kann.

EXPERTE

DIE RICHTIGE FORMULIERUNG

Wichtig bei dieser Methode ist, dass es Ihnen als Moderator gelingt, eine These so zu formulieren, dass Sie ein möglichst breites Antwortenspektrum bekommen, um damit Spannung und Interesse bei den Teilnehmern zu stimulieren.

Mehr fragen als sagen – damit steuern Sie die Gruppe

Die im obigen Beispiel verwendete These zum Thema „Härte des Moderators" sollte in der anschließenden Diskussion allerdings von Ihnen als Moderator eine klare Stellungnahme in eigener Sache nach sich ziehen. Im Kapitel „Der Moderator" (siehe Seite 19) haben wir bereits hinreichend begründet, dass das gegenteilige Verhalten des Moderators gefordert ist, wenn er bei seiner Gruppe akzeptiert und für deren Arbeit hilfreich sein will. Für das Steuern der Gruppe gilt darüber hinaus noch die Faustregel: „Mehr fragen als sagen!" Damit wollen wir deutlich machen, dass Sie als Moderator durch geschicktes Fragen mehr Interaktionen in der Gruppe in Gang setzen, als wenn Sie direkte Anstöße geben (also: sagen). Mehr dazu haben Sie bereits im Kapitel „Mit Fragen führen" (siehe Seite 104) erfahren.

Der Vertagungs- und Ideenspeicher

Dabei handelt es sich jeweils um ein leeres Flipchartblatt (auch ein Teil davon reicht meistens völlig aus), das Sie für alle sichtbar an der Wand anbringen und mit je einer Überschrift versehen: „Vertagen" oder „Für später" auf dem einen und „Ideen" auf dem anderen. Dann erläutern Sie den Teilnehmern den Zweck.

> **To Do**
>
> Der Vertagungs- und der Ideenspeicher gehören zu den besonders wichtigen Steuerungsinstrumenten, die einen reibungslosen Ablauf der Diskussion sicherstellen. Wir empfehlen daher, beide bereits zu Beginn Ihrer Moderation einzurichten.

Der Vertagungsspeicher dient zum „Aufbewahren" von Fragen, Einwänden und Anmerkungen, die von Teilnehmern kommen, die Sie als Moderator aber aus Gründen der Logik, der Stringenz oder wie auch immer nicht sofort beantworten oder aufgreifen wollen. Dann sagen Sie: „Was Sie hier einbringen, ist wichtig. Ich möchte diesen Punkt aber im Augenblick nicht behandeln, nehme ihn aber gern auf, notiere ihn auf dem Vertagungsspeicher und bitte um Ihr Verständnis, dass ich dann erst etwas später darauf zurückkomme." Auf diese Weise kann der Teilnehmer sicher sein, dass sein Punkt nicht „unter den Tisch fällt". Sie können den Punkt dann zu einem Zeitpunkt ansprechen, der Ihnen für die Behandlung mit den Teilnehmern besser geeignet erscheint.

Vertagungsspeicher

Der Ideenspeicher ist ein ähnliches Instrument. Er dient den Teilnehmern dazu, spontane Ideen dort zu „parken", von denen sie aber selber wissen, dass sie im Augenblick nicht zum Stand der Diskussion passen, die aber vielleicht für eine andere, spätere Stufe der Systematischen Vorgehensweise wichtig werden könnten. Durch das Festmachen im Ideenspeicher wird sichergestellt, dass sie der späteren Bearbeitung nicht verloren gehen. Der Ideengeber hingegen kann sich entlastet fühlen und bei der gegenwärtigen Diskussion wieder voll mitmachen.

Ideenspeicher

Weitere bewährte Steuerungshilfen

Zusammenfassen

Zusammenfassen

Mit jeder inhaltlichen Zusammenfassung nehmen Sie eine Art Standortbestimmung vor und geben damit Gelegenheit für eine Kurskorrektur. „Die Diskussion war gerade so lebhaft – ich bin nicht sicher, ob ich das alles richtig verfolgt habe. Darf ich zur Überprüfung mal zusammenfassen, wo wir jetzt stehen?" Oder: „Ich bin nicht sicher, ob ich Ihrer Diskussion jetzt voll gefolgt bin. Könnte bitte mal jemand versuchen, zusammenzufassen, wo wir gerade stehen?"

Sie werden immer wieder erleben, dass derartige Zusammenfassungen erheblich zur Förderung des gegenseitigen Verständnisses beitragen. Wenn Diskussionen auseinander zu laufen drohen, wenn Teilnehmer gar nicht merken, dass sie über unterschiedliche Aspekte einer Sache reden, helfen Zusammenfassungen in einfacher, unauffälliger Weise, das Gespräch wieder auf den roten Faden zurückzuführen.

Beispiele fordern

Beispiele fordern

Wenn Sie merken, dass Teilnehmer den Ausführungen eines Gruppenmitglieds ganz offensichtlich nicht zu folgen vermögen, dann kann es hilfreich sein, den Sprecher zu bitten, das Gesagte an einem Beispiel festzumachen. „Mir scheint, das ist ziemlich abstrakt, ziemlich theoretisch und deshalb schwer nachvollziehbar. Könnten Sie uns vielleicht ein Beispiel geben, um Ihre Ausführungen für alle anschaulicher zu machen?"

Sie können auch – vorausgesetzt, das Thema eignet sich dazu – den Teilnehmer bitten, seine Ausführungen am Flipchart durch eine Skizze zu erläutern. „Könnten Sie mal versuchen, das bildlich (grafisch, skizzenhaft) am Flipchart für uns zu erläutern? Vielleicht fällt es uns dann leichter, Ihren Vorschlag (Beitrag) zu verstehen."

Zurück zum Ausgangspunkt

Zurückführen auf Ausgangspunkte

Oftmals gerät eine Diskussion ins „Schlingern"; der rote Faden scheint zu verschwinden; man dreht sich im Kreis; es geht nicht mehr vorwärts. Hier könnte es sinnvoll sein, die Gruppe zurückzuführen auf solide, unbezweifelte Ausgangspunkte wie: Themastellung, Ziele oder Auftragsformulierung. „Darf ich an dieser Stelle noch einmal vorlesen, womit wir angefangen haben? Welchen Zusammenhang hat die eben gelaufene Diskussion damit? Wie hängt das noch zusammen?"

> ### UNTERSTREICHUNGEN
>
> Hilfreiche Ansatzpunkte für derartige Zurückführungen sind oftmals Unterstreichungen im visualisierten Auftragstext. Wenn Sie zu Beginn Ihrer Moderation bei der Auftragsklärung den Teilnehmern empfohlen hatten, wichtige Punkte des Textes farbig zu unterstreichen/zu markieren, so können Ihnen jetzt derartige Hervorhebungen zugute kommen: Sie können die Teilnehmer darauf zurückführen.

Spontanintervention aufgrund von Beobachtung

Als Moderator sollten Sie ständig beobachten, wie die Gruppe interagiert und darauf „lauern", auch einmal spontan zu unterbrechen, um eine wichtige Beobachtung zurückzumelden. Eine spontane Unterbrechung ist immer dann sinnvoll, wenn die gerade gemachte Beobachtung nur „frisch" die von Ihnen gewünschte Wirkung erzielt und in der späteren Rückblende diese Wirkung nicht mehr haben würde.

Aufbauende Beiträge

Ein ähnliches Beispiel ist die Demonstration der Wirksamkeit von „aufbauenden Beiträgen" durch Sie als Moderator. Auch hier lohnt es sich, spontan einzugreifen, um die Wirkung aufbauender Beiträge zu verdeutlichen und ihre Wichtigkeit für jede Form von Zusammenarbeit herauszustellen.

Sie werden als Moderator immer wieder beobachten, dass gute Vorschläge, die ein Gruppenmitglied macht, „untergehen", also nicht aufgenommen werden. Typisch ist, dass derselbe Beitrag zehn Minuten später und mit großer Begeisterung aufgenommen, ja sogar allgemein gefeiert wird. Was ist geschehen? Im zweiten Fall wurde der Beitrag von einem anderen Gruppenmitglied, das offenbar aufmerksam zugehört und den Vorschlag gut gefunden hatte, aufgenommen und als lohnend und weiterführend unterstützt. Wir sprechen hier von einem „aufbauenden Beitrag". Wir wissen aus Erfahrung, dass kaum ein Beitrag/Vorschlag eine Chance hat, Eingang in die Gruppe zu finden, wenn er nicht durch einen „aufbauenden Beitrag" eines anderen unterstützt wird.

> ### Fazit
>
> Der Moderator verfügt über eine Fülle von Steuerungsinstrumenten für die Diskussion. Jedes für sich ist in ganz bestimmten Situationen auf seine spezifische Art und Weise wirksam, sofern er es sinnvoll und zum rechten Zeitpunkt einsetzt.

Entscheidungen herbeiführen

In der „Idealform" der Spielregeln, die wir Ihnen zu Beginn dieses Kapitels vorgestellt haben, findet sich die Regel: „Entscheidungen treffen wir im Konsens, nicht per Stimmenmehrheit in Abstimmungen." Wie wir schon ausgeführt haben, ist es „ideal", wenn Teilnehmer zu Beginn der moderierten Veranstaltung bereits eine derartige Regel einführen, weil sie sehr viele konfliktbeladene Diskussionen überflüssig macht. Aber leider entsteht diese Spielregel in der Realität des Moderierens nur sehr selten gleich zu Beginn. Die Teilnehmer müssen erst ihre Erfahrungen machen.

Im Zuge der Steuerung von Diskussionen werden Sie als Moderator immer wieder gefordert sein, Entscheidungen in der Gruppe herbeizuführen. Nach einem entsprechenden Austausch von Meinungen, Sichtweisen, Argumenten kommt irgendwann der Punkt, an dem eine Entscheidung getroffen werden muss.

WEGE DER ENTSCHEIDUNGSFINDUNG

Grundsätzlich gibt es drei unterschiedliche Wege zur Entscheidungsfindung:

► Entscheidungen im Konsens

► Entscheidungen nach demokratischem Verfahren (mit Mehrheit)

► Entscheidungen durch einen Hierarchen (von außen)

Konsens

In der Arbeit mit Gruppen spielt Konsensbildung eine herausragende Rolle. Schließlich arbeiten Gruppen deshalb zusammen, weil die Teilnehmer unterschiedliche Stärken, Erfahrungen und Wissensbereiche mit in das Team einbringen. Ziel einer Diskussion ist gemeinsam zu einer Entscheidung zu kommen, die alle mittragen können. Die Diskussionssteuerung sollte helfen, dieses Ziel zu erreichen.

Entscheidungen von außen

Aber auch andere Entscheidungsformen haben ihre Berechtigung. Beispielsweise, wenn eine Gruppe den Auftrag hat, eine Entscheidungsvorlage für xyz zu erarbeiten. In dem Fall wird die Entscheidung außerhalb der Gruppe durch einen Hierarchen getroffen. Oder wenn sich eine Gruppe nicht einigen kann: Hier muss das Thema mit der Bitte um Entscheidung an eine nächsthöhere Hierarchiestufe weitergeleitet werden. Dennoch: Während einer Gruppendiskussion müssen laufend Entscheidungen aller Art getroffen werden, auch wenn die Teilnehmer als Endergebnis eine Entscheidungsvorlage erarbeiten. Dabei stehen auf der einen Seite inhaltliche Fragestellungen zur Entscheidung an, auf der anderen Seite müssen ständig Fragen zum Prozess von den Teilnehmern entschieden werden.

Als Moderator sollten Sie sich bewusst sein, dass jede Form von Entscheidung Chancen und Risiken beinhaltet:

Überlegen Sie die Chancen und Risiken des verwendeten Entscheidungsprozesses

▶ Ein Konsens in der Gruppe bedeutet, dass alle Teilnehmer sich mit der Entscheidung identifizieren. Das ist der große Vorteil von im Konsens getroffenen Entscheidungen. Nachteilig ist, dass es unter Umständen lange dauern kann, bis ein tragfähiger Konsens gefunden wird.

▶ Entscheidungen nach dem demokratischen Prinzip sind schnell zu treffen. Aber je nach Folgen für die Beteiligten wird die Identifizierung sehr unterschiedlich sein.

> **WENN MÖGLICH KONSENS HERBEIFÜHREN**
>
> Sie müssen sich als Moderator genau überlegen, an welcher Stelle im Prozess Sie welches Entscheidungsprozedere vorschlagen. Unsere Empfehlung lautet: Führen Sie bei wichtigen Entscheidungen eine Entscheidung im Konsens herbei!

Lassen Sie sich dabei nicht von der Gruppe unter Druck setzen. Immer wieder erleben wir Teilnehmer oder Gruppen, die wenig Geduld aufbringen, um einen Konsens zu erarbeiten und, die deshalb eine rasche Entscheidung per Abstimmung wünschen. Wenn es sich um wichtige Entscheidungen handelt, dann wird mit einer raschen Abstimmung nur vordergründig Zeit gespart. Zwar liegt im Moment schnell eine Entscheidung vor, aber die Konsequenzen kosten erheblich mehr Zeit – irgendwann kommen Zweifel an der Entscheidung wieder hoch und die Diskussion beginnt von vorn.

Entscheidung per Handheben und Auszählen: Das ist einfach, geht schnell und schließlich haben wir das als Demokraten ja auch gelernt. Die Erfahrung in der Moderation sieht jedoch anders aus. Gruppenarbeiten beweisen immer wieder, dass die überstimmten Teilnehmer sich auf Dauer nicht an die „demokratisch" erzwungene Zustimmung gebunden fühlen. Irgendwann beginnen sie gegenzuhalten – oder ziehen sich resigniert und frustriert in die „innere Emigration" zurück. Damit sind sie der Gruppe praktisch verloren gegangen. Sie als Moderator tun sich dann sehr schwer im Steuern der weiteren Diskussionen und noch schwerer damit, die ausgestiegenen Teilnehmer wieder „ins Boot" zu holen.

Demokratische Entscheidung

EXPERTE

> **DAS SOLLTEN SIE VORAB KLÄREN**
>
> Sollte trotz allem eine wichtige Entscheidung per Abstimmung getroffen werden, so klären Sie vorab, ob die überstimmte Minderheit mit der Entscheidung leben kann. Dadurch erreichen Sie zumindest ein Bewusstsein für die potenziellen Konsequenzen. Wichtig ist auch, dass Sie mit den Teilnehmern, bevor eine Entscheidung ansteht, klären, nach welchem Verfahren sie entscheiden möchten. In dieser Vor-Phase kann die Gruppe sich ohne Druck und ohne individuelle Interessen für ein Prozedere entscheiden.

Nutzen Sie Abstimmungen für Routinefragen

Und noch eine letzte Bemerkung, damit kein Missverständnis entsteht. Selbstverständlich gibt es Entscheidungen, wo eine Abstimmung sinnvoll und hilfreich, weil zeitsparend, ist. Wenn die Gruppe beispielsweise anfängt, endlos darüber zu debattieren, ob sie um 12.00 Uhr oder lieber um 12.30 Uhr zu Tisch gehen sollen, dann ist eine Abstimmung angebracht. Sie werden sehen, die Gruppe wird mit der Entscheidung leben können!

Ideal ist es, wenn Sie – nicht nur bei anstehenden Entscheidungen – jede Phase im Verlauf einer Moderation mit einem deutlichen Konsens abschließen. So haben Sie alle Teilnehmer „im Boot".

Konsens bringt den Prozess voran

Mit Konsens holen Sie alle Teilnehmer „ins Boot"

Haben Sie als Prozessplan für Ihre Moderation die Systematische Vorgehensweise von Coverdale gewählt, so sollte am Ende jeder Vorgehensstufe das Wort „Konsens" geschrieben stehen. Denn gelingt es Ihnen als Moderator nicht, in allen Stufen von Anfang an einen „sicheren" Konsens aller herzustellen, dann passiert genau das, was wir in vielen Meetings erleben: Der Prozess wird wieder und wieder aufgehalten, weil der eine oder andere Beteiligte signalisiert: „Nein, so habe ich das nicht verstanden!" Oder: „Nein, so habe ich das nicht gemeint!" Oder: „Nein, in dieser Form haben wir das doch gar nicht beschlossen!" Das ist keineswegs Böswilligkeit. Vielen wird erst später ihr Dissens bewusst. Und dann verlangen sie – zumeist mit einigen anderen Beteiligten gemeinsam – zum Ausgangspunkt ihres Dissenses zurückzukehren, um dort Klärung herbeizuführen, bevor sie bereit sind, aufs Neue gemeinsam voranzuschreiten. Zeitverzögerungen und damit Ärger und Frust sind die Folgen.

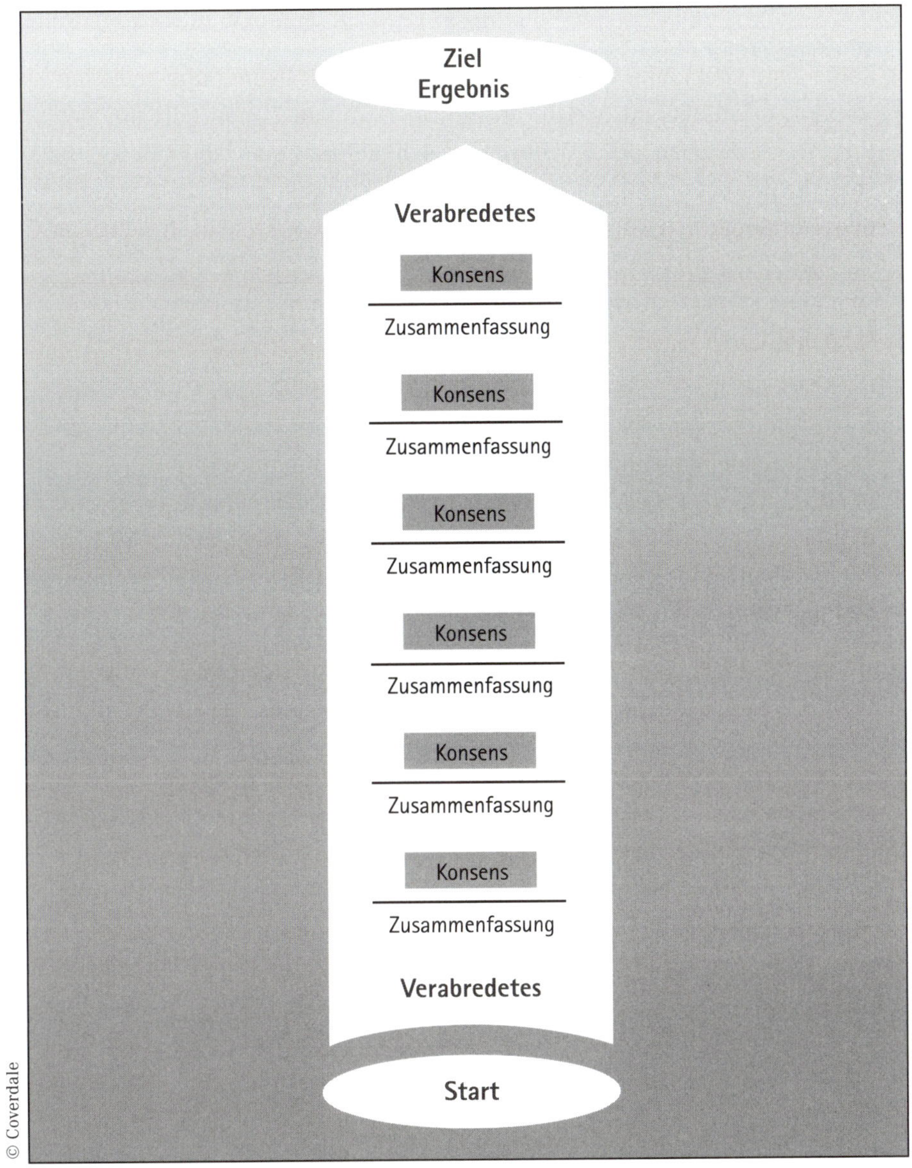

Ziel
Ergebnis

Verabredetes

Konsens

Zusammenfassung

Konsens

Zusammenfassung

Konsens

Zusammenfassung

Konsens

Zusammenfassung

Konsens

Zusammenfassung

Konsens

Zusammenfassung

Verabredetes

Start

© Coverdale

Konsens von Stufe zu Stufe

Noch gravierender sind für alle Beteiligten die Konsequenzen, wenn Einzelne Dissens und Unzufriedenheit schweigend erdulden und in der Folge „innerlich aussteigen". Wir sprechen in diesen Fällen heute von „Cocooning" (engl. = sich in einen Kokon einspinnen) oder Einigeln und meinen damit das völlige Auf-sich-selbst-Zurückziehen. Einen derartigen Rückzug eines Teilnehmers müssen Sie als Moderator aufspüren und mit allen Mitteln verhindern.

Achten Sie auf „Aussteiger"

Konsens spielt bereits vor der Moderation sowie zu Beginn eine wichtige Rolle. Wir empfehlen Ihnen, Konsens herzustellen

▶ mit dem Auftraggeber über den Auftrag an Moderation und Arbeitsgruppe,

▶ mit der Gruppe über die gegenseitigen Erwartungen und Rollenverteilungen und

▶ über die erarbeiteten (meist vorläufigen) Spielregeln.

Sichern Sie den Konsens Schritt für Schritt

Dann geht es weiter mit dem Konsens über das gemeinschaftliche Verständnis des Auftrags. Keine Gruppe sollte an einem Auftrag zu arbeiten beginnen, dessen Inhalts- und Absichtsklärung nicht von allen gleich verstanden und im Konsens abgesichert wurde. Dasselbe gilt für die Ziele und Zielvereinbarungen. Das gemeinsame Erarbeiten einer Zielscheibe (siehe Seite 50) ist deshalb so zeitaufwändig, weil dies im sicheren Konsens erfolgen muss, andernfalls wird sie sich in der Folge der Bearbeitung nicht nur als sinnlos, sondern sogar als „Prozessfalle" erweisen, die den Fortgang des Prozesses möglicherweise total in Frage stellt oder aber aufwändige „Reparaturarbeiten" an den Zielformulierungen nach sich zieht.

> ### Wichtig
>
> Wichtig für das Voranschreiten der Arbeit in Richtung Ziel/Ergebnis sind vor allem drei Aspekte:
>
> 1. Sie brauchen ein sicheres Gerüst von Vereinbarungen, an dem Sie sich mit der Gruppe „entlanghangeln" können. Das sind beispielsweise: Spielregeln, die Systematische Vorgehensweise von Coverdale oder zumindest eine Agenda oder Tagesordnung.
>
> 2. Sie müssen den gesamten Prozess in überschaubare, nachvollziehbare Phasen, Stufen oder Schritte einteilen und gemeinsam mit den Teilnehmern diese Stufen systematisch nacheinander abarbeiten.
>
> 3. Sie sollten jede dieser Stufen – bevor Sie eine neue angehen – mit einer allgemein verständlichen Zusammenfassung und einem sicheren Konsens abschließen.

Gelingt Ihnen die Konsensbildung am Ende einer Stufe, zum Beispiel zum Abschluss der gemeinsamen Auftragsklärung nicht, dann müssen Sie damit rechnen, dass ein Gruppenmitglied Sie und damit die ganze Gruppe viel später, im schlimmsten Falle erst kurz vor Auftragsende, dazu zwingt, zum Ausgangspunkt des Dissenses zurückzukehren. Das heißt, Sie müssen dann den Inhalt jenes Schrittes (hier im Beispiel: Auftragsklärung) – und unter Umständen die Inhalte aller folgenden, bereits erledigt geglaubten, Schritte –

wiederholen. Das ist ein Erlebnis, das alle kennen und fürchten, die Erfahrungen mit Arbeitssitzungen im Alltag haben. Und dies ist ein Grund, warum wir schon eingangs und immer wieder auf den wichtigen Zusammenhang zwischen Konsensbildung und Zeitaufwand hingewiesen haben.

Aus der Erfahrung mit dem Moderieren von Arbeitsprozessen wissen wir, dass die individuelle Konsensqualität bei Zielsetzungen außerordentlich unterschiedlich sein kann. Und damit ist notwendigerweise auch die Unterstützung der Ziele durch einzelne Gruppenmitglieder unterschiedlich stark. Die nachfolgende Abbildung soll diese Unterschiede verdeutlichen.

Konsens ist nicht gleich Konsens

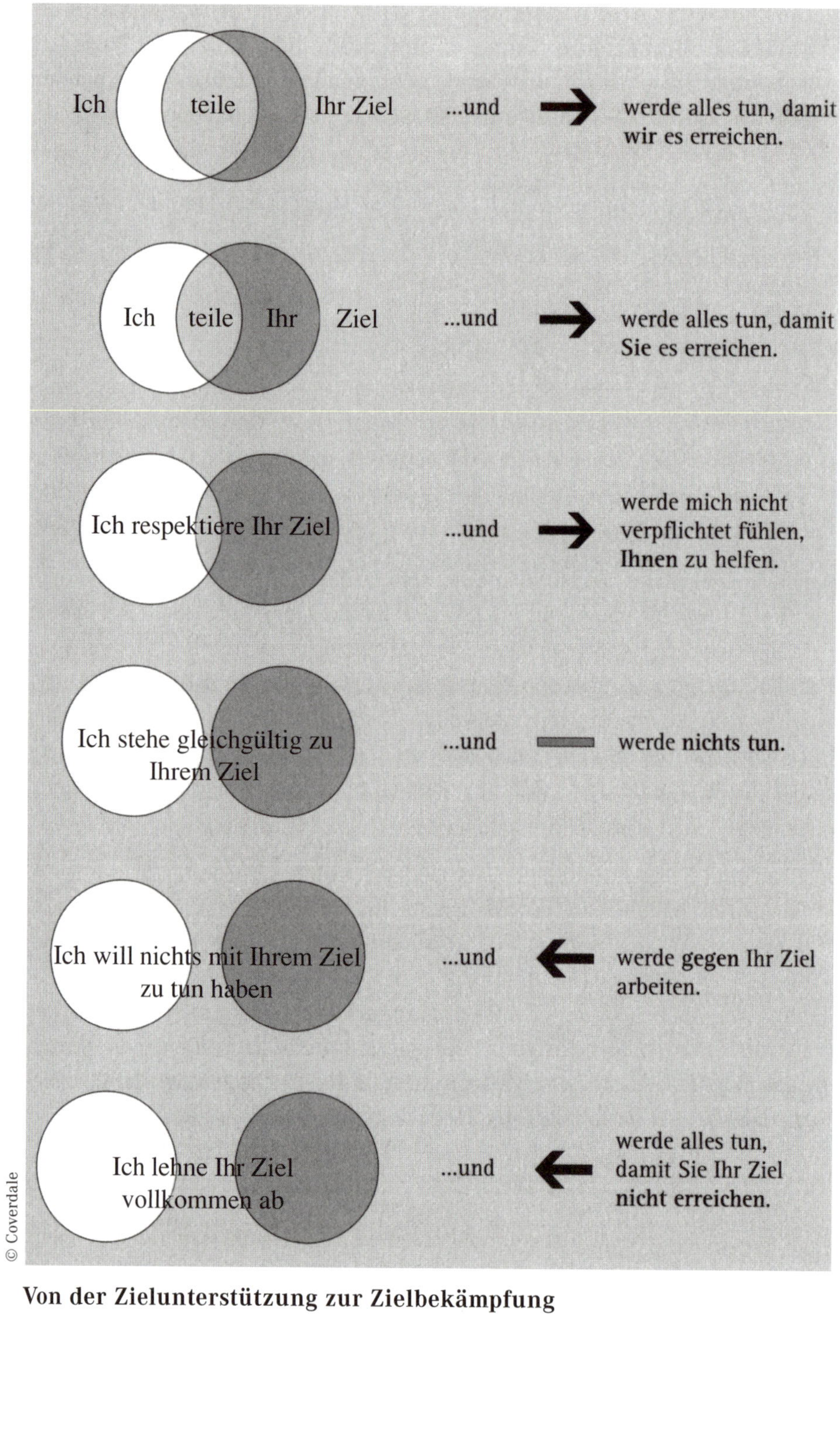

Ich **teile** Ihr Ziel   ...und ➡ werde alles tun, damit **wir** es erreichen.

Ich **teile** Ihr Ziel   ...und ➡ werde alles tun, damit **Sie** es erreichen.

Ich respektiere Ihr Ziel   ...und ➡ werde mich nicht verpflichtet fühlen, **Ihnen** zu helfen.

Ich stehe gleichgültig zu Ihrem Ziel   ...und ▬ werde **nichts tun**.

Ich will nichts mit Ihrem Ziel zu tun haben   ...und ⬅ werde **gegen** Ihr Ziel arbeiten.

Ich lehne Ihr Ziel vollkommen ab   ...und ⬅ werde alles tun, damit Sie Ihr Ziel **nicht erreichen**.

© Coverdale

Von der Zielunterstützung zur Zielbekämpfung

Die Abbildung zeigt ein Erklärungsmodell, das verdeutlicht, wie drastisch die Unterschiedlichkeiten im Konsens sein können. Und da das Bild – unserer Erfahrung nach – durchaus realistisch ist, benötigt ein Moderator auch ein hohes Maß an Einfühlungsvermögen, um diese Unterschiede bei den einzelnen Beteiligten aufzuspüren und in der Gruppe deutlich zu machen. Er muss dafür sorgen, dass an dem Erreichen einer hohen Konsensqualität so lange gearbeitet wird, bis er die Zustimmung oder zumindest Akzeptanz aller Gruppenmitglieder erreicht hat.

Konsens finden

Was können Sie als Moderator tun, um einen sicheren Konsens zu erreichen? Häufig ist es so, dass die Diskussion und das ausführliche Betrachten unterschiedlicher Möglichkeiten und Sichtweisen bereits zu einem innerlichen Konsens innerhalb der Teilnehmer geführt hat, den Sie dann nur noch „herausholen" und abprüfen müssen.

Visualisieren hilft den Dissens aufzudecken

Ganz sicher reicht es aber nicht aus, nur zu fragen: „Sind Sie einverstanden?", „Sind alle der gleichen Meinung?", „Haben wir Einverständnis?" Das bringt in der Regel nur den typischen „Nick-Konsens" ohne Verbindlichkeit, ohne Commitment. Besser ist es, den angenommenen Konsens schriftlich zu visualisieren und dann die Frage zu stellen. Die Visualisierung hilft, weil sie den Teilnehmern die Inhalte verdeutlicht, zu denen sie sich bekennen sollen und weil sie dem Moderator später die Möglichkeit gibt, darauf zu verweisen und zu bemerken: „Dazu haben Sie Ja gesagt!"

Doch bei aller Sorgfalt können Sie als Moderator nicht sicher sein, dass alle unter dem Visualisierten dasselbe verstehen. Es bleiben noch immer Risiken der Interpretationsunterschiede. Sie müssen deshalb noch einen Schritt weiter gehen – von der Passivität in die Aktivität. Das heißt, Sie müssen die Teilnehmer in einen aktiven Prozess hineinführen, in dem sie sich selbst mit der Formulierung aktiv befassen: „Würden Sie bitte mit Ihren eigenen Worten zusammenfassen, was wir soeben gesagt, definiert, aufgeschrieben, problematisiert, beschlossen haben?"

Lassen Sie einen Teilnehmer mit eigenen Worten zusammenfassen

Anhand der dann folgenden Zusammenfassung muss der Moderator versuchen, schlummernde Dissense aufzudecken, weitere Klärungen vorzunehmen, zusätzliche potenzielle Missverständnisse aus der Gruppe „herauszuholen". Das kostet natürlich Zeit. Aber diese zeitliche Investition lohnt sich allemal, weil sie einen unendlich viel größeren Zeitverlust durch später notwendig werdendes Zurückgehen vermeidet.

**Instrument 8:
Konsens
herbeiführen**

Zumindest in längeren
Arbeitsprozessen ist
Konsensbildung hilf-
reicher als Mehr-
heitsentscheidungen,
da Konsens den Vorteil
hat, dass alle
Beteiligten Ergebnisse
und Entscheidungen
mittragen und voran-
treiben

EINEN KONSENS HERBEIFÜHREN

Folgende Schritte sind hilfreich, um einen Konsens in der Gruppe herbeizuführen:

► Meinungen zu einem Punkt einholen und visualisieren

► Klären, nachfragen, von Teilnehmern zusammenfassen und wiederholen lassen

► Gemeinsamkeiten von Aussagen und Meinungen herausstreichen

► Meinungsbild herstellen

► Unterschiede von Meinungen, Darstellungen, Auffassungen benennen
und verdeutlichen

► Aussagen auf mögliche Kombination, auf Zusammenführung überprüfen

► Kriterien für ein Auswählen benennen und/oder werten; gewichten;
priorisieren

► Vorschläge auf Ziel-Dienlichkeit überprüfen

► Immer wieder: erneutes Meinungsbild herstellen

► „Dissensler" identifizieren und anhören, Begründungen einfordern,
ernst nehmen

► Akzeptanz abfragen, erkunden, erfühlen

► Möglichen Konsens formulieren und visualisieren

► Formulierung – wenn nötig – im EIN-TEXT-Verfahren (siehe unten) er-
gänzen/verändern

► Konsens und Dissens visualisiert festhalten

► Zwischenrückblenden einlegen

Das EIN-TEXT-Verfahren

Konsens ist auch besonders dann gefragt, aber nicht leicht zu erreichen, wenn
Sie sich mit einer Gruppe auf einen ganz bestimmten Text einigen müssen.
Beispielsweise, wenn es bei einem Auftragswortlaut auf eine sehr genaue
Formulierung ankommt. Oder wenn die Gruppe einen kritischen Em-
pfehlungstext für den Vorstand des Unternehmens erarbeiten soll, bei dem
später jedes Wort „auf die Goldwaage" gelegt wird.

Es kann in derartigen Situationen sehr schwierig sein, Teilnehmer zu einem
Konsens zu bewegen. Hier bietet sich ein Verfahren an, das von Mediatoren
der Harvard-Universität entwickelt wurde und das sie das „EIN-TEXT-
Verfahren" nennen. (Fisher/Patton, 1992, S. 164 f.) Es wird folgendermaßen
durchgeführt:

Sie als Moderator fassen an einem Punkt der sich bereits im Kreise drehenden Diskussion über Formulierungen das Gesagte zusammen. Ihr Ziel muss sein, möglichst alle „im Raum stehenden" Begriffe, Meinungen, Standpunkte in diese Zusammenfassung einzubeziehen; auf sprachliche Eleganz braucht es Ihnen dabei noch nicht anzukommen. Diese Zusammenfassung schreiben Sie mit großen Zwischenräumen, die weiteres Ergänzen ermöglichen, auf ein Flipchart, eine Tafel oder eine Pinnwand.

In einem zweiten Schritt erläutern Sie den Teilnehmern nun die Spielregeln für das EIN-TEXT-Verfahren: Wer immer mit dem aufgeschriebenen Text nicht einverstanden ist, kann ohne jegliche Begründung oder gar Diskussion Änderungen vorschlagen.

BEISPIEL

„Den Begriff 'kommunikative Verhaltensweisen' bitte ersetzen durch 'Kommunizieren' und das Wort 'günstigenfalls' ersatzlos streichen."

Sie folgen dieser Aufforderung und nehmen kommentarlos die gewünschten Änderungen schriftlich vor. Nachdem Sie dies getan haben, lesen Sie laut und deutlich den Text in der abgeänderten Form vor. Danach ist die nächste Änderung dran. Teilnehmer dürfen nur abändern, nicht argumentieren. Dieses Verfahren setzen Sie so lange fort, bis alle mit dem neu entstandenen Text leben können.

Auch wenn es manchmal sogar am gleichen Begriff mehrere Änderungen geben wird, so bedeutet das Verfahren doch Zeitersparnis und ist zielführend, weil die Zeit für weitere sinnlose Diskussionen entfällt.

Wenn sich die Gelegenheit bietet, probieren Sie das Verfahren aus. Es wird Ihnen sicher den gewünschten Konsens einbringen.

FAZIT

Für die Moderation ist Konsens wie ein Fundament, auf dem erfolgreiches Moderieren aufbaut. Das Erreichen von Konsens erfordert vom Moderator nicht nur Techniken und Methoden, sondern vor allem auch Einfühlungsvermögen, Geduld und Hartnäckigkeit. Wichtige Entscheidungen ohne Konsens sind wertlos.

Alle Teilnehmer integrieren

Integrieren in der Moderation bedeutet, Personen, die Teile einer Veranstaltung verpasst haben, wieder einzubinden in den laufenden Prozess.

INTEGRATION DIENT DAZU,

► dem Teilnehmer die Mitarbeit zu ermöglichen,

► späteren Störungen aufgrund fehlender Informationen vorzubeugen und

► Wertschätzung für jeden Einzelnen zu signalisieren und ihn damit zu motivieren.

Die Ursachen dafür, warum Teilnehmer Besprechungssequenzen verpassen, sind unterschiedlich. Mögliche Ursachen für verpasste Besprechungssequenzen können sein:

► zu spät kommen

► Telefonate

► Unaufmerksamkeit

► Gespräche mit dem Nachbarn

► kurzes Verlassen des Raums

Zwar können Sie teilweise vorbeugen, dass Teilnehmer Besprechungssequenzen verpassen, indem Sie entsprechende Spielregeln vereinbaren und Erwartungen benennen, dennoch wird es vorkommen, dass Teilnehmer unpünktlich sind oder aufgrund eines wichtigen Anrufs, den sie erwarten, ihr Handy eingeschaltet lassen wollen. Ebenso sind Unaufmerksamkeit oder Ablenkung durch Nebengespräche nicht immer vermeidbar. Und trotz Pausenzeiten wird der eine oder andere auch zwischendurch den Raum verlassen müssen.

Aspekte der Integration

INTEGRATION ABWESENDER TEILNEHMER

Auch wenn Sie die Gründe nicht nachvollziehen beziehungsweise akzeptieren können oder Sie es als lästig empfinden: Ihre Aufgabe als Moderator ist, in jedem Fall dafür zu sorgen, dass diese Teilnehmer informiert werden über das, was in ihrer Abwesenheit passiert ist. Dabei sind drei Aspekte wichtig:

1. Information: Was ist inhaltlich besprochen und entschieden worden?

2. Orientierung: Wo steht die Gruppe im Prozess?

3. Beteiligung: Hat der zu integrierende Teilnehmer etwas beizutragen?

Bei kurzer Unaufmerksamkeit oder Ablenkung ist das sicher schnell geschehen. Hier genügt eine knappe Zusammenfassung oder ein Wiederholen des Gesagten. Schwieriger ist es, wenn Teilnehmer größere Besprechungssequenzen verpassen oder zu spät kommen. Oft werden gerade beim Einstieg in eine moderierte Besprechung die entscheidenden Weichen für die (Zusammen-) Arbeit gestellt. Hier hängt die Art und Weise, wie Sie integrieren, von dem Grad der Verspätung und dem Umfang der verpassten Information ab.

Grundsätzlich ist es wichtig, zu spät kommende Teilnehmer explizit zu begrüßen. Damit zeigen Sie Ihre Aufmerksamkeit, der Teilnehmer fühlt sich erwartet und ernst genommen und die übrige Gruppe hat Gelegenheit, sich auf den zu integrierenden Teilnehmer einzustellen. Eine solche Begrüßung zeigt nicht nur Wirkung bei dem einzelnen Teilnehmer, sondern trägt auch zu einer offenen und vertrauensvollen Atmosphäre in der gesamten Gruppe bei. Oft genügt zur Begrüßung ein kurzes Kopfnicken. Kennt der Teilnehmer Sie jedoch nicht, dann begrüßen Sie ihn mit Handschlag, stellen sich kurz vor und bitten ihn, Platz zu nehmen.

Auch zu spät kommende Teilnehmer begrüßen

Hat der Teilnehmer nicht viel versäumt, dann können Sie ihm nach der Begrüßung eine kurze Zusammenfassung über den aktuellen Stand geben. Bei einer größeren Verspätung würden Sie jedoch mit einer Zusammenfassung an dieser Stelle die anderen Teilnehmer zu sehr aufhalten. Hier genügt es, dem Teilnehmer mitzuteilen, worum es gerade geht, bei welchem Arbeitsschritt Sie sich befinden und wann er weitere Details erfahren wird. So integriert kann der Teilnehmer abwarten und ist nicht versucht, sich selbst die fehlenden Informationen durch Zwischenfragen zu holen, die für den Prozess an dieser Stelle störend wären.

> **TEILNEHMER EINBINDEN**
>
> Zum Einbinden des Teilnehmers haben Sie drei Möglichkeiten:
>
> 1. Integration des Teilnehmers durch Sie als Moderator
> 2. Integration des Teilnehmers durch ein anderes Gruppenmitglied in einer Pause
> 3. Integration des Teilnehmers durch die Gruppe als zusätzlicher Punkt auf der Tagesordnung

Nutzen Sie als Moderator bei der Variante 1 eine Pause oder eine Gruppenarbeit, um den Teilnehmer mit den Informationen zu versorgen, die er benötigt, um mitarbeiten zu können. Vorteil dieses Vorgehens ist, dass die anderen Teilnehmer ohne Unterbrechung weiterarbeiten können.

Integration durch Sie als Moderator

Wichtige Informationen für zu spät kommende Teilnehmer sind beispielsweise:

► Tagesordnung

► Thema

► Ziel und Rahmenbedingungen

► Arbeitsweise und aktueller Arbeitsstand

► Gegenseitige Erwartungen

► Rollen einzelner Personen

► Vereinbarungen zum Umgang miteinander

► Zwischenergebnisse

Hier ist es hilfreich, wenn Sie das Wesentliche visualisiert haben. So können Sie dem Teilnehmer rasch einen Überblick geben.

DEN TEILNEHMER „ABHOLEN"

Als Moderator geben Sie bei einer Integration nicht nur Information, sondern Sie sollten den Teilnehmer auch dort „abholen", wo er steht. Das bedeutet:

► Stellen Sie sicher, dass er alles verstanden hat.

► Fragen Sie ihn, was er noch aus seiner Sicht benötigt, um erfolgreich mitzuarbeiten.

► Erkundigen Sie sich nach seinen Erwartungen.

► Bitten Sie ihn um seine Meinung zu dem bereits Erarbeiteten.

► Prüfen Sie, ob er mit Zwischenergebnissen einverstanden ist.

Integration als TOP   Bei der Variante 3 der Integrationsmöglichkeiten planen Sie eine kurze Unterbrechung des Arbeitsprozesses ein, um gemeinsam mit der Gruppe die Integration des Teilnehmers sicherzustellen. Bitten Sie dann die Gruppe, den zu spät erschienenen Teilnehmer über das Wesentliche zu informieren. Der Vorteil dieses Verfahrens liegt darin, dass sich alle Beteiligten mitverantwortlich für die Integration fühlen. Außerdem können Sie dadurch prüfen, ob es in der Gruppe ein gemeinsames Verständnis von dem gibt, was wesentlich ist. Vorhandene Missverständnisse können so deutlich werden und Nachfragen des neuen Teilnehmers können zur Klärung beitragen. Eventuelle Erwartungen des Teilnehmers an die gemeinsame Arbeit können so auch direkt mit den anderen besprochen werden.

Größere Verspätungen   Werden Sie bei einer mehrtägigen Veranstaltung bereits vorher darüber informiert, dass ein Teilnehmer einen halben oder einen ganzen Tag zu spät kommt, dann können Sie die Integrationszeit bereits in den Moderationsprozess einplanen. Auch hierbei können Sie zwischen beiden Varianten wählen. Sie können den Teilnehmer um einen Termin vor Beginn des Tages bitten und ihn mit allen wichtigen Informationen versorgen. Dann benötigen Sie in der Gruppe nur noch eine kurze Integrationszeit. Oder Sie planen zu Tagesbeginn eine längere Integrationszeit gemeinsam mit der Gruppe ein, die Sie gleichzeitig als Zwischenrückblende nutzen (siehe Seite 64-65 und 305).

Bei regelmäßigen Meetings im Rahmen eines länger andauernden Projekts oder bei routinemäßigen Besprechungen wie wöchentlichen Abteilungssitzungen ist es auch möglich, dass Teilnehmer eine Veranstaltung nicht nur teilweise verpassen, sondern bei einem Treffen der Gruppe sogar komplett fehlen. Mögliche Ursachen dafür können sein:

► Urlaub

► Krankheit

► Terminüberschneidungen

► Einarbeitung eines neuen Mitarbeiters/Teammitgliedes

Auch hier sind Sie als Moderator gefragt, die Integration sicherzustellen. Ist Ihnen vorab bekannt, dass der Teilnehmer nach einer Zeit der Abwesenheit wieder bei einer Besprechung dabei ist, dann planen Sie Integrationszeit ein. Auch wenn der abwesende Teilnehmer die Besprechungsprotokolle bekommen hat, ist es hilfreich, am Anfang einer Besprechung die Situation kurz anzusprechen, Fragen des Teilnehmers zuzulassen oder auch Ergänzungen von den anderen Teilnehmern der Gruppe einzufordern. Ein Überblick über das, was bei der letzten Besprechung diskutiert worden ist, und/oder über den Projektstand hilft nicht nur dem Teilnehmer, der eine oder mehrere Sitzungen versäumt hat, sondern oft profitiert auch die ganze Gruppe von dieser Art und Weise der Zwischenorientierung.

Stellen Sie die Integration sicher

> **WICHTIG**
>
> Besonders wichtig ist, darüber zu informieren, welche Entscheidungen in der Abwesenheit getroffen worden sind und welche nicht mehr veränderbar sind. Das hilft dem Teilnehmer, realistische Erwartungen zu äußern und Ideen zielgerichtet einzubringen.

Arbeiten Sie als Moderator schon länger mit einer Gruppe und kennen Sie den neu hinzukommenden Teilnehmer noch nicht, dann kann es sinnvoll sein, sich vorab zu treffen, um sich miteinander bekannt zu machen und gegenseitige Erwartungen zu klären.

Integration als Prozess

Die Integration von Teilnehmern nach Abwesenheit oder von neuen Teilnehmern, beispielsweise zusätzlichen Experten, ist ein selbständiger Prozess, den Sie als Moderator steuern. Zu dem Prozess gehören nicht nur die Vorbereitung und die Durchführung der Integration, sondern auch die Nachbereitung. Prüfen Sie im Verlauf der Besprechungen, ob der Teilnehmer (wieder) gut integriert ist. Achten Sie darauf, wie er mitarbeitet und ob er von den anderen Gruppenmitgliedern akzeptiert wird. Sprechen Sie ihn nach einer Zeit direkt darauf an, um zu gewährleisten, dass er wirklich „im Boot" ist.

Integration findet auf drei Ebenen statt:

► auf der inhaltlichen Ebene durch fachliche Information

► auf der Prozessebene durch Statusberichte, Tagesordnung, Vereinbarungen zur Zusammenarbeit

► auf der persönlichen Ebene durch Kennenlernen

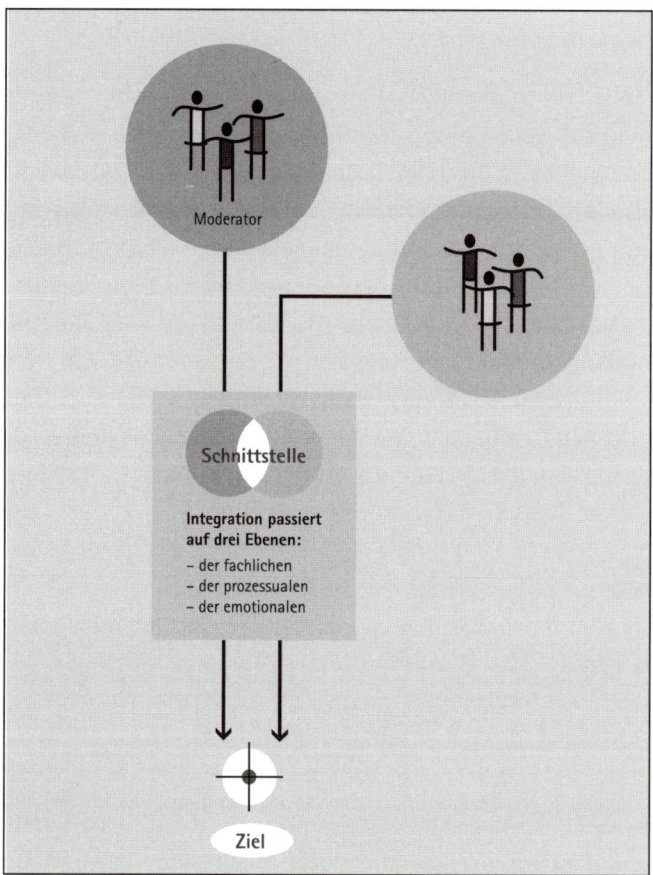

Als Moderator müssen Sie für die Integration auf allen drei Ebenen den Rahmen schaffen

Die Verantwortung für die Integration liegt bei allen Beteiligten: bei dem Teilnehmer selber, bei der restlichen Gruppe und bei Ihnen als Moderator. Als Moderator können Sie wesentlich dazu beitragen, dass Integration gelingt, indem Sie dem zu integrierenden Teilnehmer auf der persönlichen Ebene Wertschätzung signalisieren, ihm auf der Prozessebene Orientierung geben und den Informationstransfer auf der inhaltlichen Ebene sicherstellen.

Integration kostet Zeit und ist umso zeitaufwändiger, je mehr ein Teilnehmer versäumt hat. Doch ist es gut investierte Zeit, da die weitere Veranstaltung umso reibungsloser verläuft, je besser sich alle Beteiligten integriert fühlen. Je nachdem, wie viel ein Teilnehmer versäumt hat, ist aber auch zu überlegen, ob eine Integration noch sinnvoll und notwendig ist.

> **FAZIT**
>
> Als Moderator steuern Sie den Prozess der Integration. Sie stellen sicher, dass sich alle Beteiligte in die moderierte Veranstaltung eingebunden fühlen. Teilnehmer, die Teile einer Besprechung oder bei einer Reihe von Meetings ganze Besprechungen versäumt haben, werden auf der inhaltlichen Ebene, der Prozessebene und der persönlichen Ebene integriert.

Alle Beteiligten sind verantwortlich

Arbeitssituationen wechseln

Bei einem moderierten Workshop oder auch bei einer längeren Sitzung empfiehlt es sich, nicht immer alles mit allen Teilnehmern gemeinsam zu erarbeiten. Paralleles Arbeiten in Gruppen und Kleingruppen, Partnerarbeiten, individuelle Arbeitsphasen oder Einzelbefragungen bringen Abwechslung in den Ablauf. Durch solche Variationen in der Arbeit können Sie als Moderator die Teilnehmer stärker beteiligen und einbinden, was besonders bei größeren Teilnehmerzahlen hilfreich ist. Denn je größer die Gruppe bei Diskussionen ist, umso geringer ist der Wortbeitrag eines jeden Einzelnen.

Mit sechs bis acht Personen gemeinsam arbeiten

Die ideale Teilnehmerzahl, um etwas gemeinsam zu erarbeiten, liegt bei sechs bis acht Personen. Sollten Sie bei Ihrer Moderation mehr Teilnehmer haben und einen längeren Moderationsprozess gestalten, so planen Sie Gruppenarbeiten oder Ähnliches ein. Und auch bei der idealen Gruppengröße von sechs bis acht Teilnehmern bieten sich bei längeren Veranstaltungen wechselnde Arbeitssituationen an.

Das Arbeiten in kleineren Gruppen, alleine oder zu zweit, bietet auch zurückhaltenderen Teilnehmern die Chance, ihren Beitrag zu leisten. Immer wieder erleben wir Teilnehmer, denen es schwer fällt, sich in größeren Gruppen zu äußern. Als Moderator können Sie diese zur Mitarbeit ermutigen, indem sie zwischendurch kleinere Gruppen bilden.

In Gruppen effizient arbeiten

Bei einer Gruppenarbeit bilden in der Regel drei bis sieben Teilnehmer eine Gruppe. Größer als acht Personen sollte eine Arbeitsgruppe in der Regel nicht sein, weil sonst ein intensives Arbeiten nicht gewährleistet ist, an dem alle gleichermaßen beteiligt sind.

Maximal acht Personen pro Arbeitsgruppe

> **GRUPPENARBEITEN DIENEN DAZU,**
>
> ► Teilergebnisse zu erarbeiten oder
>
> ► einen intensiveren Meinungsaustausch zu ermöglichen.

Sie können als Moderator unterschiedliche Verfahren wählen, um die Gruppen zu bilden, wie die folgende Übersicht zeigt.

VERFAHREN ZUR BILDUNG VON GRUPPEN:

▶ durch Abzählen (beispielsweise 1,2,3,1,2,3, ... es entstehen drei Gruppen)

▶ nach Sitzpositionen (beispielsweise bilden linke und rechte Seite zwei Gruppen)

▶ nach Interessen bei unterschiedlichen Themen der Gruppenarbeiten

▶ durch Einteilen vorab, indem Sie die Namen auf Karten zuordnen

▶ Sie überlassen es der Selbstorganisation der Teilnehmer

Sollten Sie die Teilnehmer vorab in Gruppen einteilen, dann überlegen Sie sich entsprechende Kriterien für die Einteilung, denn die Teilnehmer werden Sie garantiert danach fragen. Die Kriterien können je nach Thema der Gruppenarbeit unterschiedlich sein, beispielsweise: Alter, Geschlecht, Abteilungszugehörigkeit, Berufserfahrung, Funktion, hierarchische Position.

Einteilung nach Kriterien

BEISPIELE

Beispiel 1

Eine interne Projektgruppe eines Softwareunternehmens hat den Auftrag, die Zusammenarbeit zwischen den Entwicklern und Beratern zu verbessern. In einer Gruppenarbeitsphase sollen die beobachteten Schwierigkeiten in der Zusammenarbeit zwischen den beiden Abteilungen aufgelistet werden.

Zusammensetzung der Arbeitsgruppen: An dieser Stelle macht es Sinn, die Gruppen nach Abteilungszugehörigkeit zusammenzustellen und eine Gruppe mit Beratern und die zweite mit Entwicklern zu bilden. So können Sie die beiden unterschiedlichen Sichtweisen klar herausarbeiten und gegenüberstellen.

Beispiel 2

Die Kundenorientierung eines Unternehmens soll verbessert werden. Ausgewählte Teilnehmer aus allen Bereichen der Organisation erarbeiten bei einem Workshop Ansätze, wie das Unternehmen kundenorientierter am Markt agieren kann. Im Laufe des Workshops stellt sich heraus, dass es drei wesentliche Themen gibt, für die konkrete Umsetzungsvorschläge entwickelt werden müssen.

Zusammensetzung der Arbeitsgruppen: Bitten Sie die Teilnehmer an dieser Stelle, sich nach Interessen zusammenzufinden. Dadurch tragen Sie dazu bei, dass verabredete Maßnahmen auch umgesetzt werden. Schreiben Sie als Moderator jedes Thema auf ein DIN-A4-Blatt und hängen es an die Pinnwand. Bitten Sie nun die Teilnehmer aufzustehen und eine Karte mit ihrem Namen unter das Thema zu hängen. Als Alternative können Sie die Blätter auch auf den Boden im Raum verteilen und die Teilnehmer bitten, sich dazuzustellen. So kann jeder Teilnehmer unmittelbar seine und die anderen Arbeitsgruppen wahrnehmen. Überprüfen Sie gemeinsam mit den Teilnehmern, ob die Gruppen auch von den fachlichen Kompetenzen her gut besetzt sind. Bei einer sehr ungleichmäßigen Verteilung, auch bezüglich der Personenzahl, fragen Sie die Gruppe, wer wechseln möchte. Achtung: Hier liegt die Verantwortung für eine gute Besetzung der Arbeitsgruppen in der Verantwortung der Gruppe! Als Moderator können Sie die Besetzung nur hinterfragen.

Aufträge für die Gruppen

Nachdem Sie die Gruppen gebildet haben, achten Sie darauf, den Gruppen klare Arbeitsaufträge mitzugeben. Folgende Fragen können Ihnen bei der Auftragsvergabe als Orientierung dienen:

► Welchen Zweck hat die Gruppenarbeit?

► Was sollen die Gruppen in der zur Verfügung stehenden Zeit leisten?

► Welches Ergebnis sollen sie wieder mit in die Gesamtgruppe/das Plenum bringen?

► In welcher Form? Wie wird es präsentiert?

Planen Sie genügend Zeit für Gruppeneinteilung und die Definition der Aufträge ein. Besprechen Sie mit den Teilnehmern auch, wo Sie während der Gruppenarbeiten zu erreichen sind, falls es Rückfragen oder Unterstützungsbedarf gibt.

Geben Sie den Gruppen genügend Zeit

Schaffen Sie die Rahmenbedingungen für die Gruppenarbeit

Für das Durchführen von Gruppenarbeitsphasen benötigen Sie Zeit und entsprechende Räumlichkeiten. Die Zeit für Gruppenarbeiten hängt vom Zweck und vom Umfang des Auftrags ab. Nach unseren Erfahrungen sollten Sie eine Mindestzeit, auch bei kleinen Gruppen, von 20 bis 30 Minuten einplanen, denn die Teilnehmer benötigen Zeit, um die Gruppenarbeitsräume zu erreichen und sich in der neuen Gruppensituation zurechtzufinden. Günstig sind in der Regel Zeiten zwischen 45 und 60 Minuten.

ARBEITSPLÄTZE

Für jede Gruppe muss ein Arbeitsplatz vorgesehen sein. Falls nicht genügend Gruppenarbeitsräume zur Verfügung stehen, können bei einem ausreichend großen Plenumsraum Arbeitsecken für Gruppen eingerichtet werden. Findet Ihr Workshop oder Ihr Meeting in einem Hotel oder Tagungszentrum statt, dann können Sie auch Foyer oder Flurecken als Behelfslösungen wählen. Denken Sie auch an die Ausstattung der Arbeitsplätze mit genügend Visualisierungsmaterialien.

Nach der Gruppenarbeit ist es Ihre Aufgabe als Moderator, alle Teilnehmer wieder zu integrieren, indem Sie eine gemeinsame Informationsplattform für alle schaffen. Das heißt, Sie müssen eine Präsentation der Gruppenergebnisse einplanen und sicherstellen, dass das Erarbeitete von allen verstanden wird. Außerdem müssen die nächsten Schritte verabredet werden: Was passiert mit den Ergebnissen?

Was machen Sie, während die Teilnehmer arbeiten?

Da Sie nicht bei allen Gruppenarbeiten gleichzeitig moderieren können, haben Sie in der Gruppenarbeitsphase eine unterstützende und steuernde Funktion. Informieren Sie die Gruppen vorab, dass Sie ansprechbar sind, wenn etwas unklar ist, und wo Sie erreichbar sind. Lassen Sie die Gruppen zunächst ungestört arbeiten, damit eine Arbeitsatmosphäre in den neu gebildeten Untergruppen entstehen kann und die Teilnehmer sich nicht sofort wieder am Moderator orientieren.

Während die Teilnehmer arbeiten, können Sie als Beobachter zwischen den Gruppen wechseln, um einen Eindruck zu bekommen, wie die Arbeiten laufen und wie der Diskussionsstand ist. Doch Vorsicht: Für viele Menschen ist es ungewohnt, mit Beobachter zu arbeiten! Verabreden Sie darum dieses Vorgehen vorher und machen Sie die Gründe dafür transparent.

Überprüfen Sie kurz vor dem Ende der Gruppenarbeitszeit, ob alle Gruppen rechtzeitig fertig werden, und verabreden Sie neue Zeiten, wenn sich Verzögerungen ergeben.

Seien Sie erreichbar für die Gruppen

FREIE ZEIT

Falls Sie während der Gruppenarbeiten noch „freie" Zeit haben, können Sie diese unterschiedlich nutzen:

► Überprüfen Sie Ihre Planung für den weiteren Verlauf: Ist Ihr Vorgehen noch stimmig mit dem Gruppenprozess, den Sie bisher erlebt haben? Passen die kalkulierten Zeiten? Müssen Sie etwas verändern?

► Reflektieren Sie Ihr Verhalten als Moderator: Haben Sie noch einen guten Kontakt mit allen Teilnehmern? Können Sie sich neutral verhalten?

► Erholen Sie sich!

Spontaner Austausch in Kleingruppen

Spontaner Austausch mit dem Nachbarn

Nicht immer ist es möglich und auch notwendig, Gruppenarbeiten durchzuführen. Oft genügt es, wenn Sie als Moderator ganz spontan Kleingruppen zu zweit oder zu dritt bilden. Dafür eignet sich vorzugsweise der rechte oder linke Nachbar. Hier können Sie an verschiedenen Stellen im Verlauf der Moderation Gelegenheit geben, sich direkt in einem Vier-Augen-Gespräch für wenige Minuten auszutauschen. Es erfordert keinen zusätzlichen Raum und kann auch ohne vorherige Planung durchgeführt werden. Auch das spontane Bilden von Dreiergruppen mit beiden Nachbarn ist je nach Sitzordnung in der Regel kein Problem. Das Zusammenrücken von drei Stühlen geht besonders problemlos, wenn Sie als Sitzordnung einen offenen Stuhlkreis verwenden.

Kalkulieren Sie für einen Austausch in der Kleingruppe etwa fünf bis zehn Minuten.

DIE KLEINGRUPPE DIENT DAZU,

► eine längere Plenumssitzung aufzulockern oder

► bei einem ersten Austausch in kleinerer Runde Hemmungen abzubauen.

„Kartenflut"

Arbeiten Sie bei einer Kartenabfrage mit dieser Methode, so reduziert das Bilden von Kleingruppen und das gemeinsame Schreiben von Karten durch die Kleingruppe die Zahl der Karten, die Sie hinterher verarbeiten müssen. Das ist besonders bei größeren Gruppen sinnvoll, da sich sonst eine kaum zu bewältigende „Kartenflut" ergibt.

Einen Partner interviewen

Bei einem Interview befragen sich zwei Personen gegenseitig anhand von Leitfragen, die Sie als Moderator vorgestellt haben. Nach dem Interview präsentieren die Teilnehmer das, was sie jeweils von dem anderen erfahren haben.

Interviews werden oft als Einstieg zum Kennenlernen in einem moderierten
Workshop verwendet.

INTERVIEWS ALS EINSTIEG DIENEN DAZU,

► einen ersten Kontakt zwischen einzelnen Teilnehmer herzustellen und

► die Hemmschwelle, etwas im Plenum zu sagen, abzubauen, weil es
   leichter ist, einen anderen zu präsentieren als sich selbst.

Bitten Sie die Teilnehmer, sich einen Gesprächspartner zu suchen, den sie nicht
oder nur wenig kennen, und sich gegenseitig zu interviewen. Die Interviews
können im Raum verteilt oder auch je nach Platz außerhalb des Raumes stattfinden. Achten Sie darauf, eine genaue Uhrzeit für das Wiedereintreffen im
Plenum auszumachen. Als Zeitbedarf für das Interview sollten Sie bis zu 15
Minuten kalkulieren. Für die anschließende Vorstellungsrunde der Teilnehmer durch den Interviewpartner benötigen Sie je nach Zahl der Leitfragen
etwa zwei Minuten pro Teilnehmer.

Interviews durch den Moderator

Auch das ist eine Arbeitsform für eine Moderation. Als Moderator können Sie
einen oder mehrere Teilnehmer in Anwesenheit der anderen Teilnehmer
interviewen.

DAS INTERVIEW DURCH DEN MODERATOR DIENST DAZU,

► besonderes Wissen oder Vorkenntnisse eines Teilnehmers allen anderen verfügbar zu machen,

► Diskussionen anzuregen,

► die Fragestellung oder das Problem/Anliegen eines Teilnehmer zu verdeutlichen und

► das aktive Zuhören der Teilnehmer zu fördern.

Holen Sie sich als Moderator das Einverständnis des Teilnehmers und der Gruppe
dazu. Erklären Sie das Vorgehen und Ihre Absicht, die Sie damit verfolgen.
Setzen Sie sich für das Interview zusammen mit dem Interviewpartner nach
vorne, so dass die gesamte Gruppe Sie sehen und hören kann, und nehmen

Sie sich für das Interview etwa zehn Minuten Zeit. Bitten Sie die anderen Teilnehmer darum, in dieser Zeit kommentarlos zuzuhören und sich bei Bedarf Notizen zu machen. Danken Sie Ihrem Interviewpartner für das Gespräch und eröffnen Sie dann wieder die Diskussion mit der gesamten Gruppe.

Spaziergänge mit Auftrag

Gespräche beim Spazierengehen

Bei längeren Veranstaltungen fällt es den Teilnehmern oft schwer, lange still zu sitzen – besonders, wenn Sie es bei Ihrer Moderation mit Teilnehmern zu tun haben, die es in ihrem Arbeitsumfeld nicht gewohnt sind, über eine längere Zeit ruhig in einem Raum zu sitzen. Aber auch anderen Menschen fällt das lange Sitzen bei „Marathon"-Sitzungen schwer. Kommt dann noch ein ungünstiges Raumklima hinzu, dann ist es für Sie nicht leicht, die Konzentration in der Gruppe aufrechtzuhalten.

Auch in solch einer Situation können Sie, wenn die Umgebung es erlaubt, prozessorientiert vorgehen. Schlagen Sie der Gruppe vor, das anstehende Thema in Zweier- oder Dreiergruppen bei einem Spaziergang zu diskutieren. Vereinbaren Sie die Zeit, wann Sie wieder im Raum beginnen wollen, und stellen Sie sicher, dass alle die zu diskutierende Frage oder das Thema verstanden haben. Je nachdem, wie Sie den weiteren Prozess geplant haben, können Sie den Kleingruppen dann nach dem Spaziergang noch Gelegenheit geben, sich Stichworte zu ihrem Gespräch zu notieren.

> #### Ein Spaziergang mit Auftrag dient dazu,
>
> ► Bewegung in die Gruppe zu bringen,
> ► eine andere Austauschgelegenheit zu schaffen,
> ► Querdenken aufgrund der ungewohnten Arbeitssituation zu ermöglichen und
> ► Entspannung und Konzentration zu fördern.

Blitzlicht

Blitzlichter in der Moderation

Nein, Sie müssen jetzt nicht den Fotoapparat auspacken, obwohl es bei der Blitzlichttechnik schon um die Aufnahme eines Bildes geht. Bei einem Blitzlicht werden alle Teilnehmer aufgefordert, zu einer Frage kurz und knapp ihre persönliche Meinung zu sagen. So entsteht ein (Meinungs- oder Stimmungs-) Bild der Gruppe. Das kann wichtig sein, damit Sie als Moderator und auch alle Teilnehmer einen Eindruck von jedem Teilnehmer bekommen und nicht nur von den Hauptrednern.

BLITZLICHTABFRAGEN EIGNEN SICH HERVORRAGEND DAZU,

► ein Stimmungsbild von der gesamten Gruppe zu bekommen,

► eine Rückblende auf den Prozess zu machen,

► Feedback als Moderator einzuholen,

► Sichtweisen transparent zu machen oder

► vor einer Entscheidung einen möglichen Konsens abzuprüfen.

Auch beim Blitzlicht ist es wichtig, eine eindeutige Frage zu formulieren und sie den Teilnehmern zu erläutern. Hilfreich ist es zudem, wenn Sie die Fragestellung visualisieren. Besonders wenn es größere Teilnehmerrunden sind, besteht sonst die Gefahr, dass die letzten Teilnehmer die Ausgangsfrage nicht mehr eindeutig in Erinnerung haben. Blitzlichtrunden bei Teilnehmergruppen über 20 sind in der Regel nicht mehr praktikabel.

Formulieren Sie eindeutiger!

BLITZLICHTREGELN

Laden Sie die Teilnehmer ein, in einer kurzen Runde Stellung zu beziehen. Weisen Sie vor dem Durchführen eines Blitzlichts auf die Regeln hin:

1. Jede Person bezieht kurz persönlich Stellung zu der oder den Fragen.

2. Keine Diskussion.

3. Keine Kommentare.

Üblicherweise finden Blitzlichtabfragen reihum statt. Fordern Sie einen Teilnehmer auf – direkt oder per Blickkontakt und Kopfnicken – anzufangen. Warten Sie aber mit dem Start, bis Sie den Eindruck haben, dass der erste Teilnehmer genügend Zeit zum Nachdenken hatte. Denken Sie an das unterschiedliche Zeitempfinden von Moderator und Teilnehmer und warten Sie in Ruhe ab.

Häufig werden Sie mit einem am Rande sitzenden Teilnehmer beginnen. Hören Sie aufmerksam und geduldig zu. Sobald ein Teilnehmer seine Aussage beendet hat, wenden Sie Ihre Aufmerksamkeit dem nächsten Teilnehmer in der Reihe zu. Halten Sie Blickkontakt mit dem Teilnehmer, der gerade spricht. Bleiben Sie neutral und kommentieren nicht, auch wenn die Versuchung groß ist. Nehmen Sie alle Aussagen mit einer wertschätzenden Haltung entgegen. Lassen Sie den Teilnehmern Zeit.

Nicht immer mit demselben Teilnehmer beginnen!

Bei mehreren „Blitzlichtern" in einer Moderation empfehlen wir Ihnen, nicht immer mit demselben Teilnehmer zu beginnen, sondern zu variieren. Sie können auch die Gruppe bitten, dass einer anfängt und es dann im Uhrzeigersinn weitergeht. Möglich ist auch, dass die Teilnehmer ohne festgelegte Reihenfolge antworten. Der Vorteil für die Teilnehmer besteht darin, dass sie erst dann antworten brauchen, wenn sie persönlich „so weit" sind, und nicht, wenn sie an der Reihe sind. Dieses Vorgehen eignet sich aber nur für kleinere Gruppen, da Sie als Moderator den Überblick behalten müssen, wer schon etwas gesagt hat und wer nicht.

UND NOCH EIN TIPP

Manchmal kann ein Blitzlicht ohne klare Reihenfolge sehr zäh sein. Nehmen Sie einen kleinen Ball – ein dicker Stift oder etwas Ähnliches tut es auch – und werfen Sie ihn dem ersten Sprecher mit der Bitte um Weitergabe zu. Dadurch können Sie längere Pausen zwischen den Sprechern vermeiden.

Arbeiten Sie häufiger mit einer Gruppe, dann führen Sie die Blitzlichttechnik offiziell ein. Ansonsten genügt es auch, wenn Sie erklären, dass Sie von jedem Teilnehmer zu dieser Frage ein kurzes Statement ohne Diskussion möchten, um ein Meinungsbild herzustellen.

BEISPIELE

► „Was hat Ihnen (bisher) am Vorgehen gefallen?"

► „Was können wir anders machen?"

► „Welche Lösung würden Sie nach dem derzeitigen Diskussionstand bevorzugen?"

► „Was wäre für Sie das Optimum in dieser Situation?"

► „Was gefällt Ihnen, was nicht an der bisherigen Zusammenarbeit?"

► „Was hat Ihnen gefallen an der Moderation, was kann ich anders machen?

Fishbowl

Im „Fishbowl" diskutieren

Fishbowl-Diskussion bedeutet, dass die in einem kleinen Stuhlkreis in der Mitte sitzenden Personen sprechen – alle im Kreis um sie herum sitzenden Personen hören nur zu und sprechen nicht, so als beobachteten sie „Fische in einem Goldfischglas".

DER AUSTAUSCH IN FORM EINES FISHBOWLS DIENT DAZU,

▶ auch in einer größeren Gruppe eine intensive Diskussion zu ermöglichen und

▶ außerdem den Beobachtern unter den Teilnehmern einen äußeren und damit auch inneren Abstand zu dem diskutierten Thema zu ermöglichen.

Je nach Größe der Gesamtgruppe stellen Sie ungefähr vier bis sieben Stühle in den mittleren Kreis. Für gewöhnlich gehen die Personen in den Innenkreis, die gerade möchten. Die Gruppe im inneren Kreis unterhält sich zu dem vorgegebenen Thema, ohne von den außen Sitzenden unterbrochen zu werden. Die Beobachter hören zu und können sich bei Bedarf Notizen machen.

Eine Fishbowl-Diskussion kann bis zu 45 Minuten oder gar eine Stunde dauern, wenn brisante und spannende Themen bearbeitet werden und die Konzentration hoch ist. Im Innenkreis spricht jeweils eine Gruppe etwa fünf bis zehn Minuten. Sie als Moderator geben den Wechsel an, wann neue Personen in den Innenkreis gehen und miteinander sprechen. Idealerweise gibt es mehrere Wechsel, so dass möglichst jede Person einmal innen gesessen hat. Nicht immer muss dabei die ganze Gruppe ausgewechselt werden. Je nach Funktion der Personen oder Thema kann es sinnvoll sein, nur einen Teil der Personen auszutauschen. Sie können beispielsweise mit einem freien Stuhl im Innenkreis arbeiten, der abwechselnd von einem Teilnehmer von außen für einen gewissen Zeitraum eingenommen wird.

Den Wechsel organisieren

BEOBACHTEN SIE UND MACHEN SIE NOTIZEN

Während dieser Diskussionen beobachten Sie und machen sich eventuell auch Notizen, um in der anschließenden Diskussion eine Zusammenfassung oder Feedback geben zu können.

Je nach Dauer der Runde schieben Sie eine kurze Pause ein oder gehen sofort zum abschließenden Austausch über: Alle setzen sich wieder in einen großen Stuhlkreis und sprechen darüber, was sie erlebt haben und welche Meinungen zu dem Thema geäußert wurden. Nach dem ersten Austausch nehmen Sie eine strukturierte Auswertung vor und visualisieren dabei Themen, an denen eventuell später gearbeitet werden soll. Fragen, die Sie dafür vorgeben, können sein:

Auswertung

► Wie habe ich diese Diskussion erlebt? Was war anders als sonst?

► Welche Meinungen und Themen wurden geäußert, die ich wichtig finde und verfolgen möchte?

► Welche Schlussfolgerungen ziehen wir daraus?

FAZIT

Oft ist es nicht sinnvoll, eine Moderation durchgehend in der Gesamtgruppe zu machen. Bei längeren Veranstaltungen oder größeren Teilnehmerzahlen sind Wechsel in der Arbeitssituation angebracht. Durch kleinere Arbeitsgruppen, Partnerarbeiten, Einzelinterviews, „Blitzlichter" oder „Fishbowl"-Diskussionen können Sie als Moderator dazu beitragen, dass alle konzentriert bleiben und sich jeder Einzelne einbringen kann.

Kreativität fördern

Sie werden als Moderator hin und wieder vor Aufgaben gestellt, bei denen nicht „Standard-Vorgehensweisen" gefordert sind, sondern wo es gilt, eingefahrene Wege zu verlassen und Neues, Fremdes, Unvertrautes zu erkunden. Hier müssen Sie nicht nur selber kreativ sein, sondern auch Ihre Arbeitsgruppe zu Kreativität und Innovation motivieren.

Unserer Erfahrung nach geschieht dies insbesondere bei solchen Aufgabenstellungen, die stärker vom Ideenreichtum der Arbeitsgruppe abhängig sind, als dies bei Routinetätigkeiten der Fall ist. Hier muss sich der Moderator besonders gut mit dem Moderationstool „Kreativität fördern" auskennen. Der effektive Einsatz von Kreativitätstechniken wird zum erfolgreichen Instrument für das Managen von Ideen – vor allem in der Projektarbeit. Aber: Sie sollten nicht vergessen, dass Sie Kreativität nur fördern können, nicht erzeugen, nicht erzwingen und schon gar nicht „herbeikommandieren".

Kreativität lässt sich fördern, nicht erzwingen

Bevor wir Ihnen einige Kreativitätstechniken vorstellen, möchten wir auf eine Reihe grundlegender Rahmenbedingungen für den „Kreativprozess" eingehen, indem wir Ihnen Verhaltensweisen und Eigenschaften vorstellen, die sich erfahrungsgemäß förderlich oder hinderlich auf die Kreativität auswirken.

FÄHIGKEITEN / EIGENSCHAFTEN

Die Kreativität fördern:

▸ Offenheit und Toleranz

▸ Risiko- und Leistungsbereitschaft

▸ Kritik- und Konfliktfähigkeit

▸ Problemsensibilität

▸ Fähigkeit zu vernetztem Denken

▸ Flexibilität und Originalität

▸ Sensibilität für eigene Denkprozesse

▸ Mut zu unkonventionellen Lösungsideen

▸ Bereitschaft, Fehler und Irrtümerzu akzeptieren

▸ Ruhe, Gelassenheit

Die Kreativität blockieren:

▸ autoritäres Führungsverhalten

▸ rationales, verbales Denken

▸ Überhäufung mit Routine- und Detailarbeiten

▸ sofortige Bewertung von Ideen

▸ Allwissenheitsanspruch von Experten

▸ Betonung des Sicherheitsaspekts in der Arbeit

▸ übertriebene Regelgläubigkeit

▸ Pünktlichkeitsfanatismus, Zeitdruck

Spielregeln   Zur Unterstützung der kreativitätsfördernden Verhaltensweisen und Eigenschaften im Kreativitätsprozess eignen sich Brainstorming-Spielregeln, die am besten von den Teilnehmern selbst eingebracht, visualisiert und vereinbart werden. Wir geben Ihnen hier ein paar Beispiele aus unserer Erfahrung, wie derartige Spielregeln aussehen könnten.

BEISPIEL

▸ Spaß, Albernheit und „verrückte" Ideen sind jederzeit willkommen.

▸ „Blödeln" ist ausdrücklich erlaubt.

▸ Danach muss der Prozess wieder „eingefangen" werden: Themenausrichtung.

▸ Entspannung, lockere Atmosphäre, Lust und Akzeptanz sind Grundvoraussetzungen.

Bevor wir nun näher auf einige Kreativitätstechniken eingehen, möchten wir Ihnen noch eine Warnung mit auf den Weg geben. „Laterales Denken" und „Kreativitätssprünge" (beide Begriffe stammen von dem Kreativitäts-Papst Edward de Bono), „Querdenken", „Ideensturm", „Divergentes Denken" – alle diese und noch andere Begriffe nehmen für sich in Anspruch, die Routine, die Standard-Vorgehensweisen weit hinter sich zu lassen und dadurch Neues, Innovatives, Kreatives zu produzieren. Das ist sicherlich der Fall. Als Moderator müssen Sie dennoch stets im Auge behalten, dass Kreativität nicht „aus dem Ruder läuft", sondern sich auf das konzentriert, woran Sie arbeiten: Ihr Auftrag. Denn kreative Produkte sind nur sinnvoll, wenn sie in späterer Routine einsetzbar und verwertbar sind.

Behalten Sie den Auftrag „im Blick"

Brainstorming

Das Brainstorming ist sicherlich die bekannteste und am meisten praktizierte Methode kreativer Gruppenarbeit. Ihr Grundprinzip beruht auf der strikten Trennung von Sammeln und Bewerten/Diskutieren. Das Sammeln von Ideen/ Vorschlägen kann über Zuruf (Teilnehmer) und Mitschreiben am Flipchart (Moderator/Visualisierer) erfolgen oder über Kärtchen auf der Pinnwand. Sorgen Sie dafür, dass dieser Prozess des Sammelns ungestört und zügig verläuft. Geben Sie den Teilnehmern folgende Hinweise: schreiben Sie alles auf, was Ihnen dazu einfällt! Quantität geht vor Qualität. Bitte enthalten Sie sich irgendwelcher Kommentare. Sie dürfen bereits artikulierte Ideen weiterspinnen. Der Ideenfindungsprozess sollte nicht länger als zehn Minuten dauern."

Brainstorming

> **WICHTIG**
>
> Wichtig ist – und das gilt auch für die anderen weiter unten beschriebenen Verfahren – dass den Teilnehmern die Fragestellung klar ist, zu der sie Ideen/Antworten liefern sollen. Sie müssen als Moderator also auf jeden Fall dafür sorgen, dass der Auftrag visualisiert wurde und sichtbar für alle an der Wand hängt.

Sollte der kreative Prozess nicht die gewünschten Ergebnisse bringen, dann sollten Sie überlegen, ob sich eventuell ein „paradoxes Brainstorming" (auch „imaginäres Brainstorming" genannt) anbietet. Bei diesem Verfahren werden Ideen zum Gegenteil gesucht, um so vom entgegengesetzten Blickwinkel her einen anderen, neuen („paradoxen") Zugang zur gewünschten Lösung zu erlangen.

Paradoxes Brainstorming

Brainwriting   *Brainwriting*

Das Brainwriting funktioniert ganz ähnlich wie das konventionelle Brainstorming, nur wird der Gedanke des „assoziativen Denkens" weiter ausgebaut: Teilnehmer sollen auf bereits Geschriebenes reagieren und dies weiterführen. Auch beim Brainwriting gelten die Brainstorming-Regeln: Menge geht vor Inhalt, keine Diskussion/Kritik einzelner Beiträge, jeder Beitrag ist erwünscht, kein Anspruch auf Logik und Vernunft.

Es wird kein Flipchart benutzt. Die Teilnehmer schreiben ihre Ideen selbst auf Karten oder ein Blatt Papier (mit Filzschreiber, damit die Ergebnisse sich jederzeit zum Visualisieren eignen) und legen die Ergebnisse nach und nach auf einen Tisch, auf den Fußboden, oder befestigen sie an Pinnwänden. Andere Teilnehmer nehmen die Karten/Blätter auf, lesen sie, ergänzen die Ideen oder schreiben neue. So entstehen Ideenketten, die dann nach 10 bis 30 Minuten in einer zweiten Runde bearbeitet/bewertet werden.

Die 6-3-5-Methode   **Die 6-3-5-Methode**

Diese Methode wird so genannt, weil 6 Teilnehmer auf einem Formblatt (siehe unten) je 3 Ideen in 5 Minuten aufschreiben. Diese Methode eignet sich daher am besten für Sechsergruppen. Jeder Teilnehmer bekommt ein Formular, das aus einer DIN A4-Seite besteht, die in 18 gleiche Rechtecke unterteilt ist. Die Rechtecke sind je drei in einer Reihe in sechs Reihen angeordnet. Jeder Teilnehmer erhält ein Formular und muss in der ersten Reihe innerhalb von 5 Minuten 3 Antworten zu dem visualisierten Problem/Auftrag in die drei Rechtecke schreiben. Danach werden die Formulare in einer vorher festgelegten Reihenfolge an den nächsten Teilnehmer weitergereicht. Dieser kann nun in der nächsten Reihe entweder zu den Ideen der ersten Reihe Ergänzungen/Fortführungen oder aber völlig neue Ideen aufschreiben. Nach abermals 5 Minuten werden die Formulare an die nächsten Teilnehmer weitergereicht – so lange, bis auch die sechste Reihe ausgefüllt und damit der Formularbogen komplett ist.

Sie als Moderator sollten entscheiden, ob die Größe DIN A4 ausreicht, oder ob Sie die Formblätter besser im A3-Format herstellen, um den Teilnehmern mehr Platz zum Schreiben zu geben. Der ganze Vorgang des Schreibens sollte stillschweigend ablaufen. Innerhalb einer halben Stunde erhalten Sie auf diese Weise 6 x 3 x 6 = 108 Antworten. Bei 12 Teilnehmern sogar 216, also eine enorme Menge an Vorschlägen, Ideen, Lösungen, die Sie danach mit den Teilnehmern in einer zweiten Runde auswerten müssen – beispielsweise, indem Sie die Bögen auf mehreren Tischen oder auf Pinnwänden ausbreiten und die Teilnehmer bitten, lesend daran vorbeizugehen und die ihrer Meinung nach besten drei oder fünf Ideen mit einem farbigen Punkt zu versehen – oder wie auch immer Sie zusammen mit den Teilnehmern eine Bewertung und Einstufung vornehmen wollen.

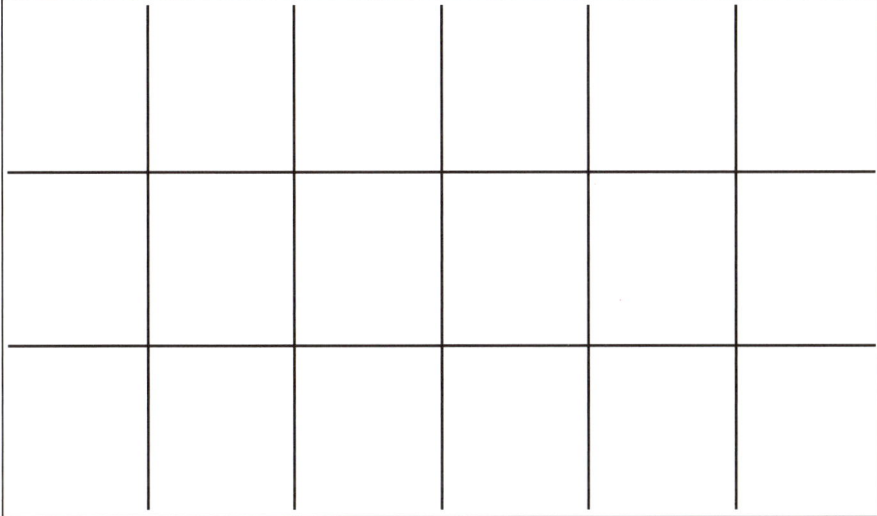

6-3-5-Formblatt

Pro und Kontra

Wenn Sie eine Reihe brauchbarer Ideen gewonnen haben, dann empfiehlt es sich, diese mithilfe der Pro-und-Kontra-Technik noch einmal zu überprüfen. Diese Methode hilft Ihnen auch, Argumente zu finden, mit denen Sie später die Ergebnisse Ihrer Gruppe wirkungsvoll begründen/verteidigen können.

Das Verfahren ist ganz einfach und geht so: Teilen Sie Ihre Gruppe und bitten Sie den einen Teil, gegen die gefundenen Ideen/Lösungen/Antworten alle nur denkbaren Kontra-Argumente zu sammeln und aufzuschreiben. Der andere Teil macht derweil das Gegenteil, indem die Teilnehmer die Pro-Argumente sammeln und visualisieren. Danach bitten Sie die Teilnehmer, die Ergebnisse der beiden Teilgruppen zu diskutieren. Visualisieren Sie die Ergebnisse.

Sie können diese Methode auch variieren, indem Sie die Gesamtgruppe um Pro-und-Kontra-Antworten bitten. Oder – sofern Sie genügend Zeit zur Verfügung haben – lassen Sie die beiden oben beschriebenen Teilgruppen in einem zweiten Durchgang die Rollen tauschen: Die Kontra-Gruppe sucht Pro-Argumente und umgekehrt. Sie können diese Methode auch als Kartenabfrage einsetzen; Näheres dazu finden Sie im Kapitel „Pro-und Kontra-Technik" (siehe Seite 157).

Mindmapping

Mindmapping

Eine weitere wichtige Methode, Kreativität zu generieren, ist das Mindmapping (nach Tony Buzan). Man nennt sie auch: „eine Synthese von sprachlichem und bildhaften Denken" (Kirckhof). Das Mindmapping basiert auf dem Bild von einem großen Baum mit zahlreichen Ästen und Zweigen. Sie beginnen, indem Sie in die Mitte eines Papierblattes ein Thema schreiben, zum Beispiel „Sommerreise". Von diesem Thema in der Mitte, das Sie am besten farbig umkringeln, gehen nun einige „Äste" ab, zum Beispiel nach rechts oben ein Ast, an den Sie „Flugzeug" schreiben, nach links oben einer mit „Auto", nach links unten ein Ast mit „Fahrrad" und nach rechts unten einer mit „Bahn".

Von diesen vier Hauptästen (bitte freihändig, nicht mit dem Lineal zeichnen) ausgehend entwickeln Sie nun – gemeinsam mit den Teilnehmern, die Sie moderieren – nach und nach viele einzelne Zweige mit Ideen/Vorschlägen, die zum Thema des jeweiligen Hauptastes passen. Bei „Fahrrad" könnten zum Beispiel Zweige abgehen mit Begriffen wie: „Flussläufe", „Gebirge", „Heide", „Städtetour" und so fort. Je verästelter und verzweigter das Gebilde wird, desto komplexer und vielfältiger wird die Ideen-Landschaft und Sie werden staunen, welche unerwartete Erweiterung Ihr Anfangsbegriff erfahren hat und welche neuen gedanklichen Zusammenhänge entstanden sind.

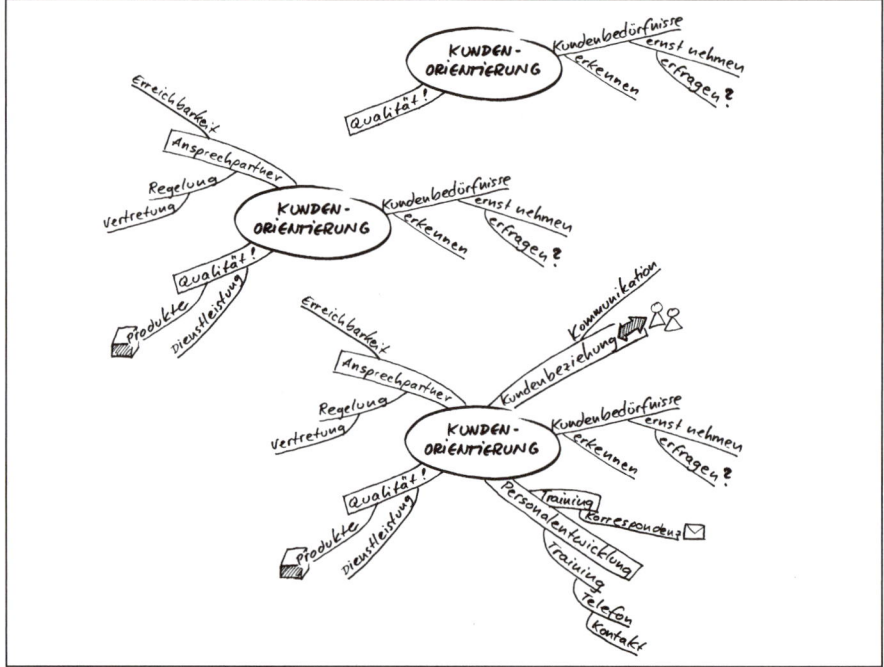

Eine Mindmap entsteht

Ishikawa

Ishikawa oder Fischgrät-Diagramm ist eine strukturierte Methode, um von Anfang an Ideen in gewisse Gruppen einteilen zu können. Diese Einteilung erleichtert Ihnen dann ein geordneteres Vorgehen bei der Auswertung. Die Methode entstammt dem Qualitätsmanagement. Sie wurde von einem japanischen Ingenieur namens Ishikawa entwickelt.

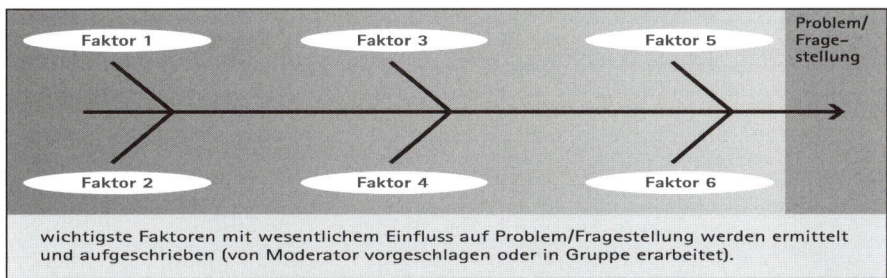

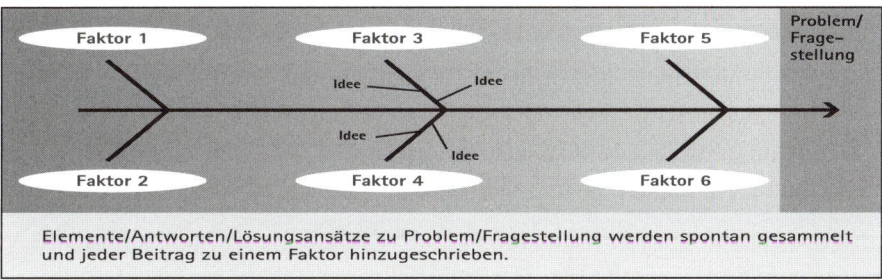

Fischgrät-Diagramm

Die sechs Hüte des Edward De Bono

Wir möchten dieses Kapitel über Kreativitätstechniken nicht verlassen, ohne den bekannten Kreativitätstheoretiker Edward de Bono und sein beliebtes Hüte-Modell erwähnt zu haben. De Bono stellt dem von uns in der Regel verwendeten „vertikalen" Denken sein „laterales" Denken als wichtigsten Bestandteil des Kreativseins gegenüber. „Vertikales Denken sagt ‚Das ist die beste Art und Weise, Dinge zu betrachten. Das ist die richtige Betrachtungsweise'. Laterales Denken sagt ‚Lasst uns doch versuchen, andere Betrachtungsweisen zu finden. Lasst uns doch die Betrachtungsweise ändern!' Vertikales Denken beurteilt, was richtig ist, und konzentriert sich darauf. Laterales Denken sucht nach Alternativen. Laterieren soll die Bewegung zu abseits liegenden Alternativen ausdrücken. Laterieren und Lateration treten an die Stelle von Konzentrieren und Konzentration. (de Bono, 1986, Seite 15)

De Bono schlägt vor, an eine Problemlösung heranzugehen, indem der Moderator sechs Teilnehmer bittet, jeweils eine ganz bestimmte Sicht- oder Betrachtungsweise einzunehmen. Diese sechs Betrachtungsweisen sind gekennzeichnet durch einen farbigen Hut, den der jeweilige Teilnehmer als Symbol seiner spezifischen Betrachtungsweise aufsetzt.

CD-ROM

> ### SPIELREGELN FÜR „DIE SECHS HÜTE NACH EDWARD DE BONO"
>
> ► Der weiße Hut bedeutet Neutralität und Objektivität. Der Hutinhaber schaut nur auf die objektiven Fakten und Zahlen.
>
> ► Der rote Hut „sieht rot". Rot bedeutet Ärger, Ängste, Emotionen. Der Teilnehmer mit dem roten Hut vermittelt die rein emotionale Sichtweise.
>
> ► Der schwarze Hut bedeutet düstere und negative Betrachtungsweise. Dieser Teilnehmer sieht nur die negativen Seiten und stellt fest, warum etwas nicht gehen kann.
>
> ► Der gelbe Hut steht für Sonne und rein konstruktive Sichtweisen. Der Teilnehmer mit dem gelben Hut ist optimistisch; er drückt Hoffnung aus und positives Denken.
>
> ► Der grüne Hut steht für Gras, Vegetation und Wachstum. Dieser Teilnehmer trägt Kreativität und neue Ideen bei.
>
> ► Der blaue Hut bedeutet Kühle. Blau steht zugleich für den Himmel und signalisiert deshalb die Höhe, das Darüberstehen, den Abstand zu den Dingen. Der blaue Hutträger schaut auf die Kontrolle und die Organisation des Denkprozesses. Er ist auch bemüht, die Stärken der anderen Hüte im Interesse des Ganzen zu nutzen.

Achten Sie darauf, dass Teilnehmer ihre Rolle ernst nehmen

Wenn Sie als Moderator dieses Modell benutzen und an sechs Teilnehmer die sechs Hüte verteilen, so sollten Sie darauf achten, dass jeder seine zugeteilte Rolle – bis hin zum Extremen – ernst nimmt und das anstehende Problem tatsächlich von dem ihm zugeteilten Standpunkt, von seiner Farbe aus, angeht und entsprechend zu betrachten und zu argumentieren versucht. Was Sie damit erreichen, ist eine erstaunliche Erweiterung des Problemfeldes – und gerade darin kann die gewünschte Lösung liegen.

Die drei Stühle

Übrigens gibt es noch eine ganz ähnliche, leicht reduzierte Technik: die drei Denkstühle von Walt Disney. Auf den drei Stühlen Disneys zu sitzen heißt, in drei unterschiedliche Rollen zu schlüpfen: die des Träumers, des Realisten und des Kritikers.

In der folgenden Tabelle haben wir für Sie die hervorstechendsten Merkmale einiger der hier vorgestellten Kreativitätstechniken zusammengestellt. Sie können sich damit je nach Ziel Ihrer Moderation rasch orientieren und für die zweckmässigste Technik entscheiden.

Übersicht der häufigsten Kreativitätstechniken

Brainstorming	Brainwriting	6-3-5	Mindmap Tony Buzan	Ishikawa Fischgrät-Diagramm
drei, vier bis sechs, acht Teilnehmer	fünf bis acht, zehn Teilnehmer	sechs Teilnehmer	als persönliches Instrument, auch in der Gruppe möglich	fünf bis zehn Teilnehmer, auch alleine möglich
ca. 10 - 30 Minuten	10 – 30 Minuten	6 x 5 Minuten	nach Bedarf	ca. 15 Minuten
auf Flipchart oder Karten schreiben	Karten verwenden, die auf Pinnwänden oder ähnlichem befestigt werden	Papierblätter verwenden, möglichst markiert; Format: A4 bis A3	von Einzelblättern bis zu Wandzeitungen (je nach Teilnehmern), auch Overhead-projektor	von Einzelblättern bis zu Wandzeitungen (je nach Teilnehmern)

– Frage/Problem gut definiert aufgeschrieben
– Schreiber/ Moderator – keine Paraphrase
– Keine Diskussion
– Kein Urteil
– Zeitrahmen festlegen
– ggf. Auslöseinstrumente verwenden
	– Frage/Problem gut definiert aufgeschrieben
	– beschriebene Karten an den linken/rechten Nachbarn weitergeben
	– an Sie weitergegebene Karte lesen, daraus neue Ideen entwickeln, eigene Karte weitergeben
	– keine Diskussion
	– Zeitrahmen festlegen
		– Frage auf jedes Blatt geschrieben
		– schreiben Sie drei Ideen auf Ihr Blatt und ...
		– ... geben Sie es weiter an Ihren Nachbarn zur Rechten/Linken
		– keine Diskussion
		– Blatt, das Sie erhalten haben, lesen u. ggf. ergänzen/ korrigieren
		– drei neue Ideen auf d. Blatt schreiben
		– erneut 5 Minuten
			– Frage/Thema in der Mitte der Seite
			– jede Idee befindet sich auf einem „Ast", der einer zentralen Idee entspriеßt
			– Unterpunkte für Ideen befinden sich neben den „Ästen" als „Zweige"
			– Farben, Bilder, Skizzen sind willkommen
				– Frage auf der rechten Seite des Blatts – positive od. negative Form
				– vier bis sechs Fischgräten, z.B.:
				  - Material
				  - Methode
				  - Menschen
				  - Maschinen
				  - Umgebung
				  - Markt usw.
				– Ideen in richtige Rubrik/Gruppe eintragen
				– Zeitrahmen festlegen

Vorteile – ist gut bekannt – ermöglicht wechselseitige Befruchtung – bringt schnell Ergebnisse	**Vorteile** – auch stillere Teilnehmer besser integrierbar – erlaubt guten Einblick in die Ideen anderer – könnte Sprachprobleme mildern	**Vorteile** – leicht ohne Moderator durchführbar – schnelles Verfahren, um sechs Personen 100 Ideen zu entlocken – zwingt dazu, sich die Ideen anderer anzuschauen	**Vorteile** – Benutzung der rechten Gehirn-hälfte – ermöglicht Gruppierung – ist kreativ, kann individuell benutzt werden – ist flexibel für die Erfassung veränderlicher Informationen	**Vorteile** – ist strukturiert – kann in negativer Form verwendet werden und ist daher lustiger
Probleme – die Gruppenbildung ist schwierig – Ideenflut kann verwirrend sein	**Probleme** – Karten könnten nicht verfügbar sein, ➔ alternativ: Merkzettel verwenden	**Probleme** – kein allgemeiner Zugang zu den Ergebnissen	**Probleme** – wird manchmal als nicht besonders professionell angesehen	**Probleme** – gibt bestimmte Struktur vor, die einschränkend wirken kann

Instrument 9:

Kreativität fördern

Mit Kreativitätsmethoden können Sie eingefahrene Wege verlassen und Ideenreichtum fördern.

Pausen – nicht nur zum Erholen

Als Moderator sind Sie dafür zuständig, dass eine Gruppe von Teilnehmern während der gesamten Veranstaltung möglichst fit und motiviert ist. Ziele vereinbaren, systematisch vorgehen, den roten Faden im Auge behalten, Fragen stellen und zusammenfassen, visualisieren und Rückblenden durchführen sind Beispiele für Moderationstools, mit denen Sie die Gruppe in ihrer Zusammenarbeit und beim Erreichen eines Ergebnisses unterstützen können.

Unterschätzen Sie nicht die Bedeutung der Pause!

Ein anderes wichtiges Tool, das häufig in seiner Bedeutung für die Arbeitsfähigkeit unterschätzt wird und deshalb auch nur selten erwähnt wird, ist die Pause! Zeit ist knapp und viele Meetings werden „durchgezogen", ohne auf die Erholungsbedürfnisse von Teilnehmern und Moderator zu achten. Machen Sie diesen Fehler nicht!

PAUSEN DIENEN DAZU,

► Teilnehmern und dem Moderator Gelegenheit zu geben, sich zu erholen, aber auch

► den informellen Austausch zu fördern,

► Vier-Augen-Gespräche zu ermöglichen,

► als Moderator einzelnen Teilnehmern Feedback zu geben,

► als Moderator den Prozess neu zu planen,

► zusätzliche Informationen einzuholen,

► nach einer anstrengenden Diskussion aufzulockern oder

► eine „geladene" Atmosphäre zu entspannen.

15-20 Minuten reichen meist

Für Kaffeepausen reichen in der Regel 15 bis 20 Minuten. Angenehm ist es, wenn die Teilnehmer dazu den Raum verlassen können. So haben Sie als Moderator Zeit für sich und die Gelegenheit, den Raum, aber auch Ihren Kopf zu lüften. Unterschätzen Sie nicht die Konzentration, die Sie permanent während der Moderation brauchen.

ALLE 90 MINUTEN PAUSE

Als Regel gilt, dass alle 90 Minuten eine Pause angemessen ist. Ist eine Besprechung für 120 Minuten geplant, so kommen Sie sicher ohne Zwischenstopp zur Erholung aus, aber bei längeren Veranstaltungen sollten Sie regelmäßige Pausen unbedingt einplanen.

Planen Sie bei ein- oder mehrtägigen Veranstaltungen auch für die Mittagspause genügend Zeit ein. Ideal ist ein Buffet oder ein Imbiss. Die Teilnehmer haben dann noch die Möglichkeit zu einem Spaziergang an der frischen Luft oder die Chance, dringende Telefonate zu erledigen. Außerdem macht ein leichtes Essen weniger müde als ein Drei-Gänge-Menü.

> **DAS POSTKULINARISCHE TIEF**
>
> Rechnen Sie aber dennoch nach der Mittagspause damit, dass die Gruppe nicht so konzentriert ist wie am Vormittag. Bei der Planung von Workshops rechnen wir mit dem „postkulinarischen Tief" und vermeiden lange Diskussionen in der Gesamtgruppe unmittelbar nach dem Essen. Stattdessen bemühen wir uns, nach der Mittagspause Kleingruppenarbeit oder Ähnliches in den Tagesplan einzubauen. Je nach Moderationssituation bieten sich zu diesem Zeitpunkt auch Auflockerungsübungen an.

Auflockerungsspiele und Phantasiereisen

Auflockerungsspiele

Auflockerungsspiele dienen dazu, den Kreislauf wieder anzuregen. Sie sollen Spaß machen und spielerisch durchgeführt werden. Immer wieder kommt es vor, dass Teilnehmer solche Übungen zunächst als albern oder kindisch empfinden. Haben Sie Verständnis dafür und laden Sie die Gruppe ohne Druck dazu ein, einfach einmal eine Übung auszuprobieren. Mitmachen ist auch kein Zwang, sondern nur derjenige sollte dabei sein, der möchte. Hier ein Beispiel für eine Auflockerungsspiel, die ohne große Vorbereitung durchgeführt werden kann und schon vielen Gruppen Spaß gemacht hat.

BEISPIEL

Statt des klassischen Knobelspiels Schnick-Schnack-Schnuck (Stein, Schere, Papier) gibt es drei japanische Figuren: einen Tiger, einen Samurai und eine Oma. Ansonsten sind die Regeln identisch: Der Tiger frisst die Oma – die Oma ist dem Samurai moralisch überlegen – der Samurai tötet den Tiger mit seinem Schwert. Der Spielleiter demonstriert die Darstellung der Figuren: Der Tiger springt mit erhobenen Pfoten und Fauchen einen Satz nach vorne, die Oma schüttelt den Kopf, warnt mit dem Zeigefinger und sagt mahnend „Du, du, du" und der Samurai schlägt mit lautem Schrei ein symbolisches Schwert von oben nach unten. Die Gruppen drehen sich dann mit dem Rücken zueinander und beraten, welche der drei Figuren sie auf das Zeichen des Spielleiters gegenüber der anderen Gruppe oder den anderen Gruppen machen. Sind alle Gruppen bereit, gibt der Spielleiter ein Zeichen: Alle Telnehmer drehen sich gleichzeitig um und stellen die Figur dar. Das Spiel wird mehrmals hintereinander durchgeführt. Die Gruppe, die die meisten Punkte erringt, gewinnt. Dauer: ca. 10 Minuten

---

Phantasiereisen

Eine andere Möglichkeit, die Konzentration und die Arbeitsfähigkeiten der Teilnehmer zu verbessern, sind Phantasiereisen. Dazu lesen Sie als Moderator einen Text vor und die Teilnehmer hören nur zu. Auch das dauert in der Regel etwa 10 Minuten. Texte für Phantasiereisen und weitere Anregungen für Auflockerungsübungen finden Sie in unseren Literaturhinweisen.

Geplante und ungeplante Pausen

Geplante Pausen haben den Vorteil, dass sich die Teilnehmer darauf einstellen können. Sie können eventuell notwendige Telefongespräche, Rauchen, Toilettengänge oder Zweiergespräche in diese Zeiten legen. Dadurch verhindern Sie als Moderator, dass zwischendurch immer wieder einzelne Teilnehmer den Raum verlassen und dann wieder von Ihnen integriert werden müssen.

VEREINBARUNGEN BEZÜGLICH PÜNKTLICHKEIT TREFFEN

Vereinbaren Sie mit den Teilnehmern einen pünktlichen Beginn nach der Pause. Besonders wenn die Sitzung direkt im Unternehmen stattfindet, besteht das Risiko, dass Teilnehmer „mal eben kurz" in ihr Büro gehen und dann nicht wieder rechtzeitig zurück sind. Weisen Sie auf Ihre Befürchtung diesbezüglich hin und bitten Sie um pünktliche Rückkehr aus der Pause.

Nicht zu unterschätzen sind Pausen auch für den informellen Austausch der Teilnehmer untereinander. Ideen, die bei Pausengesprächen in kleineren Gruppen entstehen, können dazu beitragen, dass es im weiteren Verlauf des Meetings schneller vorangeht. Pausen können Ihnen als Moderator außerdem dazu dienen, mit einzelnen Teilnehmern ein Vier-Augen-Gespräch zu führen. Vielleicht möchten Sie einem Teilnehmer Feedback geben zu seinem Verhalten oder Kontakt mit einem eher ruhigeren Teilnehmer aufnehmen. Sie können die Zeit auch dazu nutzen, das Vorgehen in der Moderation zu überprüfen und eventuell einen neuen Vorschlag für den weiteren Prozessverlauf vorzubereiten. Denken Sie dann aber daran, die Veränderung nach der Pause mit der Gruppe abzustimmen.

Pausen können den Prozess beschleunigen!

Pausen sind manchmal aber auch ungeplant notwendig. Sie sind hilfreich, wenn Sie

► merken, dass die Konzentration in der Gruppe nachlässt,

► beobachten, dass Teilnehmer unruhig werden,

► wenn gerade eine intensive Arbeitsphase oder Diskussionsrunde beendet wurde oder

► wenn „dicke" Luft ist im eigentlichen und im übertragenen Sinne des Wortes.

Durch eine Pause unterbrechen Sie den Prozess. So tragen Sie zur Entspannung bei. In einer Konfliktsituation bedeutet das Unterbrechen des Prozesses natürlich noch keine Klärung. Aber die Pause gibt Ihnen und den Teilnehmern Abstand zu der aktuellen Situation und Sie können sich als Moderator in Ruhe überlegen, wie Sie den Konflikt angehen wollen. Bei einem Konflikt zwischen zwei Teilnehmern muss eventuell die Pause für die anderen Teilnehmer verlängert werden, damit die Beteiligten den Konflikt klären können. Das gilt allerdings nur, wenn der Konflikt das weitere Arbeiten der Gruppe erheblich behindert.

Bei einer Besprechung, zu der Teilnehmer zusammenkommen, die sich länger nicht gesehen haben oder die nicht am gleichen Standort arbeiten, besteht auch die Möglichkeit, die Moderation mit einer „Pause" zu beginnen. Laden Sie die Teilnehmer schon 15 bis 30 Minuten vor dem offiziellen Beginn zu einem lockeren Zusammenkommen ein. Das hat die Vorteile, dass

Beginnen Sie doch einmal mit einer „Pause"

► Sie als Moderator und die Teilnehmer schon informell Kontakt untereinander aufnehmen können,

► wichtige Themen untereinander diskutiert werden können, die nicht zum Meeting gehören, aber eventuell die Aufmerksamkeit ablenken würden, und

► kleinere Verspätungen Einzelner nicht den offiziellen Beginn der Besprechung gefährden.

FAZIT

Die Bedeutung von Pausen wird oft unterschätzt. Sie steigern die Konzentrationsfähigkeit von Moderator und Teilnehmern. Doch sie dienen nicht nur zum Erholen, sondern können unterschiedliche Zwecke erfüllen. Für Sie als Moderator sind Pausen ein Moderationstool, das Sie bewusst einsetzen sollten. Die Sorge, dass Pausen unnötig Zeit kosten, ist meist nicht berechtigt, sondern im Gegenteil: Pausen können den Prozess beschleunigen.

Der Ablauf: Moderation in der Praxis

Von der Vorbereitung bis zum Abschluss finden Sie im Folgenden alles, was Sie brauchen, um eine komplette Moderation zu gestalten. Checklisten erleichtern Ihnen in jeder Phase alles Wichtige im Blick zu behalten und zahlreiche Praxisbeispiele mit Prozessplänen und wertvollen Tipps zeigen anschaulich, wie eine moderierte Veranstaltung ablaufen kann.

Eine Moderation vorbereiten

Sorgfältige Vorbereitung ist ein wichtiger Bestandteil guter Moderation. Ihre Vorbereitung erfolgt auf zwei Ebenen:

▶ Auf der inhaltlichen-fachlichen oder thematischen Ebene, das heißt, Sie machen sich mit dem Thema der Besprechung vertraut, sodass Sie während der Moderation wissen, worum es geht. Sie sind zwar nicht für den Inhalt verantwortlich, sollten den Prozess aber nicht dadurch behindern, dass Sie allzu häufig Verständnisfragen stellen müssen, um moderieren zu können. Begleiten Sie beispielsweise eine Projektteamsitzung, in der es um technische Prozesse geht, oder einen Entscheidungsprozess, dem Kriterien zugrunde liegen, oder eine Strategiesitzung über die Zukunft des Unternehmens, sollten Sie sich die entsprechenden Informationen vorher beschaffen.

Vorbereitung auf inhaltlich-fachlicher Ebene

▶ Auf der prozessualen Ebene, das heißt, Sie informieren sich im Vorfeld so gründlich, dass Ihre Moderation den Zweck erfüllt, die Gruppe arbeitsfähig zu machen und Ergebnisse zu erreichen. Die Informationen, die Sie sammeln, bilden die Basis für das Planen und Gestalten des Prozesses.

Vorbereitung auf prozessualer Ebene

Erarbeitet die Gruppe ein Ergebnis, das dem Ziel nicht dient, dann war entweder die in der Gruppe versammelte Fachkompetenz nicht angemessen oder die Prozessgestaltung. Beides, Fachkompetenz und Prozess, können Sie in Ihrer Vorbereitung beeinflussen und dadurch wesentlich zum Erfolg beitragen.

Gute Vorbereitung trägt wesentlich zum Erfolg bei

> ### HINTERFRAGEN SIE UNKLARHEITEN
>
> Auch wenn Sie nicht für den Inhalt verantwortlich sind, ist es, wie oben erwähnt, im Interesse des Prozesses, sich als Moderator inhaltlich einzustimmen, ohne dass Sie „Experte" werden müssen. Gerade weil Sie kein Experte sind, können Sie Dinge hinter- und erfragen: Häufig werden Unklarheiten beseitigt, indem Fachleute Nichtfachleuten Zusammenhänge erklären. Auch hier gilt die Devise: „Es gibt keine dummen Fragen!"

In unseren weiteren Ausführungen zum Thema Vorbereitung beschränken wir uns auf die prozessuale Ebene.

Persönliche Einstimmung

Die persönliche Einstimmung

Je konsequenter Sie im Vorfeld oder während der Moderation für sich sorgen und dies mit Selbstverständlichkeit vertreten und durchführen, umso leichter wird die Arbeit.

Auch hier gilt unser Hinweis, dass das Ausüben der Moderationsfunktion in einer Doppelrolle als Führungskraft oder Projektleiter mit inhaltlicher Verantwortung und als Moderator sorgfältig abzuwägen und auszuüben ist. Wir gehen, wie erwähnt, in unseren Ausführungen davon aus, dass Sie nur einen „Hut tragen", den des Moderators.

> **FRAGEN SIE SICH VOR JEDER MODERATION:**
>
> ► Wie will ich arbeiten?
> ► Worauf will ich besonders achten?
> ► Was kann ich gut?
> ► Wo könnten in dieser Moderation meine Grenzen liegen?
> ► Was brauche ich, um diese Moderation gut durchführen zu können?

Weitere Überlegungen könnten folgendes betreffen:

► Das Maß an Vorbereitung, das Sie brauchen, damit Sie ein sicheres Gefühl haben

► Eine mögliche Mithilfe durch die Gruppe während der Arbeit (Teilnehmer achten auf die Zeit oder/und das Einhalten der Spielregeln, visualisieren, ...)

► Eine externe Unterstützung in der Vor- und Nachbereitung oder während der Moderation

Den Auftrag klären

Je gründlicher Sie vor der Moderation in einer Phase der Auftragsklärung recherchieren, umso sicherer fühlen Sie sich und umso leichter fällt Ihnen das Vorbereiten und die Moderation selbst. Sie sollten sich nicht scheuen, mehrmals beim Auftraggeber nachzufragen, wenn Sie bei der Vorbereitung feststellen, dass noch Unklarheiten bestehen. Je mehr Sie wissen, umso besser gelingt es Ihnen, den Auftrag klar zu erfassen und Ihre Leistung und Rolle zu definieren und einzuschätzen.

Sorgfältige Auftragsklärung ist die halbe Arbeit

Klären Sie als Auftragnehmer genau, wer Ihnen den Moderationsauftrag erteilt. Ist es eine Einzelperson, beispielsweise ein Geschäftsführer, Bereichsleiter, Projektleiter, Teamleiter oder der Vorstandsvorsitzende? Welche Entscheidungsbefugnis hat der Auftraggeber im Zusammenhang mit dem zu behandelnden Thema? Hat diese Person Personalverantwortung?

Oder handelt es sich bei dem Auftraggeber um eine Personengruppe, zum Beispiel ein Projektteam, die Geschäftsführung oder den Vorstand? Werden Sie durch eine Personengruppe beauftragt, klären Sie, wer Ihr Ansprechpartner ist und ob er stellvertretend für die gesamte Gruppe den Auftrag mit Ihnen besprechen und schriftlich formulieren kann. Häufig erleben wir es, dass es bei Personengruppen als Auftraggeber schon Unklarheiten unter den Auftraggebern gibt. In dem Fall müssen Sie als beauftragter Moderator bereits dort mit der Klärung ansetzen, indem Sie ein Gespräch mit allen führen.

Finden Sie heraus, ob Sie eventuell mehrere Auftraggeber haben

WIE LAUTET IHR AUFTRAG GENAU?

Klären Sie mit Ihrem Auftraggeber, wie genau Ihr Auftrag lautet. Wenn irgend möglich, sollte dies in einer persönlichen Begegnung erfolgen. Entscheidend ist, genau zu wissen, welche Interessen, Bedürfnisse und Ziele Ihr Auftraggeber hat und was ihn veranlasst, einen Moderator heranzuziehen.

Versuchen Sie, Ihren Auftraggeber und wenn möglich auch die Gruppe so gut wie möglich kennen zu lernen. Wer hat welche Stärken und Schwächen, Empfindlichkeiten und Eigenheiten? Je klarer Ihr Bild von den Personen und Institutionen und deren Beziehungsgeflechten ist, umso leichter wird es Ihnen fallen, innere Klarheit zu erreichen und emotionalen Abstand zu wahren.

Versuchen Sie, ein möglichst breites Spektrum zu erfassen. Sinnvolle Fragen hierfür sind beispielsweise:

Baustein K

> **BEISPIEL**
>
> **Fragen zur Auftragsklärung**
>
> ► Welches ist der Anlass für die Moderation?
>
> ► Welches ist der Sinn und Zweck der geplanten Veranstaltung?
>
> ► Was soll in der zur Verfügung stehenden Zeit erreicht werden?
>
> ► Mit welchen Mitteln?
>
> ► Wie sieht das maximale/minimale Ergebnis aus?
>
> ► Was sollte auf gar keinen Fall passieren?
>
> ► Was ist das Schlimmste, das passieren könnte?
>
> ► Was ist das Beste, das passieren könnte?
>
> ► Wer ist der Auftraggeber für die Moderation?
>
> ► Was genau erwartet der Auftraggeber von der Moderation?
>
> ► Welche Erfahrungen hat der Auftraggeber bereits mit moderierten Veranstaltungen?

Rollen absprechen

Rollen absprechen

Sie müssen wissen,

► wer Ihr Ansprechpartner ist, zu dem Sie Vertrauen aufbauen und mit dem Sie verbindliche Verabredungen treffen;

► wem gegenüber Sie möglicherweise Rechenschaft ablegen müssen;

► mit wem Sie möglicherweise während des Prozesses eine Entscheidung fällen müssen oder wer in bestimmten Fragen eine Entscheidung fällt;

► wer, falls Sie externer Moderator sind, Ihr Honorar zahlt;

► mit wem Sie das weitere Vorgehen besprechen, falls Sie einen längeren Prozess moderieren;

► wer Ihr Ansprechpartner für logistische Fragen ist (beispielsweise Raumausstattung, Verpflegung ...).

Und Sie müssen dem Auftraggeber und auch der Gruppe vermitteln,

► wie Sie planen, den Auftrag zu bearbeiten,

► welche Rolle Sie im Moderationsprozess einnehmen,

► was Sie von Auftraggeber und Gruppe erwarten.

Wer sind die Beteiligten oder Betroffenen?

Je nach Auftrag sollten Sie, in Absprache mit dem Auftraggeber, auch vorab Kontakt zu den Gruppenmitgliedern suchen und deren Interessen, Bedürfnisse und Ziele erfragen.

Hilfreich ist es, wenn Sie die Teilnehmer vorab kennen lernen können

> **BEISPIEL**
>
> ▶ Wer ist von dem Thema oder den daraus resultierenden Konsequenzen der Veranstaltung betroffen?
>
> ▶ Haben eventuell andere Gruppen zu einem früheren Zeitpunkt bereits an einem ähnlichen Auftrag gearbeitet? Was ist daraus geworden?
>
> ▶ Wer hat Einfluss auf das Thema, das bearbeitet werden soll, oder auf den Prozess? (Welche Personen müssen berücksichtigt werden, die ein Projekt/ein Thema kurz- oder langfristig beeinflussen?)
>
> ▶ Wie stehen die Beteiligten dem Projekt gegenüber?
>
> ▶ Wer hat Vor- oder Nachteile durch das Projekt/die Idee?
>
> ▶ Wer koaliert mit wem?
>
> ▶ Welche Konflikte bestehen?
>
> ▶ Bei wem könnten Befürchtungen existieren?
>
> ▶ Welche Erfahrung hat diese Gruppe mit Moderation bereits gemacht? Was wurde als positiv, was als negativ erlebt? Welche Konsequenzen hat das für Ihre Arbeit?
>
> ▶ Wie schätzen die Gruppenmitglieder die Situation ein? Decken sich ihre Interessen, Ziele, Bedürfnisse mit denen der Auftraggeber? Wenn nicht, welche Vorkehrungen müssen Sie dann im Vorfeld treffen?
>
> ▶ Welche Konsequenzen hat das für die Gruppenzusammensetzung und das Design? Wer sollte aus Sicht des Auftraggebers, an dieser Veranstaltung teilnehmen? Wer sollte aus Ihrer Sicht daran teilnehmen?
>
> ▶ Kennen Sie alle Teilnehmenden?

Stakeholder-Analyse

Ein weiteres hilfreiches Tool für das Eruieren der Interessen und des Umfeldes aller Beteiligten ist die so genannte Stakeholder-Analyse, die sich besonders eignet bei der Planung und Umsetzung von Projekten oder Veränderungsprozessen.

Stakeholder-Analyse

Der Ausdruck „Stakeholder" geht zurück auf die Goldgräberzeit im US-amerikanischen Westen, wo man mit Pfählen (stakes) seinen „claim", seinen rechtlichen Anspruch auf ein Schürfgebiet, abzustecken pflegte. Ein Stakeholder ist also jemand, der ein sehr starkes Interesse, einen Anspruch auf etwas hat – und den es zu berücksichtigen gilt.

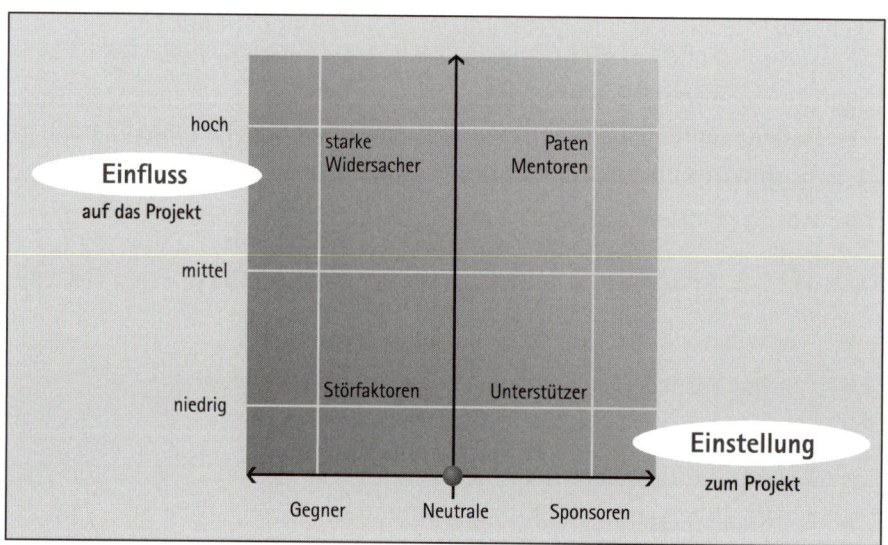

Stakeholder-Analyse

Wer ist ein Stakeholder?

Mit dieser Matrix erhalten Sie einen Überblick, welchen Einflüssen ein Projekt, eine Idee oder ein Prozess von Seiten der involvierten Schlüsselpersonen ausgesetzt ist. Für den Moderator ist ein Stakeholder eine Person oder eine Gruppe innerhalb oder außerhalb eines Projekts oder Prozesses, die von möglichen Veränderungen betroffen ist und Ablauf, Ergebnis und Implementierung beeinflussen kann. Stakeholder haben eine eigene Einstellung zu einem Projekt oder Prozess und es ist daher äußerst wichtig, dass diese Beziehungen in einem Projekt bewusst gepflegt werden.

▶ Sponsoren sehen die Ideen positiv und können helfen, andere zu beeinflussen.

▶ Neutrale sind unentschlossen. Sie haben keine festen positiven oder negativen Ansichten. Je nach Entwicklung der Dinge können sie in die eine oder andere Richtung tendieren.

▶ Gegner haben negative Ansichten bezüglich des Projekts oder der Idee und können andere auf ihre Seite ziehen.

> **BINDEN SIE ALLE RECHTZEITIG EIN**
>
> Oft werden in langfristigen Projekten oder Prozessen Stakeholder übersehen, die wichtigen Einfluss haben – binden Sie alle rechtzeitig ein!

Ein besonderes Augenmerk verdienen solche Stakeholder, die im linken oberen Feld angesiedelt werden: Kommunizieren Sie besonders mit Personen, die eine negative Einstellung zum Arbeitsthema oder Projekt haben und die einen großen Einfluss besitzen. Holen Sie sie „ins Boot" und stellen Sie sicher, dass genügend Stakeholder in der rechten Spalte sind, die kurz- und vor allem langfristigen Einfluss auf das Geschehen haben.

Ihr Auftraggeber ist anderer Meinung als Sie – was nun?

Als Moderator müssen Sie sich sowohl dem Auftraggeber als auch den Teilnehmenden gegenüber loyal verhalten. Sie brauchen das Vertrauen aller und müssen vorher abschätzen, ob Sie allen gerecht werden können.

> **PRÜFEN SIE IM VORFELD FOLGENDE FRAGEN**
>
> ► Sind die Interessen von Auftraggeber und Gruppe aus Ihrer Sicht miteinander vereinbar?
>
> ► Geraten Sie möglicherweise in einen inneren Konflikt, weil Sie eine der beteiligten Seiten nicht unterstützen können oder wollen?

Prüfen Sie, ob Sie die Moderation übernehmen können/wollen

Zeichnen sich „Ungereimtheiten" solcher Art schon vorher ab, raten wir Ihnen, sehr genau zu hinterfragen und zu prüfen, ob Sie diese Moderation übernehmen können/wollen.

Im Moderationsalltag wird es Ihnen passieren, dass Sie nicht immer ideale Voraussetzungen antreffen. Beispielsweise kann Ihr Auftraggeber anderer Meinung sein als Sie, was die Gruppenzusammensetzung, Ihre genaue Rolle, den Zeitpunkt, das Design, die Tagesordnung, die Dauer usw. anbelangt, oder dass eine Gruppe mit dem von Ihnen vorgeschlagenen Vorgehen nicht einverstanden ist (siehe auch Seite 268).

PRÜFEN SIE GENAU

Grundsätzlich sollten Sie immer wieder abwägen, ob Sie genügend Professionalität, Integrität und auch Loyalität gegenüber Auftraggeber und Gruppe besitzen. Fragen Sie sich:

► Bin ich die richtige Person für diesen Auftrag, diese Gruppe, dieses Thema?

► Sind die Bedingungen zwischen Auftraggeber, Gruppe und mir so verabredet, dass das verabredete Ziel zu erreichen ist?

► Gibt es „versteckte Aufträge"?

Achten Sie auf „Zwischentöne"

Häufig kommt es vor, dass ein „offizieller" Auftrag an einen Moderator erteilt wird, aber ein „verstecktes Ziel" erreicht werden soll. Das passiert in den meisten Fällen unbewusst. Achten Sie deshalb in Ihren Vorbereitungen sehr genau auf „Zwischentöne", kleine Bemerkungen und die Atmosphäre. Wenn Sie verwirrt oder irritiert sind, wenn Sie auf einfache Fragen keine klaren Antworten erhalten oder wenn Sie Ungereimtheiten im Auftrag oder Uneinigkeit darüber feststellen: Bleiben Sie dran!

Checklisten zur Vorbereitung

Organisatorisches	
► Wann findet die Besprechung statt (Datum, Uhrzeit)?	
► Wie lange ist die Besprechung geplant?	
► Wo findet sie statt? Ist der Raum reserviert?	
► Sollten Räumlichkeiten für eventuelle Kleingruppenarbeiten vorgesehen werden?	
► Welche Tagungstechnik (Flipchart, Pinnwand, OHP, PC, Beamer …) wird benötigt? Ist sie bestellt?	
► Welche Moderationsmaterialien (Karten, Stifte, Papier…) müssen bestellt werden?	
► Welche Bestuhlung ist geeignet? Welche Tische werden benötigt?	
► Werden Getränke und Verpflegung benötigt? ► …	

Inhaltliches	
▶ Was ist der Anlass für die Besprechung?	
▶ Um welche Themen handelt es sich?	
▶ Gibt es Hintergrundinformationen?	
▶ Sind die Besprechungsziele vorgegeben?	
▶ Gibt es einen Auftraggeber außerhalb des Teilnehmerkreises? Ist eine Vorbesprechung notwendig?	
▶ Welche Teilnehmer sollen zu diesem Thema eingeladen werden?	
▶ Gibt es Experten zu diesem Thema?	

Moderation	
▶ Wer moderiert?	
▶ Der Einladende?	
▶ Ein interner Moderator?	
▶ Ein externer Moderator	

Die logistische Vorbereitung

Logistik

Die logistische Vorbereitung wird häufig unterschätzt. Kümmern Sie sich rechtzeitig darum, dass Sie gute Arbeitsbedingungen haben und alles am Platz ist, bis die Gruppe eintrifft. Wenn möglich, verschaffen Sie sich vorher einen Eindruck von den Räumlichkeiten. Sie müssen wissen, unter welchen örtlichen Bedingungen Sie moderieren sollen.

Checkliste zur Vorbereitung

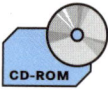

Räume und Ausstattung	
▶ Wer kümmert sich um Räume und Raumausstattung?	
▶ Eignen sich die Räume für den Anlass? (Licht, Größe, Kleingruppenräume, Umgebung, Ambiente, Service, technische Ausstattung ...)	
▶ Wird Moderationsmaterial zur Verfügung gestellt oder müssen Sie es mitbringen? (Filzschreiber, Papier, Kärtchen, Pinnnadeln, Kleber, Klebeband, Schere, Klebepunkte ...)	
▶ Welche Bestuhlung brauchen Sie für diese Moderation? (Stuhlkreis, Tische in U-Form ...)	
▶ Welche technischen Hilfsmittel brauchen Sie? (Flipchart, Pinnwände, Beamer, Overheadprojektor, Diaprojektor ...)	
▶ Wer trifft Entscheidungen in Bezug auf Verpflegung? (Getränke, Mahlzeiten (leicht!), Pausen-Snack, Obst ...)	
▶ Welche Möglichkeiten der Freizeitgestaltung gibt es? Wird etwas für einen gemeinsamen Abend geplant?	

Sitzen oder Stehen?

Sorgen Sie auch für Ihren eigenen Sitzplatz

Es macht einen Unterschied, ob Sie selbst sitzen oder stehen. Manche Gruppen empfinden es durchaus als machtvolle Position, wenn jemand vor der Gruppe steht, besonders wenn er visualisiert oder das Wort erteilt. Wie stark die Dominanz oder Macht eines Moderators empfunden wird, hängt von seiner Persönlichkeit und der Gruppe ab. Auf jeden Fall sollte sich ein Moderator seiner Wirkung diesbezüglich bewusst sein.

> **WECHSELN SIE ZWISCHEN SITZEN UND STEHEN**
>
> Wir empfehlen Ihnen, vor allem zu Beginn einer Moderation und zwischendurch, wenn Sie zuhören, sich immer wieder hinzusetzen, um zu signalisieren, dass Sie aufmerksam und auch als Moderator Teil der Gruppe sind. Setzen Sie sich hin, dann ist das für die Teilnehmer auch ein Signal, dass die Gruppe Diskussionszeit hat und Sie nicht vorne am Flipchart darauf aus sind, Ergebnisse festzuhalten. Das gilt besonders für Rückblende-Runden, in denen Sie dann weniger als externer Hinterfrager und Kritiker empfunden werden.

Haben Sie eine lebhafte Gestik und/oder eine laute Stimme, können Sie die starke Wirkung dadurch mildern, indem Sie sich setzen. Auch Ihre Statur trägt zu einer dominanten oder weniger dominanten Wirkung bei, die Sie durch Stehen oder Sitzen verstärken oder abschwächen können, je nachdem, was Ihnen für die Situation richtig erscheint. Entscheiden Sie sich für das Sitzen, können Sie die Visualisierung auch delegieren. Sie beobachten den Vorgang am Flipchart und behalten gleichzeitig den Überblick über die Gruppe.

Machen Sie sich die unterschiedliche Wirkung von Sitzen und Stehen bewusst und entscheiden Sie situativ, was angemessen ist. Zur Erinnerung: Sie können den Wechsel auch nutzen, wenn Sie die Doppelrolle als Führungskraft und Moderator innehaben und den Wechsel mit einem Rollenwechsel verbinden. Denken Sie daran, beim Vorbereiten des Arbeitsraums einen Stuhl für sich zu reservieren, auch wenn Sie ihn nicht sofort benötigen.

Sitzordnung

Zweck der Sitzordnung sollte immer sein, eine möglichst gleichmäßige Interaktion der Beteiligten zu fördern. Wichtig ist auch, dass das Visualisierte für alle Teilnehmer gut sichtbar ist. In manchen Fällen macht es Sinn, Menschen einen bestimmten Platz zuzuordnen. Sie können dies durch Verteilen von Namensschildern steuern, oder Einzelne konkret darauf ansprechen.

Die Sitzordnung beeinflusst die Interaktion in der Gruppe

DARAUF SOLLTEN SIE BEI DER SITZORDNUNG ACHTEN

► Setzen Sie Streithähne oder Kontrahenten nicht gegenüber. Idealerweise sollten solche Personen, die sich eventuell häufig kritisieren oder provozieren, nebeneinander sitzen, getrennt durch einen Dritten, damit sie nicht „in Versuchung geraten", aufeinander loszugehen.

► Setzen Sie stärkere, dominante Teilnehmer nicht nebeneinander, sondern über die Gruppe verteilt. Sie vermeiden damit, dass sich Aktionsschwerpunkte bilden, von denen sich zurückhaltende Teilnehmer einschüchtern lassen und verstummen. Die Verteilung der Teilnehmer bewirkt sogenannte Aktionsachsen quer durch die ganze Gruppe. Die Erfahrung zeigt, dass sich zurückhaltende Teilnehmer aufgrund solcher Aktionsachsen zur Teilnahme motivieren lassen.

► Bitten Sie Personen, mit denen Sie möglicherweise kurzen Austausch brauchen, sich zu Ihnen nach vorn zu setzen. Beispielsweise wenn es sich um dominante Führungskräfte handelt, die Sie möglichst unauffällig zurückhalten wollen, oder um Auftraggeber oder Moderationskollegen, mit denen Sie sich schnell über den nächsten Schritt verständigen wollen.

Stuhlkreis

Stuhlkreis

Wir sind große Fans des Stuhlkreises, das heißt, wir ordnen die Stühle im Halbkreis mit einer Öffnung zu Flipchart und Pinnwand an (oder auch in einem geschlossenen Kreis, wenn nicht visualisiert wird). Das hat den Vorteil, dass alle Beteiligten das Visualisierte ungehindert sehen, sich frei bewegen, die Gestik und Mimik der anderen beobachten und sich ungehemmt aufeinander beziehen können. Diese Anordnung hat ebenfalls den Vorteil, dass man ohne großen Zeitverlust „Mini-Stuhlkreise" für Kleingruppen zusammenstellen und wieder in den großen Stuhlkreis zurückkehren kann. Als Moderator können Sie sich auch innerhalb des Kreises bewegen, auf Personen zugehen.

TIPP

Mit einem Stuhlkreis bringen Sie die Gleichwertigkeit aller zum Ausdruck, da niemand eine besondere Position hat. Bedenken Sie aber, dass diese Art der Sitzordnung ohne Tische für einige Menschen ungewohnt ist und sie verunsichert, da sie sich nicht hinter einem Tisch „verstecken" oder an ihm „festhalten" können.

U-Form mit Tischen

U-Form mit Tisch

Ist eine Moderation mit dem Vermitteln von Wissen verbunden oder gibt es andere Gründe, dass die Teilnehmenden sich selbst Notizen machen wollen oder
müssen, können Sie Tische in U-Form aufstellen lassen, was ebenfalls den
Vorteil bietet, dass jeder jeden und das vorn Visualisierte sieht.

Diese Sitzordnung gibt dem Moderator die Möglichkeit, innerhalb des offenen
U hin und her zu gehen und, wenn nötig, jeden einzelnen Teilnehmer direkt
anzusprechen. Die U-Form mit Tischen hat allerdings den Nachteil, dass Sie
nur einen Teil der Körpersprache wahrnehmen, dass es eventuell schwieriger ist, Einzelne zur Beteiligung zu bewegen und dass die spontane Zusam-
menstellung zu Kleingruppen zeitaufwändiger ist.

Weitere Anordnungen

Abwandlungen

Je nach Art Ihrer Moderationsmethode gibt es weitere Abwandlungen oder empfohlene Sitzordnungen, zum Beispiel bei der Großgruppenmoderation sowie der Mediation oder Konfliktmoderation. Großgruppen beispielsweise
können Sie, je nach Methode, im mehrreihigen Kreis sitzen lassen oder auf
Kleingruppen im Raum verteilt in kleinen Stuhlkreisen. In der Konfliktmoderation oder Mediation setzen Sie sich als Moderator eventuell zwischen die
beiden Parteien und setzen die Beteiligten so, dass sie sich nicht direkt konfrontieren, aber einander sehen und sich aufeinander beziehen können. In
jedem Fall ist Bewegungsfreiheit und Flexibilität der Bestuhlung immer sinnvoll.

Feste Besprechungseinrichtung

**Feste Besprechungs-
einrichtungen**

Leider ist die Einrichtung von Büro- und Besprechungsräumen nicht immer so
optimal und variabel, wie von den Moderatoren gewünscht. Häufig finden
Sie große runde oder ovale Konferenztische vor, deren Größe nicht variabel
ist und die meist die Bewegungsfreiheit im Raum beträchtlich einschränken.
Für Besprechungen und Meetings ist das praktikabel, für den Wechsel von
Plenums- zu Gruppenarbeit ist das weniger geeignet.

Wenn Sie solche unvariablen Einrichtungen vorfinden, platzieren Sie sich als
Moderator nach Möglichkeit so,

**Die optimale
Platzierung**

► dass die Teilnehmer das Visualisierte gut sehen können;

► dass Sie Bewegungsfreiheit haben und die Medien bewegen können – sinnvollerweise am kurzen Ende des Tisches;

► dass auch die Teilnehmer Bewegungsfreiheit haben.

Stellen Sie insbesondere sicher, dass das Visualisierte von allen gesehen werden kann.

TISCHFORMEN

► Runde Tische sind sozusagen ideal, weil niemand eine besondere Position innehat und die Voraussetzung für gleichwertige Beteiligung sozusagen räumlich gegeben ist.

► Ovale Tische bieten Ihnen als Moderator oder Besprechungsleiter die Möglichkeit, Ihre leitende Funktion durch eine Position an einem der kurzen Tischenden zu unterstreichen.

► Blocktische eignen sich besonders gut für Arbeitsgruppen, die viele Karten oder Papiere beschreiben oder austauschen müssen.

Die Teilnehmer einladen

Eine Einladung aller Teilnehmer sollte rechtzeitig erfolgen, und zwar in schriftlicher Form und möglichst vom Auftraggeber.

Hier noch einige Tipps, welche Informationen in der Einladung enthalten sein sollten:

Checkliste zur Vorbereitung

Hinweise zur Einladung	
► Welche Form der Einladung benötigen sie?	
► Was muss in der Einladung stehen?	
► Wann muss die Einladung spätestens versandt werden?	
► Mit welchem Teilnehmer muss eventuell aufgrund seiner Relevanz der Termin vorher abgesprochen werden?	
► Welche Vorinformationen brauchen die einzelnen Teilnehmer?	
► Was wird von den Teilnehmern erwartet?	

Checkliste zur Vorbereitung

Inhaltliches	
► Wo und wann findet die Besprechung statt? (Datum, Uhrzeit, Ort (Anfahrtsskizze), Anschrift, eventuell Hotelprospekt)	
► Wie lange dauert sie? (Bei mehrtägigen Meetings geplante Arbeitszeiten)	
► Was heißt das Thema?	
► Was ist Sinn und Zweck der Besprechung?	
► Was soll erreicht werden?	
► Wer nimmt daran teil?	
► Bis wann wird eine Zu- oder Absage zur Besprechung erwartet?	
► Gibt es eine Kleiderordnung?	
► Wer nimmt daran teil? (Teilnehmerliste)	
► Was wird von den Teilnehmern erwartet, beispielsweise eine Präsentation (Dauer!)?	
► Wer ist die Ansprechperson für Fragen/Organisatorisches/Anmeldung?	

Weitere Hinweise zum Einstieg finden Sie im Kapitel „Eine Moderation beginnen" siehe Seite 203).

> **FAZIT**
>
> Gute Vorbereitung durch saubere Auftragsklärung, Auseinandersetzung mit dem Thema und Kennlernen der Beteiligten ist „die halbe Moderation". Je sorgfältiger Sie im Vorfeld Sinn und Zweck der Moderation, Interessen und Bedürfnisse der Teilnehmer und des Auftraggebers eruiert haben, umso kundenorientierter können Sie den Prozessplan oder das Design für die Maßnahme entwickeln und umso weniger Überraschungen erleben Sie. Stimmen Sie sich auch selbst auf jede Moderation ein und achten Sie auf die Einhaltung verabredeter Rollen.

Einen Prozess planen und gestalten

Nachdem Sie genügend Informationen gesammelt haben, machen Sie eine Bestandsaufnahme der gesammelten Informationen und beginnen damit, den Moderationsplan zu erstellen oder das Design der Moderation zu planen.

Der Prozessplan

Patentrezepte gibt es nicht

Der Prozessplan ist der „rote Faden" Ihrer Veranstaltung, das geplante Vorgehen. Patentrezepte für das Gestalten von Prozessplänen moderierter Veranstaltungen gibt es leider nicht. Es gibt Erfahrungswerte, wie Sie was wofür einplanen können. Im Grunde aber müssen Sie jede bevorstehende Moderation neu durchdenken und planen, was für den Sinn und Zweck der Moderation und die Bedürfnisse der Teilnehmer angemessen ist. In den folgenden Abschnitten zeigen wir Ihnen beispielhaft, worauf Sie dabei achten sollten. Im Kapitel „Praxisbeispiele mit Prozessplänen und Tipps" (siehe Seite 225) präsentieren wir Ihnen einige Praxisbeispiele für unterschiedliche Zwecke, an denen Sie sich orientieren können.

FAKTOREN, DIE DEN VERLAUF EINER MODERATION BEEINFLUSSEN

Wie Sie den Verlauf einer moderierten Veranstaltung gestalten, hängt von vielen Faktoren ab, beispielsweise:

► Sinn und Zweck der Besprechung, der Sitzung, des Workshops

► Ergebnisse, die mit der Veranstaltung erreicht werden sollen

► zur Verfügung stehende Zeit

► Zusammensetzung der Gruppe

► Anzahl der Personen

► Informationsstand der Beteiligten

► Bereitschaft der Beteiligten zur Mit- und Zusammenarbeit

Prozesspläne für das Bearbeiten konkreter Themen

Wir möchten hier auf die Art moderierter Veranstaltungen eingehen, in denen ein konkretes Thema bearbeitet werden soll. Gemeint sind moderierte Veranstaltungen wie Routinebesprechungen, Problemlösungs-Workshops, Projekt-Meetings, Konflikt-Workshops, Strategie-Workshops usw., wie sie Ihnen in der Praxis am häufigsten begegnen:

► Sie arbeiten mit einer Gruppe an einer Aufgabe.

► Sie widmen sich dieser Aufgabe in Ruhe.

► Sie nutzen zu diesem Zweck Ressourcen und

► Ihre Ergebnisse haben über die Veranstaltung hinaus eine Bedeutung.

Dies gilt vor allem für Workshops. Sie haben den Vorteil, dass Sie Synergieeffekte nutzen können, indem Sie Ideen und Kompetenzen zusammenführen und dass die Akzeptanz der erarbeiteten Ergebnisse hoch ist, da sie in der Gruppe erarbeitet werden.

Workshops

ANLÄSSE FÜR WORKSHOPS KÖNNEN SEIN

► Entwickeln von Visionen und Ideen

► Formulieren von Leitbildern, Strategien, Zielen, Maßnahmen

► Teamentwicklung

► Konfliktbearbeitung

► Wechsel der Führungskraft

Routinebesprechungen stellen in diesem Kontext insofern eine Ausnahme dar, als die in diesem Kapitel dargestellten Aspekte der Prozessplanung nicht in dieser Ausführlichkeit gelten. Da sie regelmäßig zum Zweck des Informationsaustauschs und der Verabredung von Maßnahmen stattfinden,

Routinebesprechungen

► fällt für gewöhnlich ein aufwändigerer Einstieg weg,

► gibt es üblicherweise keine Gruppenarbeitsphasen.

Bei regelmäßig stattfindenden Besprechungen haben Sie Ihre Rollen und Verantwortlichkeiten geklärt und Verabredungen über Umgang und Zusammenarbeit getroffen. Auch der Sinn und Zweck der Routinebesprechung ist allen bekannt. Möglicherweise moderieren Sie jedes Mal selber oder die Moderation rotiert im Team. Sie haben eine Regelung für das Erstellen und Verteilen eines Ergebnisprotokolls.

> ### TIPPS FÜR DAS VORGEHEN BEI ROUTINEBESPRECHUNGEN
>
> ► Vereinbaren Sie einen Zeitrahmen für Routinebesprechungen, damit alle Beteiligten ihren weiteren Tagesablauf planen können.
>
> ► Verschicken Sie auch bei Routinebesprechungen rechtzeitig eine Agenda, damit die Teilnehmer sich vorbereiten können.
>
> ► Begrüßen Sie die Teilnehmer.
>
> ► Stellen Sie die (visualisierten) Themen der aktuellen Sitzung in einer Tagesordnung und den Sinn und Zweck der Sitzung vor. Die Themen haben Sie entweder zuvor bei den Beteiligten erfragt oder selbst festgelegt. Es hängt von der individuellen Situation ab, ob Sie die Reihenfolge der abzuarbeitenden Themen selbst festlegen oder gemeinsam mit dem Team. Auf jeden Fall sollten Sie erklären, warum welche Themen eine Priorität haben (weil beispielsweise eine Entscheidung oder die Einschätzung der zeitweise anwesenden Kollegen benötigt wird).
>
> ► Haben Sie die Themen vorgestellt, so fragen Sie kurz ab, ob es aus aktuellem Anlass Ergänzungswünsche gibt.
>
> ► Standen die Themen schon vorher fest, so konnten Sie bereits eine Zeitplanung machen, die Sie nun aber mit allen kurz überprüfen sollten.
>
> ► Ergeben sich die Themen erst bei der Besprechung, so machen Sie eine Grob-Zeitplanung mit allen gemeinsam und korrigieren Sie diese zwischendurch, wenn nötig.
>
> ► Stellen Sie sicher, dass am Ende der Sitzung alle zu treffenden Verabredungen und Entscheidungen erfolgt und visualisiert sind.

Hinterfragen Sie auch hin und wieder den Sinn von Routinebesprechungen

Und noch ein Tipp: Hinterfragen Sie auch bei Routinebesprechungen immer wieder einmal die Notwendigkeit dieser Routine, die Regelmäßigkeit und die Länge der Sitzung. Auf den Prüfstand sollten Sie hin und wieder auch das Besprechungsprozedere stellen und gemeinsam mit allen Beteiligten überlegen, was noch optimiert werden kann. Wir erleben es in der Praxis häufig, dass uns von langweiligen, zeitraubenden und ineffizienten Wochen-Meetings berichtet wird, die regelmäßig stattfinden, weil das „immer schon so war". Hier sind Sie gefragt, etwas zu verändern. Vielleicht genügt ein vierzehntägiger Besprechungsrhythmus oder der Zeitrahmen kann verkürzt werden oder nicht alle Teilnehmer müssen jedes Mal dabei sein.

Wie Sie beim Planen vorgehen

Zunächst beleuchten Sie die Ausgangssituation. Haben Sie mögliche Konflikte erforscht, die Stakeholder berücksichtigt und den Sinn und Zweck der Veranstaltung geklärt, dann können Sie das Vorgehen für die Veranstaltung planen. Entscheidend für das Gelingen einer Veranstaltung ist der „Einstieg". Kennen Sie die Situation der Teilnehmer und ihre Bereitschaft, sich zu öffnen, sich einzulassen oder bestimmte Dinge anzugehen? Davon hängt ab, ob Sie einen „direkten Einstieg" wählen oder eine „Aufwärmphase" vorschalten. Weitere Informationen über die Gestaltung des Einstiegs finden Sie im Kapitel „Eine Moderation beginnen" (siehe Seite 203).

Ist die Art des Einstiegs beschlossen, wählen Sie die weiteren Methoden und Verfahren aus. Wie Sie Themen bearbeiten lassen wollen, ist mitentscheidend für den Erfolg der Veranstaltung. Auch hierbei gilt es, sowohl die Sach- als auch die Beziehungsebene zu berücksichtigen.

Ausgangssituation

> ### SACH- UND BEZIEHUNGSEBENE BERÜCKSICHTIGEN
>
> Es ist Ihre Aufgabe, Sachthemen zu bearbeiten und das Miteinander zu fördern, indem Sie
>
> ► Informationen zur Verfügung stellen oder dafür sorgen, dass diese zur Verfügung gestellt werden,
>
> ► Informationen in Form von „Inputs" einstreuen, wenn dadurch Wissenslücken geschlossen werden oder der gruppendynamische Prozess gefördert wird,
>
> ► dafür sorgen, dass die Teilnehmer schnell in ein offenes Gespräch kommen,
>
> ► den aktuellen Stand visualisieren, damit alle sich orientieren können.

Dauer einer moderierten Veranstaltung

Planen Sie grundsätzlich großzügig, denn bei der Arbeit mit Menschen passiert immer etwas Unvorhergesehenes. Tauchen beispielsweise Konflikte auf, braucht es Zeit, diese zu klären. Auch wenn ein Thema harmlos erscheint, können plötzlich Unstimmigkeiten auftauchen und Sie können mit dem ursprünglich geplanten Design erst fortfahren, wenn alles geklärt und „die Luft wieder rein" ist.

Planen Sie die Zeit eher großzügig, um flexibel zu bleiben

Wollen Sie außer der Bearbeitung eines Sachthemas auch Begegnung und Miteinander fördern, müssen Sie mehr Zeit einplanen.

DIE DAUER EINES WORKSHOPS

Aus unserer Erfahrung können wir sagen, dass zwei Tage ideal sind für die Dauer einer Veranstaltung mit Workshopcharakter. Ein Tag ist meist zu kurz, es gibt zu wenig Möglichkeiten für informelle Kontakte; drei Tage sind oft zu lang, weil der Energiepegel sinkt (aber auch das lässt sich nicht verallgemeinern). Ein Kompromiss bei knapper Zeit besteht darin, einen Tag mit Vorabend einzuplanen, so dass auch genügend Zeit für Kontakt und informellen Austausch ist.

Zeit investieren, um Zeit zu sparen

Wenn nicht nur Sachthemen besprochen werden, sondern auch beispielsweise eine Aufbruchstimmung erzielt oder das Miteinander gestärkt werden soll, empfehlen wir Ihnen, dafür viel Zeit einzuplanen. Besonders bei emotional brisanten Themen ist es hilfreich, wenn Sie sich mit den Teilnehmern in ein Tagungshotel zurückziehen und dort übernachten, damit Sie die Abende nutzen und die Teilnehmer sich auch außerhalb der „offiziellen" Themen aufeinander konzentrieren können. Der Effekt des informellen Beisammenseins ist nicht zu unterschätzen!

Planen Sie auch Zeit für informelle Begegnung ein

Reisen die Teilnehmer beispielsweise am Vortag an, können Sie den Abend nutzen, sie einzustimmen und zu informieren, indem Sie

► die Ziele des Workshops vorstellen,
► den Ablauf erklären,
► Spielregeln vereinbaren,
► Organisatorisches klären,
► den weiteren Verlauf des Abends informell gestalten.

Somit ist eine erste Orientierung gegeben, Unklarheiten sind beseitigt, Informationsaustausch und informelles Beisammensein haben begonnen. Sie haben viel Zeit gespart und können am nächsten Morgen sofort in das eigentliche Thema einsteigen.

„Feinarbeit"

Wie Sie einen Prozessplan gestalten

Jetzt beginnt die „Feinarbeit": Sie erstellen einen Prozessplan. Jeder Prozessplan setzt sich aus verschiedenen Modulen zusammen, die Sie je nach Bedarf gestalten und in ihrer Dauer und Ausgestaltung den Gegebenheiten einpassen können. Auf der folgenden Seite finden Sie als Vorlage einen Prozessplan.

Prozessplan in Modulen

1. Anfang

Phase des Prozessplans	Vorgehen in dieser Phase	Sinn und Zweck der Phase
Einstieg	Aufwärmphase, Vorstellungsrunde; Erwartungen und Befürchtungen abfragen; überprüfen, was geleistet werden kann; Ziele der Veranstaltung vorstellen und abgleichen; Arbeitsmethodik vorstellen; Zeitplan (Tagesplan und Gesamtüberblick) vorstellen; Verabredungen treffen; Organisatorisches klären.	Einander kennen lernen, einstimmen; Klima für gutes Arbeiten schaffen; Orientierung geben; Erwartungen klären Ziele der Veranstaltung klären; Zeitplanung abgleichen
Themenorientierung	Einführung in das Thema oder Zusammenfassen des Status Quo durch Vortrag, Präsentation o. ä.	Gemeinsame Auftragsklärung; Zielklärung und -vereinbarung. Gleichen Wissensstand für alle erzielen; Informationsaustausch.

Baustein P:
Prozessplan

2. Hauptteil

Themenwechsel/ -priorisierung	Sammeln von Themen, die bearbeitet werden sollen; Festlegen und/oder Priorisieren der zu bearbeitenden Themen.	Bündelung der Themen und Fokussierung auf entscheidende Themen; Entscheidungen.
Themenbearbeitung	Diskussion nach spezifischen Aufgabenstellungen, bei Bedarf in Gruppen.	Bündeln vorhandener Ressourcen für eine umfassende Bearbeitung; Beleuchten einzelner Aspekte von verschiedenen Seiten; Einbeziehung aller Beteiligten. Erzielen von Ergebnissen, die von allen getragen werden.
Entscheidungen	Zusammenfassen und Fokussieren der wesentlichen Punkte, Einschätzen der Machbarkeit. Entscheidung.	Bündelung der erzielten Arbeitsergebnisse; Ergebnisorientierung.

3. Ende

Planung weiterer Schritte/Maßnahmen	Maßnahmenplan mit Meilensteinen erstellen; Verteilung von Verantwortlichkeiten.	Folgeaktivitäten planen; Vorgehen strukturieren; Dokumentieren; Terminplanung.
Abschluss	Rückblende	1. Soll-/Ist-Vergleich; 2. Prozessrückblende; Erfahrungen analysieren; Schlussfolgerungen für das nächste Mal ziehen.
	Verabschieden	Positiver Abschluss

Wie Sie diese Module je nach Teilnehmerzahl, Zusammensetzung und Stärken der Teilnehmer für einen speziellen Zweck ausgestalten können, erfahren Sie in den folgenden Kapiteln.

Die Systematische Vorgehensweise als Prozessplan

Die bereits vorgestellte Systematische Vorgehensweise ist ein weiteres Beispiel für einen Prozessplan:

► Auftrag klären

► Ziele vereinbaren

► Informationen zusammentragen

► Was muss getan werden?

► Plan aufstellen

► Durchführen

► Rückblende

Sie bietet für jede Art von Meeting oder Besprechung ein flexibel handhabbares Grundgerüst. Beispielsweise können Sie, wenn notwendig, Blocks zur Bearbeitung spezieller Themen oder zur Konfliktlösung einschieben, um dann wieder zur Grundstruktur zurückzukehren. Weitere Details zur Systematischen Vorgehensweise finden Sie im Kapitel „Ein Prozess – was ist das?"

Den Prozessplan flexibel handhaben

Bleiben Sie flexibel im Prozess und berücksichtigen Sie die Bedürfnisse der Teilnehmer

Sicher müssen Sie den kompletten Veranstaltungsverlauf durchplanen. Es hat sich jedoch bewährt, nur den ersten Teil oder den ersten Tag eines Workshops detailliert vorzubereiten und den weiteren Prozessplan noch weitgehend offen zu lassen. Ein zu hoher Detaillierungsgrad trägt unter Umständen dazu bei, dass Sie als Moderator nicht mehr flexibel auf die aktuellen Bedürfnisse der Gruppe reagieren. Oft ist es so, dass Sie erst dann den Prozessplan vervollständigen können, wenn die Gruppe angefangen hat zu arbeiten.

TO DO

GEHEN SIE IN SCHLEIFEN VOR

Wenn Sie in Schleifen von Vorbereiten -> Durchführen -> Rückblende vorgehen, haben Sie genügend Informationen, die Sie für die Planung oder weiteren Schritten brauchen. Fragen Sie sich vor jeder Entscheidung, wie Sie weitermachen wollen:

► Was braucht die Gruppe als Nächstes?

► Mit welchem Vorgehen kann die Gruppe dies am ehesten erreichen?

► Wie kann ich sie dabei unterstützen, ohne ihr den Freiraum zu nehmen?

Plenums- und Gruppenphasen im Wechsel

Grundsätzlich kann gesagt werden, dass ein Wechsel zwischen Plenum und Gruppe notwendig und sinnvoll ist. Entscheidend ist, dass Sie diesen Wechsel und die Konstellationen in einem den Teilnehmern und dem Ziel der Veranstaltung zuträglichen Maße gestalten. Für gewöhnlich beginnen und beenden Sie jede moderierte Veranstaltung im Plenum mit der Gesamtgruppe und bieten zwischendurch möglichst viele Gelegenheiten, in Gruppen intensiv und effektiv zu arbeiten. Die Gruppenphasen werden von Plenumsphasen unterbrochen, in denen sich alle über die erarbeiteten Ergebnisse austauschen und sich gegenseitig informieren.

Wechseln Sie zwischen Plenums- und Gruppenphasen

In der Regel empfinden es die Teilnehmer als hilfreich, wenn Sie diese Phasenstruktur visualisieren, beispielsweise so:

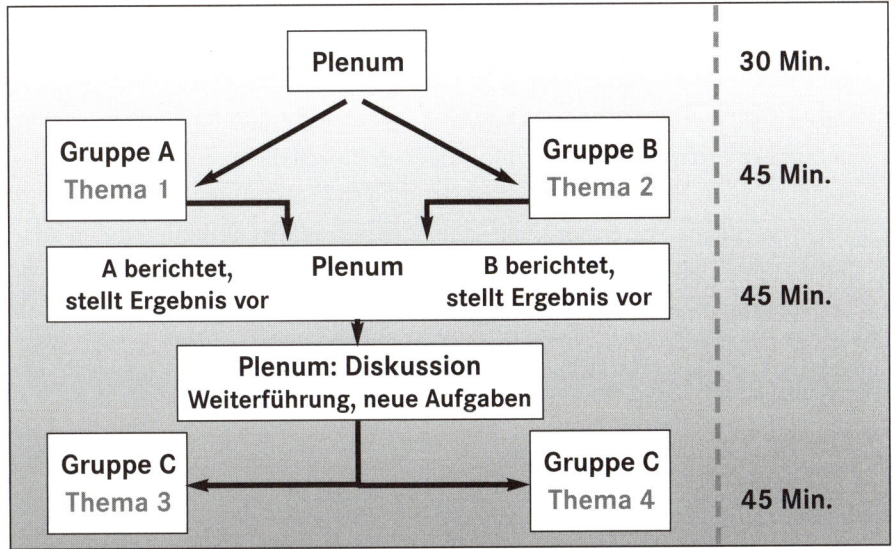

Beispiel für die Visualisierung der Phasenstruktur

Wir haben die Erfahrung gemacht, dass es sehr wichtig ist, den Sinn und Zweck der Gruppenphasen transparent zu machen. Verstehen Teilnehmer den Auftrag nicht, werden sie widerwillig in die Gruppen gehen und/oder dort nicht konstruktiv mitarbeiten. Beispielsweise könnten sie, vor allem solche, die diese Arbeitsformen nicht gewohnt sind, den Verdacht haben, dass Sie es sich als Moderator „einfach machen" und die Teilnehmer „irgendwie beschäftigen" wollen.

Plenum   Ein Plenum umfasst in der Regel etwa 9 bis 30 Personen oder mehr. Je nach Zweck und Vorerfahrung können Sie die Moderation allein gestalten, wir empfehlen jedoch ab 16 Personen zwei Moderatoren, vor allem wenn die Gruppen intensiv betreut werden müssen/sollen. Es kann sehr anstrengend oder gar unmöglich sein, alles allein im Blick zu behalten.

Im Plenum können Sie nur begrenzt inhaltlich arbeiten,

▶ weil mehrere Präsentationen hintereinander ermüden, und

▶ weil sich nicht jeder Teilnehmer gleichwertig einbringen kann.

> ### PLENUMSARBEIT DIENT DAZU,
>
> ▶ über Sinn und Zweck der moderierten Veranstaltung zu informieren,
>
> ▶ sich auf längere Arbeitsprozesse einzustimmen und Meilensteine festzulegen,
>
> ▶ erste Ideen zu sammeln oder kurze Diskussionen zu führen, die in Gruppen vertieft werden können,
>
> ▶ in Gruppen erarbeitete Ergebnisse vorzustellen,
>
> ▶ ein gemeinsames Verständnis von Vorgehensweisen und Ergebnissen herzustellen,
>
> ▶ Informationen und Ergebnisse zu bewerten, Entscheidungen zu fällen und Verabredungen für die weitere Vorgehensweise zu treffen.

Weitere Tipps

Rollenverteilung   Sorgen Sie für klare Rollenverteilung, das spart Zeit und fördert die Konzentration auf die eigene Rolle. Klären Sie dazu folgende Fragen:

> **TO DO**

FRAGEN, DIE SIE KLÄREN MÜSSEN

► Welche Aufgaben hat der Moderator in diesem Workshop?

► Welche Aufgaben haben Führungskräfte und Entscheidungsträger in diesem Workshop?

► Wer eröffnet den Workshop?

► Wer führt Entscheidungen herbei?

► Gibt es bezüglich der Länge oder Reihenfolge von Wortbeiträgen Privilegien?

► Wer verfasst das Protokoll?

Prozess-Schleifen

Bei Coverdale haben wir sehr gute Erfahrungen mit dem Vorgehen in Schleifen gemacht, das unserer Meinung nach die Motivation und Leistung der Teilnehmer steigert: Vorbereiten –> Durchführen –> Rückblende -> Vorbereiten -> Durchführen -> Rückblende usw. Es entwickelt sich so ein Motivationskreislauf, weil Menschen auf der Basis eines (noch so kleinen) Erfolgs den Wunsch oder die Motivation und das Selbstvertrauen entwickeln, weitere Veränderungen vorzunehmen und durch Erfahrungen weiter zu lernen. In diesen Schleifen von Vorbereiten – Durchführen – Rückblende können die Teilnehmer Verhaltens- und Vorgehensweisen ausprobieren, entscheiden, welche hilfreich sind, und diese schließlich weiterentwickeln zu richtigem Können. Allmählich nähern sich die Teilnehmer einer konstruktiven und effektiven Zusammenarbeit, indem sie Verhaltens- und Arbeitsweisen in unterschiedlichen Situationen anwenden und ausprobieren.

Bauen Sie Schleifen in den Prozessplan

In diesem Zusammenhang sehen wir die Aufgabe des Moderators darin, einen Rahmen anzubieten, innerhalb dessen die Teilnehmer aufeinander aufbauende Erfahrungen machen und aus ihnen lernen können.

> **TO DO**

AUS ERFAHRUNGEN LERNEN

Dabei ist es wichtig, dass Sie als Moderator

► Aufgabenstellungen sorgfältig schriftlich formulieren/visualisieren, damit die Teilnehmer die anstehenden Aufgaben bewältigen können,

► Prozessrückblenden im Anschluss daran durchführen, die es der Gruppe ermöglichen, den Erfolg (genauso wie die Schwierigkeiten) zu analysieren, und zwar derart, dass die daraus resultierenden Informationen die Gruppenmitglieder motivieren, auf Erfolgen aufzubauen, um die eigene Leistung zu verbessern.

„Plan B" Gut ist es, einen „Plan B" im Kopf zu haben, also eine Ersatzplanung für unvorher-gesehene Entwicklungen, einen Notfallplan, falls „Plan A" nicht funktioniert. Denn manchmal trifft ein Moderator trotz aller Erfahrung und guter Vor-bereitung daneben und eine Aufgabenstellung oder Gruppenarbeit führt nicht zum gewünschten Ziel. Dann ist es günstig, wenn Sie unterbrechen und einen neuen Vorgehensvorschlag machen können. Das fällt Ihnen leichter, wenn Sie schon vorab die eine oder andere Alternative für ein Vorgehen über-legt und sich notiert haben. Damit ist nicht gemeint, dass Sie einen kom-pletten zweiten Prozessplan ausgearbeitet haben, aber Sie sollten mögliche Optionen schon einmal angedacht haben.

Auftraggeber einbeziehen Fragen Sie auch Ihren Auftraggeber, wie genau er im Vorfeld und während der Moderation über den Ablauf der geplanten Veranstaltung informiert werden möchte. Aufgrund knapper Zeit sind viele Auftrageber erleichtert, wenn sie sich nach der Übergabe des Moderationsauftrages nicht mehr mit den Einzel-heiten beschäftigen müssen. Wieder andere Auftraggeber möchten möglichst viel Information von Ihnen darüber, wie Sie was planen. Dieser Wunsch nach Detailinformation entsteht oft durch Unsicherheit. Respektieren Sie diesen Wunsch, denn so können Sie nach und nach das Vertrauen Ihres Auftrag-gebers aufbauen. Besprechen Sie Ihren geplanten Prozessverlauf in Form ei-ner Agenda oder als Tagespläne und nehmen Sie mögliche Änderungswün-sche auf. Weisen Sie den Auftraggeber aber auch darauf hin, dass sich auf-grund des tatsächlichen Prozessverlaufs das Vorgehen in der aktuellen Situation verändern kann.

FAZIT

Patentrezepte für die Gestaltung von Prozessplänen gibt es nicht, jedes Moderationsdesign muss individuell geplant werden. Den ersten Tag oder Teil einer Veranstaltung können Sie fest planen, auch für den weiteren Verlauf sollten Sie eine Planung haben, aber davon ausgehen, dass Sie diese flexibel handhaben müssen, je nachdem, wie sich Atmosphäre, Arbeitsweise und -ergebnisse entwickeln. Seien Sie auf Unwägbarkeiten wie neue Themen oder Konflikte eingestellt und planen Sie dafür Zeit ein. Es hat sich bewährt, in Schleifen vorzugehen, um in Rückblenden Schlussfolgerungen aus den Erfahrungen und Erfolgen zu ziehen und auf diesen aufzubauen.

Gruppen bilden

Als Moderator können Sie sich die Größe und Zusammensetzung einer Gruppe selten aussuchen, sondern Sie müssen mit den Gegebenheiten arbeiten, die Sie vorfinden. Falls Sie die Größe der Gruppe beeinflussen können, so ist unsere Empfehlung, nicht mehr als acht Teilnehmer in eine Gruppe zu nehmen, wenn die Gruppe gemeinsam ein Ergebnis erarbeiten soll.

Merkmale und Größe einer Gruppe

Eine Gruppe hat idealerweise eine Größe von drei bis acht Personen.

> **ARBEIT IN DER GRUPPE IST BESONDERS GEEIGNET, WENN**
>
> ► Teilnehmer sich richtig kennen lernen wollen/sollen;
> ► jede Person die Gelegenheit erhalten soll, sich mit ihrer Meinung und ihrem Wissen einzubringen;
> ► vielfältiger, konzentrierter und gleichwertiger Austausch stattfinden soll.

In Gruppen mit einer Größe von mehr als zehn Teilnehmern wird der Austausch schwerfälliger und das Potenzial kann nicht optimal genutzt werden.

Zusammensetzung der Teilnehmer

Wir empfehlen Ihnen, sofern Sie die Zusammensetzung beeinflussen können, auf Prozessstärken und Fachkompetenz zu achten, und nicht nur auf die „Chemie": Es ist zwar hilfreich, wenn sich ein Team gut versteht, aber mindestens genauso ausschlaggebend ist das Vorhandensein von unterschiedlichen Stärken und von Fachwissen. Es nützt Ihnen beispielsweise nichts, wenn Sie nur Personen im Team haben, die gut planen, aber nicht umsetzen können. Sie sollten sich hier an der Systematischen Vorgehensweise orientieren: Haben Sie Teilnehmer, die gut

Achten Sie nicht nur auf die „Chemie"

► Aufträge klären und Ziele definieren können?
► Ideen und Informationen sammeln können?
► Planen können?
► Umsetzen können?
► Erfolgskontrolle oder Auswertungen durchführen können?

Baustein Z:
Zusammensetzung
der Teilnehmer

KRITERIEN FÜR DIE ZUSAMMENSETZUNG VON GRUPPEN

Sie können die Zusammensetzung nach vielerlei Kriterien festlegen, je nachdem, ob Sie die Teilnehmer kennen oder nicht. Diese Kriterien müssen Sie den Teilnehmern transparent machen, beispielsweise so:

► Kennen Sie die Gruppe nicht, können Sie die Namen in alphabetischer Reihenfolge aufhängen und dann abwechselnd auf Gruppen verteilen

► Existierende Teams durchmischen (wer kennt wen noch nicht?)

► Gleichmäßige Verteilung von Männern und Frauen

► Neue und langjährige Mitarbeiter mischen

► Entscheidungsträger eine Gruppe bilden lassen oder gleichmäßig über die Gruppen verteilen

► Menschen mit ähnlichen Interessen trennen oder zusammenbringen, je nach Zweck

► Menschen, die Konflikte miteinander haben, trennen oder zusammenbringen, je nach Zweck

► Teilnehmer nach fachlichem Wissen und/oder Fähigkeiten, je nach Zweck zuordnen

► Gruppenmitglieder nach „Stärken" und „Schwächen" je nach Zweck einteilen

Lassen Sie Gruppen in ihrer Zusammensetzung konstant, wenn die Teilnehmer über mehrere Etappen hinweg dasselbe Thema bearbeiten. Durchmischen Sie ansonsten die Gruppen so oft wie möglich, auf jeden Fall dann, wenn Sie ein neues Thema bearbeiten. Sie fördern damit eine gleichmäßige Interaktion und Beziehungspflege in der Gesamtgruppe.

Aufträge für Gruppen

Aufträge für Gruppenarbeiten

Erteilen Sie an alle Gruppen **denselben Auftrag**, wenn Sie oder das Team

► eine Vielfalt von Ideen und Kreativität brauchen, zum Beispiel für die Entwicklung von Ideen, Produkten, Strategien, Konzepten ...;

► eine Entscheidungsgrundlage oder Vergleichsmöglichkeiten brauchen, um Risiken oder Alternativen abschätzen zu können.

DER UMGANG MIT ERGEBNISSEN

Dabei sollten Sie jedoch gut überlegen, wie Sie mit den Ergebnissen umgehen wollen: Möglicherweise erhalten Sie miteinander konkurrierende Ergebnisse. Soll aus diesen ein gemeinsames Endergebnis abgeleitet werden, müssen Sie hohen Zeitaufwand einkalkulieren. Auf jeden Fall sollte Ihre Vorgehensweise vorher feststehen.

Erteilen Sie **unterschiedliche Aufträge** an die Gruppen, wenn

▶ Einigkeit über grundlegende Fragen besteht und Sie möglichst viel in der verabredeten Zeit schaffen und Ergebnisse erzielen möchten;

▶ Themen vorab grob erarbeitet und nun im Detail ausgearbeitet werden sollen.

UNSER TIPP

Erteilen Sie klare, verständliche, schriftliche Aufträge. Das spart Zeit und Mühe.

Die Rolle des Moderators bei der Gruppenarbeit

Grundsätzlich kann die Gruppe entscheiden, ob sie einen Moderator aus ihrer Gruppe benennen möchte oder nicht. Empfehlenswert ist ein Moderator zumindest für eine Gruppengröße von mehr als fünf Personen. Wenn Sie unter Zeitdruck arbeiten, empfehlen wir Ihnen, den Moderator der jeweiligen Gruppe vorzugeben. Bei einer kleinen Anzahl von Gruppenmitgliedern besteht oft auch die Sorge, dass eine Arbeitskraft verloren geht, wenn jemand die Moderation übernimmt. Gerade in kleinen Gruppen kann ein Moderator eine Doppelrolle als normales Teammitglied und als Moderator innehaben.

Während die Gruppen im Rahmen einer von Ihnen moderierten Veranstaltung parallel arbeiten, haben Sie keineswegs „Pause". Entweder betreuen Sie die Gruppen oder Sie bereiten das weitere Vorgehen und die nächste Plenumssitzung vor. Für gewöhnlich haben Sie aber während dieser Zeit keine Moderatorenfunktion, es sei denn, Sie müssen vorübergehend eingreifen. Halten Sie sich dezent im Hintergrund, zeigen Sie ab und zu Präsenz und vergewissern Sie sich, dass die Gruppen allein gut klarkommen und konstruktiv arbeiten. Pendeln Sie von einer zur anderen. Sie können die Zeit nutzen, Beobachtungen zu machen und zu notieren, um in der folgenden Rückblende Feedback zu geben.

Bleiben Sie bei den Gruppenarbeiten im Hintergrund präsent

> ### INTERVENIEREN IN DEN GRUPPEN
>
> Es gibt jedoch Situationen, in denen es sehr sinnvoll ist, dass Sie als außenstehender Moderator intervenieren:
>
> ► Die Gruppe braucht Unterstützung bei der Klärung des Auftrags.
>
> ► Ein Konflikt ist ausgebrochen.
>
> ► Die Teilnehmer sind unkonzentriert oder müde.

Anfangsphase

Anfangsphase

Vergewissern Sie sich in der Anfangsphase, ob in jeder Gruppe

► ein gemeinsames Verständnis vom Auftrag vorherrscht;

► ausreichend und angemessene Arbeitsmittel zur Verfügung stehen;

► in konstruktiver Atmosphäre gearbeitet wird.

Hauptarbeitsphase

Hauptarbeitsphase

Vergewissern Sie sich in der Hauptarbeitsphase, ob die Gruppe

► konzentriert beim Thema ist und vorankommt;

► ihre Ergebnisse visualisiert (damit alle auf dem gleichen Stand sind und die Ergebnisse später präsentiert werden können);

► innerhalb des vorgegebenen Zeitrahmens zum Schluss kommen oder ein Ergebnis erzielen kann. Fragen Sie: „Kommen Sie mit der Zeit zurecht?"

Abschlussphase

Abschlussphase

Vergewissern Sie sich in der Abschlussphase, dass eine Person benannt wird, die die Ergebnisse im Plenum präsentiert. Haben Sie ansonsten „Leerlauf", können Sie natürlich im Plenumsraum aufräumen und die nächsten Arbeitsphasen vorbereiten sowie den Raum für die Präsentation der Ergebnisse herrichten.

Der Umgang mit Zeit

Es kann passieren, dass Gruppen unterschiedlich mit der Zeit zurechtkommen – eine Gruppe ist vielleicht vor der Zeit fertig, eine andere will noch zehn Minuten bewilligt bekommen. Wir empfehlen Ihnen, keinen Druck auszuüben und in solch einem Fall einen Mittelweg zu suchen, damit weder eine Gruppe unter Zeitdruck gerät, noch die andere eine zu lange Pause hat. Entscheidend ist, dass die Teilnehmer das Gefühl haben, etwas geschafft zu haben, das sie den anderen Teilnehmern im Plenum präsentieren können.

Gruppen haben unterschiedliche Arbeitstempi

Fragen Sie deshalb zunächst bei allen Gruppen an: „Die Gruppe XY braucht noch zehn Minuten länger – wie ist das bei Ihnen? Kommen Sie klar oder würden Sie auch gern noch zehn Minuten Zeit haben?". Treffen Sie dann mit allen Gruppen klare Vereinbarungen, bis wann weitergearbeitet oder eine Pause gemacht wird und wann das Plenum dann beginnen soll. Manchmal ist der Zeitrahmen jedoch nicht flexibel zu handhaben und Sie müssen auf eine pünktliche Beendigung der Gruppenarbeit drängen. Versuchen Sie in dem Fall, die Gruppen, die knapp mit der Zeit sind, dabei zu unterstützen, ein Zwischenergebnis zu produzieren, sofern dies notwendig und gewünscht ist.

Weitere Hinweise zum Thema Gruppenarbeit finden Sie im Kapitel „"In Gruppen effizient arbeiten" (siehe Seite 142).

Großgruppenmoderation

Für Großgruppen, bei denen eine intensive Diskussion im Plenum aufgrund der Teilnehmerzahl nicht möglich ist und eine intensive Begleitung und Moderation von Gruppen nur mit mehreren Moderatoren gewährleistet wäre, gibt es spezielle Moderationsmethoden (Open Space, Futre Search), die eine andere Art der Führung durch einen Prozess erfordern. Da aber die Großgruppenmoderation ein Thema für sich ist, wollen wir auch hier nicht näher darauf eIngehen.

> ### ◤ FAZIT
>
> Größe und Zusammensetzung von Gruppen sind entscheidend für Effektivität, Atmosphäre und Ergebnisqualität. Wichtig bei der Zusammensetzung ist, je nach Anlass, eine Mischung unterschiedlicher Prozess- und Fachkompetenzen. Arbeiten in kleinen Gruppen ist sinnvoll zum Kennenlernen und/oder Erarbeiten detaillierter Ergebnisse; Plenumssitzungen mit einer größeren Anzahl von Teilnehmern eigenen sich für Präsentationen oder die kurzfristige Verständigung über Ergebnisse und Vorgehen. In großen Gruppen ist intensiverer Austausch nur kurzfristig möglich. Moderation ist auch in der kleinen Gruppe sinnvoll, gegebenenfalls unter Berücksichtigung der Doppelrolle von Teammitglied und Moderator im Wechsel.

Großgruppen-
moderation

Synergien im Team erreichen

Als Moderator unterstützen Sie den Meinungsbildungs- und Entscheidungsprozess in Gruppen. Sie achten darauf, dass Gruppen arbeitsfähig bleiben. Darüber hinaus sorgen Sie für alle erforderlichen Rahmenbedingungen und nutzen die verschiedenen Moderationstechniken. Im Idealfall geht es aber um mehr: Sie wollen durch Moderation nicht nur eine Einigung auf dem kleinsten gemeinsamen Nenner erzielen, sondern Synergie in einer Gruppe ermöglichen. Um zu verdeutlichen, was mit Synergie gemeint ist, wollen wir ein Beispiel aus der Tierwelt betrachten:

> **BEISPIEL**
>
> Ameisen faszinieren uns Menschen unter anderem wegen ihrer erstaunlichen körperlichen Kraft und ihrer beispiellosen Leistungsfähigkeit. Sie bilden hoch komplizierte Staaten mit strenger Arbeitsteilung. Die Arbeiterinnen sind in der Lage, bis zu zehnmal mehr zu tragen, als sie selber wiegen. Eine Studie über eine asiatische Ameisenart berichtet, wie Ameisen ihre Fähigkeit als Lastenträger durch besondere Formen der Zusammenarbeit erstaunlich optimieren. Ist ein größeres Beutestück zu bewegen, so beteiligen sich bis zu 100 Tiere an dieser Arbeit. Eine solche Zahl von Arbeiterinnen kann durch ein sinnvolles Kooperieren einen Wurm von der Stelle bewegen, der 10.000-mal schwerer ist als eine einzelne Ameise. Die Effektivität der Tiere kann also durch wirkungsvolle Kooperation gegenüber einem Einzelnen nochmals verzehnfacht werden (National Research, Heft 4/1988). Diesen Effekt nennen wir Synergie.

Synergie ist mehr als die Summe der Einzelleistungen

Auch in der Zusammenarbeit von Menschen wollen wir Synergieeffekte erreichen. Durch Moderation tragen wir dazu bei, dass die unterschiedlichen Stärken, die die Teilnehmer in eine Gruppe einbringen, so kombiniert und eingesetzt werden, dass als Ergebnis mehr als nur die Summe der Einzelleistungen herauskommt.

Individuelle Stärken einbinden

Sprechen wir in diesem Zusammenhang von Stärken, so gibt es zum einen die fachlichen Fähigkeiten, die ein Teilnehmer mit in die Gruppe bringt. Viele Aufgaben in den Unternehmen sind aufgrund ihrer Komplexität nicht mehr von einem Fachmann alleine lösbar, sondern verschiedene fachliche Spezialisten müssen ihr Wissen zusammentragen, um gemeinsam Lösungen zu erarbeiten. Sprechen wir von Stärken im Zusammenhang mit Moderation, mei-

Prozessstärken

nen wir vor allem methodische und soziale Kompetenzen, die die Teilnehmer in unterschiedlichem Maße besitzen. Diese Stärken ermöglichen Interaktionen in der Gruppe und erleichtern den Prozess. Wir bezeichnen sie deshalb auch als Prozessstärken. Die folgende Übersicht enthält einige Beispiele für Prozessstärken, die Sie als Moderator bei den Teilnehmern beobachten können.

BEISPIELE

- ▶ Visionen oder Ideen entwickeln, Kreativität einbringen
- ▶ Unklarheiten entdecken und Klärungsfragen stellen
- ▶ Kritisch hinterfragen
- ▶ Sinnhaftigkeit und Nutzen prüfen
- ▶ Zeitgefühl haben
- ▶ Analysieren, Zusammenhänge erkennen, bewerten
- ▶ Zuhören
- ▶ Planen
- ▶ Andere begeistern und motivieren
- ▶ Ideen anderer aufgreifen und weiterführen
- ▶ Realitätssinn haben und auf Machbarkeit achten
- ▶ Verantwortung übernehmen
- ▶ Querdenken können
- ▶ Rücksichtsvoll und kompromissbereit sein
- ▶ Andere unterstützen, ermutigen
- ▶ Flexibel sein
- ▶ Strukturieren
- ▶ ...

Die Kunst in der Moderation ist nun, die verschiedenen Stärken zu kombinieren und Brücken zu bauen – beispielsweise zwischen einem Pragmatiker mit einem hohen Realitätssinn und Gespür für das Machbare, einem Visionär mit seiner kreativen Ideenvielfalt und einem Kritiker, der auf Qualität achtet. Das ist nicht einfach, da dem Pragmatiker oft das Verständnis für gedankliche „Höhenflüge" fehlt und dem Visionär die Geduld für die „Bodenhaftung" des Pragmatikers und Kritiker weder beim Visionär noch beim Pragmatiker sonderlich beliebt sind. Hier zu vermitteln und Verständigung zwischen den unterschiedlichen Herangehensweisen an Aufgaben zu ermöglichen ist Ihre Aufgabe als Moderator.

Sie müssen zwischen „Höhenflügen" und „Bodenhaftung" vermitteln

Nur vordergründig ist es scheinbar einfacher, mit Menschen zu arbeiten, die ähnliche Stärken haben. Diese Teilnehmer verstehen sich auf Anhieb. Eine Gruppe von Visionären kann sich gemeinsam und mit zunehmender Begeisterung Ideen für das Gestalten der Zukunft ausdenken, nur leider kommt die Umsetzung der Ideen zu kurz. Ein Projektteam aus lauter Pragmatikern wird viel voran bringen, aber keine neuen Wege beschreiten und eine Versammlung von Kritikern schafft weder das eine noch das andere.

Betrachten Sie die unterschiedlichen Stärken als Potentiale

Ideal ist es darum in den meisten Situationen, wenn in einem Team Mitglieder mit den unterschiedlichen Stärken gemeinsam an einer Aufgabe arbeiten, um die Stärken komplementär einzusetzen. Beispielsweise: Der Visionär entwickelt Zukunftsentwürfe, der Pragmatiker liefert die Umsetzungsideen und der Kritiker sichert die Qualität. Dieses Aufteilen von Rollen in einem Team ist eine vereinfachte Darstellung und wird der Vielschichtigkeit von Menschen nicht gerecht. Sie soll Ihnen aber helfen, den Blick für die Prozessstärken Ihrer Teilnehmer zu öffnen.

Überlegen Sie, wie Sie die Stärken in den Prozess am besten einbinden, denn Stärken sind nicht nur Stärken, sondern können je nach Situation zu Schwächen werden. In einer Phase des Prozesses, in der Sie Kreativität brauchen, ist kritisches Hinterfragen hinderlich. Oder wenn es um konkrete Realisierungsschritte geht und ein Teilnehmer unermüdlich neue Ideen liefert, so wird es schwierig, den Zeitplan einzuhalten und tatsächlich in die Umsetzungsphase zu kommen. Hilfreich ist es hier, einen Prozess zu vereinbaren, der die unterschiedlichen Stärken miteinander verbindet. Ist den Teilnehmern dieser Prozess transparent und sehen sie die Möglichkeit in bestimmten Phasen ihre Stärken einzubringen, so fällt es ihnen meistens auch leichter, sich in anderen Phasen zurückzuhalten und mehr Geduld zu haben, wenn andere sich stärker beteiligen.

> **TIPPS ZUM EINBINDEN UNTERSCHIEDLICHER STÄRKEN**
>
> ► Vereinbaren Sie frühzeitig mit der Gruppe, wie Sie vorgehen wollen, und machen Sie deutlich, dass es in unterschiedlichen Phasen des Prozesses unterschiedliche Stärken braucht.
>
> ► Zeigen Sie Ihre Wertschätzung für die Stärken der Teilnehmer.
>
> ► Geben Sie positives Feedback.
>
> ► Verweisen Sie auf Phasen, wo gerade eine bestimmte Stärke gebraucht wird, damit sich der Betreffende geduldig zurückhalten kann, bis seine Stärke „gebraucht" wird.
>
> ► Oft sind Menschen sich ihrer Stärken gar nicht bewusst. Benennen Sie diese deshalb gegenüber den Teilnehmern und laden Sie sie ein, diese einzubringen: „Frau Meier, Sie können doch so gut organisieren – was halten Sie von ...?"
>
> ► Erklären Sie, dass Synergie durch das Nutzen unterschiedlicher Stärken entsteht.
>
> ► Vertrauen Sie darauf, dass die Mitglieder der Gruppe mit der Zeit ihre Stärken mehr und mehr einbringen, wenn Sie sie fördern und ermutigen.
>
> ► Falls Sie die Zusammensetzung eines Teams beeinflussen können, überlegen Sie, welche Stärken und Fähigkeiten für die zu erledigende Aufgabe benötigt werden.

Anhand der Systematischen Vorgehensweise von Coverdale möchten wir Ihnen zeigen, welche Möglichkeiten es gibt, mithilfe dieses Prozessplans unterschiedliche Stärken einzubinden:

► Ziele vereinbaren: Hier können sich besonders Teilnehmer einbringen, die klärende Fragen stellen oder überhaupt hinterfragen oder gut formulieren.

Prozessstärken in der systematischen Vorgehensweise einbinden

► Informationen zusammentragen: Hier sind Teilnehmer gefragt, die analysieren können, querdenken und in Alternativen denken.

► Was muss getan werden? Personen, die Sinn für das Machbare und Umsetzung haben, die Zugang zu Informationen haben und gern einschätzen, sind hier gefragt.

► Plan aufstellen: Hier werden die Stärken der Strukturierer benötigt.

► Durchführen: Hier kommen Menschen zum Zug, die pragmatisch sind und umsetzen können, die beim Sammeln von Ideen schon konkrete Vorstellungen für die Umsetzung haben.

▶ Rückblende: Hier ist es gut, Teilnehmer zu haben, die analysieren, hinterfragen und benennen.

Delegieren Sie Moderationsaufgaben

Des Weiteren können Sie an Teilnehmer mit bestimmten Stärken auch Moderationsaufgaben delegieren, beispielsweise:

▶ Wer ein gutes Zeitgefühl hat, kann darauf achten, dass Sie und die Gruppe die geplanten Zeiten für die einzelnen Arbeitsphasen einhalten, regelmäßig Pausen machen, Redezeit einhalten.

▶ Wer gut visualisieren kann, kann Ihnen die Arbeiten an Pinnwand oder Flipchart abnehmen.

▶ Wer gut planen und einschätzen kann, kann das Planen von Arbeitsphasen übernehmen.

▶ Wer gut koordinieren kann und den Überblick behält, kann Arbeiten delegieren und Kleingruppen koordinieren.

FAZIT

Als Moderator fördern Sie Synergien im Team, wenn Sie individuelle Stärken von Mitgliedern erkennen und kombinieren. Sie ermutigen die Teilnehmer zum Einbringen von Stärken, indem Sie Fähigkeiten gezielt ansprechen und mobilisieren. Je bewusster sich Teammitglieder ihrer Stärken und der Synergie sind, umso eher findet jedes Mitglied im Arbeitsprozess „seine Zeit" und lässt den anderen Raum für ihre Stärken, so dass Konkurrenz und Ineffizienz vermieden werden.

Eine Moderation beginnen

Der Einstieg in die moderierte Veranstaltung ist entscheidend für das weitere Gelingen. Hier stellen Sie die Weichen für alles Weitere, beispielsweise ob die Teilnehmer Ihnen und einander vertrauen, sich auf das Thema konzentrieren, sich in angenehmer Atmosphäre begegnen und austauschen. Je erfolgreicher der Einstieg verläuft, umso leichter geht Ihnen alles andere von der Hand.

Der Sinn und Zweck des Einstiegs vor allem, die Beteiligten so einzustimmen und zu informieren, dass sie motiviert sind, sich mit dem Thema auseinander zu setzen.

Der Einstieg ist entscheidend

DER EINSTIEG IN DIE MODERATION DIENT DAZU,

► sich kennen zu lernen;

► eine Atmosphäre zu schaffen, in der offene Kommunikation und effizientes Arbeiten möglich sind;

► die Teilnehmer über den Sinn und Zweck der Veranstaltung zu informieren;

► über die geplante Arbeitsweise und das Vorgehen zu informieren;

► einen groben Überblick über den Ablauf der gemeinsam zu verbringenden Zeit zu geben;

► die Teilnehmer einzustimmen auf Arbeitsweise und Umgang miteinander;

► die Beteiligten mit dem Thema vertraut zu machen;

► Erwartungen und Befürchtungen abzufragen;

► Spielregeln für Umgang und Arbeitsweise zu verabreden;

► Unklarheiten zu beseitigen, damit sich alle auf das Thema konzentrieren und Sie mögliche Korrekturen im Ablauf vornehmen können

Bevor Sie den Einstieg planen, fragen Sie sich deshalb,

► Kennen sich die Teilnehmer?

► Sollten sie sich einander vorstellen?

► Ist es sinnvoll, dies am Vorabend mit einem gemeinsamen Essen zu verbinden?

► Könnte nach einem solchen Essen die Veranstaltung schon „angeschoben" werden, vielleicht zum allgemeinen „Anwärmen", um den Weg für den direkten Arbeitseinstieg am nächsten Morgen freizumachen?

► Gibt es einen Einführungsredner, der zum Vorabend gebeten werden könnte?

Die Art orientiert sich natürlich auch an den Zielen der Veranstaltung und wir möchten an dieser Stelle noch einmal an die Bedeutung einer sauberen Zielklärung erinnern (siehe Seite 48-54).

Kommen Sie sobald wie möglich zur Sache

Grundsätzlich versuchen wir, den Teilnehmern einen „schnellen Einstieg" zu ermöglichen, das heißt, ohne viel Drumherum zur Sache zu kommen. Denn manche Teilnehmer sind aufgeregt oder unsicher, weil sie vielleicht nicht wissen, was sie erwartet, weil sie keine Erfahrungen mit moderierten Besprechungen haben, weil Sie ihnen unbekannt sind, weil sie „Schlimmes" erwarten, beispielsweise „Psychokram" oder Auseinandersetzungen mit Konfliktpartnern ... Andere wiederum sind ungeduldig, weil sie unter Zeitdruck stehen und die nächsten Termine schon warten. Versuchen Sie deshalb, im Einstieg so bald wie möglich zu einem Punkt zu kommen, an dem die Teilnehmer aus der abwartenden, passiven Rolle herauskommen und aktiv etwas tun, und sei es zunächst auch nur kurz.

Das gelingt zum Beispiel, indem sie

► sich vorstellen,

► ihre Erwartungen und Befürchtungen äußern,

► Fragen stellen,

► Fragen beantworten.

DER ERSTE EINDRUCK ENTSCHEIDET

Die ersten Erfahrungen der Teilnehmer im Umgang mit dem Moderator sind sehr entscheidend für den weiteren Verlauf. Wenn die Teilnehmer merken, dass Sie alle Personen gleichwertig behandeln und wertschätzen, ihre Anliegen ernst nehmen, sich für sie interessieren und für sie als „Dienstleister" da sind, gewinnen sie Vertrauen und können sich entspannter auf den weiteren Verlauf einlassen.

Direkter Einstieg oder Aufwärmphase?

Haben Teilnehmer Informations- oder Klärungsbedarf, können Sie nicht sofort in das Thema einsteigen, sondern brauchen eine Orientierungsphase, in der die Beteiligten sich Klarheit verschaffen und Vertrauen aufbauen können. Für solche Einstiegsrunden gibt es vielfältige Gestaltungsmöglichkeiten. Je nach Situation und Ziel der Veranstaltung können Sie beispielsweise:

▶ „Eisbrecher"-Übungen durchführen; Sie fragen zum Beispiel in der Vorstellungsrunde nicht nur nach Name und Funktion, sondern auch danach, welche Hobbys jemand hat oder was jemand mit einem Lottogewinn machen würde, welches Lieblingstier er hat, ... Hier sind der Phantasie keine Grenzen gesetzt, solange Personen die Wahl haben, was und wie viel sie über sich berichten möchten. Oft erfährt man dabei Interessantes über einen Kollegen oder es entsteht eine lockere Atmosphäre, weil Lustiges berichtet wird.

„Eisbrecher"

▶ Eine umfassende Vorstellungsrunde durchführen, die mit einem ersten Kennenlernen verbunden ist, zum Beispiel, indem sich die Teilnehmer in Paaren nach einer vorher vereinbarten Struktur oder nach Stichworten interviewen und sich anschließend im Plenum gegenseitig vorstellen.

Vorstellungsrunde

▶ Paare oder Trios bilden lassen und die Teilnehmer mit vorgegebenen Fragen auf einen Interview-Spaziergang schicken. Beispielsweise: Was möchte ich über die andere Person wissen? Was beschäftigt sie momentan am Arbeitsplatz? Was ist dieser Person für diese Veranstaltung wichtig? Welche Träume hat sie? Was macht sie bei der Arbeit gern? Was weniger gern? Was würde sie tun, wenn sie Chef des Unternehmens wäre? ...

Interview-
Spaziergang

Weitere konkrete Beispiele für mögliche Einstiege finden Sie auch im Kapitel „Praxisbeispiele mit Prozessplänen und Tipps" (siehe Seite 225).

Empfehlungen für den Einstieg

Nachfolgend geben wir Ihnen konkrete Tipps, wie Sie einen Einstieg gestalten können und welches dabei Ihre Aufgaben sind.

Baustein E:
Einstieg

1. Seien Sie frühzeitig im Raum, um letzte Überprüfung von Raum und Material vornehmen und die Teilnehmer, so wie sie hereinkommen, informell begrüßen zu können.

Früh anwesend sein

2. Hängen Sie, wenn angemessen, ein ansprechend gestaltetes „Willkommen"-Plakat auf. Darauf können Titel des Workshops, Ort, Datum, Name des Teams und der Moderatoren stehen.

„Willkommen"-Plakat

Beispiel für ein „Willkommen"-Plakat

Begrüßung

3. Begrüßen Sie alle Teilnehmer, wenn möglich, persönlich mit Handschlag.

4. Eröffnen Sie die Veranstaltung offiziell mit einer kurzen Begrüßung beziehungsweise lassen Sie die Veranstaltung durch den Auftrag- oder Gastgeber oder einen Entscheidungsträger eröffnen, der dann an Sie übergibt.

Persönliche Vorstellung

5. Stellen Sie sich den Teilnehmern als Moderator so vor, dass diese „ein Gefühl" für Sie bekommen, dass sie sich ein Bild über Sie als „Profi" und als Mensch machen können. Je nach Kontext sagen Sie einige Sätze zu Ihrer beruflichen Vorerfahrung, Ihrer Tätigkeit und Ihrer Firmenzugehörigkeit, geben vielleicht einen Hinweis über Ihre Vertrautheit mit der Branche oder dem zu bearbeitenden Thema und erzählen eventuell auch etwas über sich selbst als Privatperson. Sagen Sie der Gruppe, dass Sie sich freuen, mit ihr arbeiten zu dürfen. Erklären Sie, mit wem Sie Kontakt bei der Vorbereitung hatten, wie Sie Ihre Informationen erhalten haben. Damit setzen Sie ein Signal, dass Sie sich bemühen, wesentliche Zusammenhänge transparent zu machen und nichts „zu verbergen" haben.

6. Geben Sie einen Überblick über den chronologischen Verlauf der Einstiegs-
   runde. Eine bewährte Methode ist die vorbereitete Visualisierung aller Ver-
   laufsschritte auf Metaplan-Karten, die Sie dann Schritt für Schritt an der Pinnwand anbringen, während Sie sie erklären. Dieses Verfahren hat den Vorteil,
   dass es Ihnen zugleich als Leitfaden dient, so dass Sie nichts vergessen.

Ablauf

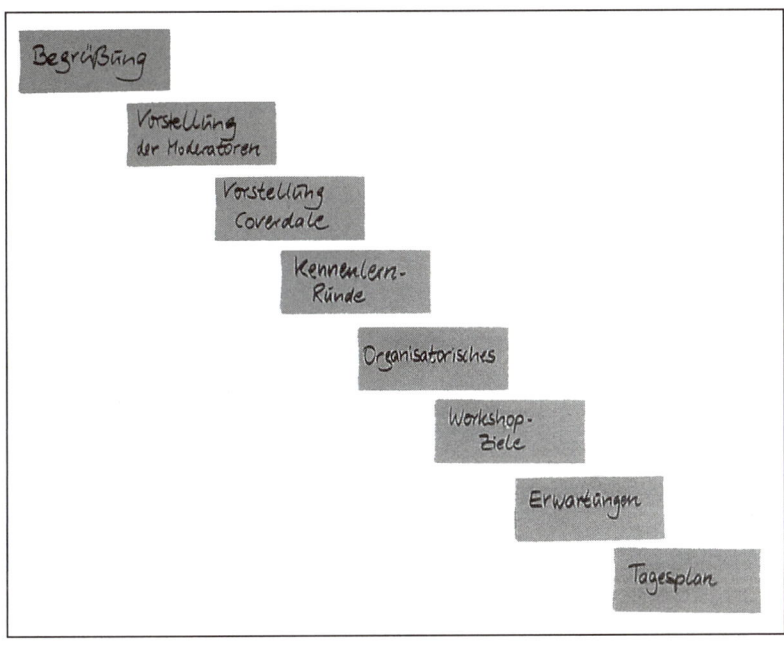

Beispiel für den visualisierten Verlauf des Einführungsplenums

7. Klären Sie organisatorische Fragen:

► Anfangs- und Endzeiten

► Pausenzeiten

► Wer bezahlt Getränke zum Essen?

► Wie läuft die Abrechnung mit dem Hotel?

► Wie erfolgt die Dokumentation?

► Hat jeder ein Zimmer bezogen?

► Möglichkeiten der Freizeitgestaltung

► Ideen für die Gestaltung des gemeinsamen Abends

► ...

Organisatorische Fragen

8. Erklären Sie die Ziele der Veranstaltung, wie Sie sie verstanden haben.
   Präsentieren Sie diese visualisiert, beispielsweise auf einem Flipchart, und
   lesen Sie sie vor. Versichern Sie sich, ob alle Beteiligten das ebenso sehen
   oder ob es dazu Fragen oder Kommentare gibt.

Ziele der Veranstaltung

> **Ziele dieses Workshops**
>
> Wir wollen
>
> * uns mit den neuen Führungs-
>   leitlinien auseinander setzen und
>   ein Verständnis für sie entwickeln;
> * uns mit dem eigenen Führungs-
>   verhalten auseinander setzen;
> * Feedback auf das eigene
>   Führungsverhalten bekommen;
> * die Kundenorientierung verbessern
>   und uns unserer Vorbildfunktion
>   in Bezug auf Kundenorientierung
>   bewusst werden.

Beispiel für die visualisierten Ziele einer Veranstaltung

Die Rolle des Moderators

9. Erklären Sie Ihre Rolle. Beispielsweise können Sie den Teilnehmern erklären: „Ich biete Ihnen hier einen Rahmen und unterstütze Sie darin, dass Sie intensiv und konzentriert miteinander arbeiten können – Sie liefern die Inhalte." Damit deuten Sie an, dass es eine Trennung zwischen Inhalt und Prozess gibt und wo Ihr Fokus liegt. Laden Sie die Teilnehmer ein, mit Ihnen zusammenzuarbeiten, und machen Sie deutlich, dass beide Seiten aufeinander angewiesen sind.

Die Rolle von Entscheidungsträgern

10. Erklären Sie die Rollen anderer Personen, beispielsweise die eines Bereichsleiters, der sich Entscheidungen vorbehält, oder eines Teamleiters, der im Rahmen einer Teamentwicklung genauso behandelt werden möchte wie die restlichen Teammitglieder.

Übersicht

11. Geben Sie einen Ausblick über den Verlauf der gesamten Veranstaltung, den Sie visualisiert haben. Erklären Sie hierbei, dass Sie für die gesamte Zeit einen Prozessplan vorbereitet haben, diesen aber flexibel gestalten, je nachdem, welche Themen oder welche Ergebnisse erarbeitet werden.

Tagesplan

12. Stellen Sie den Plan für den ersten Tag oder die erste Tageshälfte vor.

Vorstellungsrunde

13. Inszenieren Sie eine Vorstellungs- oder Kennenlernrunde, deren Umfang und Intensität von den Bedingungen abhängt, die Sie vorfinden. Sind Sie beispielsweise der Einzige, der niemanden kennt, bitten Sie nur um eine kurze Vorstellungsrunde.

14. Fragen Sie Erwartungen und Befürchtungen ab, wenn dies angemessen ist, beispielsweise indem Sie auf einer Pinnwand die Überschrift „Was ich mir von dieser Veranstaltung verspreche" hängen und auf eine zweite die Überschrift „Was ich befürchte, was hier passiert" und dann Karten in den entsprechenden Farben beschreiben lassen und anpinnen. Lesen Sie diese dann vor und geben Sie eine realistische Einschätzung, was eventuell den Rahmen sprengen würde, was unter gewissen Rahmenbedingungen realisierbar wäre, und räumen Sie Befürchtungen aus. Wichtig ist dabei, dass Sie auf jeden Beitrag eingehen und nichts übersehen.

Erwartungsabfrage

15. Verabreden Sie Spielregeln für den Umgang miteinander und für die Zusammenarbeit.

Spielregeln

16. Stimmen Sie, bevor Sie in das Thema einsteigen, die Teilnehmer noch einmal ein, indem Sie die Wichtigkeit der Veranstaltung betonen. Wir sagen häufig, dass es ein seltenes Privileg ist, dass sich Menschen vorübergehend aus dem normalen Arbeitsprozess entfernen und sich so konzentriert einer Sache widmen können. Laden Sie die Teilnehmer deshalb ein, die Chance zu nutzen, zum Beispiel, indem Sie sagen: „Sie haben hier eine einmalige Gelegenheit, Dinge zu klären und zu erarbeiten. Ich möchte Sie dazu einladen, diese Chance zu nutzen."

Einstimmung

17. Stellen Sie sicher, dass sämtliche Teilnehmer für die gesamte Dauer der Veranstaltung anwesend sein können, damit Sie später keine Überraschungen erleben und womöglich der Erfolg der Veranstaltung gefährdet ist. Korrigieren Sie, wenn nötig, in Absprache mit der Gruppe die Uhrzeit des geplanten Endes.

Anwesenheit

18. Fragen Sie, ob noch etwas fehlt oder geklärt werden muss, bevor Sie in die Arbeitsphase einsteigen.

Offene Fragen

19. Überprüfen Sie den visualisierten Tages- oder Halbtagesplan und korrigieren Sie eventuell die Zeiten.

Zeitplankorrektur

Besonderheiten beim Einstieg in regelmäßig stattfindende Meetings

Anders als bei Workshops ist der Einstieg in regelmäßig stattfindende Meetings wie Abteilungsbesprechungen oder Projekt-Meetings kürzer, er sollte aber auch gut durchdacht werden. Gewöhnlich treffen sich die Teilnehmer in mehr oder weniger gleicher Zusammensetzung, so dass Aspekte wie Kennenlernen oder Abfragen von Erwartungen entweder entfallen oder einen kürzeren Zeitraum einnehmen. Allerdings kommen die Teilnehmer oft direkt aus einer anderen Besprechung, von einem Telefonat, das sie noch beschäftigt, sie sind mit den Gedanken vielleicht noch nicht bei der Sache. Hier stellt sich die Frage: Wie können Sie die Teilnehmer „abholen", die Konzentration bündeln, einen möglichst glatten Übergang schaffen?

Als Einstieg in regelmäßig stattfindende Meetings ist es hilfreich, wenn Sie

▸ Die Teilnehmer zunächst begrüßen und sich für die Anwesenheit und Pünktlichkeit bedanken;

▸ das Thema der Sitzung kurz darstellen, damit die Teilnehmer sich darauf einstellen;

▸ Organisatorisches klären, dazu gehört auch die Endzeit dieser Sitzung und mögliche Pufferzeiten;

▸ die Protokollform und -verantwortung klären;

▸ an die letzte Sitzung anknüpfen, mögliche Erfolge benennen und die Ziele dieser Sitzung nennen;

▸ eventuell Personen integrieren, die abwesend waren oder neu hinzukommen.

FAZIT

Mit dem Einstieg beeinflussen Sie den weiteren Verlauf einer moderierten Veranstaltung. Der Einstieg dient zur Orientierung und Einstimmung. Gelingt es, eine Atmosphäre für vertrauensvolles, konstruktives Arbeiten zu schaffen, sind die weiteren Arbeitsphasen leicht zu handhaben. Ob ein Einstieg erfolgreich verläuft, hängt auch von einer sauberen Zielklärung ab. Wenn sich die Teilnehmer kaum oder gar nicht kennen und/oder wenn sie wenig Erfahrungen mit Moderation haben, dauert die Orientierungsphase im Einstieglänger, als wenn Sie mit einem bestehenden Team arbeiten oder eine regelmäßig stattfindende Sitzung moderieren.

Eine Moderation abschließen

Nachdem Sie Ihre Gruppe in einem intensiven Prozess dabei unterstützt haben, Informationen und Meinungen auszutauschen, Ergebnisse zu erarbeiten und zusammenzuführen, Konflikte auszutragen und Entscheidungen zu fällen, stellt sich die entscheidende Frage: „Was passiert jetzt? Wie geht es weiter?"

Wie Sie den Abschluss einer Moderation gestalten, hat maßgeblichen Einfluss auf die nach der Moderation folgende Zeit. Der Abschluss sollte deshalb in Ihrer Planung einen gleichberechtigten Platz neben Einstieg und Arbeitsphase haben. Hier können Sie Chancen für die Zukunft aufzeigen.

Planen Sie den Abschluss genauso wie Einstieg und Arbeitsphase

Einerseits geht es darum, die Ergebnisse der moderierten Veranstaltung so zu sichern, dass Gewissheit über deren Weiterführung im Unternehmen besteht. Oftmals wird es vielleicht genügen, die Resultate in Form von Problemlösungen, Empfehlungen, Merksätzen oder Handlungsanweisungen an den Auftraggeber zu liefern, ohne eine Verantwortung für deren Umsetzung zu übernehmen. In der Mehrzahl der Fälle jedoch werden Sie sich als Moderator auch Gedanken machen müssen, wie Sie den Abschluss der Moderation so gestalten, dass die Umsetzung des Erarbeiteten sicher auf den Weg gebracht wird.

Ergebnissicherung

Andererseits geht es darum, den Prozess abzurunden. Man hat viel voneinander erfahren, ist sich näher gekommen, hat um Positionen und Interessen gerungen. Folgende Fragen entstehen möglicherweise am Ende einer moderierten Veranstaltung:

Abrunden des Prozesses

► Wie war die Veranstaltung für die Beteiligten?

► Identifizieren sie sich mit dem, was sie erarbeitet haben?

► Haben die Teilnehmer gemeinsam etwas geschafft, worauf sie stolz sind?

► War es ein Erfolgserlebnis, das sie „zusammengeschweißt" hat, auf dem sie weiter aufbauen wollen und können?

► Gehen sie motiviert aus der Veranstaltung heraus?

► Ist es ein Abschied aus einer vorübergehenden Teamkonstellation?

► War es eher eine negative Erfahrung, wie sie die Teilnehmer nie wieder erleben möchten?

► Was lernen sie dann daraus und was bedeutet das für die Zukunft?

Und schließlich geht es darum, für eine Fortführung des Erarbeiteten in Bezug auf Auftragsergebnisse und Prozessresultate zu sorgen, damit Ihr Einsatz als Moderator und der Einsatz der Gruppe nicht vergeblich waren und nicht alles wirkungslos „verpufft". Wie gestalten Sie einen so genannten Transfer, also einen Prozess, der ermöglicht, dass Ergebnisse umgesetzt und gesichert werden, dass Angefangenes weitergeführt wird, dass die Teilnehmer „etwas mitnehmen", aus der Erfahrung lernen und das in ihren Alltag integrieren?

Transfer

Baustein A:
Abschluss

ASPEKTE DER ABSCHLUSSPLANUNG

Für die Planung des Abschlusses
► Liegen am Ende keine schriftlich festgehaltenen Ergebnisse vor, besteht die Gefahr von Demotivation und ungenügender Erfolgskontrolle, und es ist unwahrscheinlich, dass erfolgreich weitergearbeitet wird. Sorgen Sie schon in der Planung dafür, dass ein Protokoll erstellt wird.
► Je konkreter die Planung für die Zeit danach, umso besser der Workshop oder das Meeting!
► Die Diskussion und Entscheidung von Schritten und Maßnahmen kostet Zeit. Planen Sie genügend Zeit dafür am Ende ein.
► Ein Abschluss sollte in Ruhe erfolgen. Jedoch sollten Sie sich bemühen, nicht den verabredeten Zeitrahmen zu überziehen. Das führt zu Unruhe und Unaufmerksamkeit.

Zum „Abrunden" des Prozesses
► Führen Sie eine Rückblende durch.
► Überprüfen Sie, ob das Ziel der Moderation in Bezug auf Ergebnis und Prozess erreicht wurde.
► Eruieren Sie, wie zufrieden die Teilnehmer mit Ergebnis, Prozess, Moderation und Zusammenarbeit sind.
► Geben Sie sich untereinander Feedback.
► Ziehen Sie gemeinsam Rückschlüsse, was Sie beim nächsten Mal beibehalten und was Sie anders machen würden.

Zur Ergebnissicherung
► Überprüfen Sie gemeinsam, ob sämtliche Ergebnisse so visualisiert wurden, dass sie auf Wunsch reproduzierbar sind. Eventuell lassen Sie noch einen Prozess des Bewertens und Entscheidens folgen.
► Entscheiden Sie gemeinsam, wie mit den Ergebnissen und Beschlüssen weiter verfahren wird, erstellen Sie einen Maßnahmenplan.
► Überlegen Sie Maßnahmen für den Fall, dass die geplanten Aktivitäten nicht durchgeführt werden oder so nicht umsetzbar sind.
► Überlegen Sie gemeinsam, wie Personen integriert oder informiert werden, die an dem Prozess nicht beteiligt gewesen sind. Dazu gehört auch eine gemeinsame Sprachregelung: Wie soll es vermittelt werden?
► Benennen Sie Verantwortliche für die Übernahme oder Durchführung beschlossener Maßnahmen.
► Wählen Sie „Paten" für einzelne Themen, die die Aufgabe haben, beispielsweise an die Einhaltung der erarbeiteten Spielregeln zu erinnern, oder daran, dass das Team seine Besprechungen zukünftig moderiert haben will.
► Übergeben Sie die relevanten visualisierten Ergebnisse der Person, die das Protokoll erstellt, und vereinbaren Sie einen Termin, bis wann das Protokoll verteilt ist.

Erstrebenswert und wichtig ist, dass am Ende möglichst konkrete, nachvoll-ziehbare Ergebnisse da sind, auf die man sich beziehen kann, und dass die Teilnehmer mit dem Gefühl nach Hause gehen, „dass es etwas gebracht hat". Der Abschluss einer Moderation ist manchmal eine besonders große Herausforderung.

Ziel des Abschlusses sind konkrete Vereinbarungen

HERAUSFORDERUNGEN BEIM ABSCHLUSS

► Wenn das Team in der zur Verfügung stehenden Zeit nicht alles geschafft hat. Dann ist es Ihre Aufgabe, die Diskussion zu straffen und die Teammitglieder darauf vorzubereiten, dass sie ihr Endziel nicht erreichen, aber lohnenswerte Zwischen- oder Teilergebnisse erzielen und beschließen können, wie ein befriedigender Abschluss herbeigeführt werden kann.

► Wenn zwar viele und gute Ideen gegen Ende entwickelt wurden, die es aber zu bündeln gilt. Es wäre schade, wenn der Erfolg einer Veranstaltung daran scheiterte, dass die Ideen nicht festgehalten, bewertet und zur Weiterverwertung bearbeitet werden.

► Wenn ein Konflikt nicht zur Zufriedenheit geklärt oder bearbeitet werden konnte. Dann ist es wichtig, dass Sie gemeinsam mit der Gruppe herausfinden, welche Fortschritte gemacht wurden und was Sie tun können, damit die Konfliktlösung nach der Veranstaltung weitergeführt und abgeschlossen wird.

Tipps für die Durchführung eines erfolgreichen Abschlusses
Auch hier gilt der Hinweis, dass es keine Patentrezepte gibt. So wie Ihren Moderationsplan planen Sie auch den Abschluss und halten ihn flexibel. Hier einige Tipps, welche Vorgehensweisen sich in der Praxis bewährt haben.

Offene Punkte
Nennen Sie alle noch offenen Themen, damit niemand die Veranstaltung mit dem Eindruck verlässt, dass „sein Thema" keine Beachtung gefunden hat. Sie können zu diesem Zweck eine kurze Zusammenfassung des Status quo machen und beispielsweise fragen:

Offene Punkte

► „Bevor wir zum Abschluss kommen, Verabredungen treffen und eine Rückblende machen, möchte ich wissen: Worüber sollten wir hier noch sprechen?"

► „Wie möchten Sie die restliche Zeit sinnvoll nutzen?"

► „Was muss hier noch passieren, damit Sie am Ende zufrieden/zuversichtlich nach Hause gehen können?"

Je nach Größe der Runde können Sie das in Form eines „Blitzlichts" durchführen oder mit einer Kartenabfrage. Auf jeden Fall ist es sinnvoll, die Frage zu visualisieren und darauf zu achten, dass jede Person zu Wort kommt. Ist die Zeit zu knapp für eine Vertiefung der gewünschten Themen, teilen Sie dies mit und suchen Sie eine Lösung dafür, indem Sie sie zumindest in den nachfolgenden Maßnahmenplan aufnehmen und/oder einen „Paten" dafür bestimmen.

Maßnahmenplan

Maßnahmenplan

Sind diese Fragen geklärt, gehen Sie zum Hauptteil des Abschlusses über: In einen Maßnahmenplan übertragen Sie alle wesentlichen und relevanten Dinge, die in der Veranstaltung moderiert wurden (Beschlüsse, Aufgaben, Ideen, Projekte, Verantwortlichkeiten). Entscheidend ist, dass die Maßnahmen so konkret wie möglich formuliert werden und überprüfbar sind, das heißt, sie müssen nachvollziehbar sein, eventuell in Teilaufgaben differenziert werden und mit Daten und Namen von Verantwortlichen versehen sein.

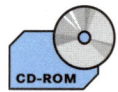

BEISPIEL		
Aufgabe	**Termin (zu erledigen bis...)**	**Verantwortlich**
Frau XY hat ein MA-Gespräch bei ihrer Führungskraft, Herrn Z	30.03.	Herr Z
Rohkonzept für das neue Projekt erstellen	Präsentation am 22.05.	Bereichsleiter T
Die Ablage im Formularschrank neu strukturieren	25.05	Herr A
Die verabredeten Spielregeln im Besprechungsraum aufhängen und an sie erinnern	23.07.	Herr B
Projekt-Kick-off „Softwareinstallation"	Teamzusammensetzung: 1.03. Einladungen versendet: 15.03. Durchführung: 15.05	Herr C

Hat die Gruppe verabredet, wo die Fäden in Bezug auf Termineinhaltung, Austausch von Informationen, eventuelle „Kurskorrektur" zusammenlaufen? Hat sie dafür Personen ausgewählt, die sich dafür als Persönlichkeit und qua Funktion eignen?

Koordination der Maßnahmen

Je nach Situation können Sie anschließend die Fragen stellen:

Notfallvorsorge

► „Was muss passieren, damit diese Maßnahmen auch wirklich umgesetzt werden?" oder

► „Welche Verabredungen möchten Sie für eventuelle Notfälle treffen?" und den Maßnahmenplan entsprechend ergänzen.

Vielleicht ist es notwendig, nach einem gewissen Zeitraum eine Erfolgskontrolle durchzuführen oder eine Zwischenbilanz zu machen, um Ergebnisse und Erfolge nicht zu gefährden, beispielsweise wenn ein Team noch unsicher mit Arbeitsmethoden, Moderation oder Konfliktlösung ist oder wenn ein komplexes, längerfristiges Projekt anvisiert ist. In dem Fall fragen Sie (sofern Sie sich dafür vom Auftraggeber autorisiert fühlen),

Kontrolle

► ob ein solcher Termin gewünscht ist,

► wann er stattfinden soll (verabreden Sie gleich ein festes Datum und visualisieren es im Maßnahmenplan) und

► ob dafür eine Moderation gewünscht wird.

> **TIPP**
>
> Haben Sie bereits während der Moderation beschlossen, dass es eine Art Review oder „Follow-up" für das bisher Geleistete geben soll, oder stellen Sie in Ihren Nachbereitungsrecherchen fest, dass eine Erfolgskontrolle notwendig und sinnvoll wäre, besprechen Sie dies mit den entsprechenden Führungskräften. Je nach Umfang des Prozesses oder Projekts sollte der Zeitraum dafür nicht in allzu ferner Zukunft liegen. Dann hatten die Teilnehmer genügend Zeit und Gelegenheit, Erfahrungen zu machen.

Da nicht immer alle Betroffenen anwesend sein können oder sich der Prozess in eine unvorhergesehene Richtung entwickelt, so dass weitere Personen involviert werden, gilt es, sorgfältig zu überlegen, wie diese integriert werden.

Integration

► Wer ist für die Integration von Personen in den weiteren Prozess verantwortlich?

► Welches sind die wesentlichen Informationen, die an diese Personen weitergegeben werden? In welcher Form?

> ▶ Macht es Sinn, eine spezielle Sitzung für die Integration anzuberaumen? Wenn ja, wer sollte sie leiten, wer sollte anwesend sein? Welche Informationen erhalten die zu Integrierenden bereits vorab? In welcher Form?

Prozess-Abschluss

Prozess-Abschluss

Es gibt viele Möglichkeiten, einen Prozess abzuschließen. Hier einige Beispiele:

Schreiben Sie folgende Überschriften auf drei Pinnwände:

1. „Besonders gefallen hat mir ...“

2. „Was ich beim nächsten Mal anders machen würde ...“

3. „Was ich sonst noch sagen wollte ...“

Kartenabfrage und Satzergänzungen

Wählen Sie für jede Überschrift eine andere Kartenfarbe und lassen Sie die Teilnehmer die Karten ausfüllen, die Sie unsortiert anpinnen. Sind alle Karten ausgefüllt, lesen Sie diese Karten vor und stellen eventuell Verständnisfragen.

Sie können die Satzanfänge auch auf ein Flipchart schreiben und die Teilnehmer bitten, diese mündlich zu vervollständigen. Dies hat allerdings den Nachteil, dass Sie entweder mitschreiben müssen oder das Gesagte nur gehört wird. Sie eignet sich deshalb am besten für eine kurze Runde, die nicht weiter festgehalten werden muss.

Punkten

Sie können auf einer Skala eine oder mehrere Fragen mit Klebepunkten bewerten lassen.

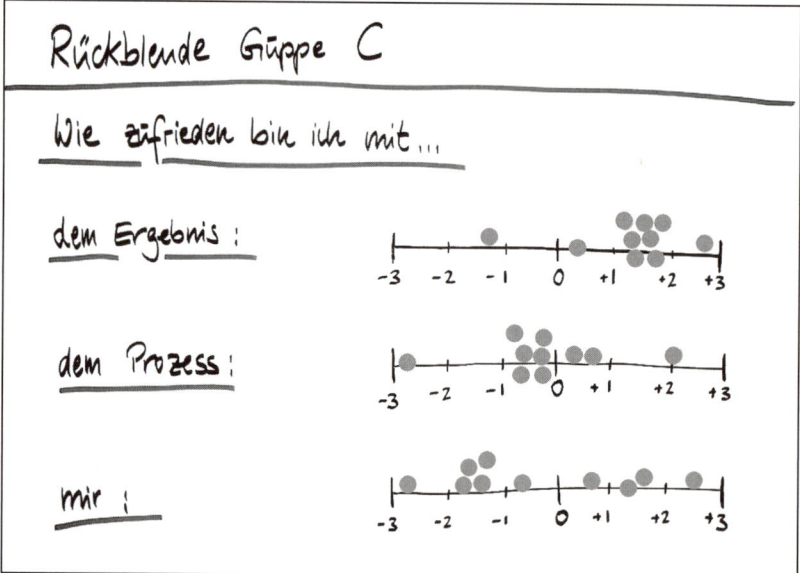

Beispiel für eine Bewertung mit Punkten

Diese Abfrage eignet sich besonders für größere Gruppen. Sie können dann gemeinsam ein „Bild" betrachten, das zeigt, wie groß das Spektrum der Einschätzung ist. Sie können hervorheben, wo „sich die Gruppe einig ist" und wo es abweichende Einzelmeinungen gibt. Sie können die Gruppe dann fragen, was sie vermutet, warum jemand zum Beispiel als Einziger extrem unzufrieden mit dem Prozess oder überdurchschnittlich zufrieden mit dem Ergebnis ist. Meist „outen" sich diejenigen, die diese Punkte gesetzt haben: „Ich habe da so gepunktet, weil ..."

> **ACHTUNG**
>
> Diese Art der Abfrage kann eine umfassendere Diskussion zur Folge haben und ist nicht geeignet für kurze Abschlussrunden. Nutzen Sie diese Möglichkeit vornehmlich dann, wenn Sie eine Diskussion anschieben wollen.

„Das letzte Wort"

„Das letzte Wort"

Oft hat der Moderator das letzte Wort, oder zumindest das vorletzte.

► Bedanken Sie sich bei den Teilnehmern für die Zusammenarbeit und das Vertrauen.

► Geben Sie, wenn angemessen, eine kurze Rückmeldung zu den erarbeiteten Ergebnissen und dem Prozess, beispielsweise: „Ich bin beeindruckt, wie intensiv Sie gearbeitet und was Sie in der kurzen Zeit geschafft haben."

► Haben Sie gern mit der Gruppe gearbeitet, bringen Sie auch dies zum Ausdruck, und dass Sie sich freuen würden, wieder mit ihr zu arbeiten.

► Wünschen Sie den Teilnehmern viel Erfolg für die Umsetzung der erarbeiteten Schritte und Ziele.

► Leiten Sie eventuell über zum Gastgeber oder Auftraggeber, der das Schlusswort spricht.

> **FAZIT**
>
> Mit dem Abschluss einer Moderation beeinflussen Sie, ob und wie Maßnahmen in der darauf folgenden Zeit umgesetzt werden. Schließen Sie zunächst alle offenen Themen ab, damit nichts ungeklärt bleibt. Dann unterstützen Sie die Gruppe beim Erstellen eines Maßnahmenplans und sorgen dafür, dass es für Umsetzung und Koordination Verantwortliche und Termine gibt. Darüber hinaus können Sie Verabredungen für Notfälle treffen. Eventuell müssen Vorkehrungen für die Integration weiterer Personen und für eine Erfolgskontrolle der Umsetzungspläne getroffen werden.

Eine Moderation nachbereiten

Eine Sitzung, ein Workshop, ein Team-Meeting ist vorüber. Die Teilnehmer haben diskutiert, um Worte, Ergebnisse und Entscheidungen gerungen. Die Abgleichung der Ergebnisse mit den gesetzten Zielen im systematischen Soll-Ist-Vergleich ist zu aller Zufriedenheit erfolgt. Die abschließende Prozessrückblende hat Schwachstellen und Stärken deutlich gemacht, Spannungen in der gemeinsamen Arbeit aufgezeigt und für alle nützliche Lernergebnisse vermittelt. Die Teilnehmer verlassen nun zufrieden, möglicherweise erschöpft, aber zuversichtlich das Meeting in der Überzeugung, dass etwas Entscheidendes erreicht wurde – und dann?

Sie können die Gruppe auch bei Fragen der Umsetzung beraten und begleiten

Der langfristige, messbare Erfolg einer Veranstaltung kann neben vielen anderen Faktoren auch vom sorgfältigen Nachbereiten einer Moderation abhängen – denn Diskutieren, Erarbeiten und Entscheiden ist das eine – es im Alltag übernehmen, verfolgen oder sich gegenseitig erinnern das andere.

Hier können Sie als Moderator die Teilnehmer unterstützen, indem Sie am Ende des Meetings dafür sorgen, dass die Gruppe alle wesentlichen Aspekte der nachfolgenden Umsetzung berücksichtigt, und entsprechende Verantwortlichkeiten und Maßnahmen festlegt, bevor sie auseinander geht. Außerdem können Sie dazu beitragen, dass Ergebnisse umgesetzt werden, wenn Sie die Gruppe auch nach der Moderation noch betreuen, sofern Sie das mit Ihren Auftraggebern vereinbart haben.

Bei dem Betreuen der Gruppe nach der Moderation handelt es sich nicht mehr um Moderation im eigentlichen Sinne, sondern Sie übernehmen eher die Funktion eines Beraters und Begleiters in Bezug auf

▶ Umsetzung und Koordination,

▶ Erfolgskontrolle,

▶ Integration, und

▶ Dokumentation.

Umsetzung und Koordination

Umsetzung und Koordination

Am Ende einer Veranstaltung sollten folgende Fragen geklärt sein:

▶ Braucht die Gruppe Hilfe bei der Umsetzung ihrer Beschlüsse und Verabredungen? Und wenn ja, von wem?

▶ Ist die Koordination vereinbarter Maßnahmen gewährleistet?

▶ Ist eine Erfolgskontrolle notwendig und terminiert?

▶ Müssen Personen integriert werden, die nicht anwesend waren, aber im folgenden Prozess betroffen sind?

Sind diese Fragen geklärt, vereinbaren Sie mit den Teilnehmern oder gegebenenfalls mit dem Auftraggeber, welche Unterstützung die Gruppe von Ihnen noch im Anschluss an die Moderation erwartet. Anbieten können Sie beispielsweise

▶ das Integrieren nicht anwesender Personen, am besten zusammen mit einem Gruppenmitglied;

▶ das Moderieren einer späteren Rückblende auf die Umsetzung, um den Erfolg zu kontrollieren und den Umsetzungsprozess zu prüfen;

▶ das Moderieren einer Zwischenrückblende, wenn die Teilnehmer beim Umsetzungsprozess den Eindruck haben, dass es nicht gut läuft.

> **NACHFRAGEN, AUCH OHNE AUFTRAG**
>
> Grundsätzlich empfehlen wir Ihnen, auch ohne expliziten Auftrag durchaus gelegentlich (telefonisch) nachzufragen, „wie es denn so läuft". Sie haben die Teilnehmer mit ihren Stärken intensiv kennen gelernt und können durch einen kurzen Anruf moralische Unterstützung leisten, ermutigen, Probleme erfragen und eventuell zu einer Kurskorrektur beitragen. Unsere Erfahrung ist, dass solche unterstützenden Nachfragen erfreut zur Kenntnis genommen und genutzt werden – manchmal hilft es den Teilnehmern, sich an etwas zu erinnern, das sie sich vorgenommen haben, oder sie nutzen die Gelegenheit, etwas zu erörtern, das noch unklar geblieben ist oder sich im Alltag als unerwartet problematisch oder nicht praktikabel herausgestellt hat.

Beim Abschluss der Moderation haben Sie bereits darauf geachtet, dass die Gruppe einen Maßnahmenplan mit realistischen Zielen, Terminen und Verantwortlichkeiten erstellt. Sie haben darauf hingewiesen, dass der beste Plan nichts nützt, wenn er nicht umgesetzt wird, zum Beispiel weil die Vorhaben möglicherweise zu ambitioniert waren. Dennoch kommt es in der Praxis immer wieder vor, dass der Umfang der zu erledigenden Arbeiten falsch eingeschätzt wurde oder dass sich später die Rahmenbedingungen ändern. Bieten Sie deshalb der Gruppe oder dem Auftraggeber in solch einem Fall an, zwischendurch eine weitere Planungssitzung zu moderieren. Eventuell müssen Zwischenziele gesteckt oder Termine korrigiert werden.

Prüfen Sie außerdem, ob die Gruppe Spielregeln für den Umgang miteinander und für die Zusammenarbeit in der Umsetzungsphase verabredet hat. Und

Bieten Sie an eine Zwischenrückblende zu moderieren bei Bedarf fragen Sie gelegentlich, ob diese eingehalten werden. Falls nicht, können Sie auch die Moderation einer Zwischenrückblende anbieten, um nachzukorrigieren.

Dokumentation oder Protokoll

Grundsätzlich sollte es zu jedem Meeting ein Protokoll geben, um die Verbindlichkeit der Ergebnisse zu betonen. Auch wenn bei der Besprechung kein Ergebnis vereinbart worden ist, so sollte zumindest ein Zwischenergebnis oder der Stand der Diskussion schriftlich festgehalten werden.

Kein Meeting ohne Protokoll!

Die schriftliche Dokumentation einer Moderation ist fast immer üblich und sinnvoll. Die erste Frage, die dabei entsteht, lautet meist: Wer erstellt das Protokoll? Ob nun der Moderator das Protokoll übernimmt oder einer der Teilnehmer – dafür gibt es keine Regel. Moderieren Sie ein Thema, bei dem Sie fachfremd sind, so ist es sinnvoll, dass Sie vor dem Verschicken des Protokolls den Text von einem Teilnehmer noch einmal gegenlesen lassen. Sie können das Protokoll auch als Entwurf verschicken mit der Aufforderung, Änderungen bis zu einem bestimmten Termin zurückzumelden.

> **TIPP**
>
> Achten Sie aber bei Änderungswünschen darauf, dass Sie nur eindeutige und nachvollziehbare Missverständnisse im Protokoll korrigieren, damit das Protokoll nicht nachträglich zum Spielball unterschiedlicher Interessen wird.

Doch bevor beschlossen wird, wer die Veranstaltung protokolliert oder dokumentiert, sollten einige andere Frage geklärt werden, damit Umfang und Form der Dokumentation angemessen gestaltet werden können:

► Welchen Zweck erfüllt die Dokumentation oder das Protokoll? Und wer ist die Zielgruppe?

► Wird eine Präsentation der Ergebnisse benötigt, beispielsweise um die Ergebnisse Führungskräften vorzustellen?

An wen geht die Dokumentation?

Die Zielgruppe einer Dokumentation

Ist die Dokumentation

► ausschließlich für die Teilnehmer? Dann kann sie von der Sprache und Gestaltung her durchaus locker gestaltet sein, eventuell Hinweise in „Insidersprache" enthalten, die Außenstehende nicht nachvollziehen können, der Gruppe aber viel bedeuten. Sie könnte mit Fotos und spaßigen Kommentaren versehen sein.

▶ für Arbeitgeber und Führungskräfte, die die Umsetzung von Maßnahmen kontrollieren wollen? Dann sollte sie kurz und übersichtlich gestaltet sein, die wesentlichen Punkte sollten leicht zu finden und eventuell hervorgehoben sein, ebenso wie Maßnahmen.

▶ für so genannte Stakeholder, die wissen wollen, was aus dem Projekt geworden ist, das sie unterstützen? Dann sollte ihnen mit der Dokumentation das „gute Gefühl" vermittelt werden, dass mit ihrer Unterstützung etwas Gutes gelungen ist.

▶ für Gäste und/oder Referenten? Diese wünschen in der Regel eine Erinnerung an den Inhalt der Diskussionen und Beschlüsse, sowie eine Würdigung ihres Beitrags.

▶ für Medien und oder/Öffentlichkeit? Dann sollte sie allgemein verständlich und übersichtlich gestaltet sein, mit Ansprechpartnern und Hinweisen auf weiterführende Informationen.

▶ für den Moderator? Dann dient sie meistens als Gedächtnisstütze und als Hintergrundmaterial für die Planung weiterer Workshops oder Trainings.

Wie wird am besten dokumentiert oder protokolliert?
Die Ausführlichkeit und die Art und Weise des Protokolls hängen ab vom Zweck des Protokolls und der Zielgruppe.

> **EIN PROTOKOLL DIENT IN DER REGEL DAZU,**
>
> ▶ Teilnehmer an die Ergebnisse zu erinnern und daran, dass die verabredeten Maßnahmen umgesetzt werden;
>
> ▶ eventuell offene Punkte bei der Vorbereitung eines weiteren Treffens zu berücksichtigen;
>
> ▶ eine Wiedervorlage bei der Überprüfung zu haben, ob die Vereinbarungen eingehalten worden sind.

Ergebnisprotokoll

Soll ein Protokoll diese Zwecke erfüllen und besteht die Zielgruppe ausschließlich aus den Teilnehmern der Moderation selber, so genügt in der Regel ein Ergebnisprotokoll. Aus unserer Erfahrung reicht in den meisten Fällen ein Ergebnisprotokoll völlig aus.

BEISPIEL		
Datum Ort	Teilnehmer:	Moderator:
Aufgabe (Thema)	**Verantwortlicher** (Name)	**Termin (bis wann)?** (Datum)
...	...	...

Achten Sie darauf, dass die Ergebnisse zwar knapp, aber doch so ausführlich dargestellt werden, dass die Teilnehmer sie auch einige Zeit nach der Sitzung noch nachvollziehen können. Insbesondere ein eventuell erarbeiteter Maßnahmenkatalog sollte verbindlich und eindeutig beschrieben sein.

Mit Fotos protokollieren

Dank der modernen Technik lassen sich visualisierte Ergebnisse mit einer Digitalkamera genauso festhalten wie „Schnappschüsse" der Workshopsituationen. Sie haben einen hohen Erinnerungseffekt und sind besonders geeignet für die Dokumentation längerer Workshops und Teamentwicklungsveranstaltungen. Hier einige Tipps dazu:

Fotoprotokolle haben einen hohen Erinnerungswert

▶ Denken Sie schon bei der Visualisierung der Charts daran, diese so übersichtlich und verständlich wie möglich zu gestalten, dass auch jemand, der nicht bei der Sitzung war, das Fotoprotokoll nachvollziehen kann.

▶ Erfahrungsgemäß wird der Aufwand der Weiterverarbeitung fotografierter Ergebnisse leicht unterschätzt. Ist die Anzahl der Fotos sehr groß, treffen Sie eine Auswahl mit Vertretern der Gruppe – maximal 25.

▶ Eine Auflösung der Kamera von 2,1 Megapixel ist ausreichend, um eine gesamte Pinnwand mit Moderationskarten abzulichten.

▶ Speichern Sie die Fotos am besten im JPG-Format ab.

▶ Weisen Sie darauf hin, dass fotografierte Charts viel Speicherkapazität benötigen (0,5 bis 1 MB je Bild bei einer Auflösung von 2,1 Megapixeln). Bei ausführlichen Protokollen kann deshalb das Verschicken per CD-Rom sinnvoll sein.

▶ Ist ein Notebook mit CD-Brenner vorhanden, können Sie Ihrem Auftraggeber das Fotoprotokoll gleich am Ende der Sitzung mitgeben.

▶ Soll die Dokumentation der Ergebnisse auch an einen größeren Verteilerkreis geschickt werden, kann es hilfreich sein, die einzelnen Bilder zum Beispiel in ein Word-Dokument einzufügen und mit Kommentaren zu versehen.

▶ Ergänzen Sie die fotografierten Charts und die Schnappschüsse mit Text, um die Zusammenhänge auch später noch nachvollziehen zu können.

▶ Vergessen Sie auch in einem Fotoprotokoll nicht Datum, Ort, Teilnehmerliste, Name des Moderators und Agenda etc.

▶ Achten Sie auch beim Fotografieren mit der Digitalkamera auf eine gleichmäßige Ausleuchtung der Charts. Starke Schatten auf dem Flipchart kosten beim späteren Ausdrucken des Fotoprotokolls unnötig viel Druckerschwärze.

▶ Mit einem passenden Bildverarbeitungsprogramm lässt sich die gemachte Aufnahme bis auf unter 100 KB Speichervolumen verkleinern, und wenn nötig zuschneiden und aufhellen. Dies kostet allerdings Zeit.

Manchmal wird ein Protokoll oder eine Dokumentation der Veranstaltung nicht nur an die Teilnehmer verschickt, sondern auch an andere Beteiligte in dem Unternehmen, beispielsweise an die Führungskräfte oder an Mitarbeiter, die von den Beschlüssen betroffen sind. Dann ist es in der Regel hilfreich, wenn das Protokoll etwas ausführlicher ist, damit Außenstehende nachvollziehen können, was passiert ist.

Verteiler von Protokollen

> **TIPP**
>
> Durch die heutigen Kommunikationstechniken ist es sehr einfach geworden, Protokolle zu verschicken. Ein Knopfdruck am PC und schon hat sich der Verteilerkreis erweitert, der die Mail mit dem Protokoll als Anhang bekommt. Hier möchten wir vor dem „Gießkannen"-Prinzip warnen. Arbeiten Sie nicht nach dem Motto „Es kann nicht schaden, wenn er oder sie das Protokoll auch noch bekommt", sondern überlegen Sie mit der Gruppe genau, wer auf den Verteiler gehört. Ansonsten werden die Betroffenen der Informationsflut nicht mehr Herr.

Präsentation von Ergebnissen

Ist eine Präsentation von Ergebnissen vor Dritten erforderlich, können Sie die Teilnehmer beraten, wie die „Dramaturgie" einer Präsentation verlaufen sollte. Besonders wichtig ist dabei, dass die Teilnehmer sich auf die Bedürfnisse und die Informationswünsche der Zielgruppe einstellen, um das Ziel der Präsentation zu erreichen:

Präsentation von Ergebnissen gezielt vorbereiten

▶ Was soll mit der Präsentation idealerweise erreicht werden?

▶ Welche Botschaften sollen mit der Präsentation vermittelt werden? Welche Informationen braucht die Zielgruppe?

- ► Wie viel Informationen müssen vermittelt werden? Reicht es, nur die wichtigsten Informationen zu präsentieren und detailliertere Hintergrundinformationen in einer Dokumentation nachzureichen?

- ► Ist es sinnvoll, die Informationen einfach nur vorzustellen oder das Gegenüber einzubeziehen, beispielsweise indem man mit dem Gegenüber in einen Dialog tritt?

- ► Welche Form von Präsentation eignet sich in dem Fall? Beispielsweise Beamer, Overheadfolien, Dias, Powerpoint, Flipcharts, Pinnwand? Macht ein Mix dieser Präsentationsformen Sinn? Stellen mehrere oder eine einzelne Person diese Informationen vor? Falls die Präsentation länger dauert, wird sie von einer Person moderiert?

Ihre persönliche Dokumentation

Ihre persönliche Dokumentation als Moderator

Neben dem offiziellen Protokoll empfehlen wir Ihnen, nach der Moderation auch persönliche Notizen zu der Veranstaltung zu machen

- ► Mit einer persönlichen Erfolgs- und Qualitätskontrolle können Sie Schlussfolgerungen für andere Moderationen oder die Fortsetzung der Zusammenarbeit mit diesem Team ziehen.

- ► Sie können sich später an die wesentlichen Interventionen, Probleme, Verabredungen erinnern, wenn Sie das Team zukünftig weiter begleiten und neue Moderationen vorbereiten müssen.

- ► Sie können bei nachfolgenden Moderationen „den Faden wieder aufgreifen", also an die letzte Veranstaltung anknüpfen und die Gruppe an die gemeinsam verabschiedeten Verabredungen und Beschlüsse erinnern.

Baustein D:
Dokumentation

> **FAZIT**
>
> Eine gute Nachbereitung trägt wesentlich zum Erfolg einer Moderation bei. Dazu gehört eine Erfolgskontrolle (Hat die Moderation ihren Zweck erfüllt? Werden die Maßnahmen koordiniert und umgesetzt?) sowie eine Dokumentation oder ein Protokoll, auf das man sich beziehen kann, eventuell auch eine Präsentation, sowie die Integration von betroffenen Personen. In der Nachbereitungsphase können Sie als Moderator auch die Rolle eines Beraters und Begleiters einnehmen.

Praxisbeispiele mit Prozessplänen und Tipps

Führungsmeeting als Routinetermin

Ausgangssituation und Ziele des Meetings

Die Führung eines Softwareunternehmens trifft sich alle 14 Tage routinemäßig zu einer „Montagsbesprechung". Die Ziele dieses Meetings variieren je nachdem, was anliegt. Grundsätzlich sind die Montagsbesprechungen jedoch dazu da, um

► sich gegenseitig über die wirtschaftliche Lage des Unternehmens zu informieren,

► die Markt- und Kundensituation zu besprechen,

► die strategische Ausrichtung zu reflektieren und entsprechende Entscheidungen zu treffen,

► sich über Besonderheiten und Probleme einzelner Bereiche auszutauschen und

► den Status wichtiger Projekte zu besprechen und bei Bedarf Entscheidungen zu fällen.

Teilnehmer

An dem Meeting nehmen in der Regel der Geschäftsführer des Unternehmens teil, zwei Bereichsleiter Beratung (national und international), ein Bereichsleiter Entwicklung und der Personalleiter. In besonderen Fällen werden zusätzlich einzelne Projektleiter eingeladen, um über den Stand ihres Projekts zu berichten.

Teilnehmer

Rahmenbedingungen

Für dieses regelmäßige Meeting sind zwei Stunden reserviert. Zum Meeting lädt einer der beiden Geschäftsführer ein. Eine Agenda wird nicht verschickt. Das Meeting findet meist unter hohem Zeitdruck statt. Oft wird das Meeting zeitlich überzogen. Eine eindeutige, „offizielle" Moderation gibt es nicht. Die Teilnehmer sind nur teilweise vorbereitet. Eingeladene Projektleiter werden nicht ausdrücklich integriert. Bei der Diskussion einzelner Projekte werden immer wieder Differenzen zwischen dem Bereichsleiter Entwicklung und den Bereichsleitern Beratung deutlich. Insbesondere zwischen dem Bereichsleiter Beratung (national) und dem Bereichsleiter Entwicklung gibt es Spannungen, die jedoch nicht offen ausgetragen werden, sondern sich indirekt durch mangelnde Akzeptanz bei Vorschlägen des anderen bemerkbar machen oder dadurch, dass sich die beiden in inhaltliche Detaildiskussionen

Rahmenbedingungen

verstricken. Von allen wird die mangelnde Effektivität des Meetings beklagt und die Unzufriedenheit über den Ablauf des Meetings wächst.

Empfehlungen   *Empfehlungen für die moderierende Führungskraft*

Der einladende Geschäftsführer hat die Verantwortung für den Ablauf des Meetings und damit auch für die Gesprächsleitung oder die Moderation. Diese Verantwortung kann er ganz, teilweise oder von Sitzung zu Sitzung delegieren. Die Delegation muss möglichst frühzeitig erfolgen und es sollte klar kommuniziert werden, was delegiert wird. Die Delegation kann an einen der Teilnehmer erfolgen. Die Teilnehmer können sich in der Moderation auch abwechseln. Oder es wird ein Moderator, der außerhalb der Führungskreises steht, beauftragt. Bleibt die Verantwortung in den Händen des Geschäftsführers, so ist er moderierende Führungskraft und sollte die Empfehlungen in der folgenden Übersicht berücksichtigen.

EMPFEHLUNGEN FÜR DEN MODERIERENDEN GESCHÄFTSFÜHRER

► Zu jedem Meeting gehört eine Einladung mit Agenda, damit die Teilnehmer sich vorbereiten können.

► Das Zeitvolumen für das Meeting richtet sich nach den Agendapunkten und kann von Sitzung zu Sitzung variieren. Kalkulieren Sie die benötigte Zeit inklusive einer Pufferzeit im Voraus und kommunizieren Sie diese an die Teilnehmer, um jedem eine gute Planung des weiteren Tages zu ermöglichen.

► Checken Sie zu Beginn des Meetings noch mal die Zeit und prüfen Sie, ob jemand aus aktuellen Gründen das Meeting frühzeitig verlassen muss. Stellen Sie in dem Zusammenhang dann eventuell TOPs (Tagesordnungspunkte) um und ziehen Sie die TOPs nach vorne, bei denen alle Teilnehmer unbedingt notwendig sind.

► Visualisieren Sie den Zeitplan mit TOPs .

► Überlegen Sie bei Projektleitern, die eingeladen werden, an welcher Stelle im Meeting sie einen Input liefern sollen. Meist ist es nicht notwendig, dass sie während des gesamten Meetings anwesend sind.

► Heißen Sie Gäste bei dem Meeting willkommen und integrieren Sie diese, das heißt, verdeutlichen Sie, weshalb sie eingeladen worden sind und wie der Ablauf des Gesprächs, an dem sie teilnehmen, geplant ist.

▶ Geht das Meeting nach dem Input des Projektleiters und der dazugehörigen Diskussion noch weiter, danken Sie dem Projektleiter und verabschieden Sie ihn dann.

▶ Übernehmen Sie je nach Tagesordnungspunkt die Rolle als Moderator oder als Gesprächsleiter. Die Unterschiede zwischen Moderation und Gesprächsleitung sind im Kapitel „Moderieren – was bedeutet das?" (siehe Seite 11) erläutert. Nicht bei jedem TOP ist Moderation notwendig, in jedem Fall ist aber eine Gesprächsleitung hilfreich. Achten Sie als Gesprächsleiter auf die Gesprächsdisziplin und die Zeit. Moderation ist nur dann notwendig, wenn die Gruppe etwas gemeinsam erarbeiten will, beispielsweise zu einer gemeinsamen Entscheidung bezüglich der strategischen Ausrichtung oder bei einem wichtigen Projekt kommen möchte. Machen Sie hier als Gesprächsleiter auch deutlich, welchen Freiraum die Gruppe hat und wo Sie sich als Gesprächsleiter ein Vetorecht vorbehalten. Mehr Tipps, wie Sie mit der Doppelrolle Moderator und Führungskraft umgehen können, finden Sie im Kapitel „Die Doppelrolle Führungskraft und Moderator" (siehe Seite 19).

▶ Wird während des Meetings deutlich, dass die geplante Zeit nicht reicht, dann sprechen Sie mit allen Teilnehmern ab, ob eine Verlängerung möglich ist und wie viel Zeit dafür noch nötig ist. Falls eine Verlängerung nicht möglich ist, überlegen Sie mit allen Beteiligten, ob eine Fortsetzung außerhalb des Routinemeetings sinnvoll und möglich ist und wer daran teilnehmen muss.

▶ Geben Sie dem Bereichsleiter Entwicklung und dem Bereichsleiter Beratung national bei erkennbaren Spannungen ein Feedback. Halten Sie dabei die Feedbackregeln ein. Hinweise zur Durchführung von Feedback finden Sie im Kapitel „Rückblenden zum Intervenieren und Auswerten" (siehe Seite 77).

▶ Vereinbaren und visualisieren Sie Spielregeln für das Meeting.

▶ Bei einem größeren Konflikt machen Sie einen separaten Termin mit den beiden Bereichsleitern aus und klären Sie den Konflikt außerhalb des Meetings.

▶ Machen Sie nach jedem Meeting eine kurze Rückblende, wie die Zusammenarbeit bei dem Meeting gelaufen ist und wie sie weiter optimiert werden kann. Einzelheiten zum Thema Rückblende finden Sie ebenfalls im Kapitel „Rückblenden zum Intervenieren und Auswerten" (siehe Seite 63).

Delegieren oder nicht?

Laufen die Meetings schon seit längerem unstrukturiert ab und hat der Geschäftsführer zu wenig Zeit, das Meeting und sich selbst entsprechend vorzubereiten, dann empfehlen wir, die Gesprächsleitung oder die Moderation des Meetings inklusive der Vorbereitung zu delegieren. So kann der Geschäftsführer sich auf den Inhalt konzentrieren und die Verantwortung für den Ablauf loslassen. Dabei sollte er eine Person mitModerationskompetenz auswählen, zu der er das Vertrauen hat, dass sie den Prozess gestalten kann. Trifft das nicht zu, so wird er sich immer wieder in den Ablauf einmischen, woraus eine allgemeine Verwirrung bei allen Beteiligten des Meetings entsteht. Zwischen dem Geschäftsführer und dem Moderator müssen deshalb klare Vereinbarungen bezüglich ihrer Rollen getroffen und diese auch in der Gruppe transparent gemacht werden.

Gibt es keine geeignete Person in dem Unternehmen, lohnt sich die Investition, für einige Sitzungen einen externen Moderator zu engagieren. Vergleicht man in dem Fall die Kosten für den externen Moderator mit den Kosten von fünf hoch bezahlten Führungskräften in ineffektiven Meetings, so macht sich eine solche Investition schnell bezahlt. In diesem Fall sollte der Moderator das Team nach einer definierten Zahl von begleiteten Meetings in die Lage versetzen, zukünftig ohne externe Moderation konstruktiv und effektiv zu arbeiten. Im Rahmen der externen Begleitung kann dieser Moderator mit dem Team beispielsweise Spielregeln erarbeiten und erproben, eine systematische Vorgehensweise einführen und etappenweise zunächst einzelne Moderationsaufgaben wie Zeitplanung und Visualisierung delegieren. Im nächsten Schritt kann er das Team phasenweise in der Zusammenarbeit beobachten und Feedback geben.

Mit der Unterstützung eines professionellen Moderators kann eine Meetingkultur in dem Führungsteam entwickelt werden, die dann auch ohne externen Moderator weiter fortgeführt werden kann. So wird zum einen die Effektivität der Meetings gesteigert und zum anderen die Moderationskompetenz in dem Führungsteam erhöht. Und da Führungskräfte Multiplikatoren sind, wirkt sich das auch positiv bei anderen Meetings im Unternehmen aus.

Problemlösungs-Workshop zum Thema Kundenorientierung

Ausgangssituation

Ausgangssituation

Nach einer Umstrukturierungsphase in einem kleineren Energieversorgungsunternehmen haben in der letzten Zeit die Kundenbeschwerden deutlich zugenommen. Beschwerden über unfreundliche und kurz angebundene Mitarbeiter am Telefon und im direkten Kundenkontakt häufen sich. Aus diesem Anlass hat der für die Schnittstelle zum Kunden zuständige Abteilungsleiter alle Mitarbeiter seiner Abteilung mit direktem Kundenkontakt zu einem eintägigen Workshop eingeladen.

Ziele der Veranstaltung

Ziele

Der Workshop soll dazu dienen,

► eine Identifikation aller mit dem Thema Kundenorientierung zu erreichen,

► Ideen zu entwickeln, wie die Kundenorientierung verbessert werden kann, und

► erste Maßnahmen für die Umsetzung der Ideen zu verabreden.

Teilnehmer

Teilnehmer

An dem Workshop nehmen 14 Mitarbeiter teil, sechs davon arbeiten in der Telefonzentrale, die anderen acht Mitarbeiter haben direkten Kundenkontakt an einem Schalter.

Rahmenbedingungen

Rahmenbedingungen

Die Veranstaltung findet an einem Samstag statt, damit alle betroffenen Mitarbeiter daran teilnehmen können. Um für die Teilnahme an der Veranstaltung zu motivieren, lädt der Abteilungsleiter die Mitarbeiter in ein gutes Tagungshotel ein und plant ein gemeinsames Abendessen mit anschließendem Kegelabend. Der Veranstaltungstermin wird weit im Voraus geplant und bekannt gegeben, dennoch sind kurzfristig zwei Teilnehmer verhindert.

Workshopdesign

Der Abteilungsleiter plant folgenden Workshopablauf, bei dem er auch die Moderation übernehmen will:

Workshopdesign

10.00 Uhr	Eröffnung Begrüßung und Präsentation der Workshopziele
10.15 Uhr	Folienpräsentation: Bericht über die Situation bezüglich der Kundenbeschwerden
10.30 Uhr	Diskussion im Plenum
11.00 Uhr	Kaffeepause
11.15 Uhr	Sammeln von Verbesserungsideen in Kleingruppen
12.30 Uhr	Mittagspause
14.30 Uhr	Präsentation der Ideen im Plenum
15.30 Uhr	Kaffeepause
15.45 Uhr	Auswahl der wichtigsten Ideen
16.00 Uhr	Kleingruppen – Maßnahmenplanung für die ausgewählten Ideen
17.00 Uhr	Präsentation der Maßnahmenplanung und Verabschiedung der Maßnahmen
18.00 Uhr	Abschluss
18.30 Uhr	Ende Anschließend gemeinsames Abendessen und Kegeln

Am Workshoptag

Am Workshoptag

Bei der Eröffnung präsentiert der Abteilungsleiter kurz und knapp die Ziele für den Workshop und leitet dann über zur Folienpräsentation. Anhand mehrerer Statistiken belegt er, wie die Beschwerden der Kunden in den letzten Monaten zugenommen haben. Ergebnisse einer Kundenbefragung zeigen konkret auf, was den Kunden missfällt: Beschwerden über hastige Antworten, ungeduldige Reaktionen am Telefon, Weitervermittlung an nicht zuständige Sachbearbeiter, Warteschleifen am Telefon und Warteschlangen am Schalter ...

Im Anschluss an die Präsentation lädt der Abteilungsleiter zur Diskussion über die Ergebnisse ein. Die Gruppe reagiert nur zäh, vereinzelt gibt es Rechtfertigungen oder Beschwerden über Kunden, die unangemessen reagiert haben. Insgesamt sind Unmut und Unzufriedenheit spürbar. Die Diskussion verläuft ohne Energie und es sind nur wenige daran beteiligt. Immer wieder versucht der Abteilungsleiter, eine konstruktive, lösungsorientierte Gesprächsatmosphäre zu schaffen. Es ist in seinem Interesse, möglichst schnell Abhilfe zu schaffen, da von der Geschäftsführung entsprechende Erwartungen an ihn signalisiert worden sind.

Nachdem die Diskussionsbeiträge immer weniger werden, beendet der Abteilungsleiter die Diskussion. Er bildet drei Gruppen und erteilt ihnen den Auftrag, Lösungsideen für das Problem zu erarbeiten. Er selbst integriert sich nicht in die Teilgruppen, da er die Eigenverantwortung und Selbstständigkeit seiner Mitarbeiter fördern möchte.

In der Präsentation nach dem Mittagessen wird jedoch deutlich, dass es nur wenige Lösungsideen gibt. Der Vorschlag, der von allen drei Gruppen kommt, lautet: mehr Personal einstellen. Rigoros erklärt der Abteilungsleiter, dass das nicht möglich ist ...

Auswertung der Situation und Empfehlungen für den moderierenden Abteilungsleiter

Ausweitung und Empfehlungen

Bei einer Rückblende auf das vorliegende Praxisbeispiel stellen wir fest, dass der Abteilungsleiter gute Ansätze bei der Planung des Workshops hatte, dass er allerdings die Situation seiner Mitarbeiter nicht ausreichend bedacht und die Mitarbeiter am Anfang der Veranstaltung nicht genügend „abgeholt" hat.

Hilfreich waren folgende Aspekte:

► Beginn der Veranstaltung erst um 10 Uhr, weil es ein Samstag war

► Zwei Stunden Mittagspause, um Zeit für informellen Austausch zu geben

► Ein gemeinsamer Abend mit Abendessen und Kegeln als Abschluss, um zusätzlich zu motivieren

► Der strukturierte Aufbau des Workshops über Ideensammlung, Auswahl und Maßnahmenplanung

Hemmend dagegen waren diese Punkte:

► Es fand keine Abfrage der Erwartungen für den Workshop aus Sicht der Mitarbeiter statt.

► Bei der Planung des Tages wurde nicht genügend Zeit eingeplant, um den Mitarbeitern Gelegenheit zu geben, aus ihrer Position Stellung zu dem Problem zu beziehen.

► Der Abteilungsleiter hat seine Rolle in dem Workshop nicht geklärt.

► Er zeigte wenig Verständnis für die Situation der Mitarbeiter.

► Für die Problemanalyse wurde nicht genügend Zeit eingeplant.

Falls Sie als Führungskraft vor einer solchen oder ähnlichen Situation stehen, möchten wir Ihnen dafür folgende Empfehlungen geben:

EMPFEHLUNGEN FÜR DEN MODERIERENDEN ABTEILUNGSLEITER

▶ Versetzen Sie sich vor der Planung der Veranstaltung in die Situation Ihrer Mitarbeiter. Eventuell sind Vorgespräche mit Einzelnen oder mit kleineren Mitarbeitergruppen sinnvoll.

▶ Lassen Sie sich mehr Zeit für die Eröffnung des Workshops. Eruieren Sie die Erwartungen der Teilnehmer am besten mit einer Kartenabfrage. Bitten Sie die Mitarbeiter, auch ihre Befürchtungen zu dem Tag auf einer Karte – andere Farbe! – festzuhalten. Prüfen Sie, ob die Erwartungen stimmig sind mit den Zielen des Tages und überlegen Sie gemeinsam mit den Teilnehmern, wie mit möglichen Befürchtungen umgegangen werden kann.

▶ Sagen Sie am Anfang ein paar Worte zu Ihrer Rolle für diese Veranstaltung. Benennen Sie auch Ihre Erwartungen an den Tag und erklären Sie, warum es Ihnen wichtig ist, dass Ihre Mitarbeiter an dem Thema selbstständig arbeiten. Machen Sie auch transparent, dass Sie den Auftrag von der Geschäftsführung bekommen haben, etwas an der Situation zu ändern.

▶ Ihre Mitarbeiter sind an einem Samstag zu einer Arbeitsveranstaltung gekommen. Auch wenn es einen Freizeitausgleich gibt, so wird doch ihr Wochenende verkürzt. Zeigen Sie Wertschätzung dafür.

▶ Geben Sie Raum, damit die Mitarbeiter aus ihrer Sicht zu dem Problem etwas sagen können. Eine Blitzlichtabfrage, in der jeder reihum Stellung bezieht, wäre dafür beispielsweise geeignet.

▶ Haben Sie Verständnis, wenn die Mitarbeiter emotional reagieren. In der Regel sind die Mitarbeiter, die im direkten Kundenkontakt stehen, nicht allein dafür verantwortlich, wenn die Kommunikation mit dem Kunden schwierig ist. In einem Unternehmen bilden die Schnittstellen zwischen den verschiedenen Abteilungen eine so genannte Kundenkette, bei der interne Kunden und interne Lieferanten von Produkten und Dienstleistungen Hand in Hand arbeiten müssen, damit beim externen Kunden der Eindruck großer Kundenorientierung entsteht. Gerade nach Umstrukturierungsphasen gibt es häufig Störungen innerhalb der internen Kundenkette, die dann nach außen sichtbar werden. Wird die Schuld dafür dann ausschließlich den Mitarbeitern mit externen Kundenkontakten zugeschoben, so werden diese in die Defensive gedrängt.

► Nehmen Sie negative Gefühle in der Gruppe wahr, beispielsweise Frust wegen der erst kürzlich abgeschlossenen Umstrukturierung, so geben Sie Raum dafür. Lassen Sie den Teilnehmern Zeit, Ärger, Unzufriedenheit, Frust oder Sorgen auszusprechen. Häufig genügt ein Aussprechen und der Eindruck, von der Führungskraft verstanden zu werden, um die Mitarbeiter dazu zu motivieren, an Lösungen zu arbeiten. Vielleicht ist es die erste Möglichkeit, mit der gesamten Gruppe über die Erfahrungen mit der Umstrukturierung zu sprechen. Hier liegen möglicherweise auch Ursachen für die Zunahme der Kundenbeschwerden.

► Planen Sie eine Phase für die Problemanalyse ein, bevor Sie an die Lösungen gehen. Nutzen Sie dazu beispielsweise die Mindmap-Technik, wie sie auf Seite 158 ausführlich beschrieben ist. Schreiben Sie das Thema, in dem Fall „Ursachen für die Zunahme der Kundenbeschwerden" in einen Kreis auf die Mitte einer Pinwand und notieren Sie, was den Teilnehmern dazu einfällt. Verbinden Sie die notierten Wortmeldungen durch Striche mit dem Kreis und fragen sie bei den einzelnen Wortmeldungen nochmals nach, wodurch diese Probleme verursacht werden. Vor dem Hintergrund der Problemanalyse fällt das Entwickeln konkreter Ideen leichter.

► Bilden Sie Teilgruppen passend zu den Funktionen, weil die Verbesserungsideen möglicherweise auch funktionsabhängig sind. In dem Fall sollten Sie zwei Teilgruppen bilden: eine Gruppe der Mitarbeiter, die Telefonkontakt haben, und eine Gruppe mit Mitarbeitern, die am Schalter arbeiten.

► Formulieren Sie den Auftrag für die Teilgruppen schriftlich, am besten auf einem Chart für jede Gruppe. Besprechen Sie noch im Plenum den Auftrag mit den Teilnehmern, damit sichergestellt ist, dass alle verstanden haben, was in der Gruppenarbeitszeit zu tun ist und was in welcher Form im anschließenden Plenum präsentiert werden soll. Benennen Sie in der Auftragsformulierung auch wichtige Rahmenbedingungen oder mögliche Begrenzungen für die Ideensammlung, beispielsweise dass kein zusätzliches Personal eingestellt werden kann.

► Fordern Sie die Teilnehmer auf, Chancen und Risiken der Ideen im Plenum zu diskutieren, aber noch keine Bewertung vorzunehmen. Überlegen Sie dann, welche Kriterien bei der Auswahl der Ideen berücksichtigt werden sollen, wie zum Beispiel: „Die Idee ist umsetzbar innerhalb der nächsten vier Wochen", „Die Idee muss kostengünstig sein", „Die Idee kann innerhalb der Abteilung umgesetzt werden".

> ► Lassen Sie dann die Teilnehmer eine Bewertung vornehmen. Dazu eignen sich Klebepunkte. Die Teilnehmer erhalten Klebepunkte, gehen nach vorne an die Wand, wo die Ideen visualisiert sind, und kleben Punkte an die Ideen, die aus ihrer persönlichen Sicht den Kriterien entsprechen. Nachdem alle ihre Punkte vergeben haben, ergibt sich aus der Anzahl der Punkte pro Idee eine Prioritätenliste. Als Faustregel für die Menge an Klebepunkten, die die Teilnehmer bekommen, gilt: Zahl der Ideenkarten geteilt durch zwei. Weisen Sie darauf hin, dass es nicht erlaubt ist, mehr als einen Punkt an eine Idee zu kleben.
>
> ► Reagieren Sie flexibel beim weiteren Vorgehen. Je nachdem, wie viel Zeit noch zur Verfügung steht, kann die Gruppe an konkreten Umsetzungsmaßnahmen für eine oder mehrere Ideen mit einer hohen Priorität arbeiten. Werden Umsetzungsmaßnahmen beschlossen, dann vereinbaren Sie klare Verantwortlichkeiten und Zeiträume für die Umsetzung.
>
> ► Überlegen Sie gemeinsam mit den Teilnehmern, was mit den übrigen Ideen passiert. Vielleicht ergeben sich daraus noch Anregungen für andere Abteilungen oder für die Zusammenarbeit mit anderen Abteilungen. Eventuell ist es sinnvoll, dass Sie sich verpflichten, die übrigen Ideen weiter zu verfolgen. Geben Sie der Gruppe später dazu Feedback, was mit den Ideen passiert ist
>
> ► Besprechen Sie, wie die beiden fehlenden Mitarbeiter integriert werden.
>
> ► Machen Sie mit den Teilnehmern zum Abschluss eine kurze Rückblende zum Tag. Vereinbaren Sie bei Bedarf einen Folgetermin.

Ein Projektteam vereinbart Spielregeln

Anlass *Anlass*

Das Projekt eines größeren Unternehmens läuft seit zwei Jahren. Die meisten Teammitglieder sind zu 100 Prozent ihrer Arbeitszeit in dem Projekt beschäftigt. Inzwischen ist der Projektauftrag erweitert worden und neue interne und externe Projektmitglieder sind zum Projektteam hinzugekommen. Außerdem wurde ein neuer Projektleiter eingesetzt. Deshalb soll ein Teamentwicklungs-Workshop veranstaltet werden, um eine gemeinsame Basis für Führung und Zusammenarbeit in diesem Projekt zu finden. Einige Projektmitglieder kennen sich teilweise aus längerer Zusammenarbeit, andere Teammitglieder sind sich fremd.

Ziele des Workshops

Der Workshop soll dazu dienen,

► sich untereinander besser kennen zu lernen,

► ein gemeinsames Projektteamverständnis zu erreichen,

► die Regeln für Führung und Zusammenarbeit in dem Projekt zu verabreden und

► einen bewussten Teamentwicklungsprozess zu starten.

Als konkretes Endergebnis der Veranstaltung sollen von allen gemeinsam getragene „Spielregeln" für die Zusammenarbeit im Projektteam erarbeitet werden.

Teilnehmer

Ein Projektleiter und 13 Projektmitglieder (davon fehlen zwei aufgrund dringender Kundentermine).

Rahmenbedingungen

Für die Veranstaltung wird ein Hotel gewählt mit Übernachtung der Teilnehmer, um ungestört vom Arbeitsalltag die Themen bearbeiten zu können. Mit der Moderation wird ein Coverdale Berater beauftragt. Ursprünglich sollte der Workshop nur einen Tag dauern, um nicht zu viel Zeit für die eigentliche Projektarbeit zu verlieren. Auf unsere Anregung hin wird dann aber dem Vorschlag, den Workshop bereits am Vorabend zu beginnen, zugestimmt. Das hat folgende Vorteile:

► Die Teilnehmer werden schon am Vorabend auf das Thema eingestimmt.

► Am nächsten Tag kann direkt mit der Bearbeitung begonnen werden.

► Durch die Anreise am Vorabend wird ein pünktlicher Arbeitsbeginn am eigentlichen Workshoptag gewährleistet.

► Am Vorabend gibt es für die Teilnehmer Möglichkeiten zum informellen Austausch und zum Kennenlernen.

► Der Moderator bekommt am Vorabend einen ersten Eindruck von der Gruppe und deren Erwartungen und kann noch vor Beginn den Moderationsablauf entsprechend anpassen.

Workshopdesign *Übersicht über das Workshopdesign*

Vorabend: ab 17.30 Uhr	Get together (Getränke an Stehtischen)
18.00 Uhr	Workshoperöffnung ► Begrüßung (Projektleiter) ► Erläuterung des Anlasses/Hintergrundes (Projektleiter) ► Vorstellen des Moderators und Erklären der Gründe für den Einsatz eines externen Moderators (Projektleiter) ► Begrüßung durch den Moderator und Übernahme der Workshopsteuerung ► Klärung: Was ist ein Workshop? Was tut ein Moderator? ► Workshopziele ► Kartenabfrage der Erwartungen/Befürchtungen
19.00 Uhr	Partnerinterviews zum näheren Kennenlernen (15 Minuten)
19.20 Uhr	Gegenseitige Präsentationen im Plenum
20.00 Uhr	*Gemeinsames Abendessen*
Nächster Tag 08.30 Uhr	Plenum ► Vorstellen des Tagesplans ► Kartenabfrage in Zweiergruppen: „Welche Kompetenzen brauchen Sie im Projektteam, um Ihr Projekt erfolgreich zu abzuwickeln?" ► Klären des Unterschiedes zwischen Fach- und Prozesskompetenz ► Hinweis, dass es hier um einen Prozess geht, nicht um Fachliches ► Rollenklärung des Projektleiters für den Workshop ► Einführung Gruppenarbeit (Bilden der Gruppen durch Abzählen)
09.15 Uhr	Gruppenarbeit (drei Gruppen) ► Themen: Führung/Zusammenarbeit/Was darf nicht passieren?
10.00 Uhr	*Kaffeepause*
10.20 Uhr	Plenum ► Präsentation der Ergebnisse und Diskussion
11.30 Uhr	Gruppenarbeit (zwei Gruppen, neu zusammengesetzt) ► Thema: Konkrete „Spielregeln" für das Projektteam
12.30 Uhr	*Mittagessen*
13.30 Uhr	Auflockerungsspiel
13.45 Uhr	Plenum ► Präsentation der Ergebnisse und Diskussion Verabschiedung der „Spielregeln"
15.00 Uhr	*Kaffeepause*
15.20 Uhr	Plenum ► Diskussion zum Thema „Einhaltung der Spielregeln" ► Abfrage zum Thema „ Feedback" ► Übung dazu in Zweiergruppen
16.30 Uhr	Workshopabschluss ► Überprüfung der Ziele ► Überprüfung der Erwartungen/Befürchtungen ► Nächste Schritte (Integration von zwei Teammitgliedern, die nicht dabei sein konnten etc.) ► Blitzlicht „Was hat Ihnen gefallen? Was hätten Sie sich anders gewünscht?"
17.00	Ende des Workshops

„Regieanweisung" für den Moderator für den Vorabend

Wichtig bei der Workshoperöffnung: Als Moderator müssen Sie mit dem Projektleiter schon vorab die Einführung in den Workshop besprechen. Bitten Sie ihn, die Eröffnung zu übernehmen, Sie vorzustellen und auch die Gründe für einen externen Moderator transparent machen. Falls Begriffe wie Workshop und Moderation ungewohnt sind für die Teilnehmer, dann ist es sinnvoll, sie zu definieren und auch die Rolle und Aufgaben eines Moderators zu erläutern.

Bei der Kartenabfrage „Erwartungen/Befürchtungen" zeigen Sie die Fragen, die Sie vorab aufgeschrieben haben, und bitten um Rückmeldungen auf Karten. Verwenden Sie dabei zwei unterschiedliche Kartenfarben. Sammeln Sie alle Erwartungen, kleben Sie sie unsortiert an und lesen Sie sie vor. Fragen Sie nach Kommentaren aus der Gruppe zu der Sammlung. Prüfen Sie, ob die Erwartungen realistisch sind.

Auch Sie als Moderator können anschließend Erwartungen, die Sie an die Teilnehmer haben, ergänzen und besprechen. Mögliche Befürchtungen können Sie als Erwartungen formulieren:

► „Direkte Rückmeldungen, wenn Sie mit etwas unzufrieden sind"

► „Aktive Mitarbeit in dem Workshop"

► „Handys aus bei der Arbeit"

Danach machen Sie das Gleiche mit den Befürchtungskarten: sammeln, ankleben, vorlesen und nach Kommentaren dazu aus der Gruppe fragen. Nehmen Sie die Befürchtungen ernst und bedanken Sie sich für die Offenheit bei den Teilnehmern. Manche Befürchtungen können geklärt, andere durch das Vereinbaren von Spielregeln aus dem Weg geräumt werden. Bei anderen Befürchtungen bitten Sie die Teilnehmer, Ihnen später zwischendurch Hinweise zu geben, falls diese Befürchtungen eintreten sollten.

„Regieanweisung" für den Vorabend

> **BEISPIEL**
>
> **1)** Teilnehmer: „Konflikte können hochkommen"
>
> Moderator: „Ich verstehe Ihre Befürchtung. Das kann tatsächlich passieren, aber dann werde ich gemeinsam mit Ihnen prüfen, wie wir konstruktiv mit dem Konflikt umgehen können."
>
> **2)** Teilnehmer: „Es ist doch nur alles Theorie"
>
> Moderator: „Sie haben Recht. Auch ich habe schon erlebt, dass Dinge mit viel Aufwand erarbeitet wurden, aber nicht umgesetzt worden sind. Am Ende der Veranstaltung habe ich darum bewusst Zeit vorgesehen, in der Sie planen können, wie Sie hier Erarbeitetes in Ihren Arbeitsalltag integrieren können."

Bei der Einführung eines Partnerinterviews zum besseren Kennenlernen bitten Sie die Teilnehmer darum, sich einen Partner zu suchen, den sie möglichst wenig kennen. Geben Sie einige Leitfragen visualisiert vor. Hier in unserem Beispiel haben wir folgende Fragen verwendet:

► Berufliches Highlight in den letzten 12 Monaten ...

► Meine Hobbys sind ...

► Mit 1 Mio. Euro würde ich ...

Diese Fragen haben wir so gewählt, da sich die Teilnehmer teilweise schon kannten. Wichtig ist uns, dass sie sich nicht nur über Berufliches miteinander austauschen.

Als Moderator bleiben Sie bei diesen Interviews außen vor, auch bei ungeraden Teilnehmerzahlen. Bilden Sie dann lieber eine Dreiergruppe, damit die Teilnehmer Gelegenheit haben, untereinander Kontakt aufzunehmen. Bei der Vorstellungsrunde können Sie am Ende die Fragen auch für sich beantworten, denn die Gruppe ist auch neugierig auf Sie als Person.

...für den Workshoptag

... für den Workshoptag

Die Kartenabfrage beim ersten Plenum am eigentlichen Workshoptag zum Thema Kompetenzen dient dazu,

► sich der Kompetenzen, die im Team benötigt werden, bewusst zu werden,

► anschließend den Unterschied zwischen Fach- und Prozesskompetenz aufzuzeigen,

► Kompetenzen, die für eine Zusammenarbeit wichtig sind, zu verdeutlichen,

► eine Basis und Verständnis für das Erarbeiten von Spielregeln für die Projektarbeit zu schaffen.

Besprechen Sie vorab die Rolle, die der Projektleiter in dem Workshop übernehmen will. In unserem Fall hat sich der Projektleiter dafür entschieden, so wie seine Mitarbeiter als Teammitglied mitzuwirken und mit ihnen gemeinsam die Spielregeln für Führung und Zusammenarbeit zu erarbeiten. Allerdings hat er sich als verantwortliche Führungskraft ein Vetorecht vor der endgültigen Verabschiedung vorbehalten. Wichtig ist es dann, dieses Rollenverständnis für den Workshop den anderen Teilnehmern transparent zu machen.

In der anschließenden Gruppenarbeit wird an drei unterschiedlichen Aufträgen parallel gearbeitet.

► Auftrag 1: „Bitte überlegen Sie, was Ihnen bei dem Thema Führung im Projekt wichtig ist. Halten Sie Ihre Punkte auf einem Flipchart oder einer Pinnwand fest."

► Auftrag 2: „Bitte überlegen Sie, was Ihnen bei der Zusammenarbeit im Projekt wichtig ist. Halten Sie die Punkte auf einem Flipchart oder der Pinnwand fest."

► Auftrag 3: „Bitte überlegen Sie, wenn Sie an „Führung und Zusammenarbeit im Projekt" denken, was auf keinen Fall passieren sollte. Halten Sie Ihre Punkte auf einem Flipchart oder einer Pinnwand fest."

Im nächsten Plenum werden die Ergebnisse der Reihe nach von einem Mitglied der jeweiligen Arbeitsgruppe präsentiert. Nach jeder Präsentation ist Zeit für Verständnisfragen von Teilnehmern aus den beiden anderen Gruppen und für die Klärung. Lassen Sie an der Stelle in dem Moderationsprozess noch keine inhaltlichen Diskussionen zu, sondern verweisen Sie auf die Diskussionszeit im Anschluss an alle drei Präsentationen. Pro Gruppe kalkulieren Sie einen Zeitbedarf von etwa zehn Minuten.

Die inhaltliche Diskussion nach dem Betrachten der drei Ergebnisse dient dazu, um

► Erfahrungen auszutauschen,

► Sichtweisen deutlich zu machen und

► Wünsche und Erwartungen an die Zusammenarbeit im Projekt nochmals in der gesamten Gruppe zu artikulieren.

Nach dem Plenum werden jetzt aus den drei Gruppen zwei neue Gruppen gemischt. Achten Sie darauf, dass sich alle Teilnehmer komplett neu gruppieren. Ein Ziel des Workshops ist, sich untereinander besser kennen zu lernen. Das wird unter anderem durch die Zusammenarbeit in den unterschiedlichen Arbeitsgruppen erreicht. Beide Gruppen erhalten jetzt den Auftrag: „Bitte erarbeiten Sie einen Vorschlag für konkrete Spielregeln für die Zusammenarbeit in Ihrem Projektteam auf Basis der Vorarbeiten und der Diskussion. Präsentieren Sie den Vorschlag im nächsten Plenum."

Nachdem in der ersten Gruppenarbeitsphase generell Wünsche an Führung und Zusammenarbeit erarbeitet worden sind, geht es jetzt um die Konkretisierung für das eigene Projekt. Wir bilden jetzt nur noch zwei Gruppen, um im Anschluss nur zwei und nicht drei Ergebnisse zusammenführen zu müssen. Theoretisch hätte man auch alle Teilnehmer zusammen an dem Auftrag arbeiten lassen können, doch wir wollen eine hohe Beteiligung aller an dem Erstellen der Spielregeln erreichen.

Nach der Mittagspause entsteht meist ein „postkulinarisches Tief", auch „Suppenkoma" genannt. Ein Auflockerungsspiel sorgt dafür, dass die Teilnehmer wieder Energie bekommen. Danach werden die Vorschläge dann wieder von je einem Teammitglied im Plenum präsentiert und Verständnisfragen geklärt. Als Moderator übernehmen Sie im Anschluß zusammen mit der Gruppe das Zusammenführen der beiden Ergebnisse. Dabei helfen folgende Fragen: „Welche Vorschläge decken sich?" „Wo gibt es Konsens?" „Welche Punkte sind unterschiedlich?" „Was will die Gruppe für ein gemeinsames Ergebnis übernehmen?" Diese Punkte können Sie dann auf einer anderen Pinnwand zusammenfassen. Bitten Sie dabei die Gruppe um Formulierungshilfen, wenn etwas nicht eindeutig ist. Kennzeichnen Sie diese Vorschläge auf den Gruppenergebnissen durch Abhaken, damit deutlich wird, was bereits erledigt wurde.

Beim Aufschreiben der gemeinsamen Spielregeln können Sie einen Teilnehmer bitten, Sie durch Schreiben am Flipchart zu unterstützen. So können Sie die Diskussion in der Gruppe leichter steuern und sind nicht durch das Schreiben abgelenkt. Bei Formulierungen besteht die Gefahr, dass sich die Gruppe im Detail verliert und zu Wortklauberei neigt. Beugen Sie dem vor, indem Sie deutlich machen, dass Spielregeln nicht „in Stein gemeißelt" sind, sondern auch überarbeitet werden. Eventuell können Sie auch zwei Delegierte aus den beiden Gruppen bitten, die Regeln in einer verlängerten Kaffeepause sprachlich zu überarbeiten. Verhindern Sie an der Stelle den Drang nach Perfektionismus und betonen Sie, dass das Umsetzen der Regeln wichtiger ist als die optimale Formulierung. Auf der anderen Seite muss jede Regel so formuliert sein, dass die Teilnehmer auch noch in einiger Zeit nach dem Workshop wissen, was gemeint ist. Hier sind Sie gefordert, zu große Verallgemeinerungen zu verhindern durch Fragen wie „Was genau ist damit gemeint?" oder „Wie wollen Sie das machen?". Steht das Endergebnis fest, überprüfen Sie nochmals den Konsens. Holen Sie auch explizit die Zustimmung des Projektleiters ein.

Nach der Kaffeepause leiten Sie eine Diskussion ein zum Thema „Umsetzung und Einhaltung der Spielregeln im Projektalltag". Folgende Fragen können die Diskussion anregen: „Wer ist für die Umsetzung verantwortlich?" „Welche Konsequenzen hat das Nicht-Einhalten von Spielregeln?"

Meist wird schnell deutlich, dass es wichtig ist, sich gegenseitig Feedback zu geben bezüglich des Umsetzens der Spielregeln. An dieser Stelle eignet sich eine Abfrage auf Zuruf:

„Wie sieht konstruktives Feedback aus?" (siehe dazu auch Seite 77-79). Visualisieren Sie die Frage auf einem Flipchart und schreiben Sie die Antworten auf Zuruf unsortiert mit. Achten Sie darauf, alle Wortmeldungen zu erfassen und wörtlich mitzuschreiben. Formulieren Sie nicht selbstständig um, sonst erkennt sich der Teilnehmer in Ihrem Wortlaut nicht wieder. Lassen Sie Platz zwischen den einzelnen Wortmeldungen, damit Sie nach dem Vorlesen der Auflistung und dem Prüfen des Verständnisses eventuell zusätzliche Erklärungen einfügen können. Machen Sie deutlich, dass es beim Feedback nicht nur um kritische Rückmeldungen geht, sondern dass es auch wichtig ist, Positives zurückzumelden, wenn man sich als Team weiterentwickeln möchte.

Laden Sie die Teilnehmer anschließend zu einer kleinen Übung im Feedbackgeben und -nehmen ein. Bitten Sie die Teilnehmer, sich einen Partner zu suchen, den sie aus der Zusammenarbeit kennen, und fordern Sie die beiden auf, sich gegenseitig zurückzumelden, was sie hilfreich am anderen in der Zusammenarbeit fanden. Geben Sie für die Übung etwa 15 Minuten Zeit. Die Übung dient dazu, die Teilnehmer bewusst an das Thema Feedback heranzuführen und eine positive Erfahrung miteinander am Ende des Workshops zu machen.

Beim Abschluss des Workshops klären Sie die noch offenen Punkte:

► Wie ist das weitere Vorgehen geplant?

► Ist ein Follow-up geplant?

► Wer nimmt die Ergebnischarts mit?

► Wie werden die Ergebnisse verteilt?

► Soll sonst noch etwas dokumentiert werden?

► Wenn ja, wie und wer macht das?

► Wer integriert die beiden Kollegen, die nicht an dem Workshop teilnehmen konnten?

Zuletzt hängen Sie das Chart mit den Workshopzielen und das Plakat mit den Erwartungs- und Befürchtungskarten auf und führen Sie eine Blitzlichtrunde durch mit folgenden Fragen: „Wie zufrieden sind Sie mit dem Workshop? Was hat Ihnen gefallen? Was hätten Sie sich anders gewünscht?"

Bei Beginn der Blitzlichtrunde schlagen Sie für die Teilnehmer eine Brücke zur Workshoperöffnung und verweisen auf die Ziele, die Erwartungen und Befürchtungen, mit denen Sie gemeinsam mit der Gruppe am Vorabend die Veranstaltung begonnen haben. Dann bitten Sie die Teilnehmer, reihum die Abschlussfragen zu beantworten. Achten Sie darauf, dass der Projektleiter möglichst erst am Ende zu Wort kommt. So erhalten Sie ein von der Führungskraft unbeeinflusstes Stimmungsbild zu Ihrer Moderation. Geben Sie selbst auch ein kurzes Abschluss-Statement, indem Sie für die Rückmeldungen und die Mitarbeit danken und viel Erfolg bei der Umsetzung wünschen. Außerdem sollten Sie eine positive persönliche Rückmeldung für die Gruppe finden.

Strategieklausur

Ausgangssituation

Ausgangssituation Der Vorstand eines Energieversorgungsunternehmens mit knapp 2.000 Mitarbeitern hatte im Vorjahr erstmals eine Strategieklausur gemeinsam mit den Hauptabteilungsleitern durchgeführt. Damals waren wichtige Ziele und Projekte für das kommende Jahr vereinbart und über 30 Projekte aufgesetzt worden. Auf einer zweiten Strategieklausur sollen diese Ziele und das Vorgehen nun überprüft werden. Unklar ist, wie die Projekte im Einzelnen verfolgt worden sind und wie der aktuelle Stand ist.

Ziele der Klausur

Ziele Die Strategieklausur dient dazu,

► den Prozess der Strategieerarbeitung und -verfolgung zu überprüfen,

► eine Statusbetrachtung der auf der letzten Strategieklausur definierten Projekte durchzuführen,

► die Strategiediskussion fortzuführen und

► die strategisch bedeutsamen Projekte für das neue Jahr zu vereinbaren.

Teilnehmer

Der Vorstand mit drei Personen und 12 Hauptabteilungsleiter. Bei der Zusammensetzung der Gruppe handelt es sich um dieselben Personen wie im Vorjahr, denn es gab keine personelle Änderung in der Führung.

Teilnehmer

Rahmenbedingungen

Für die Klausur ist ein Veranstaltungsort außerhalb des Unternehmens vorgesehen, um die strategische Ausrichtung des Unternehmens ungestört und konzentriert diskutieren zu können. Für die Moderation wird ein externer Moderator vom Hauptabteilungsleiter Personal beauftragt.

Rahmenbedingungen

Vorbereitung

Für die Vorbereitung der Moderation sind mehrere Klärungsgespräche notwendig. Zunächst führt der Moderator ein Gespräch mit dem Auftraggeber, also dem Hauptabteilungsleiter Personal. Dabei werden folgende Themen besprochen:

Vorbereitung

► Vorgeschichte und Hintergrund

► Aktueller Stand der Strategiediskussion

► Geplante Tagesordnung

► Erwartete konkrete Arbeitsergebnisse

► Teilnehmer (Funktionen, Besonderheiten, Beziehungen untereinander)

► Unternehmenskultur und Erfahrungen mit Moderation

► Erwartungen der Teilnehmer

► Erwartungen an die Moderation

Nach diesem Gespräch empfiehlt der Moderator dem Unternehmen, nicht nur einen Statusbericht über die im Vorjahr begonnenen Projekte von den Projektleitern einzufordern, sondern auch in Form eines kurzen Reviews abzufragen, welche Erfahrungen es mit dem Prozess der Projektbearbeitung gibt, und als Präsentation eine Gesamtbilanz über die Projekte zu der Strategieklausur vorzubereiten. Zusätzlich sollte eine Übersicht erstellt werden, welche Projekte im kommenden Jahr aufgesetzt werden sollen.

Außerdem werden in einem Vorgespräch die konkreten Erwartungen an die Moderationsowie die Rollen und die Zusammenarbeit zwischen Moderator und dem Vorstandvorsitzenden geklärt. Da ein persönliches Vorgespräch aus terminlichen Gründen nicht zustande kommt, erfolgt ein telefonisches Klärungsgespräch. Darüber hinaus vereinbaren Moderator und Vorstandsvorsitzender ein persönliches Kennenlernen 20 Minuten vor Beginn der Klausur.

Als Arbeitszeit wird 9.00 bis 18.00 Uhr mit einer Stunde Mittagspause und zweimal 15 Minuten Kaffeepause eingeplant.

Klausurdesign   *Klausurdesign*

09.00 Uhr	**TOP 1: Eröffnung** ▶ Begrüßung durch den Vorstandvorsitzenden ▶ Vorstellen des Moderators und seiner Rolle ▶ Vereinbaren der Ziele der Klausur ▶ Klären der Erwartungen ▶ Verabreden von „Spielregeln"
09.30 Uhr	**TOP 2: Präsentation Projektbilanz** ▶ In welchem Status befinden sich die Projekte? ▶ Welche Erfahrungen liegen vor seit der letzten Strategieklausur bezüglich der dort definierten Projekte? ▶ Was hat gut funktioniert? Was war schwierig? ▶ Welche Empfehlungen/Erkenntnisse gibt es? (Bericht, Verständnisfragen)
10.15 Uhr	*Kaffeepause*
10.30 Uhr	**TOP 3: Diskussion zur Projektbilanz und Verabreden des weiteren Vorgehens** ▶ Welche Aspekte der Bilanz betreffen die Teilnehmer der Strategieklausur? ▶ Was können die Teilnehmer tun, um die Prozesse zu verbessern? (Ideensammlung in Gruppen)
11.15 Uhr	**TOP 3: Fortsetzung** ▶ Präsentation der Ergebnisse aus Kleingruppen und Vereinbarungen im Plenum
12.15 Uhr	*Mittagspause*
13.15 Uhr	**TOP 4: Strategisch wichtige Projekte für das kommende Jahr** ▶ Überprüfen der 25 vorgeschlagenen Projekte ▶ Aussortieren und bei Bedarf Ergänzen um weitere Projekte (Plenumsdiskussion und Entscheidung)
14.30 Uhr	*Kaffeepause*
14.45 Uhr	**TOP 4: Fortsetzung**
16.30 Uhr	**TOP 5: Abschluss** ▶ Ergebniszusammenfassung ▶ Offene Punkte ▶ Blitzlichtabfrage
17.30 Uhr	**Ende der Klausur** (Puffer bis 18.00 Uhr)

In dem Vorgespräch mit dem Vorstandsvorsitzenden wird deutlich, dass ihm und seinen Vorstandskollegen eine partnerschaftliche Zusammenarbeit wichtig ist. Sie wollen als „normale" Teilnehmer mitarbeiten. Er schätzt seine Führungskräfte als engagiert ein. Bisher gibt es in dem Unternehmen kaum

Erfahrungen mit strukturiertem Projektmanagement. Mit der vorgestellten Tagesordnung für die Klausur ist er einverstanden.

TOP 1: Eröffnung

TOP 1

Nach der Begrüßung durch den Vorstandsvorsitzenden stellt sich der Moderator vor. Dabei erklärt er auch kurz

► seine Rolle,

► wie die Beauftragung zustande gekommen ist und

► mit wem er im Vorfeld Kontakt gehabt hat.

Dadurch wird sichergestellt, dass er als neutraler Moderator die Akzeptanz der Gruppe hat.

Anschließend präsentiert der Moderator auf einem vorbereiteten Chart die Ziele und die Tagesordnung für die Klausur. Eine mündliche Abfrage stellt sicher, dass in der Gruppe Konsens über die Klausurziele besteht.

E X K U R S

Die Teilnehmer hatten die Ziele und die Tagesordnung bereits im Vorfeld mit der Einladung bekommen, aber aus unserer Erfahrung ist es wichtig, beides noch mal am Anfang der Veranstaltung zu präsentieren und Konsens dazu herzustellen. So hat die gesamte Gruppe einen gemeinsamen Start und der Moderator erhält die „Erlaubnis" der Gruppe, den Tag entsprechend den Zielen zu moderieren. Bei Unstimmigkeiten im weiteren Verlauf kann sich der Moderator dann immer wieder auf die im Konsens verabredeten Ziele berufen und überprüfen, wie die Ideen der Teilnehmer zu den Zielen passen.

Auf Karten werden die Erwartungen der Teilnehmer abgefragt, auf eine Pinnwand geklebt und vorgelesen. Die Teilnehmer können das Bild der Erwartungen kommentieren. So wird sichergestellt, dass die Erwartungen aus Sicht der Teilnehmer und des Moderators zu den Zielen des Tages passen.

Bei der Abfrage nach Spielregeln für die Zusammenarbeit während der Klausur gibt es in der Gruppe Widerstand: „Warum braucht die Gruppe Spielregeln?" Man würde ja schon immer gut zusammenarbeiten. Der Moderator aber bleibt hartnäckig. Er begründet seinen Wunsch nach Spielregeln damit, dass er die Teilnehmer nicht kenne und Anhaltspunkte haben möchte, worauf er bei der Moderation achten solle. Nach dieser Begründung nennen die Teilnehmer Spielregeln. Nachdem der Moderator alle Spielregeln auf einem Chart visualisiert und Konsens darüber hergestellt hat, fragt er danach, wie das Entscheidungsprozedere bei der Strategieklausur sein solle. Vom Vorstandsvorsitzenden kommt der Hinweis, dass er und seine Kollegen als „normale" Gruppenmitglieder mitarbeiten wollen undEntscheidungen im Konsens getroffen werden sollen. Auf nochmalige Nachfrage durch den Moderator stellt sich dann aber heraus, dass sich der Vorstand ein Vetorecht vorbehalten möchte. Auch diese Vereinbarungen werden auf dem Chart mit den Spielregeln festgehalten.

> **EXKURS**
>
> Das nochmalige Nachfragen ist wichtig, wenn unterschiedliche Hierarchieebenen im Team vertreten sind. Gelegentlich beschließt die Gruppe mit Einverständnis des oder der Hierarchen, dass Entscheidungen im Konsens oder demokratisch beschlossen werden sollen. Hier istwichtig, als Moderator zu überprüfen, ob den Verantwortlichen die Konsequenzen bewusst sind.

TOP 2   *TOP 2: Präsentation der Projektbilanz*

Nach der Präsentation der Projektbilanz sind Fragen zugelassen, um ein einheitliches Verständnis zu gewährleisten. Bei den Fragen und einer ersten Diskussion stellt sich schnell heraus, dass es widersprüchliche Meinungen über den Unterschied zwischen Inhalt und Prozess gibt und inhaltliche Themen mit Prozessthemen vermischt werden. Durch einen entsprechenden Input des Moderators kann dazu mehr Klarheit in der Gruppe hergestellt werden. Der Moderator achtet darauf, dass Diskussionen an der Stelle nicht vertieft werden, sondern verweist auf die anschließende Gruppenarbeit.

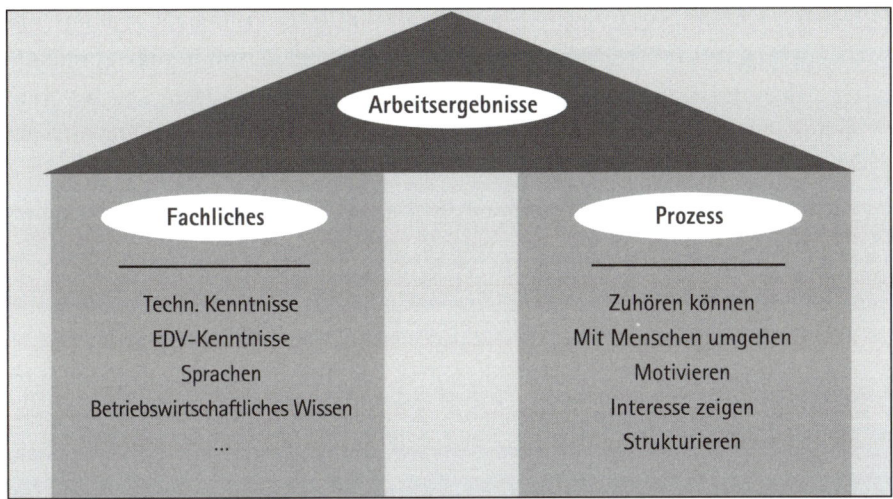

Als Input trägt das Bild dazu bei, dass die Teilnehmer leichter zwischen Inhalt und Prozess unterscheiden können

TOP 3: Diskussion der Projektbilanz und Verabreden des weiteren Vorgehens **TOP 3**

Im Plenum stellt der Moderator die Fragestellung für die Gruppenarbeit vor. Er erinnert an den Zeitplan und bittet, die Ergebnisse der Gruppenarbeit zu visualisieren, um sie im anschließenden Plenum der gesamten Gruppe zu präsentieren. Er weist außerdem darauf hin, dass er für weitere Nachfragen während der Gruppenarbeit zur Verfügung stehen wird.

Die Gruppe teilt sich in drei Teilgruppen auf. Der Moderator überlässt die Zusammensetzung der Gruppen den Teilnehmern mit der Bitte, sich so aufzuteilen, dass Personen, die regelmäßig zusammenarbeiten, nicht in eine Gruppe gehen. Außerdem verteilen sich die drei Vorstandsmitglieder auf je eine Gruppe.

Für die Gruppen ist die Fragestellung auf einem DIN- A4- Blatt mit einem dicken Stift visualisiert. Eine Gruppe arbeitet in einer Arbeitsecke im Plenum, für die beiden anderen Gruppen sind Arbeitsräume mit Flipchart, Pinnwand und Moderationsmaterial vorbereitet worden. Kurz vor Ende der verabredeten Arbeitszeit überprüft der Moderator den Stand der Gruppen. Dabei stellt sich heraus, dass zwei Gruppen noch etwa 10 Minuten Arbeitszeit benötigen. Die Gruppenarbeitszeit wird daraufhin um 15 Minuten für alle Gruppe verlängert. Der Moderator informiert das Restaurant des Hotels über die Verspätung und passt den Zeitplan an.

TOP 3: Fortsetzung

Nachdem sich die drei Teilgruppen wieder im Plenum getroffen haben, präsentiert der Moderator den geänderten Zeitplan. Auch informiert er die Teilnehmer, wo die Gruppe innerhalb der Tagesordnung steht, was schon erreicht wurde und welches die nächsten Schritte sind.

Die drei Gruppen präsentieren nun kurz ihre Ergebnisse. Nach der jeweiligen Präsentation lässt der Moderator Verständnisfragen zu, aber zunächst noch keine Diskussion. Eine Diskussion erfolgt erst im Anschluss an die drei Präsentationen, um bei der Diskussion das Gesamtbild im Hintergrund zu haben. Die Ergebnisse der Gruppenarbeiten sind ähnlich. In den Gruppen wird intensiv diskutiert, was eigentlich ein Projekt ist und wie das Projektcontrolling erfolgen soll. Es wird klar, dass eine Vielzahl von Themen in Form von Projekten bearbeitet wird, dass es zum Teil Überschneidungen bei den Projekten gibt und dass die strategische Ausrichtung unklar ist.

Während der Diskussion im Plenum wird deutlich, dass es zwischen den Teilnehmern kein einheitliches Verständnis für den Begriff Strategie gibt und dass die Begriffe Projekt und strategisches Aufgabenfeld verwechselt werden. Nach einem Input durch den Moderator über die verschiedenen zeitlichen Ebenen in einem Strategieprozess, die auch einen unterschiedlichen Konkretisierungsgrad haben, kann durch eine anschließende Diskussion ein gemeinsames Verständnis in der Gruppe hergestellt werden. Ein Vorstandsmitglied erläutert die Vision und die strategische Ausrichtung des Unternehmens. Der Moderator visualisiert die Aussagen des Vorstandes und die Gruppe erhält so eine gemeinsame Vorstellung von der Zukunft des Unternehmens.

Da TOP 3 vor dem Mittagessen nicht mehr abgeschlossen werden kann, vereinbart der Moderator mit den Teilnehmern, diesen Punkt nach dem Mittagessen noch einmal aufzugreifen und, falls erforderlich, den einkalkulierten zeitlichen Puffer für den Tag zu beanspruchen.

Nach dem Mittagessen führt der Moderator eine Abfrage durch, welches die Kriterien oder Kennzeichen für ein Projekt in dem Unternehmen sind. Das ist an der Stelle wichtig, weil die Diskussionen am Vormittag gezeigt haben, dass der Begriff Projekt unklar ist. Durch das Vereinbaren von Kennzeichen für ein Projekt wird hier ein gemeinsames Verständnis hergestellt. Nach einer Diskussion entscheiden die Teilnehmer im Konsens, durch welche Kriterien ein Projekt in ihrem Unternehmen definiert werden soll. Dann schlägt der Moderator vor, auch Kriterien und Kennzeichen für strategisch wichtige Projekte zu definieren, mit denen sich die Teilnehmer der Strategieklausur intensiver befassen wollen und die eine entsprechend hohe Priorität, beispielsweise bei der Ressourcenvergabe, haben sollen.

Nach den Definitionen wird deutlich, dass ein erheblicher Teil der im Vorjahr bei der Strategieklausur beschlossenen Projekte nicht in die Kategorie „strategisch wichtiges Projekt" fallen und deshalb auch nicht Diskussionsthema bei der Strategieklausur sein müssen. Deutlich wird, dass mit 15 Personen nicht über 30 Projekte inhaltlich im Rahmen eines Klausurtages diskutiert werden kann. Der Vorstand wird sich damit befassen, wie mit strategisch wichtigen Projekten in Zukunft umgegangen werden soll und welche Steuerungsfunktion dafür eingerichtet werden soll. Anregungen für die Optimierung der Prozesse aus den Gruppenarbeiten werden dabei berücksichtigt. Man vereinbart, dass sich die Strategieklausur in Zukunft stärker mit der strategischen Ausrichtung des Unternehmens befasst und gemeinsam die Rahmenbedingungen des Marktes und der Kunden stärker diskutiert werden sollen. In Zukunft werden nur noch die strategisch wichtigen Projekte in der Strategieklausur berücksichtigt und auf Detaildiskussionen verzichtet.

Inzwischen ist es bereits 14.30 Uhr und damit ist die geplante Zeit für diesen TOP bereits um eine Stunde überzogen. Der Moderator passt den Zeitplan den veränderten Umständen an. Er verabredet, dass sich die Gruppe nach der Kaffeepause wieder im Plenum zu TOP 4 trifft.

TOP 4: Strategisch wichtige Projekte für das kommende Jahr   **TOP 4**

Da die Diskussion zu TOP 3 im Plenum länger gedauert hat als geplant, beschließt der Moderator, dass die Teilnehmer nochmals in Kleingruppen arbeiten. Denn lange Plenumszeiten mit größeren Gruppen sind für die Teilnehmer anstrengend. Er empfiehlt, die Zusammensetzung der Gruppen vom Vormittag beizubehalten, um keine Zeit für eine neue Gruppenbildung zu verschwenden.

Noch im Plenum wird die Übersicht mit den Projektvorschlägen präsentiert. Verständnisfragen werden zugelassen. Danach arbeiten die Teilnehmer in den drei Gruppen an der Aufgabe, aufgrund der bei TOP 3 vereinbarten Kriterien die strategisch wichtigen Projekte herauszufiltern. (Während der Kaffeepause stellte der Moderator sicher, dass er allen drei Gruppen Kopien der Projektvorschlagsübersicht und der Kriterien vorlegen konnte.)

Nach 20 Minuten treffen sich die drei Gruppen im Plenum wieder und präsentieren ihre Ergebnisse. Aufgrund der Kriterien fällt die Zuordnung der Gruppen sehr einheitlich aus. Bei drei Projekten gibt es noch Diskussionsbedarf. Bei zwei Projekten kann die Einordnung geklärt werden. Bei einem

Projekt fehlen noch ausreichend Informationen, um es einordnen zu können. Über das Projekt will der Vorstand später entscheiden. Insgesamt werden so sieben Projekte als strategisch wichtig eingestuft.

Anschließend diskutiert die Gruppe noch über die Notwendigkeit weiterer Projektideen, um die Strategie des Unternehmensvoranzutreiben. Der Moderator sammelt auf einem Flipchart verschiedene Vorschläge, von denen zwei Ideen weiterverfolgt werden sollen. Zwei Teilnehmer werden benannt, die dem Vorstand einen konkreten Projektvorschlag dazu innerhalb der nächsten zwei Wochen machen sollten.

TOP 5

TOP 5: Abschluss

Am Ende der Klausurtagung präsentiert der Moderator noch einmal die Ziele der Tagung und die Erwartungen der Teilnehmer. Anhand der Tagesordnung verweist er auf die erreichten Ergebnisse und fragt, ob es noch offene Punkte gibt. Für das anschließende Blitzlicht, bei dem alle Teilnehmer reihum die Möglichkeit haben, den Tag zu kommentieren, visualisiert der Moderator die beiden Fragen:

▶ „Was hat Ihnen an der Strategieklausur gefallen?"

▶ „Was kann man anders/besser machen?"

Stichwortartig notiert er sich die Antworten mit, um die Kommentare der Teilnehmer bei einer nächsten Veranstaltung berücksichtigen zu können.

Teamentwicklungs-Workshop für ein Abteilungsteam

Ausgangssituation

Ausgangssituation

Die PR-Abteilung eines mittelständischen Unternehmens ist sehr schnell gewachsen, der Abteilungsleiter hat seine Aufgabe vor einem Jahr übernommen. Er steht unter großem Erfolgsdruck und starker Arbeitsbelastung. Der Abteilungsleiter hat hohe Erwartungen an die Mitarbeiter, die aber aus seiner Sicht zu wenig Eigeninitiative und Kreativität zeigen. Der Abteilungsleiter ist verunsichert, ob er die richtige Unterstützung gibt und ob seine Erwartungen angemessen sind. Im Arbeitsalltag ist es kaum möglich, solche Aspekte der Zusammenarbeit in Ruhe zu besprechen. Deshalb entschließt er sich zu einer Veranstaltung mit einem externen Moderator.

In einem Vorgespräch mit dem Moderator wird der Auftrag geklärt: Der Auftraggeber wünscht sich offenere, engagiertere Mitarbeiter, die mehr Verantwortung übernehmen. Der Moderator bremst seine Erwartungen, da Veränderung erfahrungsgemäß Zeit braucht und sowohl der Führungsstil als auch die Einstellung und die Erfahrungen der Mitarbeiter eine Rolle spielen. Er rät deshalb zu einem Workshop, in dem

► eine offene Aussprache stattfindet,

► eine konstruktive Atmosphäre geschaffen wird,

► an konkreten Themen mit kreativen Methoden gearbeitet wird.

Wichtig ist dem Auftraggeber,

► dass Konflikte angesprochen und

► konkrete Ergebnisse erzielt werden.

Der Workshop findet in einem Hotel in schöner Umgebung statt, die zum Wandern und zu sportlichen Aktivitäten einlädt.

Ziele des Workshops   **Ziele**

Der Workshop soll dazu dienen,

► einander besser kennen zu lernen, Zeit für einander zu haben;

► Wünsche und Bedürfnisse der Führungskräfte und Mitarbeiter zu beleuchten;

► ein gemeinsames Verständnis darüber zu entwickeln, wohin es geht (Vision);

► sich gegenseitig Feedback zu geben;

► an konkreten Themen zu arbeiten, die von den Teilnehmern mitgebracht werden.

Teilnehmer

Teilnehmer

Ein Abteilungsleiter, 11 Teammitglieder.

Workshopdesign

Übersicht über das Workshopdesign

Erster Tag 09:00 Uhr	**Plenum 1: Einführung** 1. Organisatorisches 2. Kennenlernen (Name, Funktion, Zugehörigkeit, was mich zur Zeit am Arbeitsplatz beschäftigt) 3. Vorstellen des Moderators 4. Ziele des Workshops 5. Tagesplan für den ersten Tag
09:45 Uhr	**Bildung von Trios für eine „Kennenlernrunde" bei einem Spaziergang** (Kriterien für die Kleingruppenbildung: „Auf wen bin ich neugierig?") Interviews in Trios mit der Aufforderung, drei Fragen zu beantworten: ▶ Was beschäftigt diese Personen? ▶ Welche Herausforderungen haben sie am Arbeitsplatz? ▶ Was erwarten sie sich von diesen Tagen? (Zweck des Interviews: das Kennenlernen und den Dialog untereinander fördern, vor allem unter den Teammitgliedern, die bisher wenig Kontakt miteinander hatten; Raum für ungestörten Austausch geben; sich einlassen auf eine ruhige Atmosphäre ohne Zeitdruck.)
10:40 Uhr	*Kaffeepause*
11:00 Uhr	**Plenum 2** 1. Mini-Rückblende: „Wie war's?" 2. Visualisieren und überprüfen der Erwartungen (Zweck der Überprüfung: Den Teilnehmern signalisieren, dass Wünsche ernst genommen werden. Unrealistische Erwartungen reduzieren.)
11:30 Uhr	**„Der magische Stock"-Übung parallel in zwei Gruppen** 1. Gemeinsam als Team einen langen Stock gleichzeitig auf Zeigefingern tragen und auf den Boden legen, ohne Kontakt zum Stock zu verlieren). (Zweck der Übung: in spielerischem Kontext dafür sensibilisieren, dass bestimmte Arbeitsprozesse nur dann zum Erfolg führen, wenn „alle an einem Strang ziehen", die Vorgehensweise klar abgesprochen wird und eine Person Vorgaben macht, an die sich alle halten. Ebenso werden Verhaltensweisen und Entscheidungsprozesse im Team sichtbar gemacht und zur Diskussion gestellt.) 2. Rückblende auf Verhalten im Team, Entscheidungsfindung und Führung. (Zweck der Rückblende: erstes Hinarbeiten auf Spielregeln für das ganze Team. Derzeitige Verhaltensmuster Einzelner und des Teams in Frage stellen, Stärken und förderliches Verhalten benennen. Verabreden von ersten Spielregeln in der Gruppe zum Ausprobieren für die nächste Übung).
12:30 Uhr	**Plenum 3** Austausch über die Erfahrungen und die Erkenntnisse, Vorstellen der jeweils verabredeten Spielregeln.
13:00 Uhr	*Mittagessen*
14:00 Uhr	**Plenum 4** Kurzes Auflockerungsspiel

14:15 Uhr	**Auftrag für zwei Gruppen**
	„Malen Sie ein Ritterschild mit Wappen, das darstellt, was das Team gut kann und mit welchen Herausforderungen es zu kämpfen hat".
	(Zweck des Auftrags: Benennen von Stärken und Schwächen, Klarwerden über Herausforderungen, Einigen auf gemeinsame Botschaften und auf Rollen.)
15:30 Uhr	*Kaffeepause*
15:45 Uhr	**Plenum 5**
	Präsentation der gemalten Schilde (Zweck der Präsentation: den Status quo beleuchten und dazu stehen.)
16:15 Uhr	**Plenum 6**
	1. Reflexion und Erkenntnisse: Welche Botschaften vermittelten die Schilde (Stärken/Herausforderungen des Teams)
	2. Themensammlung: Woran wollen wir arbeiten? Priorisierung der Themen. (Zweck der Reflexion und Themensammlung: Zusammenführen der präsentierten Themenkomplexe, ein gemeinsames Verständnis des Status quo schaffen und Einigung auf den Veränderungsbedarf.)
17:45 Uhr	Arbeit in Gruppen zu den priorisierten Themen
	(Zweck der Arbeit in Gruppen: Lösungen selbst finden und deren Machbarkeit prüfen.)
18:15 Uhr	**Plenum 7**
	1. Präsentation der Ergebnisse
	2. Ausfüllen von zwei Reflexionsbögen:
	▶ „Individuelle Tagesrückblende": „Was haben wir heute erreicht? Was habe ich dazu beigetragen? Was wäre mir wichtig für morgen? Was kann ich dazu beitragen?"
	(Zweck der individuellen Tagesrückblende: sich nach einem ereignisreichen Tag noch einmal auf sich persönlich besinnen, Überprüfen der individuellen Ziele und des eigenen Beitrags zum bisherigen Verlauf. Bewusstwerden individueller Stärken.)
	▶ Vorbereitung auf Rückmeldung am zweiten Tag: „Welche Stärken habe ich heute an meinen Interviewpartnern bemerkt?"
	(Zweck der Vorbereitung: Konkretisierung der Beobachtung. Üben der konstruktiven, unterstützenden Beobachtung zur Vorbereitung des Feedbacks.)
19:00 Uhr	**Ende des ersten Tages**
	Kurze Auswertung des Moderators mit dem Abteilungsleiter und Entscheidung über das Vorgehen am zweiten Tag
20:00 Uhr	*Abendessen und geselliges Beisammensein*
Zweiter Tag 09.00 Uhr	**Plenum 8**
	1. Kurzes Auflockerungsspiel
	2. Blitzlicht: „Wie geht es mir? Was beschäftigt mich? (Zweck des Blitzlichts: Anknüpfen an die Ergebnisse des Vorabends. Raum geben für Ergänzungen, Korrekturen, Meinungen ...)
09:15 Uhr	**„Fishbowl"-Diskussion zum Thema Firmenkultur**
	„Wenn ich Chef wäre, würde ich ... tun, damit sich die Mitarbeiter mit ihren Stärken mehr einbringen und sich mit der Firma identifizieren."
	(Zweck der „Fishbowl"-Diskussion: hinhören und aussprechen lassen. Die Meinung anderer für sich stehen lassen. Raum geben für Menschen, die sonst wenig sprechen.)
10:30 Uhr	*Kaffeepause*

10:45 Uhr	**Plenum 9** 1. Kurze Auflockerungsübung 2. Auswertung der „Fishbowl"-Diskussion (Zweck der Auswertung: Möglichkeit zum Austausch über diese Erfahrung geben, Vor- und Nachteile dieser Art der Kommunikation beleuchten. Entstandene Ideen aufnehmen und festhalten. Erkenntnisse festhalten und eventuell Verabredungen treffen.)
11:15 Uhr	**Gruppenarbeit zu daraus resultierenden Themen** Vorschläge und Maßnahmen (Zweck der Gruppenarbeit: Vertiefung, Konkretisierung und machbare Schritte erarbeiten.)
12:00 Uhr	**Plenum 10** ► Präsentation der Ergebnisse ► Verabredung von Spielregeln für den Umgang miteinander ► Verabredungen für die Zukunft: wie geht's weiter, damit das hier Erlebte/Verabredete nicht verloren geht? ► Nächste Schritte (Zweck des Plenums: Verbindlichkeit herbeiführen.)
13:00 Uhr	*Mittagspause*
14.00 Uhr	**Plenum 11** Vorbereitung von „Edelsteinkisten": Jedes Teammitglied stellt eine „Edelsteinkiste" für die zwei Personen her, denen sie eine Rückmeldung zu ihren Stärken gibt. In der Kiste befinden sich kleine beschriebene und bemalte Zettel, auf denen die Stärken der Person benannt sind (Zweck des Plenums: Konzentration auf die Stärken der einzelnen Teammitglieder. Darstellung in einer kreativen Form als Unterstützung und Erinnerung an ein gemeinschaftsförderndes Erlebnis, konstruktives Feedback üben.)
15:00 Uhr	**Plenum 12** Präsentation der „Edelsteinkisten"
16:00 Uhr	*Kaffeepause*
16:15 Uhr	**Plenum 13** Abschlussrunde (Zweck der Abschlussrunde: Abrunden des Prozesses, Überprüfen der Workshopziele und Erwartungen, Möglichkeit zu Feedback – auch für den Moderator.)
16:30 Uhr	*Ende*

Erläuterungen   *Erläuterungen zum Vorgehen in dem Workshop*

Der Moderator will am ersten Tag zunächst das Vertrauen der Teammitglieder gewinnen und sorgt deshalb dafür, dass die Führungskraft sich zurückhält, damit die Teammitglieder Raum und Gelegenheit haben, ihre Bedürfnisse zu äußern. Hilfreich dafür soll ein ruhiger Einstieg in Plenum 1 und 2 sein und eine Einstimmung auf stärkenorientiertes Feedback.

Wie vom Moderator erwartet, herrschen am ersten Vormittag eher Schweigen und Vorsicht. Die zunächst abgefragten Erwartungen werden von Seiten der Teammitglieder eher vorsichtig formuliert, von Seiten des Abteilungsleiters sehr konkret. Die Idee des Trio-Interviews wird überrascht aufgenommen, es bilden sich schnell Dreiergruppen, die die Zeit für den ungewohnten Austausch konstruktiv nutzen.

Nach den Interviews erfolgt in Plenum 2 ein erneutes Überprüfen und Ergänzen der Erwartungen, da die Teammitglieder langsam Vertrauen fassen und sich öffnen. Die anschließende „Der magische Stock"-Übung zum Thema Entscheidungsfindung und Führung bringt einerseits wortwörtlich Bewegung in die Gruppe und andererseits die Erkenntnis, dass alle an einem Strang ziehen müssen.

Die kreative „Schild"-Aufgabe nach Plenum 4 bringt schließlich den Durchbruch: Die zwei Malgruppen bringen in ihren Werken die Stärken und Herausforderungen des Teams und der Führungskraft so prägnant auf den Punkt, dass alle verblüfft sind. Die anschließende Auswertung im Plenum 6 und die Priorisierung können deshalb sachlich und konstruktiv verlaufen.

In der abendlichen Auswertung bekommt der Moderator die Rückmeldung vom Abteilungsleiter, dass der „Knackpunkt" jedoch noch nicht gelöst sei, dass er sich noch mehr Offenheit im Austausch mit dem Team wünsche – er fürchte sonst, dass sich im Alltag nichts ändern würde. Auch wenn erste konkrete Ergebnisse erzielt wurden, geht es ihm nicht „tief" genug, er will erreichen, dass Probleme und Konflikte klar benannt werden.

Da der Moderator einen Zusammenhang zwischen dem Führungsstil und der mangelnden Offenheit sieht, schlägt er vor, dass im Plenum 8 in der morgendlichen „Fishbowl"-Diskussion Wünsche an die Führung geäußert werden: „Was wünschen sich die MitarbeiterInnen? Was wünscht sich der Abteilungsleiter?" Dabei konzentriert sich der Abteilungsleiter darauf, zuzuhören und seine Erwartungen zurückzuhalten. Diese Diskussion und die anschließenden Gespräche in Gruppen führen dazu, dass mehr Verständnis für füreinander entsteht. Die Gruppe ist bis zum Mittag des zweiten Tages so weit, dass im Plenum 10 konstruktive Verabredungen getroffen werden können und ein Maßnahmenplan entsteht, der die Umsetzung der Verabredungen gewährleistet. Die Produktion von „Edelsteinkisten" kann daher in entspannter, lockerer Atmosphäre erfolgen: Jede Person stellt ein Erinnerungsstück für die beiden Interviewpartner des ersten Tages her, das deren Stärken enthält. Wichtig ist, dass den Teilnehmern Zeit gegeben wird, die erkannten Stärken zwischendurch zu reflektieren und schriftlich festzuhalten.

Um sicherzustellen, dass die Abschlusspräsentation im Plenum für alle Seiten ermutigend verläuft, schlägt der Moderator den Teilnehmern Formulierungsbeispiele vor: „Mir ist in diesen Tagen aufgefallen, dass Sie ..." / „Ich schätze besonders an Ihnen, dass ...." / „Es gefällt mir, dass Sie ..." Der Moderator verbindet damit die Intention, eine positive Feedback-Kultur einzuführen, da bisher negative Kritik im Vordergrund stand.

WICHTIGE ERKENNTNISSE AUS DER SICHT DES MODERATORS

▶ Langsam beginnen, auch gegen den Widerstand der Führungskräfte: Es bedarf einiger Überzeugungskraft von Seiten des Moderators, mit Führungskräften, die unter hohem Zeit- und Erfolgsdruck stehen, einen „langsamen Einstieg" zu vereinbaren. Dieser ist aber oft notwendig, damit die Teammitglieder Zeit haben, „anzukommen" und herauszukommen aus dem hektischen Alltag, Vertrauen zu fassen und sich darauf einzulassen, dass sie Zeit für sich und ihr Team haben, und zu realisieren, dass sie und ihre Bedürfnisse ernst genommen werden. (Zum Thema Veränderung siehe auch das Kapitel „Mit Veränderungen umgehen" (siehe Seite 340.)

▶ Sich als Moderator zurückhalten, um den Dialog untereinander zu fördern: Wenn der Dialog zwischen Führungskräften und Teammitgliedern im Vordergrund stehen soll, ist es besonders wichtig, sich als Moderator zurückzuhalten und den Teilnehmern vielfältige Möglichkeiten für den Austausch untereinander zu geben.

▶ Schrittweises Heranführen an konkrete Ergebnisse und Maßnahmen: Wichtig für eine Ergebnisorientierung ist, dass der Moderator die Teilnehmer dahingehend unterstützt, nach jeder Übung oder Diskussion Parallelen zum Arbeitsalltag herauszufiltern und Rückschlüsse für Spielregeln im Alltag zu ziehen. Somit werden die Teilnehmer sukzessive zu konkreten Themen und Verabredungen geführt und die Maßgabe, konkrete Ergebnisse und Maßnahmen zu erarbeiten, kann erfüllt werden.

▶ Enger Kontakt mit dem Auftraggeber, Feedback auf Verhaltensweisen: Es ist wichtig, einen engen Kontakt zum Auftraggeber zu haben und ihm gelegentlich Rückmeldung auf seinen Diskussions- und Führungsstil zu geben – somit hat er die Möglichkeit, seine Verhaltensweisen zu überdenken und zu verändern. Das hat häufig einen entscheidenden Effekt auf Atmosphäre und Zusammenarbeit.

▶ Teammitglieder und ihre Belange ernst nehmen: Gleichzeitig sollte der Moderator den Teammitgliedern signalisieren, dass er sie und ihre Belange ebenso wichtig und ernst nimmt wie die des Auftraggebers. Diese „Gleichwertigkeit" macht Offenheit für Veränderung auf beiden Seiten möglich.

Auftaktveranstaltung für eine bereichsübergreifende Zusammenarbeit

Ausgangssituation

Ausgangssituation

Angesichts der angespannten Marktlage initiiert ein großer Konzern einen umfassenden Umstrukturierungsprozess. Um die Existenz am Markt langfristig zu gewährleisten, macht der Vorstand entsprechende Zielvorgaben im Rahmen einer neuen Strategie. Diese betreffen auch einen Bereich, dessen Teams an unterschiedlichen Orten arbeiten. Der Bereichsleiter hat den Bereich erst vor drei Monaten übernommen und sieht nun seine Aufgabe darin, seine Führungskräfte auf die neue Strategie vorzubereiten, die größere Markt- und Kundenorientierung anstrebt. Da dies eine engere Verzahnung der Bereichsaktivitäten sowie gemeinsames Verständnis von Führung und Auftrag voraussetzt, plant er einen Workshop für die Führungskräfte des Bereichs.

Teilnehmer

Teilnehmer

Ein Bereichsleiter, 32 Führungskräfte aus unterschiedlichen Standorten.

Vorbereitung der Moderation

Vorbereitung

Bereits im Vorfeld wird beschlossen, dass ein interner Moderator und zwei externe Moderatoren den Workshop gemeinsam durchführen, sodass in drei Gruppen gearbeitet werden kann. In einem gemeinsamen Vorgespräch der Moderatoren mit dem Bereichsleiter und den Führungskräften wird der Sinn und Zweck der Maßnahme erörtert. Es wird deutlich, dass die Zielvorgaben sehr eng sind und dass der Handlungsbedarf hoch ist. Die Führungskräfte stehen komplexen Herausforderungen gegenüber: Es geht darum,

► bei wachsenden Aufgaben mit gleichzeitigem Personalabbau Prozesse zu optimieren und Mitarbeiter zu motivieren;

► ein Teamverständnis innerhalb des Bereichs zu schaffen, das Kennenlernen und die Zugehörigkeit im Bereich zu fördern;

► die neuen Ziele der Veränderung transparent zu machen und Verständnis dafür schaffen;

► ein Grundverständnis von Kundenorientierung im Bereich zu entwickeln;

► ein gemeinsames Führungsverständnis zwischen den Führungskräften zu definieren und umzusetzen;

► Spielregeln für den Umgang zu verabreden und in den Alltag zu integrieren;

► sich in Führungsfragen weiterzubilden.

Hinzu kommen weitere Zielvorstellungen, die sich bei einer Abfrage herauskristallisieren:

► Sensibilisierung für die neue Strategie

► Motivation aller, diese umzusetzen

► Ein Selbstverständnis aller Führungskräfte schaffen

► Weiterbildung zum Thema Führungskompetenz

► Wir-Gefühl schaffen

► Die Motivation der Führungskräfte fördern, eng mit ihren Teams zusammenzuarbeiten und diese zu motivieren

► Optimierung des operativen Geschäfts

Daraus wird deutlich, dass es eine so große Vielzahl von Zielen und Themen gibt, die in einer Veranstaltung nicht bewältigt werden können. Eine Serie von Workshops ist erforderlich. Die Führungskräfte beschließen daher, diesen Workshop als Auftakt eines längeren begleiteten Prozesses zu verstehen und die Ziele für den ersten Workshop zu konkretisieren. Um sicherzustellen, dass die Erwartungen an den Workshop realistisch sind und von allen getragen werden, erstellen die Führungskräfte deshalb eine Zielscheibe:

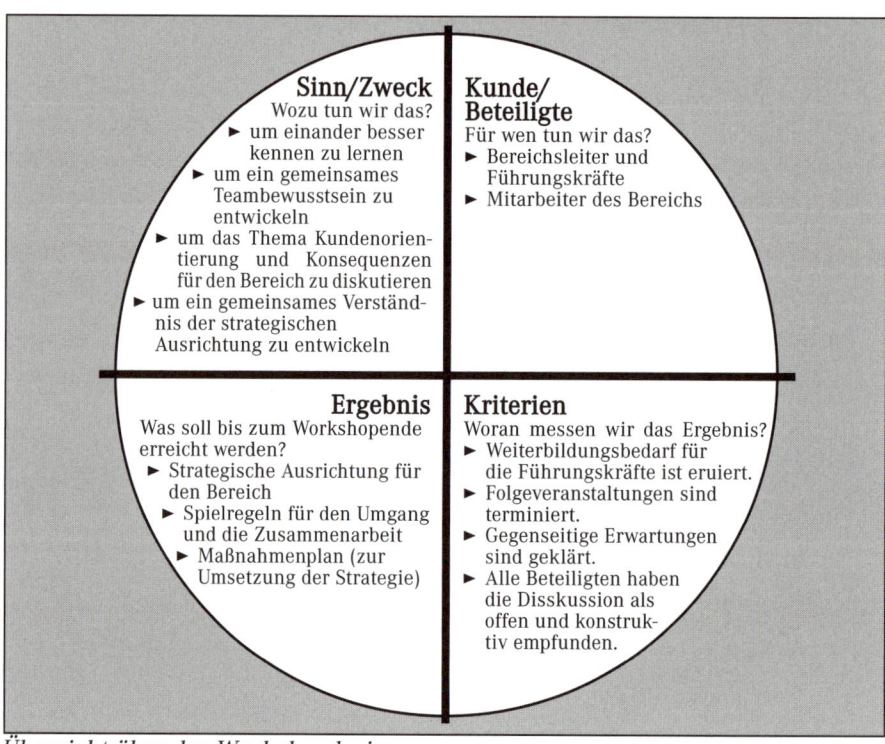

Übersicht über das Workshopdesign

Workshopdesign

Erster Tag 09:00 Uhr	**Plenum 1** ▶ Begrüßung durch den Bereichsleiter ▶ Vorstellung der Moderatoren ▶ Aushängen eines persönlichen „Steckbriefs" mit Polaroid-Foto (mit Angaben über „Persönliches": Wohnort, Hobbys, letzter Urlaubsort, Stärken/Laster, und „Berufliches": Ausbildung, Im Unternehmen seit ..., Aufgabenbereich, Ansprechpartner zu Themen ... ▶ Organisatorisches ▶ Workshopziele ▶ Tagesplan
10:45 Uhr	*Kaffeepause*
11:00 Uhr	**Plenum 2** ▶ Präsentation des Bereichsleiters: Die neue Strategie im Bereich ▶ Was bedeutet das für uns?
11:40 Uhr	**Austausch in drei Gruppen** ▶ Was finden wir gut und warum? ▶ Was finden wir schwierig und warum? Welche Befürchtungen haben wir? ▶ Ideen/Anregungen
12:20 Uhr	**Plenum 3** ▶ Präsentation der Ergebnisse und Diskussion
13:00 Uhr	*Mittagessen*
14:15 Uhr	**Plenum 4** ▶ Einführung in die Gruppenarbeit: Austeilen des Auftrags
14:25 Uhr	**Austausch in drei Gruppen** ▶ Was gut klappt ▶ Was nicht so gut klappt ▶ Unsere Stärken ▶ Unsere Herausforderungen
15:25 Uhr	*Kaffeepause*
15:45 Uhr	**Plenum 5** ▶ Präsentation der Ergebnisse durch die Gruppen und Diskussion ▶ Zusammenfassung ▶ Blitzlicht
17:30 Uhr	**Ende**
19:00 Uhr	*Gemeinsames Abendessen*
Zweiter Tag 09:00 Uhr	**Plenum 6** Tagesplan
09:15 Uhr	**Drei Gruppen** ▶ Auftrag: „Der ideale Teamleiter"
10:15 Uhr	**Plenum 7** ▶ Präsentation der Ergebnisse und Diskussion
10:55 Uhr	*Kaffeepause*

11:15 Uhr	**Drei Gruppen** ▶ Erarbeiten von Schritten und Maßnahmen zu Themen, die aus Sicht der Teilnehmer eine Priorität haben
12:15 Uhr	**Plenum 8** ▶ Präsentation der Ergebnisse ▶ Was brauchen wir, um die Erkenntnisse und Maßnahmen umzusetzen? ▶ Konsens über Termine zu den Maßnahmen herstellen ▶ Konsens über die Verantwortlichen herstellen
13:00 Uhr	*Mittagspause*
14:00 Uhr	**Plenum 9** ▶ Individueller Reflexionsbogen zum Transfer (der persönliche Beitrag zum Gelingen, Maßnahmen zur Umsetzung) ▶ Formierung von „Transferpartnerschaften": Verabredung mit einem Kollegen, sich bei der Umsetzung zu unterstützen
14:45 Uhr	**Abschlussrunde** ▶ Verweis auf Workshopziele: ▶ Haben wir unsere Ziele erreicht? ▶ Was nehme ich persönlich mit? ▶ Was ich mir wünsche für den Bereich
15:15	**Ende**

Erläuterungen zum Vorgehen

Erläuterungen

Durch die gründliche Vorbereitung sind die Workshopziele auf ein realistisches Maß eingegrenzt worden. Die unkonventionelle Form des Kennenlernens im Plenum 1 mit „Steckbrief" lockert einerseits auf, andererseits haben die Steckbriefe den Sinn, dass die Teilnehmer sich immer wieder darauf beziehen können. Sie schätzen die Steckbriefe, die im Raum aufgehängt werden, aus denen sowohl Persönliches als auch Berufliches zu erfahren ist, beispielsweise wer welche Zuständigkeiten hat. Im Laufe des Workshops werden sie intensiv genutzt, da man jederzeit Name und Foto oder Informationen prüfen kann und Gründe zum Ansprechen einer Person hat – weil man etwas Privates gemeinsam hat oder endlich die Ansprechperson für das Thema XY kennen lernen kann.

Die anschließende Präsentation im Plenum 2 gibt dem Bereichsleiter die Möglichkeit, sich und seine Vorstellungen von der Entwicklung des Bereichs vorzustellen. Durch die folgende Gruppenarbeit, die in Abwesenheit des Bereichsleiters erfolgt, ist genügend Gelegenheit für alle gegeben, Bedenken zu äußern, die Vorteile zu benennen und Fragen für das anschließende Plenum 3 zusammenzutragen. Somit verläuft die Diskussion auch im Plenum 3 sachlich und konstruktiv. Ausschlaggebend ist, dass die Teilnehmer die Möglichkeit haben, sich eine Meinung zu bilden und zu artikulieren. Der Bereichsleiter kann Informationslücken schließen und Bedenken ausräumen.

Die zweite Runde der Gruppenarbeit nach Plenum 4 ist wichtig, damit sich die Teilnehmer auf ihre Stärken besinnen, auf denen sie aufbauen können, und um die Defizite zu benennen, die in Bezug auf die Umsetzung der neuen Strategie vorhanden sind.

Beim gemeinsamen Abendessen wird auf eine gemischte Zusammensetzung der Teams geachtet, so dass der Kennenlernprozess fortgesetzt wird. Am Ende des Tages verständigen sich die drei Moderatoren mit dem Bereichsleiter über das weitere Vorgehen am zweiten Tag.

Der zweite Tag verläuft ebenso konstruktiv wie der erste. Hier wird dafür sensibilisiert, was eine Veränderung im Unternehmen für die Mitarbeiter bedeutet und welche Anforderungen deshalb an die Führungskräfte gestellt werden. Es gibt erste Erkenntnisse und offenen Austausch über Führungsmängel und Weiterbildungsbedarf. Wie in jedem Workshop ist es wichtig, aus der Fülle der produzierten Ergebnisse und der vielschichtigen Herausforderungen einen konkreten Maßnahmenplan zu erstellen. Die Blitzlicht-Runde zum Abschluss ufert bei der hohen Teilnehmerzahl aus, da der Moderator anfangs versäumt hat, die Redezeit einzuschränken. Unser Hinweis deshalb: Ein „Blitzlicht" eignet sich nicht unbedingt für große Gruppen, da es selbst bei begrenzter Redezeit häufig ausufert. Es hat allerdings den Vorteil, dass Sie die Befindlichkeit und Gedanken aller Beteiligten wahrnehmen können.

ERKENNTNISSE DER MODERATOREN

▶ Saubere Auftragsklärung: Nicht zuletzt dank der intensiven Auftragsklärung und der Erkenntnis, dass diese Veranstaltung der Auftakt zu einem längeren Prozess ist, wurden die Workshopziele aus der Sicht des Bereichsleiters und der Führungskräfte erfüllt.

▶ Enger Kontakt zwischen Moderatoren und Auftraggeber: Hilfreich für das Gelingen war außerdem der enge Kontakt zwischen Moderatoren und Bereichsleiter – sie nutzten regelmäßig die Gelegenheit, sich kurz mit ihm über das weitere Vorgehen zu verständigen, Hintergrundinformationen einzuholen oder ihm Gelegenheit zu geben, die Plena aktiv mitzugestalten, das heißt, ihm wurde Möglichkeit eingeräumt, auf Fragen der Teilnehmer direkt und kurz zu antworten.

▶ Der logistische Aufwand wurde unterschätzt: Das Moderatorenteam hatte einige „logistische Herausforderungen" zu meistern, da die Pausenzeiten knapp bemessen waren und die Teilnehmer viel Material produzierten, das sie dann pünktlich im Plenum präsentieren mussten. Die Wege zwischen Gruppen- und Plenumsräumen und der logistische Aufwand werden in Workshopdesigns oft nicht berücksichtigt.

Tipps für die Zusammenarbeit mehrerer Moderatoren

Sehr wichtig für eine gute Zusammenarbeit zwischen Moderatoren, besonders bei einem Team aus in- und externen Moderatoren, sind klare Absprachen über die Zusammenarbeit:

► Verständigen Sie sich klar über ihre Rollen und Aufgaben.

► Machen Sie diese auch den Teilnehmern transparent.

► Teilen Sie, wenn angemessen und möglich, die Plenumsmoderationen gleichwertig untereinander auf.

► Besonders wenn man sich nicht oder wenig kennt – aber auch sonst, ist Zeit für Absprachen und Entscheidungen über das weitere Vorgehen einzuplanen.

► Es ist wichtig, sich immer wieder auszutauschen, ob man die Situation ähnlich einschätzt und der eingeschlagene Weg noch „passt". Manchmal genügt ein kurzer Blick, ein Nicken, manchmal bedarf es einer Diskussion – so oder so haben Moderatoren in der „Live"-Situation meist sehr wenig Zeit zum Abstimmen. Deswegen macht es Sinn, dass Sie für Zweifelsfälle auch festlegen, wer unter Umständen eine Entscheidung fällt, wenn Sie sich als Moderatorenteam nicht einig sind.

Ausgangssituation ### Projekt-Review

Ausgangssituation

Wir stellen Ihnen hier das Beispiel einer Projektrückblende vor. Es handelt sich um folgendes Projekt:

Auftrag: Bitte erarbeiten Sie einen detaillierten, innerhalb von vier Wochen umsetzbaren Vorschlag für den Unternehmensvorstand zur Einführung eines betrieblichen Vorschlagswesens in unserem Unternehmen

Auftraggeber: Personalleiter

Projektteam: Acht Mitarbeiter des Unternehmens, je zwei aus den vier Bereichen (für die Delegation in das Projektteam zuständig: die jeweiligen Bereichsleiter)

Moderation: Ein externer Moderator

Projekt-Laufzeit: Maximal zwei Monate mit der Möglichkeit, zwei zweitägige Workshops außer Hause (Tagungshotel) durchzuführen

Das Projekt ist im Rahmen dieser Vorgaben abgewickelt worden. Der Termin wurde eingehalten, obgleich sich in der Informationsphase herausstellte, dass Erhebungen bei anderen Firmen notwendig wurden, womit zeit- und kostenaufwändige Reisen zusätzlich eingeplant werden mussten. Die Vorschläge an den Vorstand konnten dennoch termingerecht eingereicht werden. Die dortige Entscheidung steht noch aus.

Bei Projektschluss hat der Moderator mit der Projektgruppe eine „klassische" Rückblende zu den Fragestellungen (1) Fördernd, (2) Hinderlich und (3) Verbesserungswürdig durchgeführt, die wir Ihnen hier als Beispiel vorstellen.

BEISPIEL

Fördernd

Was ist gut gelaufen? Was war erfolgreich?	**Warum? Welches waren die Ursachen?**
Wir haben ein Ergebnis, mit dem alle zufrieden sind.	Wir haben alle hoch motiviert „rangeklotzt". Wir haben systematisch gearbeitet unter exzellenter Moderation und zum Schluss alle unsere Ziele als „erreicht" abgehakt
Unsere Informationen über Erfahrungen mit Vorschlagssystemen in anderen Unternehmungen haben uns auf den richtigen Weg gebracht.	Die Fragestellung „Was brauchen wir an Informationen von außen?" in der Infophase hat uns entscheidend geholfen.
Denn so entstand die Idee,	zu anderen Firmen zu reisen und deren Erfahrungen anzuzapfen.
Wir hatten extrem gute „Rückendeckung" seitens unserer Unternehmensleitung für das Projekt. Dadurch hatten wir Unterstützung, wo immer wir Kollegen interviewt haben.	Unser Moderator hat zu Beginn den Kontakt zwischen Auftraggeber und Projekt gut abgeklärt und so erreicht,dass wir schon in der Kick-off-Veranstaltung vom Vorstand alle Hilfen zugesichert bekamen.

Der Landgasthof „Erlensee" war super; genau die richtige Atmosphäre für kreative Workshoparbeit.

Es war gut, dass wir uns die Erfahrungen der Personalentwickler mit bewährten Tagungshotels zunutze gemacht haben und nicht lange auf eigene Faust herumsuchen mussten.

Tim hat unsere Gruppe als Moderator binnen kürzester Zeit zum „Team" zusammengeschweißt und damit haben wir rasch alle unsere Stärkeneinbringen und voll nutzen können.

Der Moderator hat uns am Anfang Zeit und Gelegenheit gegeben, einander kennen zu lernen. Die Interviews in Paaren waren Spitze. Auch der gemeinsame Grillabend mit den Spontanvorträgen über „besondere Erlebnisse" hat sehr geholfen.

Hemmend
Was ist nicht so gut gelaufen?

Warum?
Was waren die Ursachen?

Wir mussten unsere anfängliche Zeitplanung viermal komplett ändern; das hat ganz schön genervt.

Vermutlich hätten wir zu Beginn deutlicher machen müssen, dass es sich beim ersten Zeitplan nur um einen Grobzeitplan handeln kann, der immer wieder verändert werden muss.

Das Hin- und Her am Ende: „In welcher Form soll unser Ergebnis dem Vorstand präsentiert werden und wer schreibt die Empfehlungen in Reinschrift hat uns unter Zeitdruck und ganz schön durcheinander gebracht.

Als wir in unserer Zielscheibe Endergebnis formuliert haben, haben wir die endgültige Form überhaupt nicht diskutiert. Dabei haben wir auch nicht berücksichtigt, dass die Reinschrift zeitlich und personell einkalkuliert werden muss.

Die Vorbereitung unserer Informationsbesuche bei anderen Firmenwar zeitlich sehr knapp; das hat man daran gemerkt,

Wir sind erst in der Planungsphase auf die Idee gekommen, andere Erfah-

wie die uns dort manchmal behandelt haben, nämlich als Störer!

rungen anzuzapfen – und dadurch liefen die Vorbereitungen für unsere Besuche erst relativ zögerlich an. Es wäre besser gewesen, wir hätten uns mehr Zeit für die Ideensammlung genommen. Dann wären wir vielleicht früher auf die Idee gekommen.

Die wieder und wieder aufkommenden Spannungen zwischen Gerd als Zeit-Verantwortlichen und der Gruppe waren unerfreulich und haben uns eigentlich nur behindert.
müssen, und zwar so, dass
jeder von uns das Problem

Wir sind wohl selbst daran schuld. Gerd hatte tatsächlich einen schwierigen Job. Wir hätten unsere Zeitplanung besser visualisieren

„knappe Zeit" deutlich vor Augen gehabt hätte. Dann wäre einem jeden auch ein Stück Zeitverantwortung zugefallen und nicht nicht nur Gerd.

Die Ausarbeitung der zahllosen Alternativvorschläge zur Bewertung und zur Belohnung von Verbesserungsvorschlägen hat uns zu viel Zeit gekostet und unseren Zeitplan ganz erheblich ins Schleudern gebracht.

Wir hatten während des Projekts zu wenig Rückkoppelung zum Auftraggeber. Die hätten wir schon zu Beginn vorsehen sollen! Als wir dann mit ihm reden wollten, hatte er keine Zeit.

Es war oft ziemlich schwierig, die Arbeit das im Projekt mit unserer „eigentlichen" Arbeit unter einen Hut zu kriegen. Bei mehreren von uns hat es ziemliche Spannungen mit unseren Chefs gegeben.

Trotz der Abordnung in Projekt durch unsere Bereichsleiter hat das mit unseren direkten Chefs nicht so recht geklappt. Vermutete Ursache: die Kommunikation zwischen Bereichsleiter und direkten Vorgesetzten hat nicht ausgereicht. Zum Beispiel wurde der benötigte Zeitaufwand vermutlich „verniedlicht".

Verbessern

Was haben wir aus dieser Projektarbeit gelernt? Was sollten wir beim nächsten Mal wieder so machen? Was könnten wir verbessern?

▶ Projektarbeit läuft am besten, wenn man von Anfang an systematisch arbeitet. Die Systematische Vorgehensweise hat sich voll bewährt und sollte auf jeden Fall wieder angewendet werden.

▶ Auch die Coverdale-Zielscheibe als Hilfsinstrument der Zielebestimmung sollte wieder eingesetzt werden. Allerdings empfehlen wir für die Zukunft, noch exakter und noch detaillierter die beiden Quadranten „Endergebnis" und „Kriterien" auszufüllen und dabei vor allem das Endergebnis in allen Einzelheiten möglichst schon vorher „festzumachen".

▶ Es hat sich herausgestellt, wie wichtig für den Moderator – und auch für das Projektteam – der enge und ausführliche Voraus-Kontakt mit dem Auftraggeber ist. Es empfiehlt sich jedoch für diese Art von Projekt, während der Laufzeit noch eine zusätzliche Rückkoppelung zwischen Auftraggeber und Projektteam zu vereinbaren, um gemeinsam eine Art Zwischenrückblende durchzuführen.

▶ Wir haben gesehen, wie wertvoll es war, dass wir Erfahrungen anderer in unsere Arbeit einbezogen haben. Man muss nicht immer das Rad neu erfinden wollen.

▶ Unsere Erfahrungen haben gezeigt, wie wichtig die richtige Handhabung von Zeitplanung und Visualisierung des Zeitablaufs ist. Je besser es mit der Visualisierung des Zeitplans und möglichst auch mit der Visualisierung des aktualisierten Ablaufs gelingt, allen Teilnehmern Verantwortung für die Zeit zuzuweisen, desto besser.

▶ Ein immer wiederkehrendes Problem für Projektmitarbeiter sind Reibungskonflikte mit ihrem „eigentlichen" Arbeitsplatz, insbesondere in Bezug auf die dort anstehenden Aufgaben und den „eigentlichen" Chef. Derartige Probleme scheinen hauptsächlich deshalb zu entstehen, weil die Chefs nicht von Anbeginn an voll „ins Boot geholt" wurden. Der Mitarbeiter sollte darauf achten, dass seine Delegation von Anfang an voll geklärt wird. Es ist in seinem eigenen Interesse.

▶ Der Einstieg, aber auch die Art und Weise, wie der Moderator Kooperationsbereitschaft und Beziehungen das ganze Projekt hindurch gefördert hat, haben bewiesen, wie wichtig es für eine erfolgreiche Projektarbeit ist, einen erfahrenen Moderator zu haben, der die notwendige methodische und soziale Kompetenz mitbringt und zum Wohle der Gruppe einsetzt.

Soweit unser Beispiel einer Projektrückblende. Sie sehen, der dritte Teil liest sich wie eine Auflistung sinnvoller Vorgehensweisen für die Zukunft – und genau das ist der Zweck einer detaillierten Rückblende: Wir lernen aus unseren Erfahrungen und haben damit die Chance, es beim nächsten Mal noch besser zu machen.

„PROJEKT – KICK-OUT"

„Projekt-Kick-out"

Nicht alle Projekte verlaufen so vorbildlich und reibungslos. Im Gegenteil, es wird vermutet, dass weit über die Hälfte aller angefangenen Projekte in den Unternehmen ergebnislos auf halbem Wege abgebrochen werden – weil aus irgendwelchen Gründen der Projekt-Hintergrund entfallen ist, weil die Führungskräfte, die das Projekt initiiert haben, das Unternehmen verlassen haben und die Nachfolger den Sinn des Projekts nicht einsahen, weil die Projektarbeit in eine Richtung zu laufen drohte, die den Auftraggebern nicht ins Konzept passte ...

Sollten Sie als Moderator eines Projektes von einem derartigen Abbruch betroffen sein, so empfehlen wir Ihnen –gleichgültig aus welchen Gründen das Projekt beendet wurde – einen „Kick-out" durchzuführen. Wir setzen diesen Begriff dem „Kick-off", mit dem das Projekt gestartet wurde, gegenüber. Und wir empfehlen ein „Kick-out", weil in jedem Projekt gute Ansätze, Erfahrungen, Wissen und Fertigkeiten gesammelt werden, die nicht „versanden" dürfen. Ganz zu schweigen von den Mitarbeitern. Sie haben Arbeit und persönlichen Einsatz geleistet und sind nun frustriert. Unternehmen, die auf Innovationen und Veränderungsfähigkeit setzen, sollten sich einen solchen Verschleiß von Ressourcen nicht leisten. Beenden Sie deshalb Ihre Moderationsarbeit auch ohne sichtbaren Projekterfolg – mit einem bewusst geplanten und gestalteten Projektende mit dem Ziel, die Zwischen- oder Teilergebnisse sowie Erkenntnisse, die das Projektteam angesammelt hat, zu sichern und zu bewahren. Auch hier ist die detaillierte Rückblende, wie wir sie im Beispiel gezeigt haben, ein probates Mittel.

Näheres zum Thema „Kick-out" können Sie in dem Aufsatz „Soziale Kompetenzen und Lernen im Projektmanagement" von Susanne Weber nachlesen (systema 3/1997 1. Jg., Seiten 233-242).

Besondere Herausforderungen: Krisen und Konflikte

Trotz bester Planung läuft nicht immer alles so reibungslos, wie man sich das vorgestellt hat. Teilnehmer die stören, Konflikte im Team, geringe Beteiligung oder dominante Hierarchen erschweren Ihre Arbeit. Wir geben Ihnen Tipps, wie Sie mit solchen Herausforderungen umgehen können und wie Sie Krisen und Konflikte sowie kleinere und größere Pannen erfolgreich meistern.

Teilnehmer, die Sie besonders fordern

Als Moderator ist es Ihre vornehmliche Aufgabe, alle Teilnehmer im Blick zu behalten. Folgende Fragen müssen Sie sich während des Moderationsprozesses immer wieder selber beantworten:

► Sind alle Teilnehmer engagiert?

► Kann sich jeder nach seinen Fähigkeiten einbringen?

► Kommen die Wortbeiträge verteilt aus der Gruppe?

► Wirken auch ruhigere Teilnehmer beteiligt?

► Fällt ein Teilnehmer durch besonderes Verhalten auf?

► Sind die Diskussionen konstruktiv?

► Ist die Gesprächsatmosphäre offen?

Jede Teilnehmergruppe ist einzigartig

Jede Teilnehmergruppe ist einzigartig: Menschen mit unterschiedlichen Persönlichkeiten, unterschiedlichen individuellen Stärken und Charaktereigenschaften kommen zusammen. Hinzu kommen noch verschiedene berufliche Hintergründe und Erfahrungen oder auch Funktionen und Positionen in der Unternehmenshierarchie. Eventuell sind in Ihrer Gruppe auch Teilnehmer anderer Nationalitäten und Kulturkreise vertreten. So gesehen ist jeder Ihrer Teilnehmer ein ganz besonderer Teilnehmer, der Ihren Respekt und Ihre spezielle Aufmerksamkeit verdient.

„Besondere" Teilnehmer

Auch wenn uns jeder einzelne Teilnehmer gleich wichtig ist, so gibt es dennoch Teilnehmer, die unsere Aufmerksamkeit im Besonderen erfordern. Dazu gehören beispielsweise Teilnehmer, die

► durch ihr Verhalten auffallen,

► wegen Ihrer Position in der Unternehmenshierarchie besonders berücksichtigt werden müssen,

► sich aufgrund ihres Kulturkreises von den anderen unterscheiden.

LASSEN SIE SICH JEDOCH NICHT ABLENKEN

Lassen Sie sich durch diese Teilnehmer nicht so weit ablenken, dass Sie den Rest der Gruppe aus dem Blick verlieren! Auch wenn Sie als Moderator überlegen müssen, wie Sie mit solchen „besonderen" Teilnehmern umgehen wollen, bemühen Sie sich darum, immer wieder zu überprüfen, ob auch die anderen Teilnehmer beteiligt und voll „an Bord" sind.

Teilnehmer, die stören

Teilnehmer, die durch ihr Verhalten den Moderationsprozess offensichtlich behindern, fallen uns in der Moderation schnell auf. Menschen, die wir vorschnell als Vielredner, Querulanten, Nervensägen usw. bezeichnen, machen uns das Leben als Moderatoren schwer und erfordern häufig unser besonderes Augenmerk.

DOCH VORSICHT

Wir Menschen neigen dazu, Teilnehmer, die durch ihr Verhalten den Ablauf stören, in „Schubladen" zu stecken. Die Nervensäge, der Nörgler und der Querulant behindern unsere Arbeit und sind uns lästig. Wir unterscheiden dann nicht mehr zwischen Person und Verhalten, sondern aufgrund von einzelnen Beobachtungen, Erlebnissen und Auffälligkeiten bewerten wir Menschen ganz spontan, fällen Urteile und packen Menschen in „Schubladen" Vor derartigen „Schnellschüssen" möchten wir jeden Moderator warnen. In der aktuellen Moderationssituation erleben wir nur einen winzigen Ausschnitt des Verhaltens einer Person.

Sie werden als Moderator häufig in Situationen geraten, wo Sie oder andere in der Gruppe irritiert sind durch das Verhalten Einzelner. Patentrezepte für den Umgang mit solchen Situationen gibt es leider nicht. Wir möchten Ihnen an dieser Stelle jedoch ein paar Hinweise geben, die Ihnen helfen können, mit solchen Situationen umzugehen.

Unterscheiden Sie zwischen Person und Verhalten

Als Moderator müssen Sie sich in solchen Situation wieder auf Ihr Selbstverständnis und Ihre neutrale Haltung besinnen. Hier sind Sie gefordert, nicht nur inhaltlichen Beiträgen, sondern auch Menschen gegenüber Neutralität im positiven Sinn des Wortes zu wahren. Das bedeutet, dass Sie eine vorschnelle Bewertung des Verhaltens eines Einzelnen vermeiden müssen. Sie dürfen auch nicht zulassen, dass Sie auf das Verhalten schnell und unreflektiert reagieren. Stattdessen sollten Sie sich innerlich öffnen und interessieren für das, was hinter dem Verhalten steht. Besitzen Sie die grundsätzliche

Keine vorschnellen Bewertungen

Einstellung, dass Menschen willens sind, konstruktiv mitzuarbeiten, so erleichtert Ihnen das den Umgang mit Teilnehmern.

Hinter jedem Verhalten steckt eine Absicht

Hinter jedem Verhalten steckt ein Bedürfnis. Menschen sind bewusst, aber auch unbewusst zielorientiert und wollen mit ihrem Verhalten etwas erreichen. Nicht immer ist das, was sie erreichen wollen, auf den ersten Blick offensichtlich und manchmal ist es ihnen sogar selbst nicht bewusst. Als Moderator sollten Sie deshalb einen „zweiten" Blick wagen und sich folgende Fragen stellen:

► Was beabsichtigt der Teilnehmer mit diesem Verhalten?

► Was will er damit erreichen?

► Welchen Nutzen hat er von seinem Verhalten?

► Ist ihm sein Verhalten und die Wirkung auf andere bewusst?

Schauen Sie auch „hinter die Kulissen"

Dabei hat das aktuelle Verhalten nicht immer etwas mit der aktuellen Situation zu tun, sondern kann auch durch Erfahrungen aus der Vergangenheit hervorgerufen werden. Wir wollen Sie hier nicht auffordern, tiefenpsychologisch tätig zu werden. Dennoch möchten wir Sie in Ihrem Bemühen unterstützen, immer wieder „hinter die Kulissen" eines störenden Verhaltens zu schauen. Behalten Sie im Hinterkopf, dass wir in der Kindheit Verhaltensweisen oder -muster entwickeln, die in bestimmten Situationen immer wieder zum Vorschein kommen und oft unbewusst sind. Bleiben Sie ruhig und versuchen Sie, auf das zu reagieren, was der Teilnehmer wirklich braucht in der Situation.

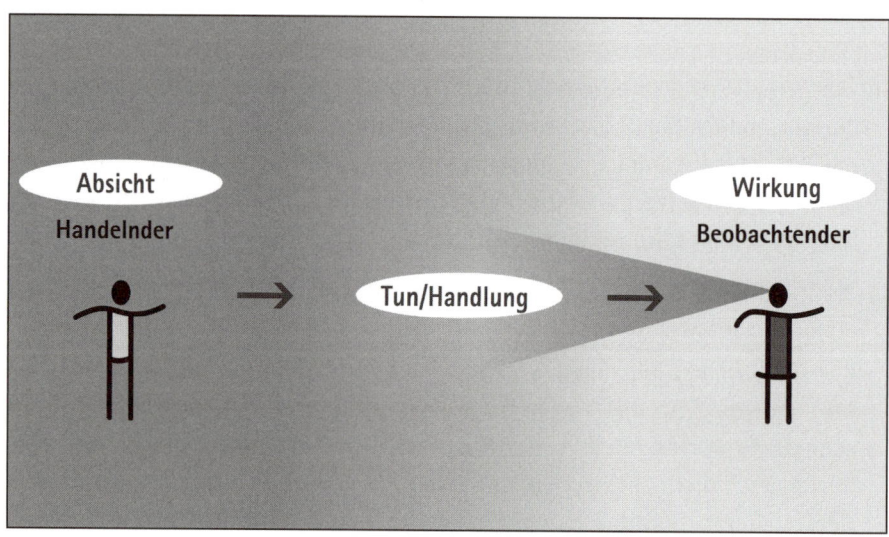

Absicht und Wirkung sind manchmal unterschiedlich

Wie das Bild zeigt, beobachten wir bei unserem Gegenüber ein bestimmtes Tun und erleben die Wirkung auf uns und auf die Gruppe. Der Teilnehmer tut etwas und verfolgt damit eine bewusste oder unbewusste Absicht. Versuchen Sie zu verstehen, was der Teilnehmer wirklich braucht, welches seine eigentliche Absicht ist.

BEISPIELE

▶ Ein Teilnehmer, der einen überlangen Monolog hält, hat möglicherweise den Eindruck, nicht genügend verstanden worden zu sein. Durch seinen Monolog will er sich vielleicht ausführlich verständlich machen und er vermutet, dass er nicht verstanden wird, wenn er sich kürzer fasst.

▶ Jemand, der immer wieder Kritik äußert, fühlt sich vielleicht in seinen Bedenken nicht ernst genommen. Durch Wiederholen von Kritik möchte er erreichen, dass die Risiken von allen gesehen und ernst genommen werden.

▶ Ein Teilnehmer, der die Besprechung durch Schweigen „boykottiert", ist eventuell von seinem Chef zur Teilnahme abgeordnet worden, ohne die Sinnhaftigkeit zu erkennen. Mit dem Schweigen möchte er vielleicht zur Beteiligung aufgefordert werden und den Sinn erklärt bekommen.

▶ Ein Teilnehmer sorgt dafür, dass sich die Diskussion im Kreis dreht, indem er seinen Vorschlag zum wiederholten Male einbringt. Vermutlich hat er den Eindruck, noch nicht genügend gehört worden zu sein. Er möchte, dass seine Idee von den anderen bewusst wahrgenommen wird.

Diese Beispiele zeigen, dass Verärgerung seitens des Moderators und Appelle wenig nutzen, sondern dass der Teilnehmer ernst zu nehmende Gründe für sein Verhalten hat und damit etwas erreichen möchte. Haben Sie eine Idee von dem, was hinter dem Verhalten steht, dann können Sie auf der Ebene agieren und den Teilnehmer einbinden und zu konstruktivem Verhalten anregen.

Appelle nutzen wenig

VORGEHEN IM UMGANG MIT TEILNEHMERN, DIE SICH STÖREND VERHALTEN

1. Nehmen Sie die Wirkung des Verhaltens bei sich selbst wahr.

2. Beobachten Sie die Wirkung des Verhaltens auf die Gruppe.

3. Sprechen Sie das Verhalten und die Wirkung an.

4. Vereinbaren Sie Spielregeln oder weisen Sie auf vereinbarte Spielregeln hin.

5. Versuchen Sie herauszufinden, was hinter dem Verhalten steckt, wenn es weiter fortgesetzt wird: Was führt zu diesem Verhalten? Welche Absicht könnte dahinter stecken?

6. Sprechen Sie Ihre Vermutung aus.

7. Überlegen Sie gemeinsam mit dem Teilnehmer, was er braucht, um mitzuarbeiten. Was kann auch die Gruppe dazu beitragen?

BEISPIEL

Ein Teilnehmer unterbricht immer wieder andere Teilnehmer. Sie haben die Spielregel „Wir lassen einander ausreden" vereinbart und auch daran erinnert. Dennoch bleibt der Teilnehmer bei seinem störenden Verhalten und unterbricht wieder und wieder andere Teilnehmer. Sie beobachten den Teilnehmer und vermuten, dass hinter dem Verhalten seine Sorge steckt, die Gruppe könnte nicht rechtzeitig fertig werden. Sprechen Sie Ihre Vermutung ihm gegenüber aus: „Mir fällt auf, dass es Ihnen schwer fällt, die anderen Teilnehmer ausreden zu lassen. Meine Vermutung ist, dass Sie in Sorge sind, wir könnten nicht rechtzeitig fertig werden." Achten Sie auf die Reaktion des Teilnehmers, wenn Sie die Vermutung aussprechen. Fühlt er sich verstanden, so wird er die Vermutung bejahen – verbal oder nonverbal. Ansonsten gibt ihm Ihre Intervention die Möglichkeit, zu erklären, warum er sich so verhält. Nehmen Sie seine Gründe ernst. Und reagieren Sie auf die Gründe, nicht auf das Verhalten. War Ihre Vermutung richtig, so überlegen Sie gemeinsam mit ihm und der Gruppe, wie Sie mit der Zeit bisher umgegangen sind und ob Sie die Zeitplanung optimieren können.

Nicht immer müssen alle diese Schritte im Beisein der ganzen Gruppe erfolgen. Je nach Situation können Sie den Teilnehmer auch in einer Pause unter vier Augen ansprechen. Der Vorteil ist, dass er sich sicherer fühlt und sich mehr öffnet als vor der gesamten Gruppe.

Praktizieren Sie den Ablauf in Anwesenheit der gesamten Gruppe, so werden alle Beteiligten lernen, wie mit störendem Verhalten umgegangen werden kann. Das ist besonders dann günstig, wenn eine Gruppe über einen längeren Zeitraum miteinander arbeitet, wie beispielsweise in einem Projekt.

Um das Vorgehen im Umgang mit störenden Teilnehmern erfolgreich anzuwenden, ist es wichtig, dass Sie bei Ihren Rückmeldungen an den Teilnehmer bei Schritt 3 die Kommunikationsregeln für Feedback beachten.Feedback ist eine Mitteilung an eine Person, die darüber informiert wird, wie ihr Verhalten von anderen wahrgenommen, verstanden und erlebt wird.

KOMMUNIKATIONSREGELN FÜR FEEDBACK

► Geben Sie nur Feedback zu Verhaltensweisen, die der andere ändern kann.

► Melden Sie die konkrete Beobachtung zurück. Konkret heißt, dass die beobachtete Verhaltensweise direkt und eindeutig beschrieben wird.

► Ergänzen Sie danach die Wirkung, die diese Verhaltensweise auf Sie persönlich hat. Durch das Formulieren als „Ich-Botschaft" wird deutlich, dass es Ihr persönlicher Eindruck ist.

► Vermeiden Sie moralisierende Bewertungen. Sonst möchte sich Ihr Gegenüber rechtfertigen.

BEISPIELE

► „Mir ist aufgefallen, dass Sie sich bei unseren fünf letzten Besprechungen verspätet haben. Auf mich wirkt das, als wären Sie nicht an dem Projekt interessiert."

► „Bei den letzten Diskussionen haben Sie mehrere Personen unterbrochen, die einen Beitrag leisten wollten. Danach ist die Beteiligung an der Diskussion zurückgegangen. Meiner Meinung nach hat sich dadurch die Gesprächsatmosphäre deutlich verschlechtert."

Auch bei Schritt 6 geben Sie dem Teilnehmer Feedback. Sie haben aufgrund Ihrer Beobachtungen und Erfahrung eine Vermutung, welches der Grund für das störende Verhalten ist. Seien Sie sich bewusst, dass es nur eine Vermutung ist. Diese kann der Teilnehmer bestätigen oder verneinen. Formulieren Sie auch hier eine „Ich-Botschaft" oder verpacken Sie Ihre Vermutung in eine Frage.

Verwenden Sie „Ich-Botschaften" beim Feedback

> ◼ **BEISPIELE**
>
> ► „Sie haben Ihre Idee jetzt bereits mehrmals wiederholt. Ich vermute, dass Sie den Eindruck haben, die Idee ist noch nicht richtig bei den anderen Teilnehmern angekommen.“
>
> ► „Sie haben mehrfach ein Zweiergespräch mit Ihrem Nachbarn geführt. Kann es sein, dass wir bei unserer Arbeit noch einen wichtigen Punkt übersehen haben?“

Manchmal hilft es auch, störendes Verhalten zu übersehen

Noch ein Hinweis: Nicht bei jedem störenden Verhalten müssen Sie sofort reagieren. Oft hilft Übersehen oder Ignorieren. Erst wenn sich störendes Verhalten wiederholt und Sie insbesondere bemerken, dass nicht nur Sie persönlich, sondern auch die Arbeit in der Gruppe beeinträchtig wird, dann ist es als Moderator Ihre Aufgabe, einzugreifen.

Wir möchten Ihnen noch einige Sofortmaßnahmen als Tipps anbieten für den Umgang mit folgenden Verhaltensweisen, die oft in Besprechungen oder Sitzungen auftreten:

Störende Verhaltensweisen

► Monologisieren

► Abschweifen in Details oder Nebensächlichkeiten

► Nörgeln

► Geringe Beteiligung

► Nebengespräche

► Persönliche Angriffe

► Andere unterbrechen

► Dominieren

Sollte das störende Verhalten trotz verschiedener Interventionen von Ihrer Seite anhalten oder sogar eskalieren, dann liegt vermutlich ein Konflikt vor. Empfehlungen für den Umgang mit Konfliktsituationen, die während einer Moderation auftreten, können Sie in den anschließenden Kapiteln nachlesen.

Monologisieren

Sobald der Teilnehmer das Wort hat, fängt er an zu sprechen und hört für längere Zeit nicht mehr auf. Der Effekt ist, dass die übrigen Teilnehmer zunehmend unkonzentriert werden.

Monologisieren

WAS SIE ALS MODERATOR TUN KÖNNEN

► Visualisieren Sie, was der Teilnehmer sagt.

► Zwar gilt die Regel „Wir lassen ausreden", aber als Moderator sollten Sie keine Hemmungen haben, in so einem Fall an einer passenden Stelle höflich, aber bestimmt zu unterbrechen.

► Nutzen Sie eine kleine Sprechpause des Teilnehmers und unterbrechen Sie: „Danke für Ihren Beitrag. Ich würde gerne noch den anderen Teilnehmern die Möglichkeit geben, sich dazu zu äußern."

► Bitten Sie den Teilnehmer, sich kurz zu fassen, um andere Teilnehmer auch noch zu Wort kommen zu lassen.

► Spiegeln Sie seinen Beitrag.

► Beschäftigen Sie ihn, indem Sie ihn bitten, Ihnen zu helfen, beispielsweise bei der Zeitkontrolle.

Abschweifen in Details oder Nebensächlichkeiten

Das Verhalten überschneidet sich teilweise mit dem Monologisieren. Auch hier wird viel geredet, aber der Teilnehmer trägt nicht mehr wirklich zum Thema bei. Er verliert sich in Details. Nebensächlichkeiten werden ausschweifend dargestellt.

Abschweifen in Details oder Nebensächlichkeiten

WAS SIE ALS MODERATOR TUN KÖNNEN

► Visualisieren Sie das, was zum Thema gehört, und notieren Sie Nebensächlichkeiten auf ein separates Plakat unter dem Stichwort „Themen- oder Ideenspeicher".

► Unterbrechen Sie ihn höflich und bitten Sie ihn, zusätzliche Ideen, die gerade nicht passen, auf Karten zu schreiben, damit Sie später darauf zurückkommen können.

► Geben Sie kurz Anerkennung für seine Details und Nebenideen und sagen Sie, dass es an dieser Stelle leider nicht passt.

► Weisen Sie den Teilnehmer auf das aktuelle Thema hin und bitten Sie ihn, sich zunächst darauf zu beschränken.

► Fassen Sie zusammen, was er gesagt hat.

Nörgeln

Der Teilnehmer kritisiert immer wieder Ideen und Vorschläge, sowohl inhaltlich als auch zum Vorgehen. Es wirkt so, als könne man ihm nichts recht machen.

Nörgeln

WAS SIE ALS MODERATOR TUN KÖNNEN

▶ Ignorieren Sie den nörgelnden Ton und nehmen Sie seine Kritik ernst.

▶ Danken Sie ihm für seinen Beitrag.

▶ Zeigen Sie Anerkennung für seine kritische Sichtweise.

▶ Visualisieren Sie seine Bedenken.

▶ Laden Sie ihn dazu ein, Alternativen beizutragen.

▶ Fragen Sie ihn explizit nach seinen konkreten Erfahrungen.

Geringe Beteiligung

Der Teilnehmer reagiert nicht auf Fragen. Er trägt nur wenig oder gar nichts zu Diskussionen bei und liefert keine Ideen.

Geringe Beteiligung

WAS SIE ALS MODERATOR TUN KÖNNEN

▶ Sprechen Sie ihn beiläufig direkt mit Namen an und fragen ihn um seine Meinung zu einem eher unverfänglichen Thema.

▶ Achten Sie darauf, ihn nicht bloßzustellen.

▶ Greifen Sie auch kleine Beiträge von ihm auf und bringen Sie sie als Zitat wieder in die Gruppe.

▶ Arbeiten Sie öfter in Kleingruppen.

▶ Führen Sie Blitzlichtabfragen durch.

▶ Sprechen Sie ihn in der Pause auf sein Verhalten an.

▶ Geben Sie ihm eine Aufgabe – manchmal „blühen" solche Teilnehmer dadurch auf und bringen wertvolle Beiträge.

Nebengespräche

Zwei Teilnehmer führen Zweiergespräche und beteiligen sich nicht an der Gruppendiskussion.

Nebengespräche

WAS SIE ALS MODERATOR TUN KÖNNEN

► Sprechen Sie es an und verweisen Sie auf die Spielregel oder regen Sie an, eine entsprechende Regel zu vereinbaren.

► Unterbrechen Sie mit Hinweis auf Gruppendiskussion.

► Schauen Sie die Teilnehmer schweigend an und lächeln Sie. Das wirkt oft, allerdings darfkeine Ironie oder Abwertung in Ihrer Haltung versteckt sein.

Persönliche Angriffe

Der Teilnehmer reagiert aggressiv auf andere Teilnehmer oder verwendet ironische beziehungsweise sarkastische Formulierungen, die andere verletzen.

Persönliche Angriffe

WAS SIE ALS MODERATOR TUN KÖNNEN

► Ruhe bewahren! Lassen Sie sich nicht provozieren.

► Persönliche Gegenangriffe auf jeden Fall vermeiden.

► Zeigen Sie Verständnis für seine emotionale Situation: „Ich verstehe, dass Sie verärgert sind."

► Visualisieren Sie den sachlichen Teil seiner Aussage.

► Fragen Sie genau nach, was er meint.

► Bitten Sie ihn, seine Aussage zu konkretisieren.

► Vereinbaren oder verweisen Sie auf Spielregeln.

► Geben Sie Feedback auf sein Verhalten und machen Sie freundlich, aber bestimmt Grenzen deutlich.

► Signalisieren Sie in der Pause Interesse für ihn und seine emotionale Situation.

Andere unterbrechen

Der Teilnehmer zeigt Ungeduld. Oft sitzt er unruhig auf seinem Stuhl mit nach vorne geneigter Körperhaltung. Er unterbricht die Beiträge anderer und fällt ihnen ins Wort.

Andere unterbrechen

WAS SIE ALS MODERATOR TUN KÖNNEN

▶ Danken Sie ihm für sein Engagement.

▶ Reagieren Sie auf seine Ungeduld, indem Sie Verständnis für seine vermutliche Sorge um die Zeit signalisieren.

▶ Überprüfen Sie, ob Sie den Umgang mit der Zeit optimieren können.

▶ Bitten Sie um Handzeichen für Wortbeiträge.

▶ Nehmen Sie die Teilnehmer in der Reihenfolge der Meldungen dran.

▶ Vereinbaren oder verweisen Sie auf Spielregeln.

▶ Sprechen Sie ihn in der Pause an und verdeutlichen Sie, dass sein Verhalten nach Ihrem Eindruck kontraproduktiv zu seinen Absichten ist.

Dominieren

Der Teilnehmer hat oft das letzte Wort. Er nimmt einen großen Teil der Redezeit für sich in Anspruch. Er vertritt seine Ansichten sehr energisch und berücksichtigt andere Meinungen wenig.

Dominieren

WAS SIE ALS MODERATOR TUN KÖNNEN

▶ Vereinbaren Sie Spielregeln und weisen Sie darauf hin.

▶ Machen Sie zwischendurch deutlich, dass es sich um eine gemeinsame Arbeit handelt.

▶ Erinnern Sie an Synergieeffekte, die bei erfolgreicher Zusammenarbeit möglich sind.

▶ Beziehen Sie aktiv andere Teilnehmer durch direktes Ansprechen mit ein.

▶ Nutzen Sie wechselnde Arbeitssituationen, wie Gruppenarbeiten oder Kleingruppenaustausch.

▶ Führen Sie Abfragen schriftlich durch.

▶ Binden Sie ihn ein, indem Sie ihn um Unterstützung bitten, beispielsweise bei der Zeitkontrolle oder beim Charten.

Und noch ein Tipp für den Umgang mit Teilnehmern, die stören: Führen Sie eine Zwischenrückblende, wie wir sie im Kapitel „Rückblenden zum Intervenieren und Auswerten" (siehe Seite 63) beschrieben haben in Form eines Blitzlichtes durch. Unterbrechen Sie den Arbeitsprozess und bitten Sie die Teilnehmer, Stellung zu beziehen zu Fragen, wie beispielsweise:

Auch Zwischen-Rückblenden helfen

► Wie zufrieden sind Sie mit der Zusammenarbeit in dem Meeting?

► Was könnte verbessert werden?

Wird das störende Verhalten eines oder mehrerer Teilnehmer in einer solchen Blitzlichtrunde angesprochen, können Sie als Moderator die Gelegenheit nutzen, Regeln für den Umgang miteinander zu vereinbaren oder vorhandene Regeln zu ergänzen oder zu konkretisieren. Überlegen Sie gemeinsam mit allen Teilnehmern, wie das Einhalten sichergestellt werden kann. Oft fallen den Teilnehmern selbst kreative Lösungen ein. Der „Rednerstab" beispielsweise, der sicherstellt, dass man sich gegenseitig nicht ins Wort fällt.

Mit zunehmender Übung wird es Ihnen gelingen, auch Teilnehmer, die zunächst schwierig erscheinen, zu integrieren und zu motivieren. Freuen Sie sich über Gelegenheiten, Ihre Moderationsfähigkeiten weiterzuentwickeln.

„Hierarchen" in der Gruppe

Der Chef in der Gruppe

Am deutlichsten werden Sie die Anwesenheit eines Chefs in der Gruppe merken, wenn er erst zu einem späteren Zeitpunkt zur Gruppe dazustößt. Sie kennen inzwischen Ihre Gruppe und merken die plötzliche Veränderung: Manche Teilnehmer reduzieren ihr Engagement deutlich, andere verdoppeln es. Manche Teilnehmer agieren plötzlich, als wenn sie auf einer Bühne vor Publikum stünden, andere verstummen. Sie haben es plötzlich und unerwartet mit einer ganz anderen Gruppe zu tun, in der die Teilnehmer „fremdeln".

Die Anwesenheit eines oder mehrerer Hierarchen in der Gruppe bedeutet für Sie als Moderator, dass Sie sich auf diese Situation und die veränderten Verhaltensweisen einstellen müssen. Sorgen Sie möglichst unaufdringlich dafür, dass die Gruppe auch in Anwesenheit der/des Chefs arbeitsfähig bleibt – oder wieder wird. Die wichtigsten Empfehlungen dazu haben wir für Sie in der Übersicht zusammengefasst.

VORGEHEN IN DER MODERATION, WENN DER CHEF ANWESEND IST

▶ Die Teilnahme einer hochgestellten Führungskraft in Ihrer Gruppe sollte keine „Überraschung" für Sie sein. Klären Sie deshalb bereits in der Vorbereitung die Frage, ob eine derartige Teilnahme vorgesehen ist, und dann finden Sie heraus, in welchem funktionalen Verhältnis diese Führungskraft zu den Teilnehmern der Gruppe steht und wie Führung praktiziert wird.

▶ Sprechen Sie als verantwortlicher Moderator im Vorfeld mit der Führungskraft über ihre Teilnahme und ihr Auftreten und Verhalten in der Gruppe. Sie sollten den Chef dazu ermuntern, dass er zu Beginn in der Gruppe erläutert, warum er teilnimmt und welche Rolle er in der Gruppe einnehmen möchte. Will er als „normales" Gruppenmitglied integriert werden oder ist er in seiner Funktion als Führungskraft Teilnehmer in dieser Gruppe? Ist die Führungskraft kein „normales" Gruppenmitglied, so klären Sie mit allen Beteiligten, welche Konsequenzen das für die Zusammenarbeit hat (Wie werden die Entscheidungen in der Gruppe getroffen? Behält der Chef sich ein Vetorecht vor? Wie groß ist der Freiraum der Gruppe?)

▶ Stellen Sie die Vorteile, die die Anwesenheit des Chefs bringen, heraus. Beispielsweise könnte es sein, dass es durch ihn eine größere Chance gibt, die Ergebnisse der Teamarbeit im Unternehmen umzusetzen.

▶ Achten Sie während der Arbeit darauf, ob es in der Gruppe Störungen in der Zusammenarbeit aufgrund der Anwesenheit oder des Verhaltens der Führungskraft gibt.

▶ Bemerken Sie, dass von der Anwesenheit des Chefs Störungen ausgehen, dann sollten Sie als Moderator diese Störungen thematisieren nach dem Motto „Störungen haben Vorrang". Führen Sie bei Bedarf mit dem Chef ein Vier-Augen-Gespräch, in dem Sie ihn auf sein Verhalten und die Auswirkungen auf die Teilnehmer hinweisen und gemeinsam Abhilfen besprechen und vereinbaren. Achten Sie darauf, die Führungskraft nicht vor ihren Mitarbeitern bloßzustellen.

Moderation als interkulturelle Herausforderung

Teilnehmer aus anderen Kulturkreisen

Viele Unternehmen sind heute international tätig. Und als Moderator werden Sie heutzutage häufig gefordert sein, interkulturelle Gruppen zu moderieren. Und auch da haben Sie es mit besonderen Teilnehmern zu tun. Wer sich als Moderator Teilnehmern einer anderen Kultur gegenübersieht, muss versuchen zu verstehen, wie diese Kultur funktioniert, um ihre Komplexität so weit zu reduzieren, dass sie für ihn fassbar wird. „Wenn wir von Kultur reden, begeben wir uns ins Reich der Abstraktionen. Kultur ist ein Kürzel für die empirisch belegbare Tatsache, dass gewisse Gruppen von Menschen untereinander gelernte Gemeinsamkeiten im Denken, Fühlen und Handeln aufweisen, die sie von anderen Gruppen unterscheiden." (Bittner, 1994, S. 765)

Für Sie als Moderator bedeutet dies, dass Empathie und interkulturelle Sensibilität allein nicht ausreichen. Sie müssen das kennen, was die Kulturen voneinander unterscheidet und für die Zusammenarbeit relevant ist. Unterschiedliche Kulturen haben unterschiedliche Konzepte und Denkweisen, beispielsweise für die Zeit oder den Grad an Verbindlichkeit bei Zusagen, für Managementstile oder den Umgang mit Autoritäten. Diese Unterschiede können in der gemeinsamen Arbeit zu erheblichen Missverständnissen führen.

> **INFORMIEREN SIE SICH VORAB**
>
> Wenn Sie es mit anderen Kulturen in der Moderation zu tun haben: Beschaffen Sie sich konkretes Wissen darüber. Die unterschiedlichen Grundkonzepte verschiedener Kulturen sowie die prinzipielle Herangehensweisen in der Zusammenarbeit mit fremden Kulturen können Sie gezielt lernen.

In unserer Arbeit als internationales Trainings- und Beratungsnetzwerk haben wir es immer wieder mit international besetzten Gruppen zu tun. Wir geben unsere Erfahrungen weiter in interkulturellen Trainings. Hier lernen die Teilnehmer, wie die Grundkonzepte der Kulturen aussehen, beispielsweise das Grundkonzept „Umgang mit Autorität" oder „Das Verhältnis des Einzelnen zu seiner Bezugsgruppe". Erst vor dem Hintergrund dieses Wissens können Sie als Moderator diese „besonderen" Teilnehmer besser verstehen und in der Arbeit mit ihren besonderen Stärken berücksichtigen.

Interkulturelle Trainings

BEISPIELE

▶ Schauen wir uns die Kultur in Japan an. In japanischen Unternehmen möchte sich keiner von seiner Gruppe entfremden, möchte keiner sich hervortun, möchte niemand auffallen. Wie können Sie als Moderator da agieren?

▶ Oder wie moderieren Sie angesichts der mexikanischen Kultur, die dazu tendiert, die Zukunft nicht für planbar zu halten, und deshalb erfolgreiche Improvisation jeder Planung vorziehen wird?

▶ Was können Sie als Moderator tun, wenn Teilnehmer nach dem Grundmuster indischer Kultur den Teamleiter stets ausschließlich nach dem Senioritätsprinzip auswählen?

Wir möchten das Thema an dieser Stelle nicht vertiefen, sondern auf Trainingsmöglichkeiten hinweisen und Ihnen am Ende des Buches Literaturempfehlungen dazu geben.

Auch bei unterschiedlichen Unternehmenskulturen sind Sie als Moderator gefordert

Aber nicht nur ein Teilnehmer aus Zentralafrika oder aus Korea kommt für uns in Deutschland aus einer anderen, fremden Kultur sondern Sie haben es häufig bei Teilnehmern aus unterschiedlichen Firmenkulturen mit „interkulturellen" Herausforderungen für die Moderation zu tun. Jede Organisation entwickelt im Laufe der Jahre eine individuelle Unternehmenskultur. Treffen dann Teilnehmer unterschiedlicher Unternehmen in einem Projekt zusammen, so müssen Sie als Moderator auch dafür sensibel sein. Was für das eine Unternehmen selbstverständlich ist, ist für die Teilnehmer eines anderen Unternehmens möglicherweise befremdend und ungewohnt.

BEISPIELE

In Ihrem Unternehmen ist der Gebrauch von Flipcharts und Pinnwänden bei Meetings selbstverständlich. Jetzt kommt die Hälfte der Teilnehmer bei einem Projekt aus einem anderen Unternehmen, das bisher noch nicht mit diesen Techniken gearbeitet hat. Erkundigen Sie sich, ob das Arbeiten mit diesen Moderationsmitteln bekannt ist, und wenn nicht, geben Sie einen kurze Einführung darüber, welches die Vorteile sind und wie damit gearbeitet wird.

Moderieren, ohne anwesend zu sein

Die zunehmende Internationalisierung der Wirtschaft, der Globalisierungsschub, wie wir heute sagen, lässt über die bisher beschriebenen Probleme interkultureller Moderation hinaus noch ein ganz neues Aufgabengebiet für Moderatoren entstehen: das Moderieren von virtuellen, vernetzten Teams.

Unter einem vernetzten Team verstehen wir eine Gruppe von Mitarbeitern/Mitarbeiterinnen, die

► aufgrund spezieller, individueller Stärken und Kenntnisse ausgesucht und ergebnisorientiert zusammengestellt wurden,

► gemeinsame Ziele entwickelt oder vorgegeben bekommen haben,

► an unterschiedlichen Orten - in Untergruppen oder einzeln – arbeiten und

► informationstechnisch mit dem Unternehmen sowie untereinander vernetzt sind.

Immer mehr Menschen arbeiten in Teams ohne unmittelbaren persönlichen Kontakt zusammen. Internetbasierte Medien wie E-Mail und webbasierte Projektforen, wie auch Telefon- oder Videokonferenzen unterstützen dort die Kommunikation. Auch derartige oft international und interkulturell gemischte Gruppen müssen moderiert und geführt werden.

Als Moderatoren sprechen wir vom „Moderieren ohne anwesend zu sein". Im Rahmen entsprechender Trainings bietet Coverdale auch hier Unterstützung dafür an, wie die Zusammenarbeit optimiert werden kann.

▶ FAZIT

Auch wenn uns jeder einzelne Teilnehmer gleich wichtig ist, so gibt es dennoch Teilnehmer, die Ihre besondere Aufmerksamkeit erfordern. Dazu gehören beispielsweise Teilnehmer, die

► durch ihr Verhalten auffallen,

► durch ihre Position in der Unternehmenshierarchie besonders berücksichtigt werden müssen oder

► durch eine andere Nationalität speziell beachtet werden sollten.

Konflikte — und was Sie darüber wissen sollten

Im folgenden behandeln wir Herausforderungen und Probleme, die Ihnen als Moderator in „normalen" Moderationen begegnen können, nicht Krisen oder Konflikte als expliziten Anlass für eine Krisen- oder Konfliktmoderation. Konflikte empfinden wir meist als unangenehm. Sie stören den Arbeitsablauf und gerade dafür sind wir als Moderatoren ja zuständig. Wir möchten Sie dazu ermutigen, eine andere Haltung zu Konflikten einzunehmen: Konflikte, mit denen Sie konstruktiv umgehen haben positive Auswirkungen.

Konstruktive Konfliktbearbeitung hat positive Auswirkungen

DIE AUSWIRKUNG EINER KONSTRUKTIVEN KONFLIKTBEARBEITUNG

▶ Unterschiedliche Sichtweisen werden klarer.

▶ Energien werden freigesetzt.

▶ Kreativität wird gefördert.

▶ Voraussetzungen für Weiterentwicklung und Veränderungen werden geschaffen.

▶ Die Selbstwahrnehmung der Beteiligten wird erhöht.

▶ Mehr Verständnis für andere wird möglich.

▶ Ein Teamgefühl entsteht (siehe auch Seite 142).

Konflikte sind gerade für Gruppen wichtig, die über einen längeren Zeitraum zusammenarbeiten. Projektteams, Abteilungen oder Führungscrews brauchen neben Phasen der reibungslosen Zusammenarbeit auch Konfliktphasen, um sich im positiven Sinne auseinanderzusetzen.

Sprechen wir von Krisen, Konflikten oder Störungen in der Moderation, ist es zunächst wichtig, ein gemeinsames Verständnis der verwendeten Begriffe zu finden. Eine etwas emotionalere Wortmeldung lässt den einen Moderator schon einen Konflikt vermuten, während ein anderer Moderator dem keine Bedeutung beimisst, sondern es als Engagement für das Thema einordnet. In der Literatur findet man zahlreiche Konfliktdefinitionen, und es gibt keine Definition, die allgemein gültig ist. Mit unserer Definition von Konflikt lehnen wir uns an Hugo Prein, 1982, (zitiert nach Glasl) an. In den folgenden Ausführungen beziehen wir uns häufig Friedrich Glasl, der Konflikttheorien entwickelt hat, nach denen sich viele Berater und Moderatoren orientieren. Glasl ist tätig in Lehre, Forschung und Beratung. Wo wir uns auf ihn beziehen, haben wir dies entsprechend gekennzeichnet.

Was ist ein Konflikt?

Ein sozialer Konflikt ist dann vorhanden, wenn zwischen wenigstens zwei Parteien Interessen, Ziele, Rollen und/oder Auffassungen miteinander unvereinbar sind oder den Akteuren unvereinbar erscheinen. Wobei sich mindestens eine Partei durch eine andere Partei beeinträchtigt fühlt, negative Gefühle erlebt und auch ihrerseits die Gegenpartei behindert.

Bestehen die Unvereinbarkeiten ausschließlich in der Wahrnehmung, handelt es sich nicht automatisch um einen Konflikt, denn diese können zunächst beleuchtet und geklärt werden.

Hilfreich zur inhaltlichen Klärung des Konfliktbegriffs ist eine Differenzierung der Interaktionen nach Unvereinbarkeiten im Denken, Fühlen, Wollen und Handeln:

Interaktion	Unvereinbarkeit erleben im:			
	Denken	Fühlen	Wollen	Handeln
Logischer Widerspruch	■			
Meinungsdifferenz	■			
Missverständnis	■			
Gefühlsgegensätze		■		
Ambivalenz		■		
Antagonismus			■	
Spannung	■	■		
Krise	■	■	■	
Indizent				■
Konflikt	■ und/oder	■ und/oder	■ UND	■

Eine Differenzierung des Begriffs „Konflikt" (nach Glasl, Konfliktmanagement 1999)

Nach Glasl ist „... das Bestehen von Differenzen ... nicht das Problem, denn Differenzen machen an sich noch keinen Konflikt zwischen Menschen aus. Es kommt einzig darauf an, wie die Menschen mit den Differenzen umgehen." (Glasl, Selbsthilfe in Konflikten 1998) Und hier beginnt Ihre Verantwortung als Moderator. Sie können in der Moderation entscheidend dazu beitragen, dass mit Konflikten konstruktiv umgegangen wird.

> **ALS MODERATOR MÜSSEN SIE JEDE ART VON KONFLIKT ERNST NEHMEN**
>
> Was Ihre Teilnehmer als Krise und Konflikt empfinden, obliegt nicht Ihrem Urteil. Entscheidend ist, dass sie von den jeweiligen Menschen als solche empfunden werden – und das auch von jeder Person unterschiedlich – und von Ihnen behandelt werden muß.

EXPERTE

Ursachen für Konflikte

Konflikte in der Gruppe

Mögliche Ursachen für Konflikte in der Gruppe können sein:

► Es gibt keine Einigkeit über das Ziel oder den Auftrag oder die Vorgehensweise.

► Schwelende Konflikte werden nicht angesprochen oder geklärt.

► Jemand verlässt die Sitzung, wird ausgeschlossen.

► Einzelne oder Gruppen behalten Informationen für sich.

► Einzelne oder Gruppen haben sich abgesprochen und taktieren.

► Eine Führungskraft ist nicht integer, hält sich beispielsweise nicht an Absprachen.

► Es stehen Kündigungen bevor.

Konflikte zwischen Gruppe und Moderator

Mögliche Ursachen für Konflikte zwischen Gruppe und Moderator können sein:

► Es gibt von Anfang an Vorbehalte gegen Sie, obwohl man Sie vorher nicht kannte.

► Das Team geht davon aus, dass Sie parteiisch sind, es wirft Sie zum Beispiel mit der nicht akzeptierten Führungskraft „in einen Topf".

► Das Team hat schlechte Vorerfahrung mit Moderation und ist sehr skeptisch.

► Sie werden als Moderator nicht akzeptiert, die Gruppe arbeitet nicht mit.

► Die Teilnehmer haben eine andere Art von Veranstaltung erwartet, sie sind falsch vorbereitet.

► Einzelne Teilnehmer sind wütend, enttäuscht oder gar resigniert, sie sind der Meinung, dass sich auch durch Moderation „sowieso nichts ändert".

► Sie haben Beiträge überhört und nicht visualisiert oder aufgegriffen, daher schwindet das Vertrauen in Sie.

► Die Gruppe akzeptiert Ihren Vorschlag für das weitere Vorgehen nicht, hat aber selbst keine Vorstellungen, wie es weitergehen soll.

► Das Team hält die vereinbarten Spielregeln nicht ein.

Konflikte im Unternehmen

Für Konflikte in Unternehmen und Organisationen gibt es unzählige Ursachen. Mitarbeiter in Unternehmen und Organisationen nennen folgende Konfliktursachen (in der Reihenfolge der Häufigkeit):

► Unzureichende Kommunikation (Einem Teammitglied fehlen Informationen, weil der Informationsfluss nicht gut organisiert ist oder weil jemand ausgegrenzt wird.)

▶ Gegenseitige Abhängigkeit (Ein Projektteam kommt in seiner Arbeit nicht weiter, weil es auf Ergebnisse eines anderen Teams angewiesen ist, die dieses nicht zur Verfügung stellt.)

▶ Das Gefühl, ungerecht behandelt zu werden, Groll, Ärger, Empfindlichkeit (Ein Mitarbeiter hat eine Beförderung erwartet, von der er glaubt, dass sie ihm zusteht – seine Führungskraft entscheidet sich aber für eine andere Person, ohne seine Gründe transparent zu machen. Der enttäuschte Mitarbeiter zieht sich zurück.)

▶ Rivalitäten (Zwei Abteilungsleiter werden damit konfrontiert, dass ihre Abteilungen zusammengelegt werden, ohne dass es Vorgaben für Arbeitsteilung oder Entscheidungsbefugnisse gibt. Beide sind verunsichert und wollen ihren Status wahren.)

▶ Wenig Gebrauch von Kritik/Feedback (Die Mitarbeiter sind es nicht gewohnt, sich gegenseitig Rückmeldung über ihr Verhalten und ihre Stärken zu geben, so dass sie sich nicht trauen, offen zu sprechen und voneinander zu lernen. Es besteht wenig Vertrauen.)

▶ Mangelnde Akzeptanz (Die Teammitglieder akzeptieren eine Führungskraft nicht, sie „sitzen aus", kooperieren und arbeiten nur mit, wo es unbedingt notwendig ist. Es gibt wenig Eigeninitiative und viele Aktivitäten, die von der eigentlichen Arbeit ablenken, zum Beispiel Gespräche über die Person, nicht mit ihr.)

▶ Kämpfe um Macht und Einfluss (Es gibt Gruppierungen um Einzelinteressen, es wird taktiert.)

▶ Kulturunterschiede (Die eine Seite befremdet das Verhalten oder die Einstellung der anderen Seite, es gibt keinen gemeinsamen Nenner.)

▶ Gruppenmitgliedschaft (Einzelne brauchen den Zusammenhalt ihrer Gruppe, denken nicht im Interesse des gesamten Teams.)

▶ Auseinandersetzung über Zuständigkeiten (Unklarheiten führen zu Doppelarbeit und Irritation und Verärgerung bei den Mitarbeitern.)

▶ Belohnungssysteme (Wer sich unterbezahlt fühlt oder Ungerechtigkeiten im System erlebt, hebt seine persönliche Leistung hervor und vergleicht, stellt die Leistung anderer eventuell sogar als schlechter dar.)

▶ Gesichtsverlust (Kollegen werden bloßgestellt, oder man lässt sie „auflaufen".)

▶ Wettbewerb und knappe Ressourcen (Es gibt Streit über finanzielle Zuwendungen oder ein Team profiliert sich auf Kosten eines anderen.)

Anzeichen für Konflikte

Im Moderationsprozess ist es wichtig schon die ersten Signale zu erkennen, die auf einen Konflikt hindeuten könnten. Dabei kann es sich um einen Konflikt handeln, der gerade entsteht, aber auch um einen Konflikt, der bereits in der Gruppe oder zwischen einzelnen Teilnehmern vorhanden ist. Als Moderator sollten Sie daher achtsam sein, wenn Sie eines oder mehrere der folgenden Signale bei Ihrer Moderationstätigkeit beobachten.

Konfliktsignale

> **OFFENSICHTLICHE SIGNALE FÜR KONFLIKTE**
>
> ► Diskussionsbeiträge werden emotionaler vorgebracht
>
> ► Teilnehmer fallen sich gegenseitig ins Wort
>
> ► Die Körpersprache verändert sich, beispielsweise Abwenden von der Gruppe, roter Kopf, zorniger Gesichtsausdruck ...
>
> ► Persönliche Angriffe
>
> ► Zunehmende Generalisierungen und Verallgemeinerungen in den Aussagen
>
> ► Kein Eingehen auf die Beiträge anderer Teilnehmer
>
> ► Einzelne Teilnehmer oder die Gruppe verweigern sich

Das sind einige Beispiele dafür, woran Sie erkennen können, dass Sie möglicherweise in eine Konfliktsituation gekommen sind. Registrieren Sie solche Signale und überlegen Sie sich dann, wie Sie damit umgehen (siehe Seite 298).

> **MEIST IST ES ABER NICHT SINNVOLL**
>
> schon beim ersten Signal zu reagieren. Warten Sie zunächst ab, ob sich die Anzeichen wiederholen oder häufen und wie ausgeprägt die Anzeichen sind.

Neben diesen offensichtlichen Signalen, dass etwas nicht in Ordnung ist, gibt es aber auch versteckte Signale, auf die Sie als Moderator achten müssen.

VERSTECKTE SIGNALE FÜR KONFLIKTE

► Vorher aktive Gruppenmitglieder beteiligen sich nicht mehr

► Zunehmende Unpünktlichkeit

► Diskussionen drehen sich im Kreis, werden „zäher"

► Die Arbeitsatmosphäre wirkt schwer oder bedrückend

► Begeisterung und Engagement lassen nach

Nehmen Sie als Moderator auch diese Signale ernst und forschen Sie nach, ob ein Konflikt dahinter steckt.

Neben den offenen und versteckten Signalen, die Sie an den Teilnehmern beobachten, können Sie auch Signale bei sich selber wahrnehmen. Richten Sie immer wieder einmal Ihre Aufmerksamkeit auf sich selbst: Fühlen Sie sich zunehmend unbehaglich bei der Arbeit? Haben Sie das Gefühl, dass etwas nicht stimmig ist? Sind Sie irritiert, wissen aber nicht genau warum? Nehmen Sie diese Beobachtungen ernst. Auch solche „Bauchgefühle" können Anlass sein, der Gruppe eine Rückmeldung zu geben, um herauszufinden, ob es dafür Gründe in der Gruppe gibt und eventuell ein Konflikt dahinter steckt. **Signale beim Moderator**

Beziehungs- und Sachebene unterscheiden

Ob es sinnvoller ist, sachlich auf eine Konfliktsituation einzugehen, oder ob man den Emotionen den Vorrang geben will, hängt von der Art des Konflikts und der individuellen Situation ab. Grundsätzlich kann gesagt werden, dass Versachlichung eher emotionsfördernd oder gar konfliktverschärfend wirkt, wenn die Gruppenmitglieder eigentlich eher ihre Frustration loswerden oder Ihre Sorgen benennen wollen. Eine sachliche Herangehensweise ist dann vorzuziehen, wenn es beispielsweise um das Klären von Missverständnissen oder um unterschiedliche Erwartungen, Vorstellungen oder Ideen geht, die lediglich benannt und besprochen werden müssen. **Sach- und Beziehungsebene**

Die Menschen, die in einer Gruppe zusammenarbeiten, sollten mehr voneinander wissen als ihre Namen und Funktionen und was von ihnen erwartet wird, bevor es an die inhaltlichen und fachlichen Themen geht. Unsere Erfahrung ist, dass Menschen nur dann auf der Sachebene gut zusammenarbeiten, wenn die Beziehungsebene stimmt! Man kann nicht einfach in einen Raum treten und gleich mit der Arbeit „lospreschen". Als Moderator ist es daher Ihre Aufgabe, die Menschen „dort abzuholen, wo sie stehen". Wir Menschen haben Gefühle, Unsicherheiten, das Bedürfnis nach Sicherheit und Bestätigung **Nehmen Sie sich Zeit für die Beziehungspflege** und wir können uns Sachthemen zuwenden, wenn wir Vertrauen haben. Das heißt: Sorgen Sie immer dafür, dass Beziehungen hergestellt werden und die Basis für Vertrauen gelegt wird. Menschen, die miteinander lachen und offen miteinander umgehen, sind gewappnet, wenn es einmal schwierig wird: Sie können Probleme oder Befindlichkeiten eher ansprechen und klären.

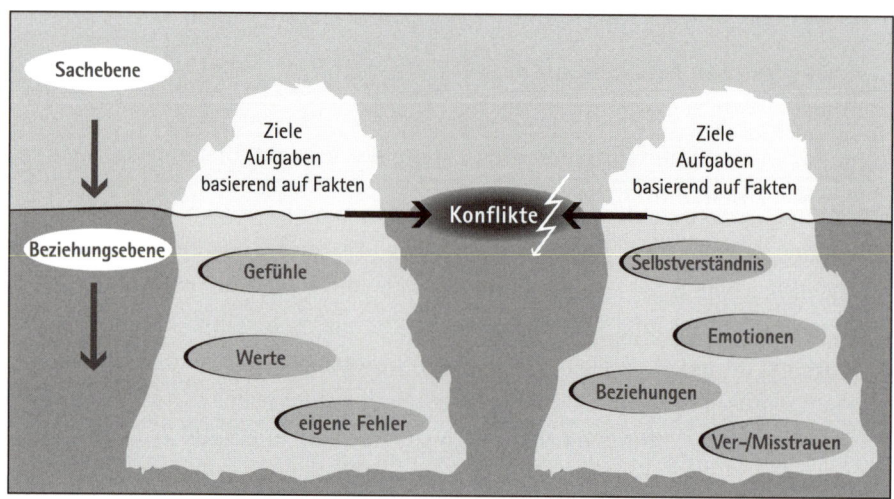

Das Eisberg-Modell

Das Eisberg-Modell verdeutlicht, dass Menschen immer auf zwei Ebenen miteinander kommunizieren:

▶ „über der Wasserlinie", auf der Sachebene und

▶ „unter der Wasserlinie", auf der Gefühls- oder Beziehungsebene.

Vergleicht man die Proportionen auf diesem Schaubild, stellt man fest, dass nur ungefähr ein Siebtel sichtbar ist, während ungefähr sechs Siebtel unsichtbar sind. Der Beziehungsanteil ist also wesentlich größer.

Unterschiede auf der Sachebene basieren auf Fakten – diese kann man beschreiben. Sie allein machen aber noch keinen Konflikt aus. Wird jedoch mit den Unterschieden nicht respektvoll umgegangen, dann entstehen oft heftige Emotionen, die einen Konflikt kennzeichnen. Die Unterschiede sind jedoch oft schwer zu fassen, da sie Wertvorstellungen und Emotionen der Menschen berühren, die häufig unbewusst, unausgesprochen und/oder diffus sind. Wenn dies der Fall ist, kann man das eher erspüren, an Signalen festmachen. Das macht die Gestaltung von Beziehungen und das Bearbeiten von Konflikten so komplex. Und dann kommt noch hinzu, dass die meisten Menschen sich scheuen, derartige Themen anzugehen. Sie haben nicht gelernt, mit Konflikten umzugehen, und vermeiden sie deshalb am liebsten – und machen sie in der Regel damit nur noch schlimmer!

Wer Konflikte vermeidet, verstärkt sie oft

SCHAUEN SIE UNTER „DIE WASSERLINIE"

Ermutigen Sie deshalb als Moderator in einem Konfliktfall Ihre Teilnehmer dazu, sich die Themen unter der „Wasserlinie" anzuschauen. In einem Konfliktfall ist es richtig, die Sachebene zu verlassen und sich mit der Beziehungsebene und den damit verbundenen Emotionen zu beschäftigen. So erreichen Sie schneller wieder, dass ein Arbeiten auf der Sachebene möglich ist, als wenn Sie versuchen, an der Sachebene festzuhalten.

Dynamik in der Konflikteskalation erkennen

Konflikteskalation

Die Eskalation eines Konflikts ist für Außenstehende – und im Nachhinein auch für die Beteiligten – oftmals nicht nachvollziehbar. Die Beteiligten erkennen sich in ihren Handlungen kaum wieder und erklären sich wechselseitig als Ursache für die eigenen Entgleisungen und Machenschaften.

Friedrich Glasl stellt in seinem Eskalationsmodell die dynamische Entwicklung in einem Konflikt anhand von neun Stufen dar. Auseinandersetzungen eskalieren stufenweise, wenn nicht entsprechende Maßnahmen oder Interventionen erfolgen.

Stufe ❶ Verhärtung	Stufe ❹ Sorge ums Image – Koalitation	Stufe ❼ Erste Vernichtungsschläge
Stufe ❷ Debatte, Polemik	Stufe ❺ Gesichtsverlust	Stufe ❽ Zersplitterung
Stufe ❸ Taten statt Worte	Stufe ❻ Drohstrategie	Stufe ❾ Gemeinsam am Abgrund
Interaktionsphase	Gewinner-Gewinner	Gewinner-Verlierer	Verletzen/vernichten des Gegners
Konfliktklärung	Konfliktparteien klären selber	Unparteiischer Dritter führt Konfliktklärung herbei	Konfliktbeilegung häufig nur noch durch Gewalt von außen erreichbar

Wie ein Konflikt eskalieren kann (nach Glasl, Konfliktmanagement 1999)

292 | Besondere Herausforderungen: Krisen und Konflikte

Dieses Modell ist hilfreich bei der Einschätzung und der Entscheidung, welche Form der Konfliktklärung auf welcher Stufe am sinnvollsten ist. Befindet man sich in einem eskalierenden Konflikt, kann dieses Modell nützlich sein, um zu erkennen, wieweit man bereits in einer Eskalationsspirale vorangeschritten ist. Nachfolgend erklären wir Ihnen, wodurch die Eskalationsstufen gekennzeichnet sind.

Verhärtung

Eskalationsstufe 1: Verhärtung

Auf dieser Stufe ist der Konflikt relativ still. Positionen prallen aufeinander, doch es gibt keine festen Lager oder Parteien. Die Verständigung jedoch braucht viel Zeit. Alle sind zur Kooperation bereit und gehen davon aus, dass sich Differenzen durch Gespräche beilegen lassen.

Debatte, Polemik

Eskalationsstufe 2: Debatte, Polemik

Auf dieser Stufe sind die Beteiligten spürbar angespannt, die Atmosphäre ist unterkühlt. Mal sind die Beteiligten kooperativ, mal konkurrieren sie – das verwirrt zunehmend. Es bilden sich vorübergehend Untergruppen um Meinungen. Vor Dritten wird über „die anderen" gelästert, man schafft also Öffentlichkeit und taktiert. In Scheindebatten wird darum gekämpft, wer überlegen ist.

Taten statt Worte

Eskalationsstufe 3: Taten statt Worte

Auf dieser Stufe gibt es offene Konfrontationen zwischen den Streitenden, es herrscht Misstrauen. Die Parteien wollen ihre Positionen mit Entschlossenheit durchsetzen. Da Worte nicht mehr helfen, müssen Taten beweisen, was wichtig ist. Aussagen und Verhalten der Parteien weichen voneinander ab und werden nonverbal mit Gesten und Haltungen untermauert.

Sorge ums Image und Koalitionen

Eskalationsstufe 4: Sorge ums Image und Koalitionen

Auf dieser Stufe werden Konflikte rücksichtsloser ausgetragen. Gerüchte werden verbreitet, um das eigene Image positiv aufzupolieren, Bündnispartner werden gesucht. Die Tendenz geht mehr zu Konkurrenz statt Kooperation, Provokationen und Sticheleien sind an der Tagesordnung.

Gesichtsverlust

Eskalationsstufe 5: Gesichtsverlust

Auf dieser Stufe herrscht die Bedrohung der eigenen Identität vor: Man attackiert den Gegner und hat gleichzeitig Angst vor Gesichtsverlust. Die Atmosphäre ist gefährlich. Missetäter werden entlarvt und ausgestoßen. Das eigene Verhalten wird gerechtfertigt: „Wir konnten nicht mehr zurück."

Eskalationsstufe 6: Drohstrategien

Auf dieser Stufe haben die Beteiligten kaum noch Hemmungen, sich gegenseitig zu drohen und voneinander zu fordern. Man setzt sich gegenseitig Ultimaten, die in einer Spirale von Drohungen und Gegendrohungen münden. Die Ereignisse überstürzen sich.

Drohstrategien

Eskalationsstufe 7: Begrenzte Vernichtungsschläge

Auf dieser Stufe wollen die Parteien einander schaden, auch um den Preis des eigenen Vorteils. Im Grunde wissen die Beteiligten, dass es nichts mehr zu gewinnen gibt, entscheidend ist jedoch, den anderen übervorteilt zu haben. Werte spielen keine Rolle mehr. Jeder Schaden des Gegners wird als eigener Gewinn gedeutet wird.

Begrenzte Vernichtungsschläge

Eskalationsstufe 8: Zersplitterung

Auf dieser Stufe tun die Parteien alles, um sich gegenseitig zu attackieren und zu zerstören.

Zersplittung

Eskalationsstufe 9: Gemeinsam in den Abgrund

Auf dieser Stufe scheint ein Schritt zurück nicht mehr möglich. Der einzige Gewinn besteht darin, den Feind mit in den Abgrund zu reißen.

Gemeinsam in den Abgrund

Die Stufen 1 bis 3 sowie 7 bis 9 werden auch als „heiß" bezeichnet, das heißt, es gibt viel Aktivität, es „brodelt", der Konflikt ist förmlich „spürbar". Die Stufen 4 bis 6 werden hingegen als „kalt" bezeichnet, weil sich die Parteien hier strategisch schaden wollen (es kommt zu Mobbing, Inszenierungen, Gemeinheiten wie beispielsweise das Verschwindenlassen von Dingen oder Informationsmaterial).

Konfliktintervention und Grenzen der Moderation

Moderation (Stufe 1 bis 3)

Je nach Eskalationsstufe sind unterschiedliche Verfahren zur Bearbeitung des Konfliktes angemessen. Wie Sie aus dem Schaubild „Wie ein Konflikt eskalieren kann" (siehe Seite 291) ersehen, ist Moderation als Methode dann ein sinnvolles Vorgehen, wenn sich die Parteien auf den Stufen 1 bis 3 des Konflikts befinden. Auf diesen Stufen ist Selbsthilfe noch möglich und der Moderator kann darauf vertrauen, dass „die Parteien die Konflikte nach einigen Interventionen selbst bewältigen können. Er versucht, die an Ort und Stelle auftretenden Probleme der Interaktion sowie inhaltliche und prozessuale Differenzen mit sofortigen „Selbstheilungseingriffen" zu korrigieren." (Glasl, 1999)

Stufe 1-3: Selbsthilfe ist noch möglich

> ### GEBEN SIE HILFE ZUR SELBSTHILFE
>
> AlsModerator geben Sie den Konfliktbeteiligten Hilfe zur Selbsthilfe. Sie unterstützen die Beteiligten,ein Gespräch miteinander über den Konflikt zu führen. Mithilfe von Moderationstools helfen Sie den Parteien, ihre unterschiedlichen Standpunkte zu konkretisieren und transparent zu machen. Visualierungstechniken dienen dazu, Konfliktursachen sichtbar zu machen. Allein durch das Aufschreiben oder Skizzieren der Konfliktpunkte können Sie oft entscheidend dazu beitragen, dass Konflikte entschärft werden. Die Wirkung von Visualisierung ist erstaunlich. Die Konfliktbeteiligten entspannen sich schon dadurch, dass ihr Standpunkt wahrgenommen wurde. Durch Nachfragen nach emotionalen Befindlichkeiten und durch das Spiegeln von Beiträgen der Konfliktparteien können Sie in der Moderation Gesprächsbereitschaft und Verständnis füreinander fördern.

Für die Moderation von Konflikten, die nicht eskaliert sind‚können Sie alle Tools einsetzen, die wir in diesem Buch vorstellen. Diese Tools dienen so direkt als Konfliktintervention.

Prozessberatung und Mediation (Stufe 4 bis 6)

Stufe 4-6: Mediation oder Prozessberatung ist notwendig

Ist der Konflikt weiter fortgeschritten (Stufe 4 bis 6), genügt eine Moderation nicht mehr, um den Konflikt erfolgreich zu lösen. Hier ist eine ausführliche Prozessberatung und -begleitung oder ein Mediationsverfahren nötig um den Konflikt handhabbar zu machen. Eine Prozessberatung oder eine Mediation sind gesonderte Vorgehensweisen, die nicht im Rahmen einer Moderation stattfinden, sondern die separat mit den Konfliktbeteiligten durchgeführt werden. Beide Verfahren erfordern die Bereitschaft der Konfliktparteien. Um als Prozessberater oder Mediator arbeiten zu können, ist eine spezielle Ausbildung erforderlich. Wir möchten deshalb an dieser Stelle nicht näher auf diese beiden Vorgehensweisen eingehen, sondern nur die Begriffe erläutern.

Prozessberatung bei einem Konflikt geht tiefer auf die Menschen ein als Moderation und Supervision. Sie versucht, eingefahrene Verhaltens- und Einstellungsmuster bewusst zu machen und aufzulösen, und das erfordert Zeit. Dabei verwendet sie auch therapeutische Interventionen, um mehr Verständnis für das eigene Verhalten und das des Konfliktgegners zu erreichen.

Mediation ist ein Vermittlungsverfahren, bei dem Parteien mithilfe eines neutralen Dritten Entscheidungen treffen auf der Basis ihrer Interessen. Der Mediator unterstützt die Konfliktparteien dabei, ihre Interessen herauszufinden, die Interessen des Konfliktgegners zu akzeptieren und dann gemeinsam Lösungsoptionen zu erarbeiten und auszuwählen. Der Mediator achtet dabei auf fairen Umgang miteinander. Bei einer Mediation geht es in erster Linie um das Erarbeiten einer inhaltlichen Lösung auf der Sachebene, mit der die Konfliktbeteiligten leben können. Es geht nicht wie bei der Prozessberatung darum, tiefer liegende, negativ wirkende Muster auf der Beziehungsebene zu erkennen und aufzulösen. Verhandlungstechniken, die zu Win-Win-Situationen führen, sind hilfreiche Tools in der Mediation.

Schiedsverfahren (Stufe 7 bis 9)

Ist der Konflikt noch weiter eskaliert (Stufe 7 bis 9), so bleibt oft nichts anderes übrig, als den Konflikt mittels eines Schiedsverfahrens zu bearbeiten. Ein neutraler „Schiedsrichter" beurteilt Konflikthistorie und Konfliktpunkte und fällt ein Urteil, das dann mit Macht durchgesetzt wird. In extremen Konfliktsituationen ist es notwendig, Macht einzusetzen, um Schaden zu begrenzen.

Stufe 7-9: Hier hilft nur noch ein Schiedsrichter

Konfliktfähigkeit erleichtert die Konfliktbearbeitung

Konflikte bedürfen einer professionellen Bearbeitung. Sie sind, im weitesten Sinne, „das täglich Brot" des Moderators. Wer als Moderator konfliktscheu oder harmoniebedürftig ist, wird in schwierigen Situationen der Sache, den Menschen und dem Prozess nicht gerecht. Deshalb empfehlen wir Ihnen, sich intensiv mit diesem vielschichtigen Thema auseinander zu setzen und zu überprüfen, wie konfliktfähig Sie persönlich sind. Konfliktfähigkeit ist eine wesentliche Eigenschaft für jeden Moderator, denn wo immer Menschen zusammenarbeiten, tauchen Auseinandersetzungen früher oder später auf.

Konfliktfähigkeit

ALS MODERATOR KONFLIKTFÄHIG ZU SEIN BEDEUTET,

▶ dass Sie Konfliktsignale in Ihnen selbst und bei Ihren Teilnehmern möglichst früh wahrnehmen;

▶ dass Sie verstehen, aufgrund welcher Mechanismen Konflikte eskalieren;

▶ dass Sie Methoden anwenden können, mit denen Sie Ihren Standpunk zum Ausdruck bringen, ohne die Situation wesentlich zu verschlimmern;

▶ dass Sie Wege kennen und Mittel einsetzen können, um Standpunkte und Situationen zu klären;

▶ dass Sie gut erkennen, wo die Grenzen Ihres Wissens und Könnens liegen und wo Sie sich deshalb um Hilfe von außen bemühen sollten.

(Nach: Glasl, Selbsthilfe in Konflikten, 1998)

Wie Menschen sich in Konfliktsituationen verhalten

Konfliktverhalten will gelernt sein. Im Grunde bereiten uns weniger die Konflikte als solche Probleme, als vielmehr die Tatsache, dass wir es nicht gelernt haben, mit ihnen konstruktiv umzugehen. Wenn unterschiedliche Interessen aufeinander stoßen, können sich längere Prozesse entwickeln, in denen Menschen verunsichert sind, weil Interessen unvereinbar scheinen. In diesen Prozessen wägen sie Lösungen ab und machen es sich nicht leicht, bis sie sich für eine entscheiden. Die Herausforderung in solchen Phasen besteht darin, alle Seiten möglichst gründlich zu beleuchten, zu versuchen, alle beteiligten Seiten zu verstehen, und dabei handlungsfähig zu bleiben.

Konflikte scheinbar lösen

Aufgrund mangelnder Erfahrung oder fehlenden Wissens fällt es manchen Menschen schwer, sich Konflikten zu stellen und konstruktive Lösungen zu finden, die allen Beteiligten möglichst dienlich sind. Auf der Lösungssuche beschreiten sie Wege, mit denen sie nur scheinbar den Konflikt lösen, beispielsweise indem sie

► sich rechtfertigen oder verteidigen: Sie kämpfen gegen ihr Gegenüber, wollen ihre eigenen Ziele durchsetzen. Der Gegner bleibt eventuell als Verlierer zurück.

► nachgeben oder sich anpassen: Um der Harmonie willen zeigen sie Entgegenkommen, geben ihre eigene Position auf. Sie bleiben eventuell selber als Verlierer zurück.

► sich dem Thema und Konflikt entziehen, ihn verharmlosen und herunterspielen oder sich gar schweigend zurückziehen: Da hier eine Auseinandersetzung mit dem Gegenüber nicht stattfindet, gibt es gar keine Lösung und beide Seiten sind unzufrieden.

Dies sind Beispiele für Verhaltensweisen, die die Hilflosigkeit der Betroffenen verdeutlichen. Sie kosten viel Kraft, da sie ein Problem vermeiden, aber nicht aus der Welt schaffen. Darüber hinaus bergen sie den Nachteil, dass Konflikte wiederkehren.

Konflikte zufriedenstellend lösen

Sind Menschen hingegen in der Lage, solche Unsicherheiten auszuhalten, gegensätzliche Positionen zu beleuchten und sich auseinander zu setzen, ist die Voraussetzung für eine konstruktive Konfliktlösung eher gegeben. Die Beteiligten können in einem gleichberechtigten Dialog über ihre Interessen treten, ohne sich hilflos zu fühlen. Werden Konflikte nicht vermieden, sondern angenommen, setzt das Energien frei und erweitert die Handlungsspiel-

Konflikte vermeiden ist Ausdruck von Hilflosigkeit

Konflikte annehmen erweitert Handlungsspielraum

räume. Im Idealfall finden die Beteiligten eine Lösung, aus der beide Seiten als Gewinner hervorgehen.

Die Rolle und die Aufgaben des Moderators in Konfliktsituationen

In Konfliktsituationen haben Sie die gleiche Rolle und die gleichen Aufgaben wie bei einer „normalen" Moderation. Sie gestalten den Prozess der Kommunikation miteinander, nur dass es jetzt weniger um sachliche Themen, sondern vermehrt um Emotionen und Befindlichkeiten geht. Neben dem Einsetzen der Moderationstools ist es gerade in Konfliktsituationen wichtig, dass Sie Ihre Neutralität gegenüber den Beteiligten und den unterschiedlichen Sichtweisen und Standpunkten bewahren. Eine wertschätzende Haltung auch gegenüber emotional aufgebrachten Konfliktparteien ermöglicht den betroffenen Personen, Vertrauen zu Ihnen aufzubauen und sich zu öffnen. Ihre Gelassenheit trägt dazu bei, die Atmosphäre zu beruhigen und die Zuversicht, dass eine Klärung möglich ist, zu steigern.

Wertschätzung und Gelassenheit fördern das Vertrauen

> **GREIFEN SIE NICHT UNBEDINGT SOFORT EIN**
>
> wenn Sie erste Konfliktsignale wahrnehmen, sondern lassen Sie einen Konflikt ruhig zu, wenn Sie den Eindruck haben, dass er für das Fortkommen der Gruppe hilfreich ist. Nehmen Sie dabei die Beobachterrolle ein und merken Sie sich möglichst viele Details, um sie anschließend der Gruppe oder den Parteien mitzuteilen. Fassen Sie mit eigenen Worten zusammen, was Sie beobachtet haben. Greifen Sie jedoch sofort ein, wenn die Parteien sich gegenseitig verletzen, wenn es „unter die Gürtellinie geht", wenn Spielregeln nicht eingehalten werden. Machen Sie deutlich, warum Sie eingreifen: Sie wollen dafür sorgen, dass die Würde der Gruppenmitglieder gewahrt wird. Sie setzen Grenzen, weil eine Fortsetzung dem Prozess oder der Gruppe nicht dienlich ist. Stellen Sie sich eventuell als Vermittler zur Verfügung, indem Sie „übersetzen", was der andere gesagt hat.

Eingreifen oder nicht?

Achten Sie im Vorfeld einer Moderation darauf, ob mögliche Konflikte in der Gruppe bestehen. Ist dies der Fall, recherchieren Sie die Hintergründe dafür und klären Sie die Rollen von Moderator und Auftraggeber.

> **FAZIT**
>
> Konfliktmoderation und -lösung sind ein komplexes Thema. Konstruktive Konfliktbehandlung braucht differenzierte Diagnostik, Erfahrung und Fachwissen. Je nach Eskalationsgrad im Konflikt greifen unterschiedliche Moderationstools.

Konflikte — und was Sie tun können

Für die Behandlung von Konflikten brauchen Sie viel Fingerspitzengefühl. Häufig sind Konflikte sozusagen körperlich spürbar, bevor sie offen ausbrechen. Sie als Moderator nehmen bestimmte Signale oder atmosphärische Störungen wahr und sind irritiert. Wenn Menschen Meinungsverschiedenheiten oder Konflikte haben, liegt die Ursache immer auch darin, dass sie (eventuell unbewusst) befürchten, etwas zu verlieren, was ihnen wichtig ist. Sie fühlen sich in ihren Wünschen, in ihren Idealen bedroht, es geht also um Gefühle und Werte, es herrscht „dicke Luft". Die Wogen der Gefühle schlagen dann schnell hoch, sie verselbständigen sich und bekommen eine eigene Dynamik.

Den Konflikt ansprechen

Vielen Konflikten, die man in Sitzungen und Besprechungen beobachten kann, kann man vorbeugen (siehe nächster Abschnitt). Entstehen dennoch Konflikte, müssen Sie die Konflikte ansprechen und bearbeiten. Bearbeiten heißt jedoch nicht in jedem Fall, dass die Beteiligten den Konflikt direkt klären. Bearbeiten kann auch bedeuten, dass Sie mit den Beteiligten vereinbaren, wie mit dem Konflikt umgegangen wird. Nicht jeder Konflikt kann oder muss mit der ganzen Gruppe sofort gelöst werden.

BEISPIELE

Während einer Moderation stellen Sie fest, dass es zwischen zwei Teilnehmern Spannungen gibt. Sie sprechen das Thema an und es stellt sich heraus, dass die beiden noch Differenzen aus der letzten Zusammenarbeit in einem anderen Projekt haben. Vereinbaren Sie mit den beiden Beteiligten die nächsten Schritte. Fragen Sie nach, was die Beteiligten brauchen, um mitarbeiten zu können. Bedenken Sie dabei auch, wie Sie mit der übrigen Gruppe umgehen. Vielleicht reicht ein Pausengespräch der Konfliktbeteiligten, das Sie moderieren. Vielleicht ist es für die Personen möglich, ihren Konflikt zurückzustellen für die aktuelle Sitzung und im Anschluss eine Klärung durchzuführen. Vielleicht ist eine sofortige, erste Klärung notwendig, auch im Beisein der Gruppe, um eine gemeinsame Erfahrung im Umgang mit Konflikten zu ermöglichen und eine gute gemeinsame Weiterarbeit zu gewährleisten.

Vorbeugen statt intervenieren

Die ressourcenschonendste Art der Konfliktbehandlung ist die Vorbeugung. Dabei soll es nicht darum gehen, Konflikte „unter den Teppich" zu kehren, doch sind nach unserer Erfahrung viele Konflikte einfach unnötig, wenn man mit den wesentlichen Moderationsprinzipien arbeitet.

> **KONFLIKTE KOSTEN ZEIT**
>
> Konflikte können Sie weder vorhersehen noch vermeiden. Dennoch sollten Sie sich darüber im Klaren sein, dass das Bearbeiten von Konflikten zunächst Zeit kostet. Nicht in jedem Fall steht dann der Nutzen in einer vernünftigen Relation zum Aufwand.

Beim Vorbeugen geht es nicht darum, einen Konflikt um jeden Preis zu verhindern. Vielmehr sollen Konflikte, die beispielsweise durch mangelnde Einbindung der Teilnehmer, durch unklare Ziele oder mangelnde Absprachen entstehen können, verhindert werden.Im Folgenden geben wir Ihnen konkrete Tipps, wie Sie als Moderator Konflikten vorbeugen können.

Vielen Konflikten können Sie vorbeugen

„Spielregeln" mit der Gruppe vereinbaren

Spielregeln

Erklären Sie in der Einleitung einer Moderation den Sinn und Zweck von Spielregeln und lassen Sie die Gruppe solche erarbeiten. Wenn Sie Spielregeln für den Umgang miteinander und für die Zusammenarbeit mit der Gruppe verabschieden, können Sie später im Verlauf des Prozesses in kritischen Situationen auf diese verweisen, deren Einhaltung sogar „einfordern". Der Vorteil des Erarbeitens und Verabschiedens von Spielregeln besteht darin, dass sie nicht von Ihnen als Moderator vorgegeben werden und Sie deshalb immer auf etwas gemeinsam mit der Gruppe Vereinbartes verweisen können. Das nimmt häufig den „Wind aus den Segeln", Sie bieten dann keine Angriffsfläche. Zum Erarbeiten von Spielregeln genügt eine schriftliche Abfrage auf dem Flipchart.

Gemeinsam erarbeitete Spielregeln sind die Basis für mögliche Konfliktlösungen

VORGEHENSWEISE ZUM VEREINBAREN VON SPIELREGELN

▶ Visualisieren Sie Ihre Frage, beispielsweise: „Wie wollen wir hier zusammenarbeiten?" Oder: „Was ist Ihnen wichtig für den Umgang miteinander?"

▶ Erklären Sie, wozu Spielregeln sinnvoll sind.

▶ Schreiben Sie die Antworten mit. Lassen Sie dabei Platz zwischen den Vorschlägen.

▶ Achten Sie anschließend darauf, ob die Vorschläge von allen verstanden sind und konkret genug sind.

▶ Ergänzen Sie bei Bedarf Erläuterungen zu den Regeln.

▶ Fügen Sie auch Ihre Wünsche für die Zusammenarbeit an.

▶ Holen Sie sich die Zustimmung der gesamten Gruppe ein für die Spielregeln.

▶ Nachdem Sie die Spielregeln vereinbart haben, hängen Sie das Chart für alle sichtbar im Raum auf. So können Sie, aber auch die Teilnehmer jederzeit Bezug darauf nehmen.
Wichtig: Spielregeln sind nicht in Stein gemeißelt, sondern können im Verlauf der Moderation ergänzt, verfeinert oder abgeändert werden!

Haben Sie für eine Moderation wenig Zeit zur Verfügung, so können Sie auch mit Vorschlägen für Spielregeln in die Moderation gehen und diese von den Teilnehmern überprüfen lassen und dann vereinbaren. Allerdings ist das gemeinsame Erarbeiten das optimale Vorgehen, weil die Teilnehmer sich dann stärker mit den Regeln identifizieren.

Widerstand gegen Spielregeln

Teilnehmern, die bisher wenig Erfahrungen mit Moderation haben, ist das Vereinbaren von Spielregeln oft fremd. Kommentare wie „Ist doch selbstverständlich, dass wir fair miteinander umgehen" sind dann üblich. Bleiben Sie auch in solchen Fällen hartnäckig! Erklären Sie, wozu die Regeln Ihnen als Moderator und der Gruppe dienen, und weisen Sie darauf hin, dass etwas, das für den einen selbstverständlich ist, nicht automatisch auch für andere selbstverständlich sein muss. Spielregeln können sich sowohl auf die Arbeitsweise beziehen als auch auf den Umgang miteinander. Beides sind wichtige Aspekte, die Ihnen helfen, Konflikten vorzubeugen.

> **STÖRUNGEN HABEN VORRANG**
>
> Die einfachste und zugleich wichtigste Regel für die Zusammenarbeit in einer Gruppe ist: Die Beseitigung von Störungen hat Vorrang.

Sobald etwas stört, beispielsweise

▶ ein Verhalten (wenn beispielsweise Nebengespräche geführt werden),

▶ dass jemand das geplante Vorgehen nicht mittragen kann,

▶ dass jemand nicht verstanden hat, worum es geht,

▶ dass jemand verärgert ist,

▶ Schweigen, Blockieren, mangelnde Kooperation,

▶ mangelnde bis keine Beteiligung einzelner Teilnehmer,

das heißt, sobald irgendeine Irritation Ihrerseits oder in der Gruppe auftritt, müssen Sie oder ein Gruppenmitglied den inhaltlichen Prozess unterbrechen und die Störung ansprechen und eventuell behandeln.

In der folgenden Übersicht stellen wir Ihnen weitere bewährte Spielregeln vor, aus denen Sie, dem Anlass und der Gruppe entsprechend, auswählen können.

BEISPIELE

Spielregeln für den Umgang miteinander

► Jede Person entscheidet für sich, was sie hier einbringt.

► Alles, was wir hier besprechen, bleibt unter uns (am Ende der Maßnahme kann entschieden werden, welche Informationen an wen gegeben werden).

► Wir sprechen miteinander, nicht übereinander.

► Wir fassen uns kurz.

► Wir hören einander zu, wir lassen uns ausreden.

► Wir lassen alle zu Wort kommen.

► Alle sind dafür verantwortlich, dass wir beim Thema bleiben.

► Die Beseitigung von Störungen hat Vorrang.

► Wir lassen die Schuldfrage draußen (weil sie zu Rechtfertigungen führt, nicht zu Lösungen).

Spielregeln zur Arbeitsweise

► Wir halten verabredete Zeiten ein.

► Wir entscheiden im Konsens.

► Wir entscheiden mit einer Zweidrittelmehrheit.

► Bei Uneinigkeit stimmen wir ab.

► Der Vorgesetzte hat bei jeder Entscheidung ein Vetorecht.

► Die Protokollführung geht reihum von Sitzung zu Sitzung.

► Wir legen am Anfang jeder Sitzung fest, wer auf die Zeit achtet.

► Wir machen eine kurze Zwischenrückblende nach jedem Tagesordnungspunkt.

► Handys sind ausgeschaltet.

► Wir rauchen nur in den Pausen (und sorgen dafür, dass es genügend Pausen gibt).

► Wir lassen die Moderation untereinander rotieren.

► Wer moderiert, sammelt vorab Tagesordnungspunkte und stellt die Agenda zu Beginn vor.

Vorgehensweisen vereinbaren

Auch das Vereinbaren von Vorgehensweisen dient der Konfliktvorbeugung. Wenn klar ist, wie Sie gemeinsam vorgehen, wissen alle, woran sie sind, und können sich orientieren. Das gibt dem Einzelnen und der Gruppe Sicherheit und Richtung.

Vereinbaren Sie die Vorgehensweise

Interventionen während des Prozesses

Patentrezepte für die Bearbeitung von Konflikten gibt es nicht. Im Folgenden möchten wir Ihnen einige Möglichkeiten der Intervention während des Prozesses bei einem Konflikt vorstellen. Für alle Interventionen gilt, dass Sie sich erst dann wieder gemeinsam dem Inhalt zuwenden, wenn eine für alle zufrieden stellende Lösung gefunden oder eine Verabredung getroffen wurde, die es allen ermöglicht, sich wieder auf den Inhalt einzulassen. Grundsätzlich raten wir Ihnen, Konflikte nicht „auszusitzen", nicht abzuwarten, sondern einzugreifen. Das heißt nicht, dass Sie immer auch eine Konfliktlösung herbeiführen müssen oder können, aber es ist sinnvoll, mit den Beteiligten zu besprechen, wie der Konflikt eventuell an anderer Stelle weiter bearbeitet wird.

Es ist angemessen, eine Weile zu beobachten und sich ein Bild zu machen, bevor Sie unterbrechen und intervenieren. Fragen Sie sich innerlich:

► Was beobachte ich gerade?

► Was strengt mich jetzt gerade an?

► Ist es die Gruppe, bin ich es selbst?

► Wie gebe ich der Gruppe Rückmeldung?

Wenn Sie dann intervenieren, gilt auch hier die Empfehlung, grundsätzlich „mehr zu fragen als zu sagen", das heißt, steuern Sie auch hier den Prozess möglichst über Fragen, anstatt festzustellen, anzuordnen, vorzuschreiben. Natürlich haben Sie in Konfliktfällen das Recht, Ihre persönliche Betroffenheit zum Ausdruck zu bringen, vor allem wenn Sie den Verdacht haben, dass Konflikte oder Widerstände Sie daran hindern, Ihrem Auftrag der Gruppe gegenüber gerecht zu werden.

Steuern Sie durch Fragen

Feedback geben

Feedback

Eine erste Intervention beim Wahrnehmen eines Konflikts ist Feedback an die Teilnehmer. Melden Sie zurück, was Sie beobachten und was das bei Ihnen auslöst an Gefühlen und an Vermutungen. In diesem Zusammenhang kann auch eine persönliche Rückmeldung über individuelle Stärken und Fähigkeiten, aber auch über schwieriges Verhalten sinnvoll sein. Mehr zum Thema Feedback finden Sie im Kapitel „Rückblenden zum Intervenieren und Auswerten" (siehe Seite 63).

Blitzlichter   *„Blitzlichter" durchführen*

Anschließend können Sie ein „Blitzlicht" durchführen, indem Sie jeden Teilnehmer um Stellung bitten, ohne dass es zunächst in eine Diskussion geht. Überlegen Sie sich danach, welche Schritte für ein weiteres Vorgehen sinnvoll sind. Dazu können Sie sich Vorschläge von der Gruppe einholen, aber auch um eigene Bedenkzeit bitten, um in Ruhe zu überlegen, welches Vorgehen angemessen ist. „Blitzlichter" sind auch im weiteren Verlauf einer Konfliktbearbeitung ein hilfreiches Tool, um immer wieder das Stimmungsbild in der Gruppe einzufangen. Wie Sie ein „Blitzlicht" durchführen, erfahren Sie im Kapitel „Arbeitssituationen wechseln". (siehe Seite 148–150)

Pause   *Pausen*

Sie können eine Sitzung jederzeit durch eine Pause unterbrechen. Unterbrechungen haben meist eine erstaunliche Wirkung, da sich die Parteien beruhigen, besinnen, Abstand bekommen, in kleinen Gruppen noch mal reflektieren und mit neuen Gedanken in die große Gruppe zurückkehren.

> ### EINE PAUSE KANN GENUTZT WERDEN, UM
>
> ▶ eine Verfestigung oder gar Eskalation zu vermeiden,
> ▶ das Geschehene zu reflektieren,
> ▶ Stakeholder oder Entscheidungsträger um ihre Einschätzung zu bitten, sich bei ihnen rückzuversichern oder sie zu informieren,
> ▶ mit Einzelnen Gespräche unter vier Augen zu führen,
> ▶ neue Informationen einzuholen,
> ▶ das weitere Vorgehen zu planen.

Weitere Hinweise zum Thema Pausen finden Sie auch im Kapitel „Pausen – nicht nur zum Erholen" (siehe Seite 162).

Vertagen, abbrechen oder delegieren

Vertagen...

Reicht eine Pause nicht, weil zum Beispiel Informationen nicht schnell genug eingeholt werden können, die Parteien zu emotional sind oder Sie aus anderen Gründen keinen Sinn in der unmittelbaren Fortsetzung der Arbeit sehen, vertagen Sie die Sitzung.

Es ist durchaus legitim, eine Sitzung abzubrechen, wenn Ihre Würde oder Autorität nicht gewahrt wird, die Gruppenmitglieder sich untereinander angreifen und Sie den Prozess nicht mehr beeinflussen können oder wenn sich herausstellt, dass wichtige neue Informationen eingeholt werden müssen. Tun Sie dies mit einer entsprechenden Klarheit, hat das oft zumindest eine langfristige Wirkung, da Sie der Gruppe den Spiegel vorhalten. Wichtig dabei ist wie immer Ihre Haltung. Der Abbruch darf keine Strafaktion oder ein Aufgeben sein, sondern muss als konsequentes Verhalten aufgrund der aktuellen Situation verstanden werden. Sind Sie mit der Situation überfordert, holen Sie sich Hilfe oder delegieren Sie den Moderationsauftrag an einen Kollegen oder externen Moderator.

Zwischenrückblenden

Zwischenrückblende

Wiederholen sich „Schleifen" oder ist die Situation verfahren, machen Sie eine Zwischenrückblende mit der Gruppe. Sie können hierbei nicht nur auf der inhaltlichen, sondern auch auf der Prozessebene überprüfen, wo sich die Gruppe gerade befindet, und was sie braucht. Gemeinsam mit der Gruppe beleuchten sie

► welche Ihrer Maßnahmen, Techniken, Verhaltensweisen oder Interventionen den Prozess eher gefördert, und welche ihn eher behindert haben. Ermuntern Sie die Gruppe in diesem Fall, Ihnen ausdrücklich Rückmeldungen auch in Bezug auf die Moderation zu geben;

► welche Verhaltensweisen der Gruppenmitglieder jeweils hilfreich oder weniger hilfreich für den Prozess waren;

► oder beides.

(Mehr zum Thema Zwischenrückblende finden Sie auf Seite 64–65).

FAZIT

Konflikten beugen Sie vor, indem Sie Spielregeln vereinbaren und eine Atmosphäre schaffen, in der die Teilnehmer sich trauen, offen anzusprechen, was sie beschäftigt oder belastet. Gehen Sie dazu mit gutem Beispiel voran, indem Sie Ihre eigenen Unsicherheiten oder Irritationen benennen, Vermutungen über mögliche Konflikte frühzeitig ansprechen und indem Sie alle Beiträge von Teilnehmern ernst nehmen und behandeln. Entscheidend für die Zusammenarbeit ist, dass Sie keine Beiträge „unter den Tisch fallen lassen", und seien sie aus Ihrer Sicht noch so banal. Pausen und Unterbrechungen sind für Sie und die Gruppe häufig hilfreich, Sie schaffen damit Abstand und „emotionale Beruhigung". Gehen Sie beim Klären von Konflikten in Schleifen vor, wenn nötig. Sie müssen sich nicht allein für die Situation verantwortlich fühlen – vertrauen Sie darauf, dass die Gruppe mit der Zeit lernt, Konflikte zu klären. Mit mehr Übung wird es selbstverständlich und mögliche Konflikte verlieren ihre Bedrohlichkeit.

Widerstand oder wenn die Gruppe nicht will

Wenn Sie auf Widerstand und Nicht-Akzeptanz stoßen, bedeutet dies nicht, dass
Sie als Moderator automatisch der Auslöser für Widerstand sein müssen. Oft
sind Sie lediglich Projektionsfläche für Konflikte, die für Sie zunächst nicht
offensichtlich sind. Hier ist es Ihre Aufgabe, für eine saubere Klärung zu sorgen, bevor inhaltlich weitergearbeitet werden kann. Ihre Vorgehensweise
kann dabei ähnlich wie bei der Konfliktbehandlung sein, nur müssen Sie den
„Nasenfaktor", die Akzeptanz Ihrer Person, mit berücksichtigen, um alle
Ursachen anzugehen.

> **WORAN MERKEN SIE, DASS SICH WIDERSTAND GEBILDET HAT?**
>
> ► Schweigen
>
> ► Keine Reaktion auf Ihre Anregungen und Fragen
>
> ► Teilnehmer antworten nicht auf Ihre Fragen, sondern reden über an-
>   dere Themen
>
> ► Teilnehmer wenden sich ab, führen Nebengespräche
>
> ► Teilnehmer verlassen ohne nachvollziehbaren Grund den Raum.
>
> ► Unpünktlichkeit
>
> ► Teilnehmer machen Äußerungen wie: „Das ist mir alles zu blöd.",
>   „Habe ich doch gleich gesagt, dass das hier alles nichts bringt.", „Ich
>   wurde geschickt, bin nicht freiwillig hier.", „Sehen Sie doch zu, wie
>   Sie damit klarkommen.", "Das müssen Sie uns doch nicht erklären!",
>   "Das ist doch sowieso alles für die Katz."

*Nehmen Sie den Wider-
stand ernst und gehen
Sie aktiv damit um*

Was können Sie tun?

Klären in Schleifen

Sie unterbrechen den Arbeitsprozess und gehen hierbei in Schleifen vor, die Sie
bei Bedarf wiederholen können:Das Thema direkt ansprechen und visualisieren -> klären –> Moderation fortsetzen – Zwischenrückblende.

*Unterbrechen Sie im
Zweifelsfall den
Arbeitsprozess*

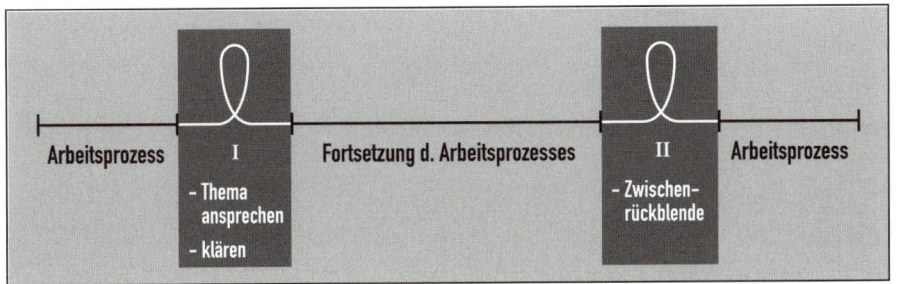

Wenn nach einer solchen Schleife die Fortsetzung der inhaltlichen Arbeit nicht möglich ist, also weiter Widerstand besteht, beginnen Sie die Schleife von vorn.

Sprechen Sie das Thema direkt an
Das Thema direkt ansprechen

Es hat sich bewährt, schwierige Themen offen anzusprechen:

▶ „Ich möchte jetzt den Arbeitsprozess unterbrechen, weil ich abgelenkt bin durch ..., und ich bin jetzt auf Ihre Rückmeldung angewiesen. Kann es sein, dass ...“

▶ „Ich weiß nicht, wie es Ihnen geht, aber ich habe den Eindruck, dass es Ihnen nicht leicht fällt, auf meine Vorschläge einzugehen ... Was beschäftigt Sie?“

▶ „Ich fürchte, dass momentan eine gute Zusammenarbeit zwischen uns nicht möglich ist, und ich weiß nicht genau, woran das liegen könnte. Geht es nur mir so? Wie sehen Sie das?“

Die Gruppenmitglieder reagieren auf solche Äußerungen der Betroffenheit meist ehrlich und konstruktiv, weil sie beeindruckt sind, dass Sie etwas spüren und etwas Schwieriges so offen ansprechen. Ihre Moderationskunst wird dann im nächsten Schritt darin bestehen, Rückmeldungen nicht persönlich zu nehmen und genau hinzuhören, beziehungsweise herauszufinden,

Ressentiments gegen den Moderator
▶ ob es sich um mögliche Vorbehalte oder Ressentiments gegen Sie handelt. Ist dies der Fall, können Sie dennoch positiv reagieren, zum Beispiel durch ein klärendes Gespräch mit Informationen über Ihre Rolle, Ihren Auftrag, Ihr Selbstverständnis, die von Ihnen geplante Vorgehensweise. Führen Ihre Bemühungen nicht zum gewünschten Erfolg, müssen Sie ernsthaft in Erwägung ziehen, die Moderation abzugeben, da das Vertrauensverhältnis gestört ist, und auf jeden Fall Rücksprache mit Ihrem Auftraggeber zu halten.

▶ ob andere Probleme „unter der Wasserlinie“ (siehe Eisberg-Modell, Seite 290) schwelen. Dann können Sie zum Beispiel eine Pause initiieren oder die Sitzung vertagen, um weitere Informationen zu sammeln und das Vorgehen neu zu planen. Oder Sie schieben mit Erlaubnis der Gruppe eine Sequenz zur Konfliktklärung ein, bis die Gruppe wieder inhaltlich arbeiten kann.

Klären mit unterschiedlichen Methoden

Für die Einleitung einer Klärung gibt es verschiedene Methoden:

Abfrage
Abfrage

Sie können die Gruppenmitglieder unvermittelt fragen: "Was brauchen Sie jetzt, um aktiv mit-/weitermachen zu können?"

Die Antworten können Sie, je nach Situation,

▶ auf Zuruf am Flipchart sammeln und mitschreiben,

▶ auf Karten schreiben lassen,

▶ in Kleingruppen erarbeiten und dann vorstellen lassen.

„Meckerrunde"   **„Meckerrunde"**

Sie können der Gruppe eine Meckerrunde vorschlagen. Dafür stellen Sie folgende Spielregeln vor:

▶ Das Meckern ist zeitlich begrenzt (je nach Anzahl der Teilnehmer).

▶ Alle Arten von Wortmeldung sind erlaubt, jede Person sagt unzensiert, was sie gerade nervt, stört, ärgert ...

▶ Die Wortmeldungen der Einzelnen beziehen sich nicht auf die der anderen, das heißt, es wird nicht kommentiert.

▶ Wenn jede Person etwas gesagt hat, ist die Runde beendet.

Wenn nötig, machen Sie nun eine kurze Pause, lüften den Raum, überlegen das weitere Vorgehen.

Im dritten Schritt laden Sie die Teilnehmer ein mitzuteilen, woran sie merken würden, dass es anders/besser läuft, und was sie jeweils bereit sind, dazu beizutragen. Dann können Sie Schlussfolgerungen daraus ziehen und wieder in die inhaltliche Arbeit einsteigen.

„Blitzlicht"   **Blitzlicht**

Für das bereits erwähnte Blitzlicht gelten ähnliche Spielregeln wie bei der „Meckerrunde", nur dass die Fragestellung lautet: „Wie geht es mir? Was beschäftigt mich?" Sie laden eine Person ein, anzufangen, und lassen dann reihum weitersprechen. Die Spielregel ist, keiner bezieht sich auf die Äußerungen der Vorredner, sondern jeder spricht für sich selbst.

Wenn erste Klärungsversuche nicht fruchten ...

Es gibt Möglichkeiten, mit den Emotionen des Gegenübers umzugehen, deren Kraft zu nutzen und zurückzulenken, anstatt zu kämpfen. Wenn eine Seite eine starre Haltung einnimmt, ist die Versuchung eher groß, zu kritisieren und zurückzuweisen. Dies löst dann aber bei der Gegenseite eine Verfestigung der Position aus und so schaukeln sich die beiden Seiten mit Angriff und Verteidigung noch in einen Teufelskreis der Anschuldigungen.

BAMBUS

Wie können Sie die Spirale aus Angriff und Gegenangriff vermeiden? Schlagen Sie nicht zurück, sondern wenden Sie BAMBUS an, eine Methode des sachgerechten Verhandelns: BAMBUS basiert auf der fernöstlichen Kampfmethode Judo, wo es darum geht, dem Angreifer mit „sanfter Gewalt" den „Wind aus den Segeln" zu nehmen. Der Begriff des BAMBUS-Prinzips ist abgeleitet aus dem natürlichen Verhalten von Bambus-Sträuchern, die sich bei starkem Sturm fast bis auf den Boden neigen, bei Nachlassen des Sturms jedoch wieder in ihre senkrechte Haltung zurückschnellen.

Die Verhaltenstechniken, die in aggressiven Konflikt- oder Verhandlungssituationen hilfreich sind, haben wir den Buchstaben des Wortes BAMBUS zugeordnet:

> **BAMBUS-Verhaltenstechniken**
>
> **B** - Bestätigung geben
> **A** - Aufmerksamkeit und Anerkennung signalisieren
> **M** - Möglichkeit von Mängeln einräumen
> **B** - Bereitschaft zum Diskutieren zeigen
> **U** - Umfunktionieren zur
> **S** - Sachgerechtigkeit

Mit diesen BAMBUS-Prinzipien können Sie einen Angriff umfunktionieren, indem Sie ihn stufenweise zur Sachgerechtigkeit zurückbringen.

B

Nehmen Sie den Angriff, den Konflikt zunächst ernst und bestätigen ihn. Sie müssen dem Gegenüber dabei nicht in der Sache Recht geben.

▶ „Ich finde gut, dass Sie das so offen aussprechen."

▶ „Wir können Ihnen dankbar sein, dass Sie dieses Thema so deutlich auf den Tisch bringen ..."

A

Signalisieren Sie dann Aufmerksamkeit, sogar Anerkennung dafür, dass der Angreifer ein wichtiges, interessantes, bedeutsames Thema angeschnitten hat:

▶ "Es haben auch schon andere Teilnehmer signalisiert, dass wir darüber dringend sprechen müssen ..."

▶ "Was Sie ansprechen, verdient unsere Aufmerksamkeit ..."

M

Geben Sie dann Mängel im Allgemeinen zu:

► „Sicher ist es bisher nicht optimal gelaufen ...“

► „Es gibt sicher an der Art des Vorgehens einiges zu verbessern ...“

► „Die andere Seite hat sicher auch etwas dazu beigetragen, dass es schlecht lief ...“

B

Signalisieren Sie dann schließlich Ihre Bereitschaft, offen zu diskutieren. Laden Sie Ihr Gegenüber dazu ein, seine Aggression in einzelne Schritte zu zergliedern und zu begründen:

► „Würden Sie mir das Problem bitte noch einmal genau erklären ...“

► „Wir können das gern in Ruhe bereden. Fangen wir doch gleich damit an ...“

► „Es wäre schön, wenn Sie Ihre Hauptargumente erklären würden...“

US

Haben Sie die BAMBUS-Regeln bisher angewendet, statt emotional zu reagieren, wird es Ihnen gelingen, Angriffe umzufunktionieren zu der notwendigen Sachgerechtigkeit, die ein konstruktives Weiterarbeiten möglich macht.

FAZIT

Widerstand entkräften Sie nicht durch Druck oder Kampf, sondern durch Ansprechen, Klären, Einbinden. Auch hier gilt die Empfehlung, Verhalten nicht persönlich zu nehmen oder zu werten: Wer Widerstand leistet, hat dafür wichtige persönliche oder inhaltliche Gründe. Erfragen Sie die Befürchtungen und Interessen der Parteien und suchen Sie Möglichkeiten, sie einzubinden und zu berücksichtigen, damit sie ihre Werte und Inhalte nicht gefährdet sehen und im fortlaufenden Prozess konstruktiv weiter mitarbeiten können.

Sie wissen nicht mehr weiter – was nun?

Es kann passieren, dass Sie nicht weiter wissen und das Gefühl haben, dass etwas festgefahren ist. Wie Sie damit umgehen, hängt stark von Ihrem Rollen- und Selbstverständnis als Moderator ab. Wir finden es hilfreich, ja sogar erleichternd, gerade in solchen Situationen sich selber als „Teil des Systems" zu verstehen. Wenn Sie sich als „Katalysator" für den Prozess der Gruppe betrachten, muss eine Krise für Sie kein Problemzustand sein, sondern Sie können Ihren Zustand als Indiz für eine Unstimmigkeit oder gar einen Konflikt sehen. Sie haben dann also kein Problem als Individuum, sondern bringen als Teil des Systems ans Tageslicht, was gerade in der Gruppe passiert. Betrachten Sie sich und die Gruppe mit einer systemischen Brille, brauchen Sie sich nicht die Frage zu stellen, warum Sie jetzt vielleicht gerade nicht „funktionieren", sondern die Frage lautet: Wozu funktioniere ich jetzt gerade nicht? Sie können einen Sinn darin sehen, Ihre Situation ansprechen und dafür nutzen, der Gruppe etwas zu spiegeln.

Überlegen Sie, ob Irritation bei Ihnen ein Spiegel für den Prozess sind

Lassen Sie sich schon im Vorfeld unterstützen

Die Arbeit eines Moderators kann man nur machen, wenn man ständig überprüft, ob man auch über genügend Kompetenzen für die Moderation verfügt. Wir bei Coverdale tun dies zum Beispiel, indem wir durch regelmäßige Fortbildungen dafür sorgen, dass wir unsere Prozesskompetenz erweitern. Methodische Weiterentwicklungen, Erfahrungsaustausch mit Moderatorenkollegen, ein waches Auge auf die sich ständig verändernden Bedürfnisse unserer Kunden – das alles gehört unbedingt dazu. Aber auch unsere eigenen körperlichen und psychischen Signale sollten wir ernst nehmen.

Da wir im Team den Anspruch haben, untereinander ersetzbar zu sein, können wir uns in Krisensituationen gegenseitig entlasten und unterstützen. Es ist sehr wertvoll, sich in so einem Team aufgehoben zu fühlen und sich aufeinander verlassen zu können.

UNSERE EMPFEHLUNG

Seien Sie kein Einzelkämpfer, vernetzen Sie sich mit Moderationskollegen in einer Form, die Ihnen entspricht. Sprechen Sie miteinander auch über Krisensituationen und holen Sie sich Tipps von erfahreneren Kollegen. Treten bestimmte Krisen bei Ihnen wiederholt auf, empfehlen wir Ihnen, Ihre Situation mit einem Supervisor oder Coach zu besprechen (siehe auch Seite 34).

Krisen des Moderators – was heißt das und was können Sie tun?

Krisen des Moderators

Was Krisen in der Moderation sind, das lässt sich nur schwer verallgemeinern. Zum einen hängt es von der eigenen Persönlichkeit ab, was der Einzelne als Krise erlebt, und zum anderen spielt die Erfahrung dabei eine große Rolle. Die in der Übersicht beschriebenen Situationen werden jedoch von den meisten Moderatoren als Krisen empfunden.

> **BEISPIELE**
>
> ► Sie haben einen „Blackout", eine Denkblockade oder einen „Filmriss".
>
> ► Sie haben den „roten Faden" und die Übersicht verloren.
>
> ► Sie sind irritiert durch die Atmosphäre oder das Verhalten in der Gruppe.
>
> ► Sie verstehen nicht mehr, wovon die Gruppe spricht.
>
> ► Sie haben Ihre Neutralität verloren.

Solche Situationen sind nicht ungewöhnlich, können aber zu einer starken Verunsicherung führen, besonders dann, wenn Sie gewohnt sind, immer alles perfekt zu machen, gut zu funktionieren, und eigentlich die Überzeugung verinnerlicht haben, dass Sie als Moderator der Gruppe immer einen Schritt voraus sein müssen. Doch das müssen Sie nicht! Gruppe und Moderator arbeiten zusammen und auch ein Moderator darf seine Krisen haben. Das kann Ihr persönliches Problem sein, das kann aber auch ein Problem der Gruppe sein, wenn Sie sich als Teil eines Systems begreifen, wie wir bereits oben ausgeführt haben.

Doch was können Sie nun konkret tun, wenn Sie das Gefühl haben, nicht mehr weiter zu wissen?

Die erste Maßnahme in vielen Krisen ist einfach und schwierig zugleich: Fragen Sie die Gruppe! Sprechen Sie an, wie es Ihnen geht, und bitten Sie um Unterstützung. Es ist erstaunlich, wie aktiv Teilnehmer dann plötzlich werden. Die Hilfsbereitschaft ist meist groß. Und für alle Beteiligten ist es eine nützliche Erfahrung, dass auch der Moderator nicht vollkommen ist, dass er Unsicherheit zugeben kann und dass man sich gegenseitig helfen kann. Auch hier erfüllen Sie als Moderator eine Vorbildfunktion. Können Sie zugeben, dass Sie den Überblick verloren haben, nicht mehr weiter wissen oder etwas nicht verstanden haben, dann können das beim nächsten Mal auch Teilnehmer, die das bisher nicht gemacht haben, um sich keine Blöße zu geben.

Fragen Sie die Gruppe

WAS SIE BEI KRISEN TUN KÖNNEN

Neben der Möglichkeit, die Gruppe zu fragen, gibt es noch weitere Möglichkeiten, Krisen zu überwinden:

► Machen Sie eine Zwischenzusammenfassung.

► Erinnern Sie sich und die Gruppe an den Sinn und Zweck der Veranstaltung.

► Machen Sie eine Pause, um sich sortieren zu können.

► Gehen Sie auf die Meta-Ebene, stellen Sie sich „neben sich" und fragen Sie sich: „Was ist hier gerade passiert?"

► Fragen Sie sich: „Was würde mir mein Coach/Supervisor/mein erfahrener Kollege in dieser Situation raten?"

► Gehen Sie den Ablauf noch einmal durch, eventuell mit einem Gruppenmitglied.

Tipps für den Umgang mit bestimmten Krisen

Sie haben Ihre Neutralität verloren

Sie haben Ihre Neutralität verloren

► Sprechen Sie es an: „Sehen Sie, wir sind alle thematisch so intensiv bei der Sache, dass sogar ich mich jetzt gerade inhaltlich eingemischt habe, das sollte ich nicht tun ..."

► Wertschätzen Sie alle involvierten Parteien und ihre Positionen.

► Machen Sie eine Pause.

Sie wissen nicht weiter

Sie wissen nicht, wie Sie weiter vorgehen sollen

► Führen Sie ein „Blitzlicht" durch und bitten Sie die Teilnehmer um Stellungnahme zu der Frage, wie es weitergehen könnte.

► Machen Sie eine Pause und planen Sie dann aufgrund der Anregungen aus der Gruppe das weitere Vorgehen.

► Falls Sie immer noch unklar sind, holen Sie sich externen Rat.

► Danken Sie nach der Pause für die Anregungen, präsentieren Sie der Gruppe Ihren Vorschlag für das weitere Vorgehen, begründen Sie ihn und holen Sie sich das Einverständnis.

Sie wollen anders als die Gruppe

Sie möchten anders weiterarbeiten als die Gruppe

► Bleiben Sie ruhig, werten Sie nicht, hören Sie sich die Wünsche und Bedürfnisse der Gruppe genau an. Vergegenwärtigen Sie sich, dass Sie nicht gegen den Widerstand der Gruppe arbeiten können.

► Wägen Sie die Vor- und Nachteile der jeweiligen Vorgehensweisen gemeinsam mit den Teilnehmern ab.

► Erklären Sie, dass Sie persönlich anders vorgehen würden, aber bereit sind, sich auf den von der Gruppe gewünschten Weg einzulassen. Verabreden Sie einen Zeitpunkt für eine Zwischenrückblende, an dem Sie auswerten, was die Vorgehensweise gebracht hat, und an dem Sie gemeinsam neu entscheiden, wie dann weiter vorgegangen wird.

► Ist es aus irgendeinem Grund für Sie nicht vertretbar, den von der Gruppe gewünschten Weg einzuschlagen, begründen Sie dies und bitten Sie die Gruppe, sich darauf einzulassen mit der Aussicht auf eine Zwischenrückblende zu einem bestimmten Zeitpunkt.

► Ist die Gruppe dann immer noch nicht zur Mitarbeit bereit, fragen Sie die Gruppe, ob sie einen anderen Moderator wünscht.

Sie werden persönlich angegriffen

Sie werden persönlich
angegriffen

Hier gelten viele der Ratschläge, die wir Ihnen zu den bereits aufgeführten Krisen genannt haben. Eine pauschale Lösung anzubieten halten wir nicht für sinnvoll. Hier aber einige grundsätzliche Tipps:

► Versuchen Sie, wenn möglich, einen Angriff nicht persönlich zu nehmen und zu verstehen, was die Person dazu veranlasst, so zu agieren. Bleiben Sie ruhig, veranlassen Sie eventuell eine Pause, um nachdenken zu können. Entscheiden Sie, ob Sie ein persönliches Gespräch mit der angreifenden Person für sinnvoll halten oder ob eine Bearbeitung der Situation in der Gruppe angemessener ist.

► Unterbrechen Sie den eigentlichen Arbeitsprozess. Öffnen Sie dann das Thema für die ganze Gruppe, um die Atmosphäre zu ändern und eine Fortsetzung des Angriffs zu vermeiden. Fragen Sie: „Wie empfinden das jetzt die anderen hier im Raum?" Oder lassen Sie Kleingruppen kurz das Vorgehen reflektieren mit einem Auftrag, beispielsweise: „Was brauchen wir jetzt, damit wir gut gemeinsam weiterarbeiten können?"

► Setzen Sie, wenn nötig, eine Grenze, wenn Sie das Empfinden haben, „dass es zu weit geht", beispielsweise: „Herr/Frau XY, ich bitte Sie, Ihre Aussage noch einmal zu überdenken. Sie gehen hier meiner Meinung nach zu weit und ich sehe mich so nicht in der Lage weiterzuarbeiten, wenn wir diese Art des Umgangs fortsetzen. Wenn Sie etwas zum Thema oder Prozess beitragen möchten, ist das sehr willkommen, aber bitte nicht auf diese Art. Deshalb jetzt die Frage: Gibt es etwas, das Sie hier und jetzt beitragen möchten, das hilfreich für uns, den Prozess oder das Thema ist?" Vielleicht auch: „Ich würde jetzt gern unterbrechen und schlage vor, wir klären die Angelegenheit in der nächsten Pause unter vier Augen."

Wir möchten noch eine Situation erwähnen, die im weiteren Sinne auch zu den Krisen eines Moderators zählen kann:

Sie haben gesundheitliche Probleme

Sie haben gesundheitliche Probleme

Arbeiten Sie nur, wenn Sie abschätzen können, dass Sie Ihre Moderationsarbeit gut und konzentriert machen und der Gruppe eine gute Dienstleistung bieten können. Aber auch während einer Moderation kann es passieren, dass Sie sich plötzlich unwohl fühlen. Auch hier ist die erste Maßnahme: Sprechen Sie es an! Die Teilnehmer merken es meist schnell, wenn etwas mit Ihnen nicht in Ordnung ist, und entwickeln bewusst und unbewusst Hypothesen darüber, welches die Gründe sind. Vielleicht wirken Sie unkonzentriert und die Teilnehmer vermuten, dass es etwas mit der Gruppe zu tun hat. Dabei haben Sie „nur" erhebliche Kopfschmerzen. Bei einer akut auftretenden Erkrankung müssen Sie abschätzen, inwiefern Sie arbeitsfähig sind und wann es besser ist, die Moderation abzugeben.

> **FAZIT**
>
> Persönliche Krisen sind eine Sache Ihres subjektiven Empfindens und Ihrer Erfahrung. Nehmen Sie Signale des Unbehagens oder der Irritation ernst und zögern Sie nicht, diese anzugehen. Grundsätzlich empfehlen wir Ihnen, mit der Gruppe gemeinsam auf die „Meta-Ebene" zu gehen und die Teilnehmer bei der Analyse des Problems und bei der Suche nach einer sinnvollen Vorgehensweise zu beteiligen. Werden Sie persönlich angegriffen, ist es wichtig sich abzugrenzen, ohne sich selber auf die emotionale Ebene zu begeben. Wahren Sie Ihre Würde und Souveränität, ohne den Respekt vor der anderen Seite zu verlieren.

Technische Pannen und andere „Katastrophen"

Hilfe! Die Technik versagt oder die Teilnehmer kommen nicht. Was tun? Das hängt sicher immer von den spezifischen Rahmenbedingungen ab, so dass es schwierig ist, hierfür pauschale Tipps zu geben. Wir empfehlen Ihnen, grundsätzlich auf Überraschungen und Pannen eingestellt zu sein, ihnen im Vorfeld vorzubeugen, soweit Sie können, und die Ruhe zu bewahren, wenn sie passieren.

Probleme im Umfeld

Probleme im Umfeld

▶ Der Raum, in dem Sie arbeiten wollen, ist nicht frei, ungeeignet, nicht aufgeräumt ...

▶ Der Raum, in dem Sie arbeiten, wird plötzlich und unerwartet von einer anderen Abteilung belegt.

▶ Es fehlen Schlüssel, Räume sind verschlossen oder nicht abschließbar.

▶ Moderationsmaterial fehlt.

▶ Technikausfall (Flipchart steht nicht, Beamer/Overheadprojektor ist defekt, Verdunklung funktioniert nicht, Projektionsleinwand lässt sich nicht ausfahren, Mikrofon streikt ...).

▶ Ausrüstung (Digitalkamera, Laptop, Beamer ...) wird gestohlen.

> **WIE SIE VORBEUGEN KÖNNEN**
>
> Dies sind Probleme eher vermeidbarer Art, wenn Sie früh eintreffen und bereits im Vorfeld Räume und Technik prüfen und sich mit Sicherheitsvorkehrungen vertraut machen. Das ist natürlich nicht immer möglich, aber selbst wenn, kann trotzdem etwas Unvorhergesehenes passieren. Wir empfehlen Ihnen, bei Ihren Vorbereitungen die Ansprechperson für Technik, Räume und Material und deren Telefonnummer zu erfragen und sicherzustellen, dass diese im Falle einer Panne für Sie erreichbar ist.

Wo irgend möglich, haben wir immer Ersatzmaterial dabei – das lässt sich natürlich auch nicht immer bewerkstelligen.

Es ist sogar schon vorgekommen, dass Kollegen, die noch bis spätabends im Tagungsraum eines Unternehmens arbeiteten, eingeschlossen wurden und das Gebäude über die Feuerleiter verlassen mussten ...

Gerade was Tagungsräume, Ambiente und Service anbelangt, empfehlen wir Ihnen, sich zu vergewissern, ob die Rahmenbedingungen Ihren Vorstellungen entsprechen und dem Zweck der Veranstaltung dienlich sind.

Veränderungen bei der Gruppenzusammensetzung und im Ablauf

Kurzfristige Veränderung der Gruppenzusammensetzung oder Störungen im Ablauf

► Ihre Teilnehmer erscheinen nicht.

► Der größte Teil der Teilnehmer kommt nicht.

► Einer oder mehrere Teilnehmer werden von ihrem direkten Vorgesetzten für die Gruppenarbeit wegen anderer dringender Verpflichtungen nicht freigestellt.

► Es erscheinen mehr Teilnehmer als erwartet/eingeplant.

► Teilnehmer werden unerwartet von direkten Vorgesetzen „aus der Gruppe herausgeholt", weil sie zwischendurch andere wichtige Aufträge erledigen müssen.

► Eine Führungskraft, die eine wichtige Rolle in dem zu moderierenden Prozess spielt und Entscheidungen herbeiführen oder fällen muss, sagt fünf Minuten vor Veranstaltungsbeginn ab oder kommt einfach nicht.

► Ein „Hierarch", also ein Direktor, Vorstandsmitglied oder bedeutender Vorgesetzter erscheint unangemeldet und verwickelt die Gruppe in ein Gespräch, das bezüglich der Ziele, an denen die Gruppe arbeitet, Verwirrung stiftet.

► Sie haben die Gruppe in Kleingruppen zum Bearbeiten von Unterpunkten aufgeteilt; eine Kleingruppe kommt zum vereinbarten Zeitpunkt nicht zurück, weil sie in einen Konflikt geraten ist. Das verzögert ihre Rückkehr um mindestens eine halbe Stunde.

► Mehrere oder wichtige Teilnehmer überziehen Pausen, zum Beispiel, um wichtige Telefonate zu führen.

► Manche oder sämtliche Teilnehmer sind unfreiwillig zur Veranstaltung erschienen, sozusagen „geschickt worden".

► Sie und/oder Ihr Auftraggeber haben die Ausgangslage unterschätzt und Sie realisieren plötzlich, dass es „um Kopf und Kragen" geht. Sie fühlen sich eventuell mit der Situation überfordert oder es fehlen Personen, die zum Lösen des Problems gebraucht würden.

HILFREICHE FRAGEN BEI PANNEN ODER „KATASTROPHEN"

Derartige Störungen oder Überraschungen haben Folgen für die Gruppendynamik, den geplanten Moderationsverlauf, das zu bearbeitende Thema und entsprechende Entscheidungen. Sie müssen in solchen Fällen sorgsam abwägen, inwiefern der geplante Ablauf noch durchführbar oder sinnvoll ist, und gegebenenfalls umkonzipieren oder die Veranstaltung sogar vertagen. Hier einige Fragen, die in solchen Fällen hilfreich sein können:

► Wer ist zuständig für das Beheben der Panne, das Lösen des Problems?

► Hat die Überraschung/Panne Auswirkungen auf das geplante Vorgehen? Wenn ja, was muss ich ändern, bevor wir anfangen/weitermachen können?

► Ist es unter den neuen Rahmenbedingungen möglich, das Ziel der Veranstaltung zu erreichen und weiterzumachen? Wenn ja, wie? Oder muss die Veranstaltung unterbrochen oder abgebrochen werden?

► Was brauche ich als Moderator, um das Beste aus der Situation zu machen? Wer kann mich jetzt sinnvollerweise unterstützen, damit wir möglichst zügig weiterarbeiten können?

► Wenn eine Überraschung während der Veranstaltung auftritt: Was macht die Gruppe in der Zwischenzeit, während ich ein Problem löse? Pause? Oder erledigt sie währenddessen eine Aufgabe?

Bewahren Sie die Ruhe

Manchmal reagieren Teilnehmer auch mit Enttäuschung oder Frustration auf solche Situationen. Gehen Sie deshalb mit gutem Beispiel voran und bewahren Sie die Ruhe, und machen Sie gemeinsam mit den Teilnehmern das Beste daraus. Diskutieren Sie eventuell mit den Beteiligten, was unter den neuen Rahmenbedingungen machbar ist, und definieren Sie die Ziele der Veranstaltung mit ihnen neu.

Sollten Sie zu dem Schluss kommen, dass ein Fortführen der Veranstaltung keinen Sinn macht, prüfen Sie, ob ein Teilziel erreicht werden kann, andernfalls brechen Sie ab.

FAZIT

Kein Moderator der Welt ist vor Überraschungen und Pannen gefeit. Manchen können Sie durch gute Vorbereitung vorbeugen, aber auch dann gibt es keine Garantie für Pannenfreiheit. Nichts im Leben ist perfekt. Besonders herausgefordert sind Sie, wenn die auftretenden Überraschungen Folgen für den Prozess oder Inhalt haben, so dass Sie genau abwägen müssen, wie und ob gearbeitet werden kann. Bewahren Sie die Ruhe, prüfen Sie, ob die Veranstaltung unter den neuen Rahmenbedingungen so durchführbar ist, dass sie ihren Zweck erfüllt. Korrigieren Sie nötigenfalls oder brechen Sie die Veranstaltung ab, wenn ein Fortführen nicht sinnvoll ist.

Hintergrundwissen für Moderatoren

In diesem Buchteil möchten wir Ihnen in knapper Form theoretisches Hintergrundwissen vorstellen, das Ihnen helfen soll, Vorgehensweisen und Tools in der Moderation und die Bedeutung des Moderators besser zu verstehen und einzuordnen. Darüber hinaus bietet Ihnen das Basiswissen die Möglichkeit, auch mit Ihren Teilnehmern den einen oder anderen theoretischen Aspekt der Zusammenarbeit zu diskutieren, wenn Sie einen entsprechenden Input gestalten. Das Erläutern von Hintergründen zur Methodik oder zu Verhaltensweisen fördert das Verständnis der Teilnehmer für Zusammenhänge und regt häufig offene Diskussionen über den Umgang miteinander in der Gruppe an.

DOCH VORSICHT!

Auch eine noch so ausgefeilte Theorie bildet nie die Realität ab, sondern dient nur zur Orientierung. Wir möchten Sie deshalb davor warnen, Ihre Erfahrungen, die Sie in der Moderation machen, zu sehr zu vereinfachen, um sie in die theoretischen Raster und Modelle einzupassen. Die Wirklichkeit in der Arbeit mit Menschen ist in der Regel viel vielfältiger, als dass sie in irgendeinem Modell abgebildet werden kann. Behalten Sie deshalb Ihre neugierige Haltung bei, wenn Sie mit Gruppen arbeiten! Sie werden einiges wiedererkennen von dem, was wir nachfolgend beschrieben haben, aber dann wird es auch wieder ganz anders sein als erwartet. Das ist letztendlich das, was die Moderatorentätigkeit so spannend macht.

Wichtig ist uns, unterschiedliche theoretische Ansätze oder Teile davon miteinander zu verbinden. Für uns gibt es nicht das einzig richtige theoretische Basiswissen, sondern es geht uns um die Vielfalt. Wir möchten neue Ansätze kennen lernen, auf die Praxis übertragen und anwenden, wo es uns nützlich erscheint, um die Gruppen in ihrer Arbeit zu unterstützen. In der Zusammenarbeit greifen individuelle, gruppendynamische und systemische Muster ineinander und beeinflussen sich gegenseitig. Die Kenntnis solcher Muster erlaubt es Ihnen als Moderator immer wieder, von der Meta-Ebene auf die einzelnen Teilnehmer, auf die Gruppe und auch auf Ihre Funktion in der Moderation zu blicken. Diese Perspektive verhilft dann zu neuen Einsichten, zu mehr Verständnis und ermöglicht Ansatzpunkte für die Planung des Moderationsablaufs und von Interventionen im Moderationsprozess.

Theoretisches Hintergrundwissen erleichtert es Ihnen, auf die Meta-Ebene zu gehen

Das hier angebotene Basiswissen bietet theoretische Hintergründe, die wir hilfreich finden für die Arbeit als Moderator. Wir haben uns auf einige aus unserer Sicht wesentliche Informationen für Moderationstätigkeit beschränkt, wohl wissend, dass wir damit den ganzen theoretischen Überlegungen, die dahinter stehen, nicht gerecht werden können. An dieser Stelle möchten wir anregen, dass Sie sich bei Interesse weiter in die Themen zu vertiefen. In den Literaturempfehlungen am Ende des Buches geben wir Ihnen entsprechende Hinweise.

Und die Theoriebildung ist ja auch nicht abgeschlossen, sondern es handelt sich um einen permanenten Prozess. Einige Ansätze haben sich schon seit Jahrzehnten bewährt, wie beispielsweise das Teamentwicklungsmodell von Bruce Tuckman aus den 60er Jahren, das wir im nächsten Kapitel beschreiben werden. Andere Theorien sind neueren Datums und es ist spannend zu beobachten, wie immer wieder neue Forschungsergebnisse und Erkenntnisse aus den unterschiedlichen Wissenschaftsrichtungen unser Verständnis für Menschen und das Funktionieren von Beziehungen und Gruppen bereichern. Bleiben Sie auch hier neugierig, was sich auf den Gebieten an neuen Theorien entwickelt, und überprüfen Sie, was Sie davon in der Moderation, in der praktischen Arbeit mit Menschen anwenden können.

Kommunikation offen und kongruent gestalten

Unter Kommunikation verstehen wir in der Moderation mehr als das bloße Übermitteln von inhaltlichen Informationen. Kommunikation bedeutet Verständigung miteinander und beinhaltet auch die Art und Weise, wie wir miteinander sprechen. In einem Gespräch zwischen zwei Personen werden immer sowohl die Sachebene als auch die Beziehungsebene berührt, wo Gefühle eine wichtige Rolle spielen. Wollen wir Kommunikation bewusst gestalten, so müssen wir nicht nur überlegen, was wir sagen wollen, sondern auch wie wir es sagen wollen, damit es vom Gesprächspartner so verstanden werden kann, wie wir es gemeint haben.

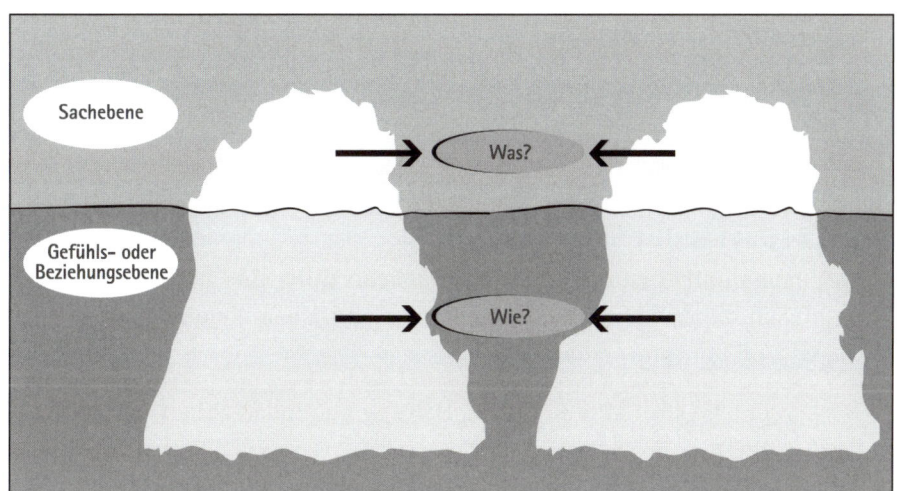

Wie bei der Spitze eines Eisberges hat die Sachebene oft nur eine geringere Bedeutung

Für jede Art erfolgreicher Kommunikation gelten deshalb einige wichtige Voraussetzungen:

► Mein Gegenüber hört mir aufmerksam zu und zeigt wirklich Interesse.

► Ich fühle mich als Mensch akzeptiert, nicht nur in meiner Funktion oder Rolle.

► Meine Gedanken und Gefühle werden ernst genommen.

► Ich fühle mich verstanden.

Als Moderator planen und gestalten Sie Kommunikationsprozesse zwischen verschiedenen Menschen, um die Gruppe dabei zu unterstützen, ein gemeinsames Ziel zu erreichen. Dabei ist es zum einen wichtig, dass Ihre eigene Kommunikation gelingt, aber auch, dass Sie dazu beitragen, dass die Kommunikation der Teilnehmer hilfreich für den Prozess ist.

ERFOLGREICHE KOMMUNIKATION DIENT DAZU,

► sich selbst und andere besser kennen zu lernen,

► Beziehungen aufzubauen und zu intensivieren und

► das Verständnis auf der Sachebene zu erhöhen.

Arbeiten wir zusammen, dann kommunizieren wir miteinander und in jedem Kommunikationsprozess sind wir Sender und Empfänger zugleich, denn Kommunikation findet wechselseitig statt. Die Wege, auf denen Kommunikation in der Moderation stattfinden kann, sind unterschiedlich:

► schriftlich über Visualisierung,

► mündlich, also verbal, oder

► nonverbal, also durch Körpersprache.

Der Körper redet mit

Verbale Kommunikation meint das gesprochene Wort, aber neben der rein inhaltlichen Information vermitteln wir als Sender dem Empfänger noch eine Menge anderer Informationen durch

Nonverbale Kommunikation

► Körpersprache, also Mimik, Gestik, Haltung und Blickkontakt sowie

► auditive Elemente, wie Lautstärke, Stimmlage, Sprechgeschwindigkeit und Betonung.

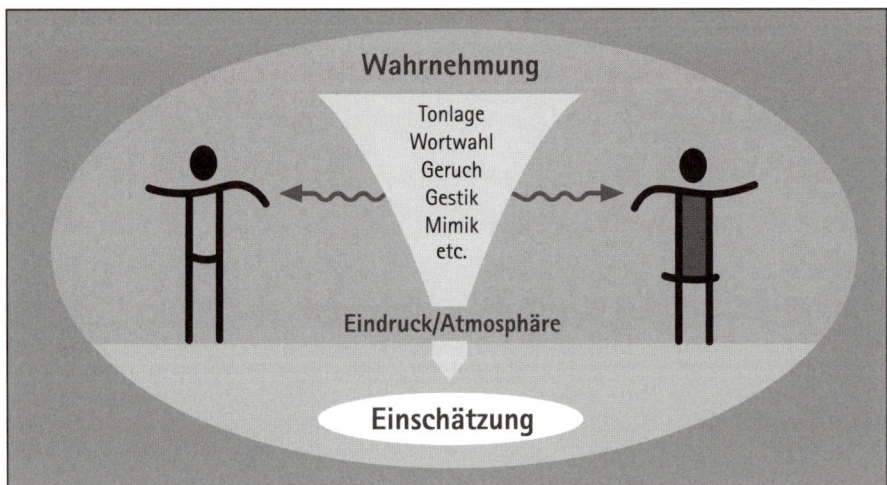

Auch nonverbale Signale tragen zu unserer Einschätzung über die Kommunikation bei

Dabei wird auch scheinbar nichtkommunikatives Verhalten als nonverbale Kommunikation betrachtet, beispielsweise Schweigen. Auch das Nichtäußern ist ein nonverbales Signal, das dem Gegenüber etwas „sagt".

BEISPIEL

Als Moderator stellen Sie den Teilnehmern eine Frage und bekommen keine Antwort. Die Gruppe schweigt. Dieses Schweigen ist auch eine Antwort, nur müssen Sie dann hinterfragen, was es bedeutet, weil unterschiedliche Botschaften damit signalisiert werden können.

Wissenschaftler schlussfolgern daraus, dass der Mensch nicht nicht kommunizieren kann! Irgendeine Art von Kommunikation findet immer statt – durch bewusst oder unbewusst geäußerte Signale verbaler oder nonverbaler Art.

Das nonverbale Verhalten liefert uns in der Kommunikation mit anderen eine Menge Informationen. Wir „sagen" viel mehr über uns, als uns im Allgemeinen bewusst ist. Die Signale zu entschlüsseln, die neben dem gesprochenen Wort gesendet werden, ist nicht immer einfach. Denn die nonverbalen Signale werden vom Gegenüber subjektiv interpretiert. Nicht immer entspricht das, was der Empfänger den nonverbalen Signalen des Senders entnimmt, auch dem, was der Gesprächspartner gemeint hat. So entstehen Missverständnisse.

Missverständnisse entstehen durch Fehlinterpretation

Wichtig für das Gelingen einer Kommunikation ist deshalb, dass verbale und nonverbale Signale möglichst kongruent sind. Kongruenz bedeutet, dass das gesprochene Wort zur nonverbalen Botschaft passt und umgekehrt. Eine solche Nachricht empfindet der Empfänger als stimmig und glaubwürdig. Inkongruente Botschaften beinhalten einen Widerspruch zwischen verbalen und nonverbalen Signalen und führen beim Gegenüber zu Irritation, Vorsicht und eventuell Misstrauen.

Kongruenz

BEISPIELE

▶ Sie schauen aus dem Fenster, während Sie sprechen, und sagen gleichzeitig zu einem Teilnehmer: „Ich bin sehr interessiert zu hören, was Sie dazu meinen."

▶ Sie blicken immer wieder auf die Uhr, sprechen immer schneller und sagen zur Gruppe: „Bitte denken Sie in Ruhe noch mal über diesen Aspekt nach."

Achten Sie auf kongruen-
te Kommunikation

Solch inkongruente Botschaften irritieren die Teilnehmer und reduzieren Ihre Glaubwürdigkeit. Achten Sie deshalb auf Ihre Körpersprache und Ihre Stimme, wenn Sie als Moderator arbeiten. Sie werden umso besser von der Gruppe verstanden, je kongruenter Sie kommunizieren.

Die nonverbalen Signale, die wir senden, können wir aber nur begrenzt beeinflussen. Wir können uns bewusst vornehmen, die Hände bei einer Präsentation nicht in die Hosentaschen zu stecken oder die Teilnehmer anzuschauen, wenn wir eine Frage stellen; aber ein Erröten, weil wir aufgeregt sind, lässt sich nicht willentlich verhindern.

In gewissen Situationen ist es angemessen, die körperlichen Reaktionen oder Gefühle anzusprechen, die Sie bei sich wahrnehmen und die andere vermutlich auch bei Ihnen beobachten können. Denn durch das direkte Ansprechen verhindern Sie, dass Ihre nonverbalen Signale fehlinterpretiert werden oder dass inkongruentes Verhalten Irritationen auslöst. Durch ein direktes Ansprechen können Sie die offene Kommunikation fördern, weil Sie selbst als Vorbild für Kommunikation dienen.

BEISPIEL

Als Moderator ist Ihnen bewusst, dass die Gruppe gerade ein wichtiges Thema bespricht. Sie möchten, dass sich die Teilnehmer für die Diskussion Zeit lassen. Gleichzeitig beobachten Sie bei sich eine innere Unruhe und einen hohen Zeitdruck, was Sie auch nach außen nicht verbergen können.

Bei einer offenen Kommunikation sprechen Sie jetzt Ihr inneres Erleben, in dem Fall also Ihre Ambivalenz an: „Ich habe den Eindruck, dass es wichtig ist, dass Sie noch einmal in Ruhe über das Thema sprechen. Doch ich merke, dass ich auch nervös werde, weil ich Sorge habe, dass wir den Zeitplan nicht einhalten können."

Auf diese Art und Weise haben Sie beide Aspekte angesprochen, sowohl das wichtige Thema als auch den Zeitdruck. Das gibt Ihnen die Möglichkeit, gemeinsam mit der Gruppe zu überlegen, wie weiter gearbeitet werden kann, um beiden Aspekten gerecht zu werden. Sie können zum Beispiel Arbeitsgruppen bilden oder ein anderes Thema schneller abhandeln.

BEISPIEL

Sie beginnen eine Moderation mit einer Gruppe von Teilnehmern, die Ihnen unbekannt ist. Obwohl Sie gut vorbereitet sind, sind Sie aufgeregt, was man Ihrer Stimme anmerkt. Außerdem fühlen Sie, wie Sie gerade einen heißen Kopf bekommen.

Bei einer offenen Kommunikation sprechen Sie das an: „ Ich freue mich darauf, mit Ihnen heute zu arbeiten, und gleichzeitig bin ich auch ein bisschen aufgeregt, weil es eine neue Situation für mich ist." Das können Sie dann so stehen lassen und weiterarbeiten oder Sie nutzen es als Einstieg, um die Teilnehmer zu fragen, wie es ihnen geht. Vielleicht gibt es auch Anspannung bei einzelnen Personen oder in der Gruppe und es ist gut, dass dies kurz angesprochen wird.

In Gesprächen mit anderen senden Sie als Moderator nonverbale Signale und empfangen Sie auch entsprechende Botschaften von Ihren Teilnehmern. Bleiben Sie daher offen für das, was bei Ihnen außer der reinen inhaltliche Aussage noch ankommt. Stellen Sie sich innerlich folgende Fragen:

Welche nonverbalen Botschaften empfangen Sie?

▶ Wie wirkt der Teilnehmer auf mich, wenn er das sagt?

▶ Passt seine Körpersprache, Tonlage usw. zu seiner Aussage?

▶ Welche Eindrücke kommenbei mir an? Bei der übrigen Gruppe?

▶ Welche Gefühle vermute ich bei meinem Gegenüber?

Nehmen Sie Unstimmigkeiten und Inkongruenz wahr, so sprechen Sie das an, wenn Sie es für den weiteren Verlauf des Prozesses für wichtig halten. Achten Sie dabei darauf, welche nonverbalen Signale Sie wahrgenommen haben, und seien Sie sich bewusst, dass das, was Sie daraus schließen, Ihre persönliche Interpretation der Signale ist. Geben Sie deshalb Ihren Eindruck als Ich-Botschaft zurück und bitten Sie den anderen um Überprüfung.

> **BEISPIEL**
>
> Nach einer Diskussion über verschiedene Lösungsalternativen für ein Problem scheint sich ein Konsens in der Gruppe abzuzeichnen. Alle Teilnehmer stimmen zu. Bei einem Blick auf die Gruppe fällt Ihnen auf, dass Frau Meyer zwar verbal zustimmt, aber den Eindruck macht, als wäre sie nicht damit einverstanden. Sie sitzt zurückgelehnt, ihr Gesichtsausdruck ist mürrisch und ihre Arme sind verschränkt. Das Ja klingt gepresst.
>
> Überprüfen Sie hier Ihren Eindruck durch ein Spiegeln Ihrer Wahrnehmung: „ Frau Meyer, Sie haben zwar gerade zugestimmt, aber irgendwie habe ich den Eindruck, dass Sie nicht ganz zufrieden sind mit dem Lösungsvorschlag." Betonen Sie den Satz dabei so, dass er wie eine Frage klingt. Jetzt hat Frau Meyer noch einmal Gelegenheit, Stellung zu beziehen. Ihre Zustimmung wird dann entweder eindeutig sein oder sie zieht sie an der Stelle wieder zurück.

Offen miteinander sprechen

Authentizität   Im erweiterten Sinne verstehen wir unter Kongruenz die Übereinstimmung unserer Innenwelt, also das, was wir wahrnehmen, fühlen und denken, mit dem, was wir nach außen kommunizieren. Ein anderer Begriff dafür ist Authentizität. Wir sprechen dann von offener Kommunikation, wenn die Beteiligten in hohem Maße kongruent oder authentisch miteinander sprechen. Das bedeutet, dass offen über Wahrnehmungen und Gefühle kommuniziert wird und dass das Aufrechterhalten einer äußeren Fassade, beispielsweise eines positiven und starken Images, das stark vom innerlichen Zustand abweicht, nicht notwendig ist.

OFFEN, ABER NICHT UNZENSIERT KOMMUNIZIEREN

Mit dem Hinweis auf die Bedeutung von Kongruenz und Authentizität für eine offene Kommunikation möchten wir jedoch nicht dazu auffordern, alles unzensiert zu kommunizieren, was man bei sich wahrnimmt, was man denkt oder fühlt. Wichtig ist es zunächst, sich seine eigenen Wahrnehmungen, Gedanken und Gefühle bewusst zu machen. Je klarer Sie über sich selbst sind, desto eindeutiger können Sie auch kommunizieren. Das, was Sie von sich und Ihrer Innenwelt letztendlich nach außen kommunizieren, hängt in hohem Maße von Ihrem persönlichen Befinden, der jeweiligen Situation und der Art der Beziehung ab. Nicht alles, was Sie empfinden oder denken, müssen Sie sagen, aber alles, was Sie sagen, muss mit dem übereinstimmen, was Sie empfinden oder denken! So verhalten Sie sich kongruent und authentisch in der Kommunikation.

Arbeiten Sie mit Gruppen, so gibt es immer wieder den Wunsch nach der Spielregel „Wir wollen offen miteinander kommunizieren". Hinterfragen Sie bei den Teilnehmern, was genau sie darunter verstehen, und lassen Sie diese Spielregel konkretisieren. Schon zu diesem Zeitpunkt können Sie ein erstes Gespräch über Kommunikation führen. Dadurch gewöhnen Sie die Gruppe daran, über Kommunikation zu sprechen und diese zu reflektieren. Im weiteren Verlauf der Zusammenarbeit können Sie dann auf diese Spielregel immer wieder Bezug nehmen, wenn die Kommunikation schwierig wird, und sich darüber austauschen, wie Kommunikation gelingen kann oder was als förderlich und hinderlich für ein offenes Gespräch erlebt wird.

Offene Kommunikation lässt sich nicht einfordern, sondern kann nur dort stattfinden, wo es eine vertrauensvolle Gesprächsatmosphäre gibt. Vertrauen ist etwas, das sich entwickelt und das nicht von Anfang an in einer Zusammenarbeit vorhanden ist, sondern das durch gemeinsame Erfahrungen und durch konstruktiven Umgang mit schwierigen Situationen entsteht. Als Moderator können Sie durch das professionelle Ausüben Ihrer Rolle Vertrauen und Offenheit fördern.

Offene Kommunikation lässt sich fördern, nicht fordern!

Tipps für verschiedene Reaktionsweisen in Gesprächen

Für eine offene Kommunikation bedarf es nicht nur der Bereitschaft und der Fähigkeit, offen über sich zu sprechen. Wesentlich für das Gelingen eines offenen Gesprächs ist die Reaktion des Gesprächspartners. In der folgenden Übersicht haben wir Reaktionsweisen aufgeführt, die eine fördernde Wirkung auf die Offenheit in Gesprächen hat. Prüfen Sie für sich, wie Sie durch

Reaktionsweisen in Gesprächen

Ihre Reaktionen, Offenheit fördern können. Denken Sie daran, dass Sie als Moderator Vorbild für gute Kommunikation sind, sowohl was Ihre persönliche Klarheit und Offenheit betrifft, als auch was Ihre Reaktionen in Gesprächen mit anderen betrifft.

Wie Sie Offenheit fördern können im Gespräch

OFFENHEIT FÖRDERNDE REAKTIONSWEISEN

Geben Sie Ihrem Gesprächspartner zu erkennen,

▶ dass seine Gefühle und Gedanken verstanden, akzeptiert und ohne Wertung gehört werden,

▶ dass Sie an seinen Gefühlen und Gedanken interessiert sind und

▶ dass er den Verlauf des Gesprächs mitbestimmen kann und nicht bevormundet wird.

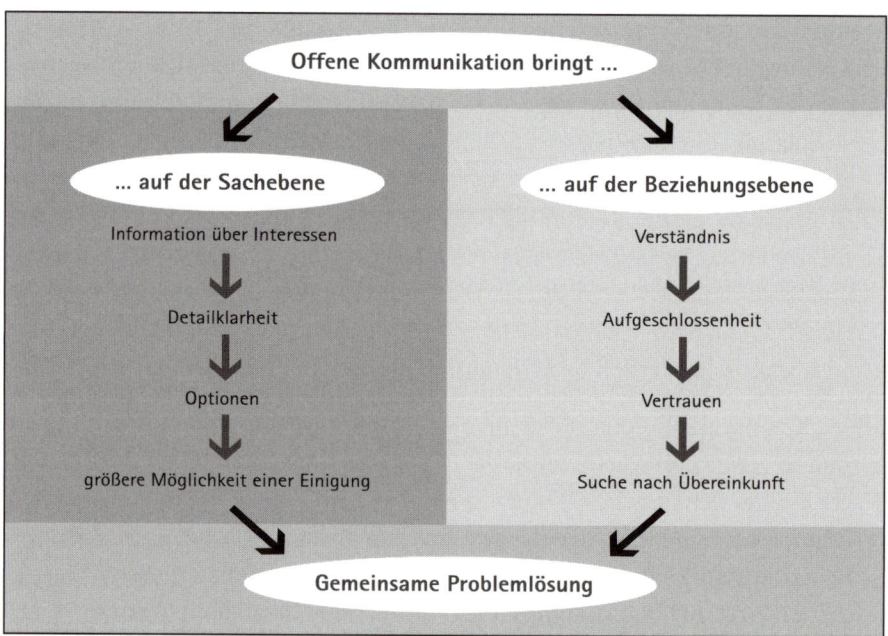

Offene Kommunikation nutzt sowohl auf der Sachebene als auch auf der Beziehungsebene, um gemeinsam zu Lösungen zu kommen

Aktives Zuhören

Hören Sie aktiv zu

Durch aktives Zuhören können Sie als Moderator die Voraussetzungen für erfolgreiche Kommunikation unterstützen. Aktiv zuhören heißt, dass Sie zeigen, wie Sie zuhören, und dass Sie aktiv auf das eingehen, was der Gesprächspartner verbal und nonverbal kommuniziert. Im Gegensatz dazu steht das passive, stumme Zuhören oder sogar das offensichtlich unbeteiligte Zuhören. In dem Fall lassen Sie zwar den anderen reden, aber Sie unterstützen ihn nicht und nehmen nicht wirklich auf, was er sagt.

Hören Sie aktiv zu, ermutigen Sie Ihre Teilnehmer zu mehr Offenheit. Sie und die anderen Teilnehmer bekommen so viel mehr Informationen darüber, was der Einzelne in der Gruppe denkt, was er fühlt und was ihn motiviert. Um aktiv zuzuhören, sollten Sie sich auf den Gesprächspartner konzentrieren.

> ### TIPPS FÜR AKTIVES ZUHÖREN
>
> ► Zeigen Sie Ihrem Gesprächspartner Ihre Aufmerksamkeit durch Blickkontakt, zugewandte Körperhaltung und eventuell Kopfnicken.
>
> ► Hören Sie zu und lassen Sie ihn ausreden.
>
> ► Bewerten Sie nicht.
>
> ► Versuchen Sie zu verstehen, welches die inhaltliche Aussage ist und welche Botschaften darüber hinaus noch gesendet werden.
>
> ► Fassen Sie das, was Sie verstanden haben, mit eigenen Worten zusammen und spiegeln Sie es.
>
> ► Lassen Sie sich verbessern, wenn Sie etwas falsch zusammengefasst haben.
>
> ► Sprechen Sie auch an, was außer dem Inhalt noch bei Ihnen als Empfänger der Information angekommen ist.
>
> ► Überprüfen Sie auch hier, ob Ihr Eindruck richtig ist.
>
> ► Stellen Sie offene Fragen, das heißt Fragen, die Ihr Gesprächspartner nicht nur mit Ja oder Nein beantworten kann.

Aktives Zuhören bedeutet nicht, dass Sie die Sichtweise Ihres Gesprächspartners teilen. Zunächst einmal geht es nur darum, den anderen zu verstehen und ihm zu bestätigen, dass seine Botschaft bei Ihnen angekommen ist.

> ### FAZIT
>
> Offene Kommunikation bedeutet, dass wir über das sprechen können, was wir denken und fühlen. Wir müssen nicht alles sagen, was wir denken oder fühlen, aber das, was wir nach außen kommunizieren, sollte zu dem passen, was wir innerlich erleben. Offene Kommunikation kann nicht verordnet werden, sondern entwickelt sich in einer vertrauensvollen Gesprächsatmosphäre.

Wie Gruppen sich entwickeln

Das direkte Zusammenarbeiten mit anderen in Gruppen oder Teams hat über die Jahre erheblich zugenommen. Mehr und mehr Unternehmen organisieren ihre Arbeit oder Teile ihrer Arbeit in Form von Projektarbeit und setzen dazu übergreifende Teams ein. Die zunehmende Komplexität der Arbeit und die rasante Wissenszunahme führen zu mehr Spezialisten, die in kollegiale Gruppen ihr Know-how einbringen und mit anderen gemeinsam Ergebnisse erarbeiten müssen. Führungskräfte werden immer öfter daran gemessen, wie sie das Wissen ihrer Mitarbeiter weiterentwickeln und wie sie ihre Mitarbeiter so in Prozesse einbinden, dass das Wissen optimal zum Wohl des Unternehmens genutzt werden kann. Professionelle Moderation bietet dabei eine entscheidende Hilfestellung. Wesentlich für das Gelingen der Zusammenarbeit ist der Verlauf des Prozesses. Wir sprechen in diesem Zusammenhang von einem Prozessverständnis auf zwei Ebenen: auf der Sachebene und auf der Beziehungsebene.

Agieren Menschen miteinander in einem Unternehmen, so geht es immer um Inhaltliches auf der Sachebene und um Emotionales auf der Beziehungsebene. Dabei steht üblicherweise die Sachebene im Mittelpunkt der Aufmerksamkeit. Fakten, Sachverhalte und Argumente beherrschen die Diskussion, wohin gegen Gefühle, Stimmungen und Klima auf der Beziehungsebene eher unbewusst mitschwingen und oft nur im Hintergrund wahrgenommen werden. Direkt angesprochen wird die Beziehungsebene im Arbeitsumfeld selten, und wenn es doch jemand tut, dann kommt schnell die Aufforderung, er möge doch sachlich bleiben, oder es kommt der Hinweis: „Dafür haben wir keine Zeit."

Die Beziehungsebene ist entscheidend für den Erfolg der Zusammenarbeit

Solche Reaktionen sind nicht nur bedauerlich, sondern ausgesprochen kontraproduktiv, denn die Beziehungsebene entscheidet erheblich über Erfolg und Misserfolg in der Zusammenarbeit. Und nicht erst im Konfliktfall müssen Sie als Moderator die Beziehungsebene ansprechen und dafür sorgen, dass die Gruppenmitglieder konstruktiv und vertrauensvoll miteinander umgehen. Gerade wenn Sie als Moderator eine Gruppe über einen längeren Zeitraum begleiten, können Sie durch entsprechende Interventionen dazu beitragen, dass ein Team entsteht, in dem die Erfordernisse beider Ebenen beachtet werden.

Wir haben Ihnen das Eisberg-Modell bereits auf S. 290 vorgestellt, das verdeutlichen soll, dass ein großer Teil der menschlichen Interaktion unter der „Wasserlinie" auf der Beziehungsebene stattfindet. Jeder Einzelne von uns bringt in Kontakten mit anderen Menschen nicht nur seinen Sachverstand, sondern auch seine Gefühle und Befindlichkeiten mit ein. Unsere Werte und Überzeugungen steuern uns bewusst und unbewusst und beeinflussen, was auf der Sachebene möglich ist. Wir haben das Bild des Eisbergs auch auf die Interaktionen übertragen, die in einer Gruppe stattfinden. Dabei ist uns bewusst, dass es eine Vereinfachung ist, Sachprozess und Gruppenprozess voneinander zu trennen, denn sie sind eng miteinander verzahnt. Dennoch finden wir diese Trennung als Modell hilfreich, weil es das Betrachten von Zusammenarbeit aus zwei unterschiedlichen Perspektiven ermöglicht.

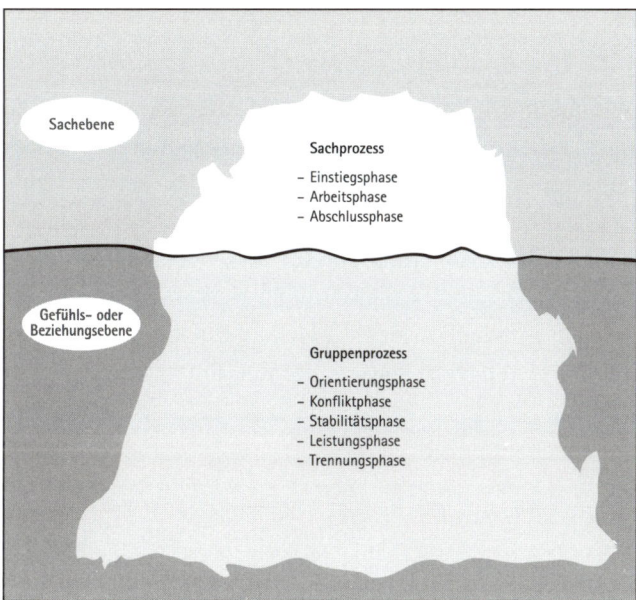

Bei der Zusammenarbeit mit anderen gibt es einen Prozess auf der Sachebene und den gruppendynamischen Prozess auf der Beziehungsebene, die miteinander verzahnt sind

Als Moderator sind Sie für die gesamte Prozesssteuerung zuständig. Das Planen und Steuern des Sachprozesses ist meist offensichtlich und die naheliegendere Aufgabe. In dem Modell ist er vereinfacht dargestellt mit den drei Phasen: Einstiegs-, Arbeits- und Abschlussphase. Gemeint ist damit jede Art von strukturiertem Moderationsablauf, wie Agenda, Tagesordnung, Tagespläne usw. Eine größere Herausforderung ist jedoch oft das Meistern des gruppendynamischen Prozesses, der unter „der Wasserlinie" auf der Beziehungsebene stattfindet.

Phasen der Gruppendynamik

Ein gruppendynamischer Prozess innerhalb der Teilnehmer sowie zwischen den Teilnehmern und dem Moderator kann in fünf typische Phasen unterteilt werden:

1. Orientierungsphase
2. Konfliktphase
3. Stabilitätsphase
4. Leistungsphase
5. Trennungsphase

Mit Blick auf die Gruppendynamik könnten Sie leichter intervenieren

Mit diesem Wissen im Hintergrund können Sie als Moderator die Gruppe beobachten, um zu erkennen, ob die Teilnehmer sich möglicherweise in einer der Phasen befinden. Welches Verhalten in welchen Phasen der Gruppenentwicklung auftreten kann, ist im Folgenden näher beschrieben. Wir haben in Klammern die englischen Bezeichnungen für die Phasen eingefügt, weil auch im Deutschen oft die Originalbezeichnungen verwendet werden. Das hier beschriebene Phasenmodell orientiert sich an Tuckman, der bereits Mitte der 60er Jahre die ersten vier Phasen bei der Entwicklung von Gruppen beschrieben hat.

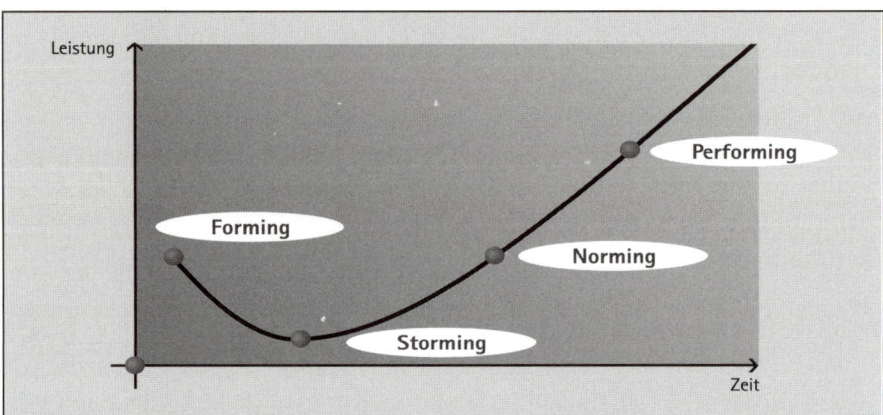

Teams durchlaufen einen gruppendynamischen Prozess und brauchen Entwicklungszeit bis sie Höchstleitungen bringen

Gruppe oder Team?

Erst durch das Durchlaufen eines gruppendynamischen Prozesses entsteht ein Team. Die Begriffe Gruppe und Team werden nicht überall unterschieden und auch für den Begriff Team gibt es keine einheitliche Definition. Nach unserem Verständnis wird ein Team durch ein gemeinsames Ziel und eine intensivere Zusammenarbeit gekennzeichnet. Durch gemeinsame Erfahrungen und konstruktiven Umgang mit Konflikten ist im Idealfall eine Arbeitsatmosphäre entstanden, die durch gegenseitige Unterstützung und ein hohes Maß an Vertrauen geprägt ist.

▶ 1. Phase: Orientierungsphase (Forming): Die Mitglieder einer Gruppe lernen sich kennen und tauschen erste Vorstellungen über die Zusammenarbeit aus. Aufgaben und Vorgehensweisen werden verabredet. Sie fühlen sich unter Umständen noch unsicher und sind vorsichtig. Fortschritte entwickeln sich langsam. Ergebnisorientierte Menschen empfinden dies eventuell als frustrierend. Kennzeichen: Unsicherheit, höflich, angespannt, eher unpersönlich, vorsichtiges Ausprobieren.

Orientierungsphase

▶ 2. Phase: Konfliktphase (Storming): Die einzelnen Personen werden offener. Unterschiede werden deutlicher und Widersprüche treten auf. Daraus entstehen Konflikte. Vereinbarungen werden infrage gestellt. Es gibt Kämpfe um Macht und Einflussnahme. Diese Phase kann als Auseinanderbrechen des Teams missverstanden werden. Kennzeichen: Turbulenzen und kritisches Aufbegehren, Cliquenbildung, Konflikte zwischen Personen, Untergruppen oder mit der Führungsperson oder dem Moderator.

Konfliktphase

▶ 3. Phase: Stabilitätsphase (Norming): Die gegenseitige Akzeptanz und die Akzeptanz von Normen und Regeln wachsen. Unterschiede werden als wertvoll betrachtet. Nicht mehr interne Spannungen stehen im Mittelpunkt, sondern die Herausforderungen, die die Aufgaben mit sich bringt. Kennzeichen: Entwicklung neuer Umgangsformen, mehr Kooperationen, Wir-Gefühl, offenerer Austausch und Feedback.

Stabilitätsphase

▶ 4. Phase: Leistungsphase (Performing): Im Idealfall ist das Verhalten untereinander weitgehend geklärt. Die Aufmerksamkeit richtet sich verstärkt auf die inhaltliche Aufgabe. Eine zielorientierte Vorgehensweise steht im Mittelpunkt. Die Teammitglieder identifizieren sich mit der Gruppe und arbeiten kooperativ und engagiert. Kennzeichen: Synergie, effektives und effizientes Arbeiten, wachsende Kreativität, interpersonelle Probleme sind entschärft, funktionale Teamstruktur.

Leistungsphase

▶ 5. Phase: Trennungsphase (Adjourning): Diese Phase tritt bei Teams auf, die sich wieder auflösen, beispielsweise bei Projektteams. Das Ziel ist erreicht. Unsicherheiten treten auf, was danach kommt. Der Abschluss kann sich hinauszögern, beispielsweise bei einer Projektarbeit. Aufgrund der starken Identifikation mit dem Team sträuben sich die Teammitglieder bewusst oder unbewusst gegen eine Auflösung des Teams. Kennzeichen: Verlustängste, emotionales Vakuum, da aufgebaute Beziehungen, etablierte Arbeitsweisen und vertraute Rollen enden.

Trennungsphase

Doch Vorsicht:
Ein Modell bildet nie die
Wirklichkeit ab!

Dieses Phasenmodell ist sehr hilfreich, weil es sozusagen einen sich wiederholenden, natürlichen Entwicklungsprozess in Teams beschreibt. Unsere Erfahrung ist, dass Sie damit „Aha-Effekte" auslösen können, wenn Sie das Modell Ihrer Gruppe vorstellen: „Ach so, da sind wir!" Doch es ist, wie der Name schon sagt, ein Modell, und es bildet nicht die Wirklichkeit ab. Auch vor dem Hintergrund typischer gruppendynamischer Prozessverläufe gibt es keine genauen Vorhersagen, wie Gruppen sich entwickeln, sondern ein solches Modell kann lediglich als eine Orientierung dienen.

Einflussfaktoren für die
Gruppenentwicklung

Der Verlauf eines Gruppenentwicklungsprozesses wird von unterschiedlichen Faktoren beeinflusst, beispielsweise von

► den Charakteren in der Gruppe,

► der Konstellation der Persönlichkeiten,

► der Art und Weise, wie die Gruppe geführt oder moderiert wird,

► der Dauer der Zusammenarbeit,

► der Häufigkeit der Treffen,

► der Intensität der Zusammenarbeit oder

► den äußeren Rahmenbedingungen wie Erfolgsdruck und Arbeitsumgebung.

In gruppendynamischen
Prozessen sind Schleifen
möglich

Aufgrund der vielen Einflussfaktoren ist es schwer abzuschätzen, wie lange eine Gruppe eine bestimmte Phase durchläuft oder mit welcher Intensität eine solche durchlebt wird. Außerdem können bei einem solchen Prozess Schleifen entstehen. Veränderte Umstände können dazu führen, dass das Team in eine vorhergehende Phase zurückfällt. Beispielsweise durchläuft ein Team erneut eine Konfliktphase, wenn Konflikte nicht ausreichend geklärt wurden, oder wieder eine Orientierungsphase, wenn ein oder mehrere neue Teammitglieder hinzukommen. Und eine Trennungsphase durchläuft nicht nur ein Team, das sich funktionsgemäß nach einem bestimmten Zeitraum wieder auflöst. Sondern auch eine Gruppe, aus der beispielsweise Teammitglieder ausscheiden, durchlebt eine Trennungsphase.

Die oben beschriebenen Phasen lassen sich am deutlichsten bei intensiv zusammenarbeitenden Projektteams beobachten. In abgeschwächter Form sind sie jedoch auch bei Gruppen zu erleben, die kürzer zusammenarbeiten. Bei einem mehrtägigen Workshop beispielsweise können Sie als Moderator das vorsichtige Annähern der Teilnehmer am Anfang, dann das Entstehen von leichten Konflikten und Unzufriedenheit, oft am zweiten Tag, die zunehmende Akzeptanz und dann die reibungslose Zusammenarbeit beobachten. Häufig werden Sie auch ein Bedauern beim Auseinandergehen bemerken, wenn die Teilnehmer sich verabschieden.

PLANEN SIE GENÜGEND ZEIT EIN

Als Moderator müssen Sie berücksichtigen, dass das Entwickeln von Teams zeitaufwändig ist und dass dabei der Gruppenprozess auf der Beziehungsebene berücksichtigt werden muss. Jede Gruppe besteht zunächst aus mehreren einzelnen Personen. Damit verschiedene Menschen, die mit unterschiedlichen Vorerfahrungen und Erwartungen zusammenkommen, zu einer funktionierenden Gruppe, einem erfolgreichen Team zusammenwachsen können, benötigen sie Zeit. Diese Zeit müssen Sie als Moderator einplanen. Das gilt in hohem Maße für Projektteams.

Immer wieder erleben wir in der Praxis, dass von Teams von Anfang an Leistung gefordert wird, ohne zu bedenken, dass Teams nicht durch das Zusammensetzen von Personen entstehen, sondern durch gemeinsame Erfahrungen in einem Teambildungsprozess. Aus Enttäuschung über mangelnde Leistungen werden Teams dann wieder aufgelöst. Man glaubt, dass Teamarbeit nicht funktioniert. Hier ist Zeit gut investiert, wenn Sie am Anfang einer Zusammenarbeit den Teambildungsprozess unterstützen.

Erwarten Sie nicht zu früh Hochleistung

Interventionen in den einzelnen Phasen der Teamentwicklung

Als Moderator können Sie den Verlauf eines Gruppenentwicklungsprozesses positiv beeinflussen, wenn Sie sich über den Sinn und Zweck jeder Phase klar sind, also wenn Sie wissen, was in jeder der Phasen des Gruppenprozesses erreicht werden soll. Dann können Sie intervenieren und auch diese Ziele mit bei der Planung des Sachprozesses berücksichtigen. Im Folgenden zeigen wir die Ziele der Phasen auf und geben Ihnen konkrete Empfehlungen für Ihr Verhalten und mögliche Interventionen.

I. PHASE: EMPFEHLUNGEN FÜR SIE ALS MODERATOR

► Lassen Sie sich und den Teilnehmern Zeit beim Start.
► Fördern Sie Kontakte und Kommunikation unter den Teilnehmern.
► Nehmen Sie selbst Kontakte auf.
► Fördern Sie die Orientierung der Teilnehmer.
► Seien Sie sich Ihrer Vorbildfunktion bewusst.
► Vereinbaren Sie erste Spielregeln.

Die Orientierungsphase dient dazu,
► einer Vertrauensbasis zu bilden und
► ein erstes Gruppenbewusstseins entstehen zu lassen.

2. PHASE: EMPFEHLUNGEN FÜR SIE ALS MODERATOR

► Lassen Sie Kontroversen zu.

► Nehmen Sie Störungen ernst, denn sie haben Vorrang.

► Sprechen Sie die Beziehungsebene an.

► Geben Sie Feedback.

► Fördern Sie die Metakommunikation, also die Kommunikation über die Kommunikation.

► Klären Sie Konflikte.

Die Konfliktphase dient dazu,

► Konflikte auszutragen und konstruktiv zu lösen.

3. PHASE: EMPFEHLUNGEN FÜR SIE ALS MODERATOR

► Überprüfen Sie die Spielregeln und ergänzen sie diese eventuell oder verabreden Sie neue.

► Vertiefen Sie das Aufgabenverständnis.

► Konkretisieren Sie die Vorgehensweise.

Die Stabilitätsphase dient dazu,

► Einigkeit, Verständnis, Zugehörigkeit herzustellen und

► Stabilität im Team zu fördern.

4. PHASE: EMPFEHLUNGEN FÜR SIE ALS MODERATOR

► Prüfen Sie, ob Sie die Zusammenarbeit noch methodisch optimieren können.

► Ansonsten können Sie sich jetzt stärker zurücknehmen.

Die Leistungsphase dient dazu,

► hohe Produktivität zu ermöglichen und

► Erfolg fortzusetzen.

5. PHASE: EMPFEHLUNGEN FÜR SIE ALS MODERATOR

► Planen Sie Zeit ein, um Erfolge zu feiern und die Zusammenarbeit zu würdigen.

► Vereinbaren Sie einen festen Zeitpunkt für ein offizielles Ende.

► Verabreden Sie ein Trennungsritual, beispielsweise ein gemeinsames Abschlussessen.

Die Trennungsphase dient dazu,

► die Trennung vorzubereiten.

Die spezifische Rolle des Moderators als Teil des Systems

Und noch ein Hinweis. Als Moderator stehen Sie zum einen außerhalb des Teams aufgrund Ihrer besonderen Funktion, zum anderen sind Sie aber auch Teil der gesamten Gruppe, die ein soziales System darstellt. Als Teil des sozialen Systems beobachten Sie die Phasen nicht nur von außerhalb, sondern sind auch direkt beteiligt.

Am Anfang einer Gruppenentwicklung suchen die Teilnehmer stark nach Orientierung und werden sich auch an Ihnen als Moderator orientieren. In der Konfliktphase jedoch finden dann häufig Auseinandersetzungen mit der Funktion des Moderators statt. Widerstände gegen Ihre Vorschläge, kritische Anmerkungen zu Ihrer Arbeit, Ignorieren Ihrer Fragen und Ähnliches sind in dieser Phase nicht ungewöhnlich und gelten oft nicht Ihnen persönlich, sondern richten sich an die Führungsfunktion des Moderators. Rechnen Sie mit einem entsprechenden Verhalten von Teilnehmern nach einer ersten Orientierungsphase. So werden Sie davon nicht überrascht und Sie können das Verhalten der Gruppe oder einzelner Teilnehmer als Kennzeichen einer Phase sehen und weniger als persönliche Kritik. Sie können Ihre eigene emotionale Betroffenheit reduzieren und einen klaren Kopf behalten.

Bei der Dynamik in der Gruppe sind Sie außen vor

An der Stelle im Prozess sind Sie als Moderator in Ihrer Prozesskompetenz gefordert. Reagieren Sie auf Kritik und Widerstand nicht mit Gegenkritik oder Gegenwiderstand. Wir empfehlen Ihnen für das Gespräch mit den Teilnehmern in solchen kritischen Situationen das Anwenden der BAMBUS-Methode, wie ab Seite 310 beschrieben. Halten Sie sich das Bild eines Bambus vor Augen, um sich für Ihr eigenes Verhalten in solchen Situationen zu orientieren: Der Bambus gibt nach, wenn der Wind heftig wird, ohne zu zerbrechen, und richtet sich wieder auf, wenn der Sturm vorüber ist.

> **FAZIT**
>
> In der Gruppe findet während der Moderation nicht nur ein Prozess auf der Sachebene statt, sondern auch auf der Beziehungsebene läuft ein Prozess, der die besondere Dynamik von Gruppenarbeit ausmacht. Als Moderator sind Sie für das Steuern beider Prozesse zuständig. Durch geeignete Interventionen in den verschiedenen Phasen einer Gruppenentwicklung können Sie die Teilnehmer darin unterstützen, als Team arbeitsfähig zu werden.

Mit Veränderung umgehen

In Zeiten der Veränderung begleitet ein Moderator Menschen häufig in einem dynamischen Prozess, in dem sie Bisheriges hinter sich lassen, Annahmen in Frage stellen und Neues erschließen. Inhalte werden weiterentwickelt, Wissen und Informationen werden angereichert oder erneuert, Meinungen und Standpunkte werden gewechselt, Urteile und Einschätzungen geändert. Wer führt und moderiert, begleitet Veränderung. Da Menschen erfahrungsgemäß nur ein gewisses Maß an Veränderung verkraften und auf unterschiedliche Art und Weise mit Veränderungen umgehen, sollten Sie einige Gesetzmäßigkeiten im Umgang mit Veränderung kennen.

Menschen verkraften nur ein gewisses Maß an Veränderung

In Zeiten der Veränderung werden hohe Anforderungen an Mitarbeiter gestellt. Sie sind herausgefordert, sich umzustellen und neu zu orientieren. Je nachdem, in welcher Intensität und in welchem Zeitraum Veränderungen vonstatten gehen, rufen sie unterschiedliche Grade von Zustimmung oder Widerstand hervor. Das äußert sich in Form von Konflikten oder Problemen. Damit Sie als Moderator diese besser einordnen und möglichst vorbeugen oder bearbeiten können, stellen wir Ihnen das folgende Erklärungsmodell vor. Es beschreibt Phasen der Dynamik in Veränderungsprozessen. Sind Ihnen die einzelnen Phasen bekannt, können Sie bewusst damit umgehen, Probleme reduzieren und Prozesse konstruktiv gestalten.

> **WICHTIG**
>
> Befindet sich Ihr Unternehmen oder das Unternehmen, das Sie als Moderator beauftragt hat, gerade in einer Veränderungssituation, beispielsweise Fusion, Umstrukturierung oder Verkauf, so ist es für Sie als Moderator wichtig einzuschätzen, in welcher Phase die Teilnehmer sich möglicherweise gerade befinden. Auch wenn das Thema Ihrer Moderation nicht unmittelbar mit der Veränderung zu tun hat, so hat die Gesamtstimmung in dem Unternehmen doch einen entscheidenden Einfluss auf die Arbeitsfähigkeit der Gruppe.

Phasen der Dynamik in Veränderungsprozessen

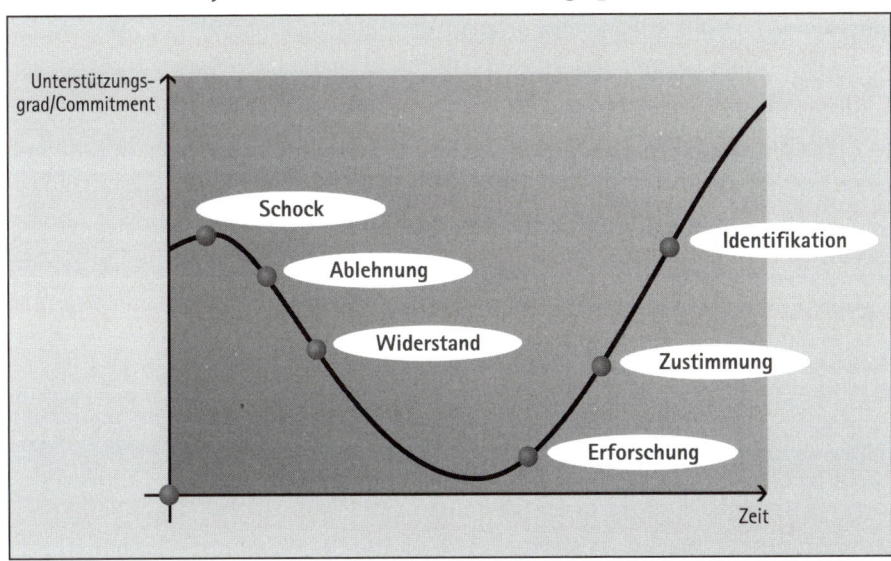

Die verschiedenen Phasen der Dynamik in Veränderungsprozessen

► Schock: Erfahren Menschen von einer Veränderung, sind sie erst einmal überrascht, irritiert oder gar „geschockt".

► Ablehnung: Sie reagieren zunächst ablehnend, oftmals mit Rückzug, und orientieren sich eher an der Vergangenheit (man weiß ja nicht, was kommt, aber man weiß was man an dem hatte, was war). Da meist Information und Orientierung fehlen, gibt es in dieser Phase in Unternehmen häufig viel Aktivität, ohne dass viel erreicht wird. Das Thema wird eher verschwiegen oder ignoriert.

► Widerstand: Die Mitarbeiter sind verärgert. Als Folge können Sie oftmals Anschuldigungen, Sorgen, Depressionen, sogar „Bummelstreiks" beobachten.

► Erforschung: Anspannung, Verwirrung, Chaos und Energie sind zu erkennen. Die Mitarbeiter sind bereit, das „Neue" auszuprobieren. Es entstehen neue Ideen, es fehlt jedoch eine Fokussierung.

► Zustimmung: Die Mitarbeiter sind sich einig über Richtung und Ziele, sie suchen nach Wegen, wie sie diese erreichen können.

► Identifikation: Jetzt sind alle gemeinsam aktiv. Sie kooperieren und richten sich an einem gemeinsamen Ziel aus. Engagierte Mitarbeiter suchen eventuell die nächste Herausforderung.

Agieren in Veränderungsprozessen

Dass Menschen mit Verunsicherung auf Veränderungen reagieren, ist ganz natürlich. Seien Sie sich der Phasen bewusst und erwarten Sie nicht zuviel von Ihren Mitarbeitern. Menschen brauchen Zeit, um Veränderungen zu verkraften, und sofort nach Bekanntgabe einer Veränderung ein hohes Maß an Zustimmung zu erwarten ist unrealistisch! Mitarbeiter brauchen in solchen Phasen besonders viel Aufmerksamkeit, Geduld, Informationen, Orientierung und Transparenz. Unser Tipp: Machen Sie Betroffene zu Beteiligten.

Veränderungen brauchen Zeit

MACHEN SIE BETROFFENE ZU BETEILIGTEN

► In der Ablehnungsphase: Versorgen Sie alle Beteiligten laufend mit Informationen. Kündigen Sie an, dass es Veränderungen geben wird, und machen Sie transparent, was von den Teilnehmern erwartet wird. Erteilen Sie Ratschläge, wie sie sich dem Wandel anpassen können. Geben Sie den Mitarbeitern Zeit, damit sich die Dinge „setzen" können. Beraumen Sie danach eine Planungssitzung an und diskutieren Sie die Dinge.

► In der Widerstandsphase: Zeigen Sie Verständnis für Emotionen und bleiben Sie gelassen. Hören Sie zu, akzeptieren Sie Unsicherheiten und Gefühle, reagieren Sie sensibel und ermutigen Sie. Versuchen Sie nicht, Ihren Mitarbeitern ihre Gefühle auszureden; sagen Sie ihnen auch nicht, dass sie sich ändern oder zusammenreißen sollen.

► In der Erforschungsphase: Konzentrieren Sie sich auf Prioritäten und beraumen Sie eventuell erforderliche Schulungen an. Haken Sie bei laufenden Projekten nach. Setzen Sie kurzfristige, erreichbare Ziele, damit die Betroffenen Erfolgserlebnisse haben. Führen Sie Brainstormings und Planungssitzungen durch, entwickeln Sie gemeinsam Visionen. Diese Phase kann länger dauern. Haben Sie deshalb viel Geduld.

► In der Zustimmungsphase: Setzen Sie langfristige Ziele. Konzentrieren Sie sich auf den Teamgeist. Formulieren Sie eine zentrale Herausforderung. Geben Sie denjenigen Anerkennung und Bestätigung, die auf den Wandel reagieren.

► In der Identifikationsphase: Formulieren Sie weitere Herausforderungen. Schauen Sie nach vorn. Feiern Sie Erfolge.

Und noch ein Tipp: Sorgen Sie nach einer Veränderung dafür, dass die Mitarbeiter möglichst Phasen der Stabilisierung und Konsolidierung haben, denn jeder Mensch verträgt, wie gesagt, nur ein gewisses Maß an Veränderung.

Das Veränderungsmodell dient nicht nur dazu, Ihr Verständnis für Menschen in Veränderungssituationen zu erweitern, sondern es ist auch hilfreich, einen entsprechenden Input für Teilnehmer zu generieren. Auch Ihrer Gruppe kann ein solches Verständnis nützlich sein, beispielsweise wenn es sich um eine Arbeitsgruppe oder ein Projektteam handelt, das bei der Steuerung des Veränderungsprozesses beteiligt ist.

> **FAZIT**
>
> Es ist natürlich, dass Menschen auf Veränderung emotional und skeptisch reagieren. Die Gesetzmäßigkeit der Dynamik von Reaktionen auf Veränderungen hilft Ihnen, das Verhalten der Betroffenen einzuordnen und in konstruktive Bahnen zu lenken. Für jede Phase können Sie Maßnahmen treffen. Bleiben Sie gelassen, nehmen Sie die Reaktionen und Gefühle ernst und machen Sie die Rahmenbedingungen so transparent wie möglich.

Literaturempfehlungen

Nöllke, Matthias: Kreativitätstechniken. Freiburg 2002
*Ein knappes, aber informatives Taschenbuch mit einer guten Beschreibung aller Krea-
tivitätstechniken, die in der Moderation anfallen können. Preiswert und handlich.*

Owen, Harrison: Open Space Technology.
Ein Leitfaden für die Praxis. Stuttgart 2001
*Ein Handbuch des Erfinders dieser Methode mit pragmatischen Erklärungen aller Vor-
gehensweisen und logistischen Voraussetzungen.*

Schulz von Thun, Friedemann: Miteinander reden 1-3.
Sonderausgabe. Reinbek 2003
*In der Sonderausgabe sind die drei Standardwerke des Autors zum Thema Kommuni-
kation zusammengefasst. Die Einzelbücher des Autors gehören zu den Klassikern der
Kommunikationspsychologie.*

Sperling, Jan Bodo/Wasseveld, Jacqueline: Führungsaufgabe Moderation.
Besprechungen, Teams und Projekte kompetent managen. Freiburg 2002
*In dem Buch haben wir das Thema Moderation speziell für Führungskräfte aufberei-
tet, die aus unserer Erfahrung immer öfter in der Doppelrolle Moderator und Führungskraft sind.*

Stone, Douglas/Patton, Bruce; Heen, Sheila: Offen gesagt!
Erfolgreich schwierige Gespräche meistern. München 2000
*Ein guter Leitfaden für das Führen von schwierigen Gesprächen mit Hinweisen zum
Umgang mit Emotionen.*

Ury, William/Brett, Jeanne; Goldberg, Stephen: Konfliktmanagement.
Wirksame Strategien für den Interessenausgleich. München 1996
*Die Autoren beschreiben mit vielen praktischen Beispielen innovative Strategien zum
erfolgreichen Interessenausgleich.*

Seifert, Josef W./Göbel, Heinz-Peter: Games. Offenbach 1998
*Das Buch enthält Auflockerungsübungen für verschiedene Situationen während einer
Moderation. Gut erklärt und leicht nachzuvollziehen. Die Autoren haben auch Phantasiereisen zu verschiedenen Anlässen zusammengestellt. Sie können einfach eine Geschichte auswählen und vorlesen.*

Weisboard, Marvin R./Janoff, Sandra: Future Search –
die Zukunftskonferenz. Wie Organisationen zu Zielsetzungen
und gemeinsamem Handeln finden. Stuttgart 2001
*Ein Drei-Tages-Programm, wie eine Konferenz geplant und durchgeführt wird, in der
Organisationen einen Zukunftsplan erarbeiten. Ein Praxisratgeber für Firmen, ge-
meinnützige Organisationen, Behörden oder andere Organisationen.*

Literaturverzeichnis

Bischof, Klaus: Jeder gewinnt. Die Methoden erfolgreicher Gesprächsführung. Planegg/München 1997

Blanchard, Kenneth/Johnson, Spencer: Der Minuten-Manager. Hamburg 1984

Bittner, A.: Interkulturelle Kompetenz und internationals Denken. Wiesbaden 1994

Coverdale, Ralph: Risk Thinking. London 1977

De Bono, Edward: Laterales Denken für Führungskräfte. Hamburg 1986

De Bono, Edward: Six Thinking Hats. London 1990

Elias, Norbert: Über die Zeit. Frankfurt 1985

Fisher, Roger/Ury, William/Patton, Bruce: Das Harvard-Konzept. Frankfurt 1992

Glasl, Friedrich: Konfliktmanagement. Bern 1999

Glasl, Friedrich: Selbsthilfe in Konflikten. Bern 1998

Goleman, Daniel: EQ, Emotionale Intelligenz. München, Wien 1996

Häusel, Hans-Georg in: Harvard Business Manager. Hamburg April 2003

Häusel, Hans-Georg: Think Limbic!. Planegg/München 2000

Hofer, Franz-Josef: Umdenken im Management, Management des Umdenkens. Wenn das Ende der Beginn ist. Frankfurt 1996

Kirckhoff, Mogens: Mind Mapping. Berlin 1992

Klebert, Karin/Schrader, Einhard und Straub, Walter: Moderationsmethode, Gestaltungs- und Willensbildung in Gruppen, die miteinander lernen und leben, arbeiten und spielen. München 1980

Maslow, A. H.: Motivation und Persönlichkeit. Freiburg 1977

Novak, Andreas: Schöpferisch mit System. Heidelberg 2001

Richter: Flüchten oder Standhalten. Hamburg 1976

Ruge, Nina/Wachtel, Stefan: Achtung Aufnahme. Erfolgsgeheimnisse prominter Fernsehmoderatoren. Düsseldorf 1997

Schulz von Thun, Friedemann: Miteinander reden Band 2. Reinbek 2003

Sprenger, Reinhrd K.: Vertrauen führt. Worauf es im Unternehmen wirklich ankommt. Frankfurt, New York 2002

Wahren, Heinz-Kurt E.: Gruppen- und Teamarbeit in Unternehmen. Berlin, New York 1994

Watzlawick, Paul: Menschliche Kommunikation. Bern 2000

Stichwortverzeichnis

Bibliografische Information der deutschen Bibliothek
Die Deutsche Bibliothek verzeichnet diese Publlikation in der Deutschen
Nationalbibliografie; detaillierte bibliografische Daten sind im Internet über
http://dnb.ddb.de abrufbar.

ISBN 3-448-05642-1
Bestell-Nr. 00800-0001

© 2004, Rudolf Haufe Verlag GmbH & Co. KG,
Niederlassung Planegg bei München
Postanschrift: Postfach, 82142 Planegg
Fon (0 89) 8 95 17-0, Fax (0 89) 8 95 17-2 50

E-Mail: online@Haufe.de
Internet: www.haufe.de

Lektorat: Stephan Kilian
Redaktion: Andreas Kobschätzky, 86899 Landsberg am Lech

Satz: SchimmelVerlag GmbH
Umschlaggestaltung: par:two – büro für visuelles, 70182 Stuttgart
Druck: J.P. Himmer GmbH, 86167 Augsburg

Zur Herstellung dieses Buches wurde alterungsbeständiges Papier verwendet.

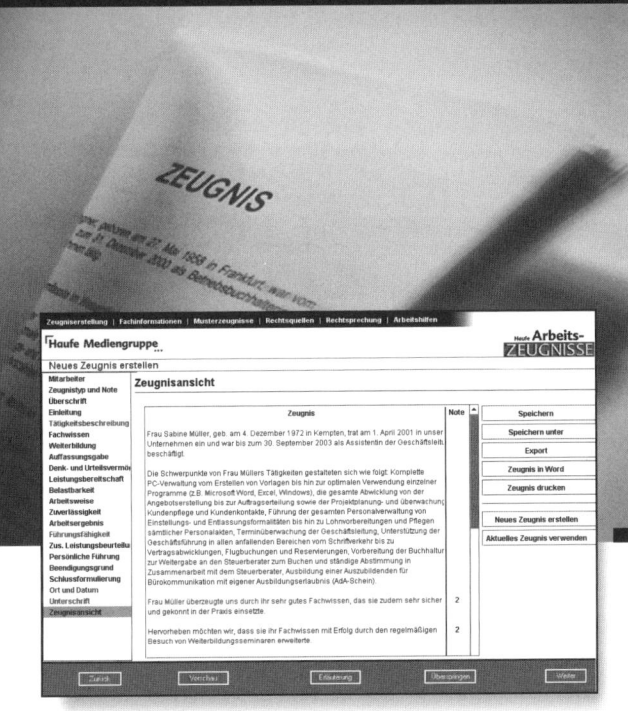

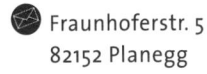
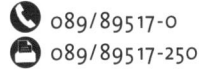